SMART
CITY 5.0

SmartCity5.0

持続可能な
共助型都市経営の姿

アクセンチュア ビジネス コンサルティング本部
ストラテジーグループ
公共サービス・医療健康プラクティス 日本統括
海老原 城一

元アクセンチュア イノベーションセンター福島
共同統括
中村 彰二朗

インプレス

―スマートシティを通して日本の向かうべき道を示した戦友、

中村 彰二朗さんの遺志を継いで―

はじめに

スマートシティへの関心が高まっている。そうした中で、本書を執筆しようと考えた動機の一つが、「スマートシティの実相を伝え、世の中に広がる誤解を解きたい」という想いである。「スマートシティ」という言葉は、10人いれば10人が別の意味で使っており、実態がない。まるでつかみどころのない水晶玉のようなものだ。見る人によって、透明で何も見えなかったり、ドローンやロボットなどの先端テクノロジーがあふれる夢の世界が映っていたり、田園の懐かしい風景が浮かび上がっていたりする。

だからこそ筆者らは、「スマートシティは目的ではなく、課題解決の手段であり、プロセスなのだ」と強く説明している。従って、取り組む地域や担い手によって、スマートシティの解は違う。目指すべき具体像の一つとしては、政策目標であり、その中身が明確な「Society 5.0」が挙げられる。だが、筆者らがイメージしているのは「市民を中心にデザインされた、持続可能な共助型都市経営の姿」である。

株主資本主義の限界が議論されているが、それがなくても、人口減少が鮮明な日本において、個々の企業が、すべてを自前でサービスを提供していくには限界がある。これに対し、デジタルを活用し協調領域となる分野をできるだけシェアしながら、自社の得意なサービス領域にフォーカスできれば、地方都市の地元企業もが効率的・効果的に新しいサービスを市民の手に届けられる。

そして、便利なサービスを享受する市民が増えていけば、企業も潤い、地域も活性化する。これが「共助型都市」のイメージだ。市民、企業、地域の三者の間に、いわゆる〝三方良し〟の精神を広げていければ、日本全体が新しい豊かさを得られるのではないかと考える。

人口減少と産業の衰退、貧困や格差の拡大など国内の社会課題は、解決されつつあるというよりも、コロナ禍の3年を挟んで、むしろ深刻化しているように見える。とりわけ地方においては顕著な状況だ。この沈鬱とした状況に底を打って、改変して好転させていくための切り札がSociety 5.0であり、共助型の新しい都市経営の姿ではないだろうか。そこには、企業DX（デジタルトランスフォーメーション）の壁を突き抜ける原動力にもなり得るパワーが秘められている。

さらに言えば、日本の国内マーケットが縮小する中、企業は国内サービスを効率的に高度化するとともに、海外に日本発の技術やサービスを展開し、マネタイズする取り組みが非常に重要になっている。しかし、世界から見ると、日本の技術・サービスは、この20～30年で相対的地位が大きく低下していることは周知の事実である。海外の公共領域のプロジェクトでも、韓国や中国の提案に期待が寄せられ、日本の技術は選択肢の上位に挙がってこない。こうした状況を打開する新たなビジネスモデルが求められている。

その一つが本書で紹介する「会津モデル」と呼ぶ都市経営の姿である。都市のデータ活用基盤である「都市ＯＳ」を中心に、競争領域と協調領域を切り分ける仕組みによって地域を運営し、データ基盤を安価に利用しながら個々の企業が、それぞれの技術やサービスを柔軟に展開していく。こうした世界観を日本発で世界のデファクトスタンダード（事実上の業界標準）にできれば、日本企業はまだまだ闘えるチャンスを作っていける。

持続可能な共助型都市経営の姿を実現する実証フィールドとしてのスマートシティの潜在能力を、本書では余すところなくお伝えしたい。本書の構成は次の通りである。

第1章：変幻自在なスマートシティを正しく理解できるよう、そのとらえ方と、関連する技術やシステムの基礎と最新動向について解説する。本章は、スマートシティの各分野に取り組むアクセンチュア ビジネス コンサルティング本部の専門家が、Ｗｅｂメディア『ＤＩＧＩＴＡＬ Ｘ（デジタルクロス）』に『スマートシティのいろは』と題して寄稿した連載を元に最新情報を加味し編集したものである。

第2章：スマートシティ会津若松が10年超をかけて基礎作りをした第1ステージの総括と、第2ステージで取り組み始めたデジタル田園都市国家構想推進交付金タイプ3事業の詳細、会津モデルの横展開と今後の展望を解説する。

第3章：「日本全体のＤＸ～あるべき自律分散化社会の実現へ」と題し、スマートシティや、行政と地域のＤＸに取り組むための姿勢について提案する。本章は、スマートシティ会津若松プロジェクトを当初から牽引し〝ミスター・スマートシティ〟と呼ばれながら2022年3月に急逝した故・中村 彰二朗 氏が、前著『SmartCity5・0 地方創生を加速する都市OS』の発行後に『DIGITAL X』に書き溜めていた論考の再録である。スマートシティや行政と地域のDXに対する優れた同氏の洞察を世に出すことも、本書の目的の一つである。

困難な状況の中で本書が、まちづくりに邁進する地方自治体や新しい成長モデルを模索する企業の担当者の方々、立場を超えて日本の地方を元気にするスマートシティに関わる方々、そして本書を手に取っていただいた方々など、すべての方の一助になり、さまざまな形での協業を通じて大きなムーブメントを興していければ、この上ない悦びである。

2023年6月吉日　海老原 城一

CONTENTS

CHAPTER 1 スマートシティ最前線

CHAPTER 2

会津モデルの現状とこれから

CHAPTER 3

日本のDX ～あるべき自立分散型社会の実現へ

1 CHAPTER

スマートシティ最前線

1-1-1
スマートシティとは何か？ その生い立ちを知る

デジタル化への関心の高まりと並行して、都市のデジタル化を促進するスマートシティへの関心も高まっている。提供するサービスの対象も、エネルギーから交通、医療・健康、防災・減災、観光など幅広い。今後も、さまざまな取り組みが進むであろうスマートシティの理解を深めるためには、まずは歴史を振り返り、その生い立ちを改めて確認しておきたい。

スマートシティの歴史において、２００８年は「スマートシティ元年」とも言える年である。その２００８年は、スマートシティに限らず、国内外において大きな分水嶺だった。この年、日本の総人口はピークを打ち、リアルな人口減少へのとば口にさしかかり、少子高齢化が加速度的に広がるフェーズに入っている。１９９７年に開催された「ＣＯＰ３（第３回気候変動枠組条約締約国会議）」で採択された京都議定書の約束期間が始まり、温室効果ガス排出削減の締め付けも厳しくなった。そして９月には、米リーマン・ブラザーズの経営破綻を機とした世界的な金融危機が起こり、そこから深刻な不況に陥った。

重苦しい暗雲が立ち込める中、新時代への胎動が芽生えたのも、この年である。日本でも、米Appleのスマートフォン「iPhone」が発売され、米Googleのスマートフォン用OS「Android OS」を搭載する機種も登場した。SNS（ソーシャルネットワーキングサービス）の「Facebook」と「Twitter」の日本語版も公開された。これら高速なモバイルネットワークとSNSが、人と社会の間に新しいつながりを生み出していく。

同時期、Google、米Amazon.com、米Microsoftが次々にクラウド環境をリリースし、データの分析や利活用のための技術も着実に進んだ。同時多発的に起きた一連の動きが、新しいイノベーションを培養する下地になったことは間違いない。

そして2008年3月、米国コロラド州ボルダーで世界初の都市スケールのプロジェクト「スマートグリッドシティ」が先鞭をつけると、各地でスマートシティ計画が動き出す（**表1-1-1**）。さらに11月には、米IBMが企業ビジョンとして「Smarter Planet（地球のスマート化）」を提示する。相互に接続された高機能な装置やシステムと最先端テクノロジーが融合することで、インフラから各種の産業プロセス、社会全体までが変革される未来を予見した。

一方、EU（欧州連合）初の「スマートシティ構想」は、翌2009年春にオランダ・アムステルダムでスタートする。日本では2010年、経済産業省が「スマートコミュニティ実証

表1-1-1-1：2008年をはさむスマートシティ黎明期の主なできごと

年	月	事項	内容
2003年	7月	米国エネルギー省(DOE)が「Grid 2030」公表	アクセンチュアも作成に関わった次世代電力系統ビジョンに関するレポートで、後のスマートグリッドの考え方に通じる事項が盛り込まれた
2007年	1月	「iPhone」発表	米Appleが「iOS」を搭載するスマートフォンを発売
	10月	米国が1億ドルのスマートグリッド関連の予算措置	「エネルギー自立・安全保障法」に基づき、スマートグリッド関連の技術実証に巨額の予算を計上
2008年 ＝ スマートシティ元年	3月	米国「スマートグリッドシティ(SGC)」開始	米コロラド州ボルダーで、世界初の都市スケールのスマート化プロジェクトが始動。米電力会社のエクセルエナジーが主導し、アクセンチュアを含むコンソーシアムが推進
	7月11日	日本で「iPhone」が発売	ソフトバンクモバイルが第三世代携帯電話対応の「iPhone 3G」を国内で販売
	9月	中国が「天津エコシティ」の建設開始	シンガポールと共同で進める環境配慮都市建設プロジェクト。使用電力の20%以上を太陽光発電・地熱発電などの再生エネルギーにする計画2013年に初期街区が完成予定
	9月15日	米リーマン・ブラザーズの経営破綻／リーマンショック	世界規模の金融危機。10月28日に日経平均株価が一時6995円まで下落
	10月22日	Android OS搭載スマホが米国で登場	台湾HTC製「HTC Dream」を米国の移動体通信事業者が「T-Mobile G1」として発売
	秋	米オバマ氏「グリーンニューディール政策」	米国大統領選挙期間中に発表した政策において「スマートグリッド」を優先項目に加え一躍脚光を浴びる
	11月6日	米IBMが「Smarter Planet(地球のスマート化)」を企業ビジョンとして発表	3つの"I"(Instrumentation：機能化、Interconnectedness：相互接続、Intelligence：知能)をキーワードにインテリジェントなシステムとテクノロジーによる全く新しい自動の到来を提言
2009年	2月	米オバマ大統領、スマートグリッドに巨額予算を決定	景気刺激策として「米国再生・再投資法」でスマートグリッド関連分野に110億ドル、当時の日本円で1兆1000億円程度の拠出を決定。スマートグリッドがブームに
	春	蘭アムステルダムでスマートシティ構想が始動	EU初の「インテリジェントシティ」の実現を目指し「アムステルダム・スマートシティ(ASC)」プログラムとスマートグリッド関連プロジェクトを推進(検討は2006年から)
	4月1日	平成20年省エネ法を改正し、一部施行	産業分野に比べ省エネ基準達成率が低かった中小規模の住宅・建築分野の規制を強化
	11月13日	第1回次世代エネルギー・社会システム協議会開催	日本で「次世代エネルギー・社会システム実証事業」を創設し、スマートグリッドに位置付け
	12月7日	COP15(第15回気候変動枠組み条約締約国会議)	デンマーク・コペンハーゲンで開催。京都議定書に続く温室効果ガス排出規制に関する国際的枠組みを議論

表1-1-1-1（続き）：2008年をはさむスマートシティ黎明期の主なできごと

年	月	事項	内容
2010年	3月	「Europe 2020 Strategy」に合意	EU首脳が新しい中期成長戦略「EU2020」に合意。経済成長を進める3つの優先事項＝Smart（知的な）・Sustainable（持続可能な）・Inclusive（包括的な）を掲げる
	4月1日	経済産業省が「スマートコミュニティ実証事業」開始	モデル都市として国内4地域＝横浜市、愛知県豊田市、京都府（けいはんな学園都市）、北九州市を選定（5年間）
	4月6日	「スマートコミュニティ・アライアンス」設立	500を超える国内企業・団体と経済産業省による官民協議会「Japan Smart Community Alliance (JSCA)」が発足
2011年	3月11日	東日本大震災	東北地方太平洋沖地震、福島第一原子力発電所事故
	8月1日	「アクセンチュアイノベーションセンター福島」開設	震災復興支援プロジェクトとして会津入りし、会津若松市、会津大学、アクセンチュアの3者が週1ペースで復興計画策定会議を開催。現地調査、ヒアリングを重ねる
	11月29日（4日間）	第1回「スマートシティエキスポ世界会議」開催	スペイン・バルセロナで開催され、世界約30カ国から200以上のスマートシティ関連企業や自治体が参加。横浜市が「ワールドスマートシティアワード」都市部門を受賞
	12月	「会津復興8策」完成	後の「会津復興・創生8策」につながる第1版。その実現のために「会津若松スマートシティ計画」を策定

実験」を開始した。モデル都市として、横浜市、愛知県豊田市、けいはんな学研都市（京都府）、北九州市の4地域を採択し、「スマートグリッドを基盤に低炭素型の新しい交通システムや、ライフスタイルを創出する試み」をテーマにした実証実験に取り組んだ。そこには、このままスマートシティが日本中の地方自治体を席巻するかのような熱い視線が注がれていた。

しかし、このブームは一旦しぼんでしまう。日本国内だけでなく、海外でも同様である。なぜ、黎明期のスマートシティはうまくいかなかったのか。スマートシティに冠されている「スマート」を、どう解釈し、何を目的に、どうアプローチするかがカギだったと考える。

日米欧で異なる〝スマート革命〟の位相

「スマート」を辞書で引くと、「賢い／利口な」のほかに「コンピューター制御の／精密で高感度な」と解説されている。だが、この解説だけでは、１９９０年代から使われてきた「インテリジェント化」との違いは不明瞭だ。

さまざまな対象に「スマート」を冠した「スマート○○」や「○○をスマート化」といったキーワードには、「ＩＣＴ（情報通信技術）とデジタル技術によって、従来にない高付加価値のサービスを提供する」という意味が含まれている。『２０２０年版情報通信白書』（総務省）には、「いつでも、どこでも、何でも、誰でもネットワークに簡単につながるユビキタスネットワーク社会とスマート化の融合がスマート革命である」と記されている。

ただ、この「スマート革命」の解釈も国や時代によってさまざまだ。例えば、２０１０年前後に世界で議論されていたスマートシティの特徴を表す次のような小話がある。

米国のスマート革命は、エコノミストが主導している。
ヨーロッパのスマート革命は、社会学者が主導している。
日本のスマート革命は、エンジニアが主導している。

米国では２００８年にオバマ大統領が誕生した。選挙中から目玉政策に掲げたのが「グリーンニューディール」である。リーマンショックによる経済危機を立て直すために、環境関連ビジネスに対し積極的な財政出動をなすことで景気浮揚を目指す政策だった。

同政策の優先課題の一つが「スマートグリッド」である。背景には、１９９０年代からの電力自由化により市場メカニズムが導入されて以降、電力価格が乱高下したり、メンテナンスの不備や電力系統の散在が原因で大規模停電が起きたりしていた状況がある。

そこで、ＩＣＴを活用した次世代電力網、つまりスマートグリッドを整備することで、電力の品質を安定させ、需要側からの電力使用量を調整できるようにしようとした。老朽化した送電線の更新に加え、電力使用量を遠隔操作でデジタル計測でき電気料金を可視化するスマートメーターの設置などに、日本円換算で1兆円を超える予算が拠出された。スマート化が経済対策の象徴になったわけだ。有望な投資先になる関連事業者の間では「スマートグリッド」がバズワードになったとされる。

一方、環境意識がもともと高いヨーロッパでは、「世界大恐慌以降で最悪」と言われたリーマンショック後の景気後退に苦しみながらも、短期的な利益追求からの転換を模索していた。２００９年12月の「ＣＯＰ15」を視野に入れつつ、ＥＵは２００８年から新しい中長期計画の検討を始め、２０１０年3月に「欧州２０２０（Europe 2020 Strategy）」の骨子に合意する。

欧州２０２０は優先事項として①Ｓｍａｒｔ（知的な）、②Ｓｕｓｔａｉｎａｂｌｅ（持続可能な）、③Ｉｎｃｌｕｓｉｖｅ（包括的な）の三つを掲げている。調達・生産・消費・廃棄の全ライフサイクルに渡って資源の廃棄物ゼロを目指す「サーキュラーエコノミー（循環型経済）」の考え方につながるコンセプトも提示された。20世紀に蔓延した大量生産・大量消費・大量廃棄の「リニアエコノミー（一方通行型経済）」から脱却し、社会システム全体の変革を目指したプロセスの一環に、スマート革命が位置付けられたと言える。

翻って日本では、石油ショック以来続いてきた省エネルギー対策の延長線上で、工場や建築物、住宅などでオンサイトのエネルギー効率化を進めてきた。産業部門の省エネが進む一方、遅れていた民生部門の対策を強化するために、「省エネ法改正」が２００９年に施行され、規制対象が大規模建築物から中小規模の建築物や住宅に広げられた。同時に、京都議定書へのコミットメントを意識しながら、低炭素化を進めるために住宅への太陽光発電搭載を推進し、装置導入への公的補助と「太陽光発電の余剰電力買い取り制度」がスタートする。

この頃から、太陽光発電装置とＨＥＭＳ（Home Energy Management System：家庭内エネルギー管理システム）を搭載した住宅を「スマートハウス」と呼ぶようになった。家電やエアコン、照明器具をインターネットにつなぎ遠隔操作できるようにした少し前の「ＩＴハウス」に、創エネと省エネを加えることで一歩進化したというわけだ。

スマートハウスは「スマートコミュニティ」の考え方につながっていく。スマートハウスが集まる街ぐるみで、電気にガスや上下水道を合せた生活インフラ、蓄電池の役割も果たすＥＶ（電気自動車）をはじめとする交通システムを含め、広域でのエネルギー需給の最適化および電力負荷の平準化を図る。

地域コミュニティのエネルギーをコントロールする「ＣＥＭＳ（Community Energy Management System）」もキーワードの一つだった。２０１０年4月に設立された「スマートコミュニティ・アライアンス」に５００を超える国内企業・団体が集まったのも、エネルギーを核にしたイノベーションへの高い期待の表れだったのだろう。いずれにしても先の小話どおり、日本のスマート化の中心にいたのはメーカーや情報通信事業者の技術者たちだった。

このように日米欧の立場は異なるが、いずれも環境・エネルギー分野をターゲットにしていた点は共通している。アメリカでスマートグリッドがブームになっていたころには、日本でもスマートグリッド導入の議論がなされていた。

しかし、日本の電力会社のなかには熱量が低い会社もあった。「我々の電力網は既に高度な通信機能を備えており，補修や機能増強なども継続的に行ってきた。1軒当たりの停電時間もアメリカの20分の1。よって、日本にスマートグリッドは不要」という立場を取っていたからだ。

だがその後、太陽光発電が徐々に普及し、家庭からの売電による逆潮流が増加。発電量が不安定な再生可能エネルギーと既存の商用電力との系統連携リスクが高まった。さらに、

２０１１年の東日本大震災に続く福島原発事故の後、計画停電に踏み切らざるを得なくなり、電力使用制限令が出されるに及んで、電力供給システムの脆弱性が露呈する。「日本の電力網は決してスマートではなかった」のだ。その反省から日本は、改めてスマートグリッドの導入に舵を切る。

忘れられたスマートシティが戦略転換で息を吹き返す

こうした経緯を持つ日本のスマートシティは、思うような成果は上げられなかった。一時期、スマートシティはほとんど死語になり、政策的支援も鳴りを潜めたほどだ。

成功しなかった理由の一つは、各地での議論の対象が、都市や街のあり方そのものではなく、都市を舞台にエネルギー効率化の技術を生み出し、環境関連機器・熱電プラント・上下水道・ＩＣＴをパッケージ化したインフラ輸出を図ろうといったプロダクトアウト的な発想の取り組みだったことである。世界的には、まだまだ人口が増加し都市化が進んでいる新興国が存在し、エネルギー効率の高いシステムが売れると見込んでいたのだ。市場性のない高額パッケージは現地のビジネスユースに合わずマネタイズできなかった面もある。

地域活性化の起爆剤になるとスマートシティに熱い視線を投げかけていた地方自治体の中には、期待した成果が得られずに「コンパクトシティ」に乗り換えたケースもある。コンパクトシティとは、空洞化した中心市街地に居住者や人の流入を誘導し、文化・商業施設の集積を図り、都市機能の回復やコミュニティの再生を目指す街づくりの考え方だ。
特に地方都市では、人口減少と人口密度の低下により、社会インフラの整備コストの上昇や行政サービスの効率低下などの弊害が起きていた。人口減少を所与の条件としたときの現実的な解決策が、都市のスケールを縮小することだったわけだ。相対的に地価の高い中心部に移り住み人口密度が高まれば、固定資産税などの地方税収が増えるというメリットもあり、多くの地方自治体が注目した。

そのコンパクトシティも成功事例が多いとは言えない。その原因については深く立ち入らないが、地方都市が抱える人口減少や経済衰退といった課題は、積み残されたままだった。

地方自治体が壁にぶつかるなかで、忘れられていたスマートシティが2010年代半ばに再び息を吹き返す。停滞していたスマートシティが復活した理由は、戦略を転換したからである。

従来のスマートシティは、温室効果ガスの増加による環境負荷を減らすために低炭素化を目指す「マイナス面の解消」が中心だった。しかも、行政が税金や公的資金を使って先導し、環境関連技術の事業者が機器やシステムを開発するアプローチである。当初は行政も、この路線で後押ししたものの、理念には賛同しても、ビジネスのユースケースとしては成り立たず、大半の都市が頓挫する（図1-1-1-1）。

これに対して戦略転換後のスマートシティでは、街のあり方への深い洞察をベースに、その街で暮らし、働き、事業を営み、観光で訪れる人などの誰もが魅力的だと感じられる街にする、

図1-1-1-1：新旧スマートシティの違い

過去		現在
マイナス面を解消する戦略	目的	プラス面を創出する戦略
“低炭素化”		“街の魅力強化”
環境改善／都市インフラ維持		住民のQOL向上／産業創出・振興
行政中心＋供給サイドの取り組み	アプローチ	利用者目線、オープンイノベーション
✓ **都市のCO2排出量は全世界の70%** → 人類の持続可能性のためには都市の低炭素化が必須 ✓ **エネルギー供給が経済成長のスピードに追いつけないリスク** → 持続的成長の前提条件は、エネルギー効率の高い都市環境の整備	課題 と 解決策	✓ **世界の都市間で、市民・企業・投資・旅行者の流入・誘致を競い合う時代** → 市民から見て「住みたい都市」へ 企業から見て「立地したい都市」へ 民間・公的資金から見て「有望な投資先」へ 旅行者から見て「訪れたい都市」へ

つまり「プラス面の創出」に軸足をピボットした。それができた都市が有望なスマートシティとして再評価され、今も生き残っている。

この戦略を実践するためには、居住者、企業、旅行者の目線で体験をデザインし、価値を生み出すサービスを作り、企業の投資を呼び込み、オープンイノベーション（共創）を起していくアプローチが重要である。もちろん、ビッグデータやＡＩ（人工知能）、ＩｏＴ（モノのインターネット）、データアナリティクスといったテクノロジーの進化が戦略の転換を後押ししている。

もちろん、マイナス面を解消する戦略とプラス面を創出する戦略は二者択一ではない。従来型の低炭素化も並行して進めながら、街の魅力強化の比重を高めていく取り組みが求められる。

戦略の転換に成功した代表例が、オランダの首都アムステルダムだ。同市は２００９年にスマートシティに取り組み始めたが、当初の目的は「ＣＯ２排出量の削減」だった。

2020年までに1990年比で40%減という高いハードルを掲げていたせいか一時期停滞していた。

それが欧州委員会の戦略転換（Horizon2020）を受け、2013年に「市民のQOL（生活の質）の向上」をもう一つの柱に据えたのだ。従来から取り組んでいたエネルギーや環境改善の内容もアップグレードし、交通・行政・教育・市民生活などのテーマを加え、2018年の段階で200以上のプロジェクトを実施するまでになっていた。

さらに、これらのテーマに関心のある企業を誘致するキャンペーンを打ったところ多数の企業が集まり、イノベーションエコシステムが実現した。例えば、今では世界で事業展開する配車サービス「Uber」の元になるシステムを開発したベンチャー企業は、ここアムステルダムのスマートシティから誕生している。

ちなみに会津若松市は、このアムステルダムと姉妹都市提携を結び、運営組織の仕組みを参考にして取り入れている（2章を参照）。

ソフトウェアやサービスが生み出す付加価値が評価の対象に

戦略転換後の取り組みは、スマートシティ市場の飛躍的な規模の拡大に寄与している。全世界におけるスマートシティの市場規模は、2016年から2026年までの10年間に5倍に拡大するとの試算がある（**図1-1-1-2**）。年率換算の成長率は18・8%である。

　ここで注目すべきは市場規模の拡大だけではない。市場の内訳が、インフラやエネルギー関係機器などのハードウェアだけでなく、ソフトウェアやサービスが大きな付加価値を生み出すと見込まれている点だ。細かな分野を見ると、教育、ヘルスケア、移動など一般消費者向けのサービスが含まれている。

　これら複数のサービスが進化し、それらが縦横無尽に利用される都市をスマートシティと呼ぶことが世界のトレンドだと読み取れる。

図1-1-1-2：世界のスマートシティの市場規模

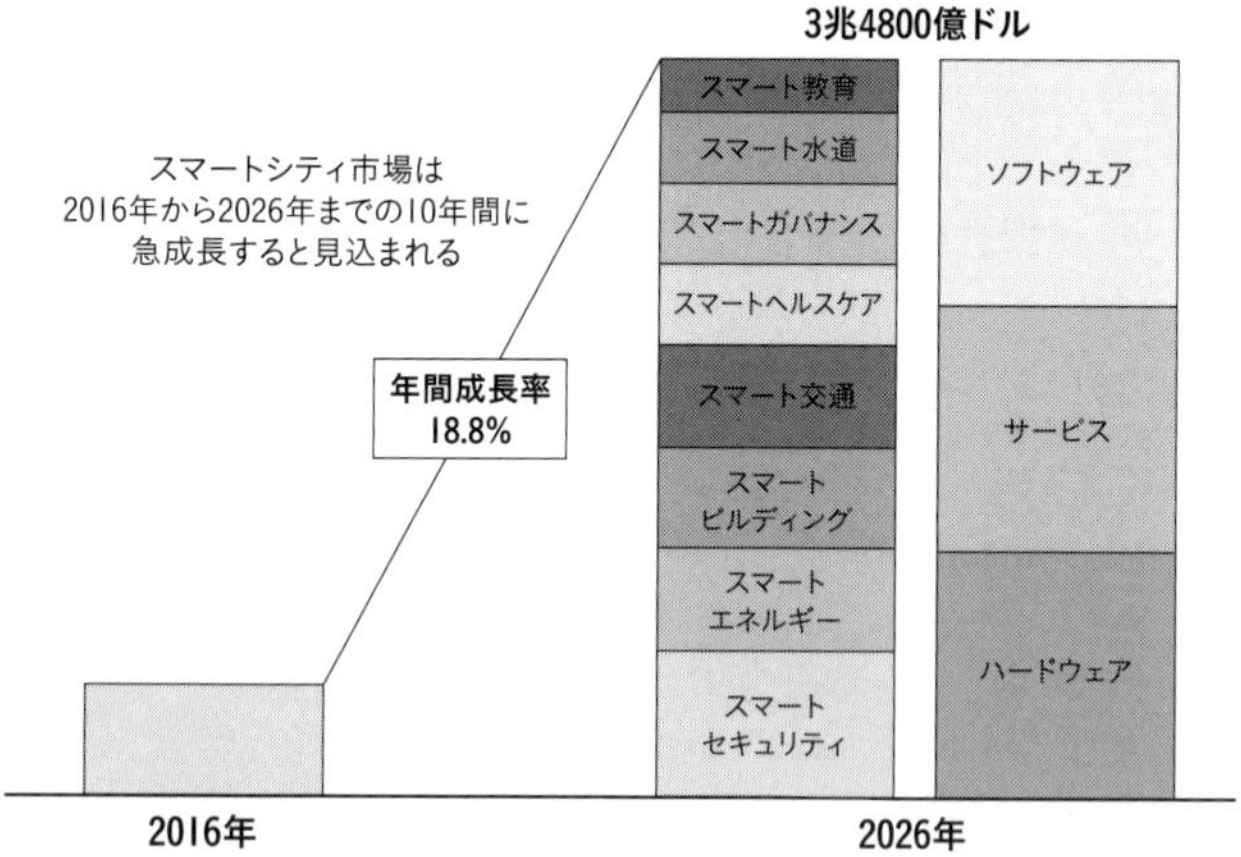

出所：Persistence Market Research、2015

1-1-2 スマートシティとスーパーシティ構想およびデジタル田園都市国家構想の違い

スマートシティは、1-1-1で振り返ったように、２０１０年前後の初期から10年以上が経ち、その考え方や戦略、サービスの幅などが常に変化している。２０２０年前後からは新しいスマートシティへの関心が改めて高まり、スマートシティに取り組む自治体なども増えている。そうした動きを後押しするために政府も、種々の施策を打ち出している。その代表が「スーパーシティ」や「デジタル田園都市国家構想」などだ。これらは、スマートシティと、どう異なるのか。それぞれの定義を正しく抑えたい。

スマートシティとスーパーシティ、デジタル田園都市国家構想の違いを明確にするには、それぞれの定義が必要だ。スマートシティ、スーパーシティ、デジタル田園都市国家構想の順に、それぞれの定義を見ていこう。

スマートシティの定義

スマートシティは、10数年前の成り立ちから言っても、草の根的に生まれてきた面があり、必ずしも明確な定義が確立していない。国や地域、担い手、時期の違いから、さまざまなコンセプトが提示されてきた。ただ、1-1-1で示した歴史的経緯を踏まえれば、筆者らが重要だと考えるキーワードを含み、おおむね正鵠を得ていると考えられる最近の定義を二つ紹介する。

一つは、ネットとリアルが高度に融合した社会である「Society 5.0」の実現に取り組むスマートシティ官民連携プラットフォームが2021年4月に発表した『スマートシティガイドブック』に記載されている定義である。

①三つの基本理念と五つの基本原則に基づき【コンセプト】
②ICT等の新技術や官民各種のデータを活用した市民一人一人に寄り添ったサービスの提供や、各種分野におけるマネジメント（計画、整備、管理・運営等）の高度化等により【手段】
③都市や地域が抱える諸課題の解決を行い、また新たな価値を創出し続ける【動作】
④持続可能な都市や地域であり、Society 5・0の先行的な実現の場【状態】

図1-1-2-1：スマートシティ官民連携プラットフォームが掲げるスマートシティの三つの理連と五つの基本原則

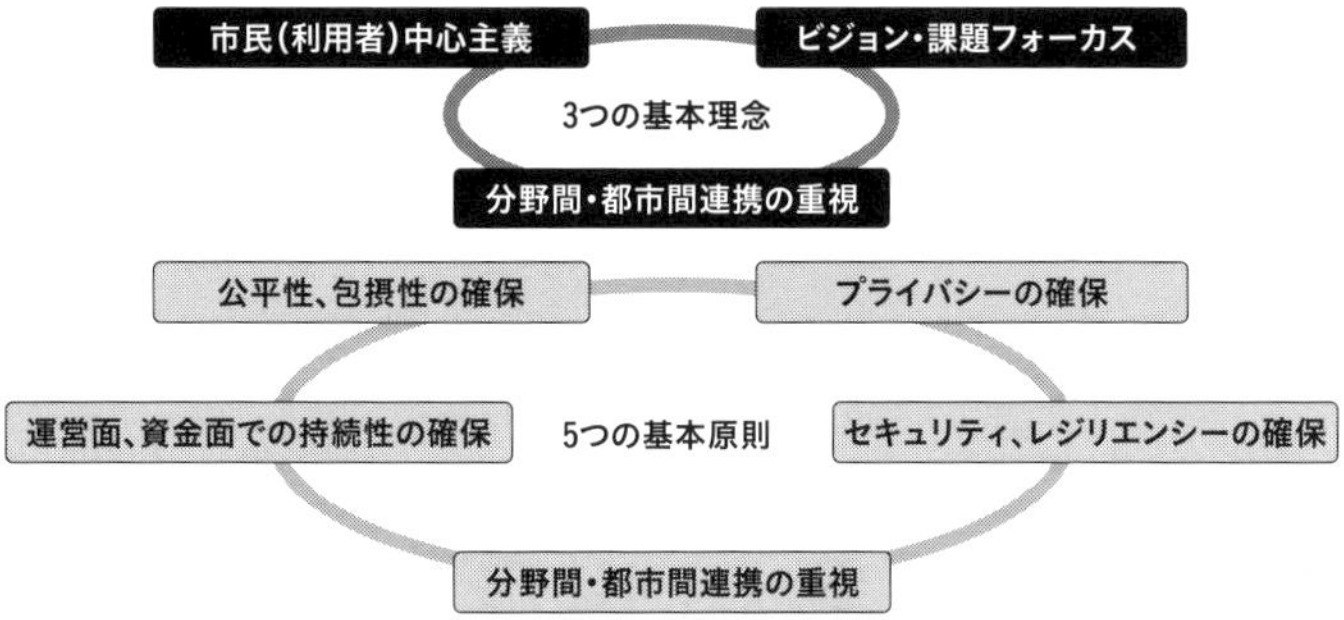

①にある三つの基本理念とは、(1)市民（利用者）中心主義、(2)分野間・都市間連携の重視、(3)ビジョン・課題フォーカスである（**図1-1-2-1**）。そして五つの基本原則は、(1)公平性、包摂性の確保、(2)、運営面、資金面での持続性の確保、(3)相互x運用性・オープン性・透明性の確保、(4)セキュリティ、レジリエンシーの確保、(5)プライバシーの確保だ。

この定義の特徴は、スマートシティを「Society 5.0の先行的な実現の場」に位置付けていることだ（Society 5.0については38ページのコラムを参照）。他の要素については、会津若松市が2011年から10年超をかけて作り上げてきたスマートシティの要素がほぼ反映されている。

それを定めたスマートシティ官民連携プラットフォームは、自治体・企業・研究機関・関係府省が結束し2019年8月に発足したSociety 5.0の推進団体だ。ＡＩ（人工知能）／ＩｏＴ（モノのインターネット）などの新技術やデータを活用したスマートシティをまちづくりの基本コンセプトに位置付け、スマートシティの取り組みを官民連携で加速する。

構成要員は、内閣府、総務省、経済産業省、国土交通省、デジタル庁の5省庁と、企業・大学研究機関など454団体、地方公共団体の187団体。音頭を取った内閣府は「『統合イノベーション戦略2020』等に基づき、Ｓｏｃｉｅｔｙ５・０の総合的ショーケースとして政府をあげてスマートシティの取り組みを推進する」と表明している。

スマートシティのもう一つの定義は、国土交通省によるシンプルなものだ。

都市の抱える諸問題に対して、ICT等の新技術を活用しつつ、マネジメント（計画、整備、管理・運営等）が行われ、全体最適化が図られる持続可能な都市または地区

スマートシティ官民連携プラットフォームの定義と重なるものの、「全体最適化」というキーワードに注目したい。ＩＣＴやデジタルテクノロジーは手段として使うけれども、個別の製品やサービスの実装のみならず、都市マネジメントの観点から一定のガバナンスの下で全体最適が図られてＰＤＣＡが回り、持続的に発展し続ける仕組みを持っているかどうかが重要だという視点である。

従来のスマートシティでは、ややもすると技術成果の達成が目的化し、特定分野に特化した部分最適にとどまる取り組みが主流だった。いわゆるサイロ化した状態である。現在のスマートシティでは、複数の分野にわたる横連携を通じた全体最適を目指す取り組みが重視されている。

スーパーシティの定義

スーパーシティについて、内閣府地方創生推進事務局の資料は次のように整理している。

スーパーシティ構想は、住民が参画し、住民目線で、2030年頃に実現される未来社会の先行実現を目指す

具体的なポイントは次の三つである。

①**生活全般にまたがる複数分野の先端的サービスの提供**：AIやビッグデータなど先端技術を活用し、行政手続、移動、医療、教育など幅広い分野で利便性を向上させる

②**複数分野間でのデータ連携**：複数分野の先端的サービス実現のため、「データ連携基盤」を通じて、さまざまなデータを連携・共有する

③**大胆な規制改革**：先端的サービスを実現するための規制改革を同時・一体的・包括的に推進する

①と②はスマートシティと大差ない。スーパーシティならではの特徴は、③の「大胆な規制改革」にある。具体的には、国家戦略特別特区を認定し、地域限定型で規制の〝サンドボックス〟制度を活用することで、技術実装を迅速かつ円滑に進める。

スーパーシティ構想が持ち上がったのは、2018年10月に当時の安倍内閣が開催した第19回未来投資会議である。民間議員の竹中平蔵氏が、カナダ・トロント市（米Googleが主導）、中国・杭州市（中国アリババが主導）の例を挙げながら「都市空間そのものが第4次産業革命的にならなければいけない。日本においても、このような新しい社会の姿を集約したスーパーシティをつくる政策が（成長戦略の）突破口になるのではないか」と語ったことが発端だ。

同時期の国家戦略特区諮問会議でも、スーパーシティについて「一般のスマートシティ構想とは違うスケールで、大規模で世界最先端のもの」といった意味合いの発言がされている。つまり、国家規模のスケール感と制度改革をテコにゴール逆算型のアプローチが、スーパーシティの最大の特徴である。その後の会議でも「未来社会を包括的に先行実現するショーケース」「丸ごと未来都市を作る」といった発言が見られる。

その後、菅内閣として2020年12月にスーパーシティ提案の募集が始まるが、区域が指定されないままに再び政権が交代してしまう。

そして第100代内閣総理大臣に就任した岸田首相は2021年10月4日、首相として初めての記者会見で「（成長戦略の）第2は、デジタル田園都市国家構想です。地方からデジタルの実装を進め、新たな変革の波を起こし、地方と都市の差を縮めます」と表明した。つまりスーパーシティ構想が具体的な姿を見せる前に、デジタル田園都市国家構想が並行して始動したのである。以後のスーパーシティ構想の動きは、デジタル田園都市国家構想の項で述べる。

デジタル田園都市国家構想の定義

内閣府は、デジタル田園都市国家構想を次のように定義する。

高齢化や過疎化などの社会課題に直面する地方にこそ新たなデジタル技術を活用するニーズがあることに鑑み、デジタル技術の活用によって、地域の個性を生かしながら地方を活性化し、持続可能な経済社会を実現するもの

具体的な要件としては、2021年11月11日に開かれた「第1回デジタル田園都市国家構想実現会議」の配布資料では次の三つなどが掲げられている（**図1-1-2-2**）。

①地域の「暮らしや社会」「教育や研究開発」「産業や経済」をデジタル基盤の力により変革する
②「大都市の利便性」と「地域の豊かさ」を融合した「デジタル田園都市」を構築する
③「心ゆたかな暮らし」（Well-being）と「持続可能な環境・社会・経済」（Sustainability）を実現

図1-1-2-2：デジタル田園都市国家構想の取り組みイメージ

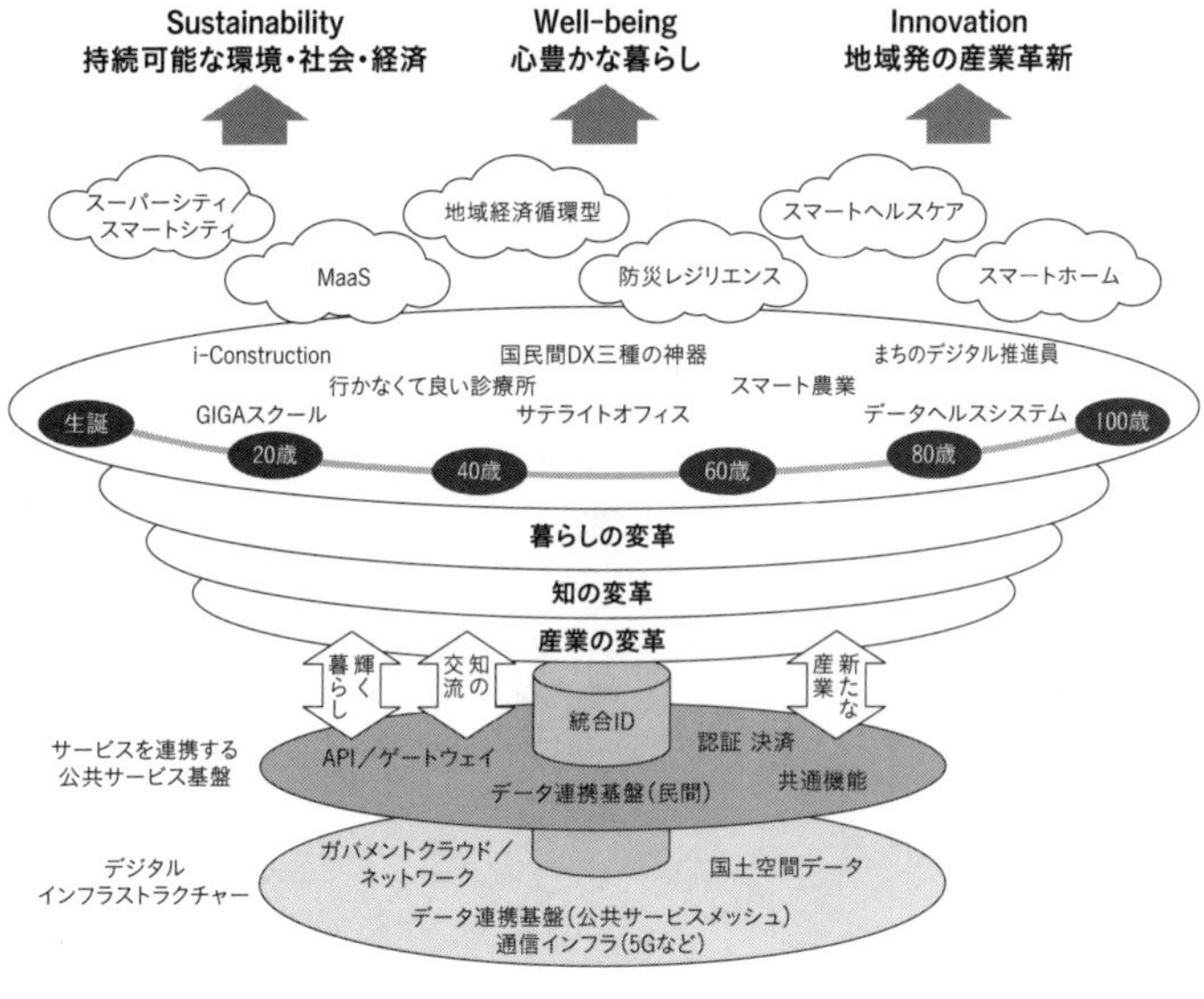

する

デジタル田園都市国家構想において重要なのは「持続可能な地域産業」が第一歩になる点だ。それがあってこそ初めてWell-being（幸福感）が向上し、魅力的な街づくりができるようになる。

持続可能な地域産業を作るのに必要な要件は次の3点である。

✓時代を先取るデジタルインフラの整備
✓国と地方が一体となったサービス基盤の構築・提供
✓オープンデータの促進、地域企業が活躍する場の創出

つまり、発展し続けられる（持続可能な）仕組みがベースにあり、その上で地域の社会課題を解決できる新しいサービスが提供される。サービスという表面と、それを支える裏側の仕組みの双方が備わっていなければ長続きしないということだ。

会津若松のスマートシティを牽引してきた故・中村 彰二朗 氏は、この構想を受けて「デジタル田園都市国家構想は、私たちが進めてきたスマートシティそのものだ」と喝破した。「地域DXプロジェクトであるスマートシティを強く推進し、それを実現することが、デジタル田園都市国家構想を成就させることになると確信している」とも表している（氏の想いは3章を参照してほしい）。

デジタル田園都市国家構想が発表されしばらくしてから、スーパーシティ構想の区域が指定された。2022年3月9日の「第53回 国家戦略特別区域諮問会議」において、スーパーシティ型国家戦略特区には茨城県つくば市と大阪市が選定され、デジタル田園健康特区には岡山県吉備中央町と長野県茅野市と石川県加賀市の三市町が、まとめて一つの特区としてれ選定された。

スーパーシティ型国家戦略特区は、もともとのスーパーシティのコンセプトに則った特区。デジタル田園健康特区は、デジタル田園都市国家構想が融合する形で新たに設けられた特区である。

デジタル田園健康特区は、「革新的事業連携型国家戦略特区」に位置付けられ、健康や医療に関わる課題をデジタルの力で解決しようとする地域として指定された。三市町が、それぞれの域内での課題解決に取り組みながら、自治体間の施策連携やデータ連携の推進が想定されている。同諮問会議の議事録によれば、離れた地域にある自治体が特定課題に重点を置いて連携する「バーチャル特区」のような形をイメージしていたようだ。

その後、デジタル田園都市国家構想の推進交付金の対象事業が、計画の熟度に応じて順次採択された。会津若松市の「複数分野データ連携の促進による共助型スマートシティ推進事業」は、最も先進的な事業である「タイプ3」として2022年6月に採択された（詳細は2章を参照）。

「スマートシティ」は世界共通のキーワード

いずれにせよ、これらの取り組みは政権交代の中で、新旧の政策が併存したり相乗りしたりする形になったため、分かりにくくなっている面は否めない。スマートシティ、スーパーシティ、デジタル田園都市国家構想の三つプロジェクトの関係を整理すると**図1-1-2-3**のようになる。

三者とも、ICTやデジタル技術を活用し都市や地域課題を解決するという中核は共通だし重なり合う部分も多い。だが明確な違いもある。

スーパーシティ構想とデジタル田園都市国家構想が、自治体単位で国から指定され、期間限定で推進されるプロジェクトであるのに対し、スマートシティは、名乗るための資格もなければ期限もないことだ。

スマートシティの取り組みでは、国の補助を受けて活動にドライブをかけようとする都市もあれば、政策の枠にとらわれず独自の道を歩む都市もある。だが仮に国のプロジェクトが終わっても、人々の暮らしや営みが続く限り自治体やコミュニティは存続し、スマート化を目指す地域づくりに終わりはない。

今やスマートシティは、国や地域、事業主体や規模を問わず、世界中で取り組まれている。コンセプトや取り組むサービスも千差万別で、100人に問えば100通りの答えが返ってくるかもしれない。だとしても、「先端テクノロジーを活用し〝賢い（スマートな）〟街を作る」という文脈では、スマートシティは世界共通のキーワードである。

図1-1-2-3：スマートシティとスーパーシティとデジタル田園都市国家構想の関係

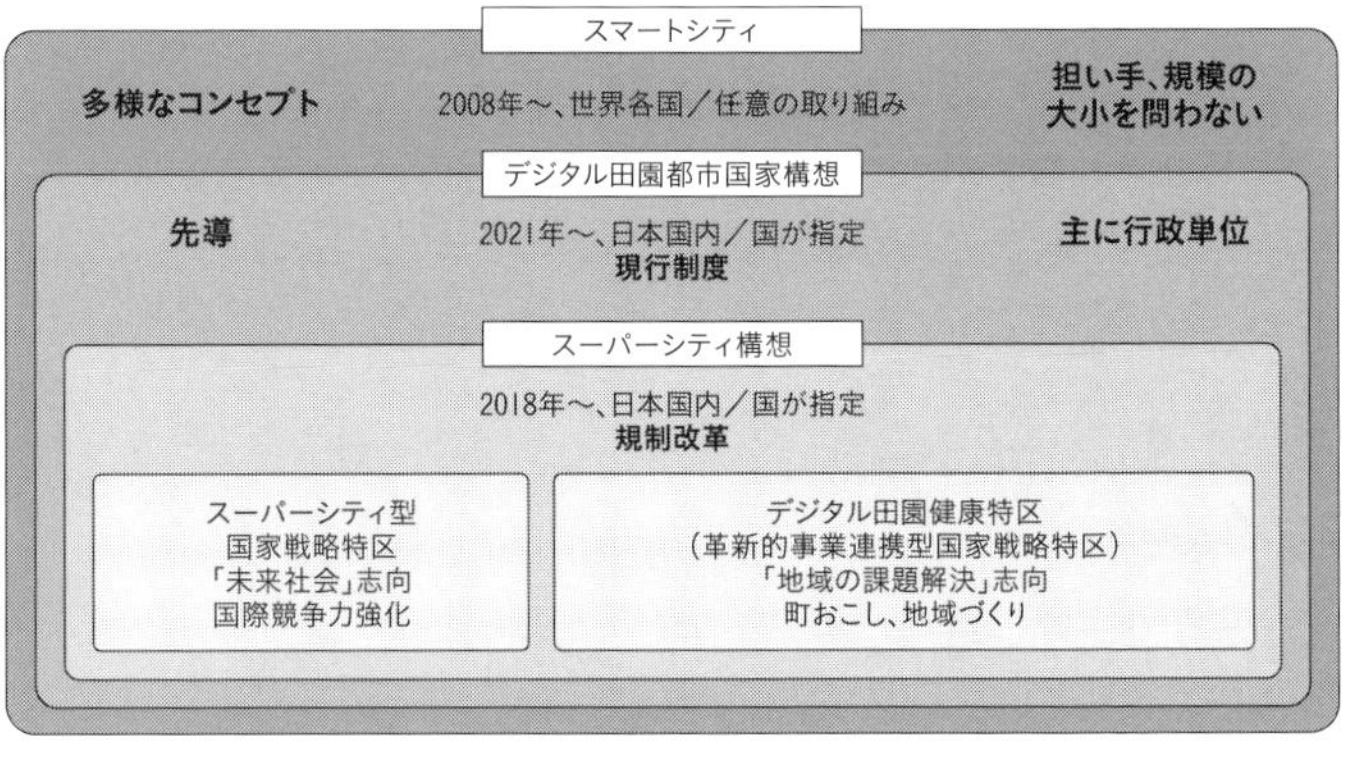

コラム

超スマート社会「Society5・0」と第4次産業革命

「Society 5・0」は、内閣府総合科学技術・イノベーション会議（CSTI）が策定した『第5期科学技術基本計画』（2016年〜2020年）で初めて提唱された考え方である。「サイバー空間とフィジカル空間（現実社会）が高度に融合した〝超スマート社会〟を未来の姿として共有し、その実現に向けた一連の取り組みを〝Society 5・0〟とする」と定義した。「5・0」というバージョンは、狩猟社会を1・0とした際に、農耕社会が2・0、工業社会が3・0、情報社会は4・0となり、それに続く新しい社会というイメージによるものだ。

「超スマート社会」とは、「必要なもの・サービスを、必要な人に、必要な時に、必要なだけ提供し、社会の様々なニーズにきめ細かに対応でき、あらゆる人が質の高いサービスを受けられ、年齢、性別、地域、言語といった様々な違いを乗り越え、活き活きと快適に暮らすことのできる社会」だとする。総務省が2012年の『情報通信白書』で言及していた「ユビキタスネットワーク社会×スマート化＝スマート革命」の考え方を拡張したコンセプトだと言える。

2022年時点の最新の定義では「超スマート社会」を「経済発展と社会的課題の解決を両立する、人間中心の社会」に位置付けた。グローバルに展開されている「Human Centric（人間中心）」を目指すトレンドを採り入れている。

当初、スマートシティ構想が目指すゴールに想定されていたのは「第4次産業革命を体現する世界最先端都市」だった。「第4次産業革命」とは、2016年の世界経済フォーラム（WEF）の年次会議で報告された中心テーマだ。1990年代に始まったコンピューターやICT分野のデジタル革命をベースに、ロボット工学、AI（人工知能）、ブロックチェーン、量子コンピューター、IoT（モノのインターネット）、3D（3次元）プリンター、コネクティッドカー（自動運転車）、VR（仮想現実）／AR（拡張現実）など、多岐に渡る技術革新が巻き起こり、社会全体の変革につながる潮流を表している

「第4次」というフェーズは、言うまでもなく18世紀後半から19世紀初頭にかけてイギリスで起きた工業化を第1次産業革命と呼んだことが起点になっている。第1次の動力源とエネルギーは蒸気機関と石炭が中心だった。第2次産業革命は19世紀後半から20世紀初頭までに進んだ重化学工業の時代であり、内燃機関と石油・モーターと電力が中心になる。第3次産業革命は20世紀後半に原子力エネルギーとコンピューターが発達した時代を指す（時代区分には諸説がある）。

そして第4次産業革命は、2011年にドイツ工学アカデミーと連邦教育科学省が発表した「Industry 4.0」のとらえ方がベースになっている。ほぼ同時期に提唱されたSociety5.0と第4次産業革命には共通点が多い。第4次産業革命が現在起きつつある産業分野の技術革新にフォーカスしているのに対し、Society5.0は、やや長いスパンで近未来の社会を映し出している。

1-1-3 スマートシティを二分する ブラウンフィールド型とグリーンフィールド型

スマートシティを実現するためのアプローチには大きく二つのタイプがある。「ブラウンフィールド型」と「グリーンフィールド型」だ。両者の特徴や相違点を国内外の事例を挙げながら説明する。

スマートシティには大きく①ブラウンフィールド型と②グリーンフィールド型がある。ブラウンフィールド型は、住民が生活している既存の都市をスマート化するパターンである。グリーンフィールド型は、新しい都市を設計・建設したり再開発したりしてスマートシティを創り出す。会津若松のスマートシティプロジェクトはブラウンフィールド型である。

ただ、ブラウン／グリーンの分け方は、スマートシティ以外の分野によっては異なる意味合いで利用されている。例えば、都市開発の分野では、土壌汚染や有害物質が原因で再開発ができない廃工場などがある土地を「ブラウンフィールド」、汚染されていない土地を「グリーンフィールド」と呼ぶ。

都市のスマート化はブラウンフィールド型から始まった

ブラウンフィールド型のスマートシティは、住民が生活している既存の都市を対象に、住民の合意を形成しながら、都市や街区が抱える課題を、デジタル技術や新たなルール・制度を適用して解決していく手法である。既存の都市を上空から俯瞰した様子が褐色に見えることから〝ブラウンフィールド〟と呼ばれるようになった。

2008年頃から世界各地で始まったスマートシティの取り組みは、そのほとんどがブラウンフィールド型だった。1-1-1で説明したようにスマートシティはもともと、都市のエネルギー問題をデジタル技術で解決する取り組みから始まった。その後、ゴミ処理など環境全般に領域が拡大し、さらに既存都市が抱えるあらゆる課題を解決するスマートな街づくりへと発展してきた。

ブラウンフィールド型スマートシティは世界各地に存在している、デンマークのコペンハーゲン、米国のニューヨークやサンフランシスコ、コロンバス、アラブ首長国連邦のドバイ、シンガポールなどだ。国内では、会津若松や横浜市、群馬県前橋市、兵庫県加古川市、北海道更別村などの取り組みがある。

同じブラウンフィールド型であっても、その取り組み内容は、それぞれの都市によって異なっている。だが成功事例に共通しているのは、住民の合意の下、住民主体で事業を推進している点である。このことは、これから本格化するデジタル田園都市などのスキームを活用した社会実装においても、最も重要な鍵になるだろう。

ブラウンフィールド型の代表例をいくつか紹介する。

■蘭アムステルダム：都市プロモーションで〝市民の誇り〟を形成

アムステルダムのスマートシティ構想は、同市が2006年にオランダを中心にエネルギー事業を展開するAlliander と共同でエネルギー問題解決の検討を開始したことに端を発している。

その後、EU（欧州連合）が2008年に合意した「気候変動・エネルギーに関する政策パッケージ」の温室効果ガス削減目標の達成に貢献しようと2009年、EUの他都市に先駆けて「アムステルダム スマートシティ プログラム」を策定し、本格的な取り組みを開始した。

エネルギー問題の解決を目指すところから始まったこともあり、当初はスマートメーターの導入による消費電力の可視化や、スマートグリッドの整備による電力需給の最適化、エネルギー制御が可能なスマートビルへの転換といった取り組みが進められた。そこからEV（電気自動車）の普及を目指した充電スポットの設置や、ゴミ収集や駐車場など公共スペースにおける環境問題全般の解決へと領域を拡大した。

住民への認知度向上や意識喚起を目的に「I amsterdam」というキャッチコピー

を掲げた都市プロモーションを展開しシビックプライド（都市に対する市民の誇り）を形成。同時に、都市情報をオープンデータとしてインフラや環境負荷の状況を可視化する取り組みへと発展させた。

２０１６年からは「Ｓｈａｒｉｎｇ Ｃｉｔｙ Ａｍｓｔｅｒｄａｍ」を掲げ、シェアリングエコノミーの取り組みに着手。「Ａｉｒｂｎｂ」や「Ｕｂｅｒ」といったグローバル規模でビジネス展開されるシェアリングサービスに加え、コミュニティに根差したシェアリングサービスを提供するスタートアップの育成にも力を入れている。同市内に張り巡らされた水路に停泊するボートをシェアリングするという独自のサービスも生まれている。

■米シカゴ：市内に設置したＩｏＴセンサーのデータをオープン化

北米の事例には、米国第３の都市であるシカゴのスマートシティプロジェクト「Ａｒｒａｙ ｏｆ Ｔｈｉｎｇｓ」がある。長引く経済停滞を打開するために２０１３年、「シカゴテックプラン」を発表。同市に集積するＩＴ関連企業と連携して最先端デジタル技術の活用による都市のスマート化を目指している。

シカゴの取り組みで特徴的なのが、データ活用サービスを展開していることだ。市内各所の街灯などにＩｏＴ（モノのインターネット）センサーを設置し、さまざまな環境データをリアルタイムに取得・収集。その環境データを「シカゴ スマートデータプラットフォーム」に蓄積している。

同プロットフォーム上のデータは、オープンデータとして民間企業や住民に公開し、ビジネスやサービスへの活用を促進している。地下に埋設された電気・ガス・上下水道などのライフラインをマッピングし、夜間工事の適切な実施や大雨時の都市洪水・浸水検知などに活用してもいる。

■横浜市：国内スマートシティの先駆けとして実証目標を達成

国内スマートシティの先駆けとも言えるのが、横浜市が2010年から取り組んでいる「横浜スマートシティプロジェクト」だ。経済産業省の「次世代エネルギー・社会システム実証地域」に認定されたことから始動した。現在も、エネルギー・環境領域を中心にスマートシティの実現に向けた取り組みが継続されている。

同プロジェクトでは、エネルギーマネジメントの仕組みとして、地域全体のエネルギーマネジメントを担うCEMS（Community Energy Management System）、オフィスビルなどのためのBEMS（Building and Energy Management System）、家庭用のHEMS（Home Energy Management System）、再生可能エネルギーを含むVPP（Virtual Power Plant：仮想発電所）、EVなどの活用を推進した。

プロジェクトの実施期間だった2014年度までに目標を達成するという成果を上げた。2015年度からは、新たな公民連携組織を立ち上げ、実証プロジェクトで得た技術やノウハウを生かしながら、防災性や環境性、経済性に優れたエネルギー循環都市を目指した活動が進められている。

グリーンフィールド型の最大のメリットは「開発のしやすさ」

グリーンフィールド型とは、整備されていない未開発の土地に建物や道路、ライフラインなど、さまざまなインフラを整備することでスマートシティを実現する手法である。未開拓の山林や草地が広がる様子から「グリーンフィールド」と呼ばれるようになった。緑地ではないが、港湾の新規埋立地や大規模工場跡地を開発するスマートシティもグリーンフィールド型に含まれる。

グリーンフィールド型の最大のメリットは推進の容易さにある。周辺住民などを除けば、地権者のみで多くの事項について決定でき、自治体や民間デベロッパーの主導によりゼロからの開発が進められる。

こうしたニュータウン建設は古くから実施されてきた。だが従来のニュータウンは建物や道路を作りインフラを整備することだった。グリーンフィールド型スマートシティでは、それらに加え、最先端のデジタルテクノロジーをフル活用しながら街を作りあげることが特徴になる。

例えば、再生可能エネルギーの分散電源によるマイクログリッド（小規模電力系統）サービスや、自動運転車やドローンを活用したモビリティサービス（ＭａａＳ：Mobility as a Service）、５Ｇ（第5世代移動通信システム）回線によるリアルタイムでのオンライン診療やＡＩ（人工知能）ドクターといったヘルスケアサービスなど、未来都市を具現化するサービスの提供が実装または計画される。

これらサービスはブラウンフィールド型でも部分的には提供されている。しかし、グリーンフィールド型では開発前に居住している住民がおらず、新たに建設されるスマートシティの理念や目指す方向性、提供されるサービス内容に賛同した住民が集まってくる。そのため、データの提供や活用への同意・承諾を事前に得る「オプトイン」において、100%の住民から得たうえでの大胆なデジタル化計画も可能になる。街区内で事業展開する企業にしても、デジタルテクノロジーによるソリューションや新しいビジネスの創出を共に考え、スマートシティの発展に貢献してくる企業だけを選定することもできる。

グリーンフィールド型の代表例を紹介する。

■カナダ・トロント：データの取り扱いを巡り頓挫

海外におけるグリーンフィールド型スマートシティの事例として、良い面でも悪い面でも有名なのが、カナダ・トロントのウォーターフロント再開発計画「Sidewalk Toronto」だ。

Sidewalk Torontoは、米Googleの親会社である米Alphabet傘下のSidewalk Labsが街づくり計画の策定を受託したスマートシティ構想であり、その新たな街づくりに向けたアプローチの先進性が高く評価されていた。具体的には、建物・道路・施設の各所にセンサーを設置してデータを収集し、それをオープンデータ化することで企業が新たなイノベーションやサービスの創出を目指すというものだ。

ところが、データの取り扱いについて住民の理解・賛同を十分に得られなかった。そこに新型コロナウイルス感染症（COVID-19）が拡散し、コロナ禍での街としての採算性の問題が露呈したことも相まって、残念ながら計画は頓挫してしまった。街づくりのアプローチとしては先進的だっただけに、住民中心で推進することの重要性を改めて認識させた学びの多い事例の一つだといえる。

■中国・河北省雄安新区：大手テクノロジー企業が進出

中国政府は国家戦略としてスマートシティ建設を進めている。中国河北省雄安新区で進められているスマートシティも、その1つで、果樹園が広がるエリアを新たに開拓した。

ここには、中国の大手テクノロジー企業であるアリババ、バイドゥ、テンセントなどが進出している。政府と協力しながら、自動運転バスや自動走行清掃車、無人配送車、ICタグとキャッシュレス決済により支払いを自動化した無人コンビニエンスストアなど、さまざまな最新サービスの実証実験が実施されている。

■神奈川県藤沢市：パナソニックの関連工場跡地を再開発

日本におけるグリーンフィールド型スマートシティの代表的事例の一つが、神奈川県藤沢市での「Ｆｕｊｉｓａｗａ サスティナブル・スマートタウン（ＦＳＳＴ）」だ。旧松下電器産業（現パナソニック）の関連工場跡地を再開発するプロジェクトとして２０１０年にスタートし、２０１４年に街開きが行われた。最終的には１０００戸の住宅と、商業施設や福祉施設、医療機関、教育機関、物流施設を含むスマートタウンを目指す。

プロジェクトは、地権者であるパナソニックが「地域から地球に拡がる環境行動都市」の先導的モデルプロジェクトとして主導。ＦｕｊｉｓａｗａＳＳＴの趣旨に賛同するパートナー企業とコンソーシアムを結成し、藤沢市とも協力しながら街づくりを進めている。パートナー企業には、エネルギーやセキュリティ、モビリティ、ウェルネスといった領域に強みを持つ企業が名を連ねている。

ＦｕｊｉｓａｗａＳＳＴの特長は、エリアを区分・区画するゾーニングやインフラといった技術起点ではなく、住民の〝くらし起点〟で街づくりに取り組んでいる点だ。サスティナブルな街を実現するための道しるべとなる「環境（ＣＯ２削減、生活用水削減）」「エネルギー（再生可能エネルギー利用率）」「安心・安全（ライフラインの確保）」に関する数値目標を設定しながらも、最終的には住民主体の地域に根差した街づくりを目標にしている。

ちなみにアクセンチュアもＦｕｊｉｓａｗａＳＳＴに参加している。そこでの役割は、スマートタウンの構想策定およびサービスモデルの企画・推進、世界各国のスマートシティ支援実績を活かしたマーケティング支援である。住民向けタウンプラットフォームの導入では、スマートシティ会津若松で構築したデータ連携基盤（都市ＯＳ）を横展開している。

■千葉県柏市：米空軍通信基地跡地を再開発

10年を超えて街づくりが進められている事例に、千葉県柏市の「柏の葉スマートシティ」がある。２００５年に開通した、つくばエクスプレスの柏の葉キャンパス駅周辺エリアで進む柏の葉スマートシティは、米空軍通信基地跡地を再開発したものだ。

柏の葉スマートシティの起点は、２００８年に千葉県と柏市、東京大学と千葉大学の官学共同で発表した「柏の葉国際キャンパスタウン構想」である。２０１４年に駅前中核街区「ゲートスクエア」が開業し、住宅から商業施設、オフィス、ホテル、ホールまでの都市機能を集積した複合開発型スマートシティとして本格稼動した。

その特徴は①環境共生都市、②健康長寿都市、③新産業創造都市という三つのテーマを掲げ、その実現に向けて産官学連携で取り組んでいることにある。

例えば環境共生都市の実現に向けては、各住戸の家電機器を自動制御する「柏の葉ホームエネルギー管理システム」や、街全体のスマートグリッドである「柏の葉エリアエネルギーマネジメントシステム」が導入されている。データ連携による新たなサービス創出を目指す「柏の葉データプラットフォーム」の整備も進めている。

周辺の既存のまちづくりを巻き込みことが重要に

国内の事例には、ほかにも、トヨタ自動車が静岡県裾野市の自社工場跡地で進める「Woven City（ウーブン・シティ）」や、福岡市・九州大学・UR都市機構・福岡地域戦略推進協議会が福岡市東区の九州大学箱崎キャンパス跡地で進める「FUKUOKA Smart EAST」、東急不動産とソフトバンクが港区竹芝エリアで進める「Smart City Takeshiba」などがある。Smart City Takeshibaは、東京都の「都市再生ステップアップ・プロジェクト」の一つである。

グリーンフィールド型の良さは、大胆な開発、大胆なデジタル活用が進められることだ。それゆえスーパーシティの取り組みと相性が良かったと言える。しかし、いかに最先端の取り組みを進めたとしても、グリーンフィールド型の開発実績によって得られた経験・知見を他の地域にも広げていかなければ、国全体をスマート化するという恩恵は享受できない。

とりわけ既存のまちづくり、すなわちブラウンフィールド型スマートシティを巻き込みながらスケールさせていくことが重要になる。FUKUOKA Smart EastやSmart City Takeshibaも実は、新規エリアの開発だけでなく、周辺のブラウンフィールドエリアを含めた取り組みである。

ブラウンフィールドを巻き込んだ街づくりとしてスーパーシティの議論の中で注目されたの

が、三重県多気町を中心とした六つの町（多気町・大台町・明和町・度会町・大紀町・紀北町）が共同で進める「三重広域連携スーパーシティ構想」だ。

同構想は、グリーンフィールド型で開発が進む滞在型商業リゾート施設「VISON（ヴィソン）」を拠点に、自治体や企業が広域に連携しながら最先端デジタルテクノロジーを活用し、ヘルスケアやモビリティ、エネルギー、観光振興といった社会課題の解決に取り組んでいく。このグリーンフィールドで得られた知見を6町の既存の街にフィードバックし取り込もうとするのが、広域連携スーパーシティ構想の骨子になる。既存の街をスマート化するブラウンフィールド型の取り組みの重要なパーツの一つとしてグリーンフィールド型のVISONが位置付けられているわけだ。

スーパーシティ構想における同様の提案例に神奈川県鎌倉市の「鎌倉スーパーシティ構想」がある。同市深沢地区の未利用地に新たな街をつくり、その成果を鎌倉地区や大船地区など既存市街地（ブラウンフィールド）にフィードバックする。大阪市は、大阪市此花区の埋立地・夢洲（ゆめしま）で2025年に開催される大阪・関西万博会場周辺エリアを中心に同様の考え方を示している。

このように、日本全体のスマート化・デジタル化に寄与し、周辺エリアと共生して発展する街づくりのためには、グリーンフィールド型の先進的な取り組みをブラウンフィールド型に適用・活用するためのスキームの構築も必要になるだろう。

1-2-1 スマートシティを支える リファレンスアーキテクチャと「都市ＯＳ」

スマートシティにおける種々のサービスを効率的に提供・利用するためには、関連するデータを自治体の壁を越え、日本全国にまたがって円滑に流通させるための「共通データ連携基盤」が必要になってくる。その基盤として機能するのが「都市オペレーティングシステム（都市ＯＳ）」である。都市ＯＳには、スマートシティのデータやサービスをつなぐという重要な役割が期待されている。

これまで行政のＩＴ化は市町村ごとに取り組むことが多かった。サービスを提供するためのＩＴ基盤もサイロ化された状態になっている。同じエリアにある自治体間でも、データやサービスの連携・統合、再利用、横展開が難しいうえに、情報セキュリティなども含めた保守・運用コストも自治体ごとに負担している。

これを国全体で見れば、似たような自治体システムを運用するために何重にもコストがかかっていることになる。結果として、住民の利便性向上につながるサービスにコストをかけにくくなっている。全国各地でデータやデジタルに関する技術を活用し、地域が抱える課題を解決するスマートシティへの取り組みが進み始めている今、かつてのIT化時代の課題を繰り返してはならない。

スマートシティへの取り組みにおいて、各地域が持つ強みや良さを生かしながら、それぞれの地域に合ったまちづくりを実現し、多様化する市民生活に対応できる行政サービスを提供するためには〝スマートシティの標準化〟こそが求められる。人口減少で税収減少が見込まれるなか、持続可能な行政サービスのあり方も問われている。

設計図を書くための「スマートシティリファレンスアーキテクチャ」

スマートシティ推進における課題を解決するために、内閣府が主導する「戦略的イノベーション創造プログラム（SIP）」事業で整備されたのが「スマートシティリファレンスアーキテクチャ」である（**図1-2-1-1**）。

スマートシティ・リファレンス・アーキテクチャは、スマートシティを推進する各都市が、それぞれの地域の特性に合わせたスマートシティの〝設計図〟を描くための指針である。スマートシティを推進する際に考慮すべき内容が体系的に整理されている。これに沿って設計していけば、都市や地域全体のビジネスモデルを明確にし、一体感のある持続可能なスマートシティが構築できるというわけだ。

さらに同アーキテクチャでは、地域特性やニーズに合った目的および戦略を明確に策定したうえで、利用者目線で個別サービスを設計するとともに、スマートシティ事業の推進組織やステークホルダーを整理してビジネスモデルを描く連携体制（都市マネジメント）の必要性などが述べられている。なかでも特に重要な役割を果たすものとして示されているのが「都市オペレーティングシステム（都市ＯＳ）」である。

都市ＯＳを構成する八つの機能

都市ＯＳは、スマートシティの各種サービスや既存の行政情報システムなどの連携を可能にするオープンな共通データ連携基盤である。スマートシティリファレンスアーキテクチャでは、都市ＯＳは次の8種類の機能群で

図1-2-1-1：スマートシティリファレンスアーキテクチャの全体像

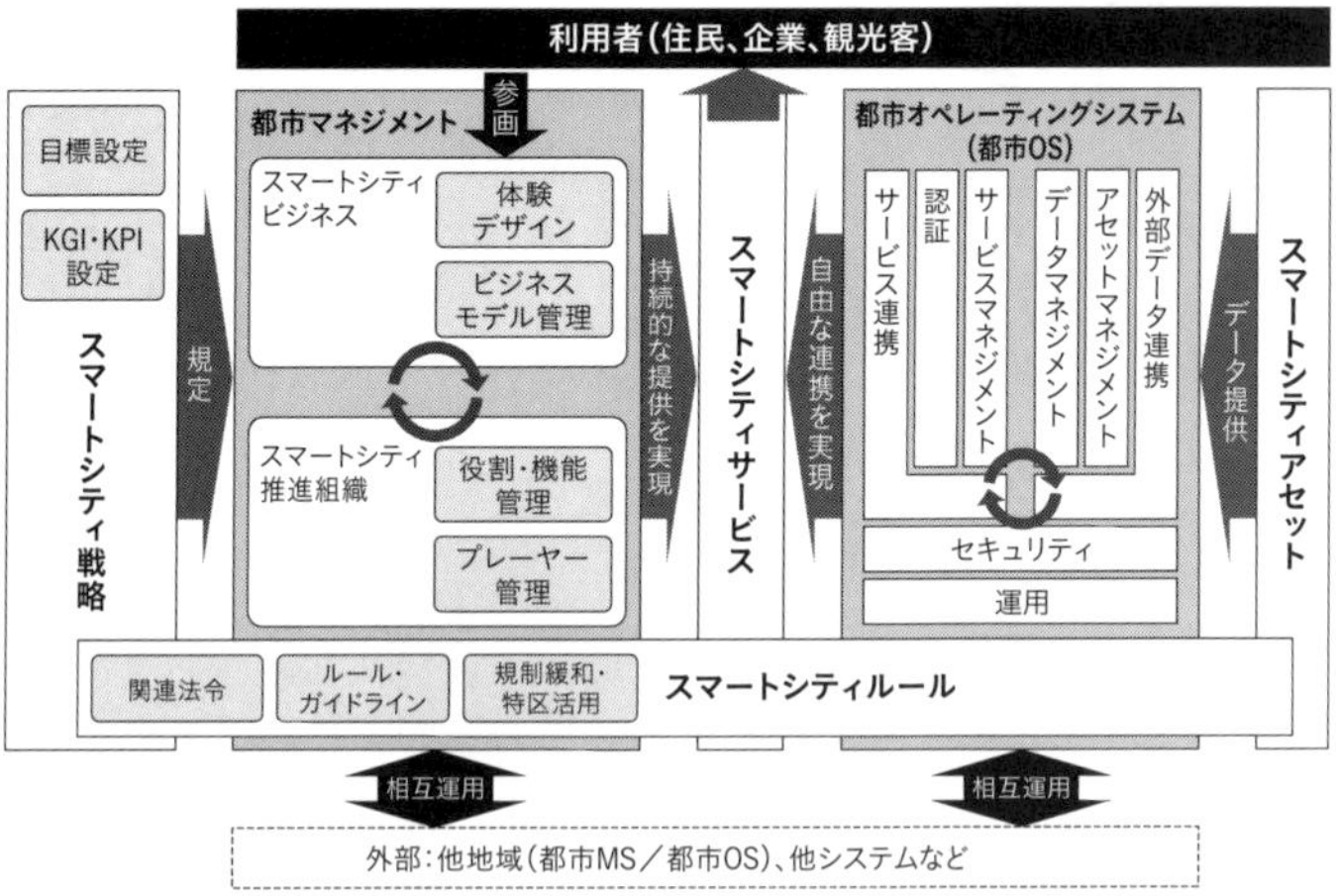

構成される（**図1-2-1-2**）。

機能1＝サービス連携：都市ＯＳで動作する各種サービスをサービス間や他の都市ＯＳのサービスと連携する

機能2＝認証：都市ＯＳの利用者、都市ＯＳと連携するアプリケーションや他システムに対する認証する

機能3＝サービスマネジメント：都市ＯＳと連携するサービスを適切に管理・運用する

機能4＝データマネジメント：都市ＯＳに保存・蓄積されるデータの管理、各所に分散されているデータを仲介する

機能5＝アセットマネジメント：データの収集および他システムの登録・削除といったスマートシティアセットを制御する

機能6＝外部データ連携：スマートシティの

図1-2-1-2：スマートシティリファレンスアーキテクチャが示す都市OSの構成要素

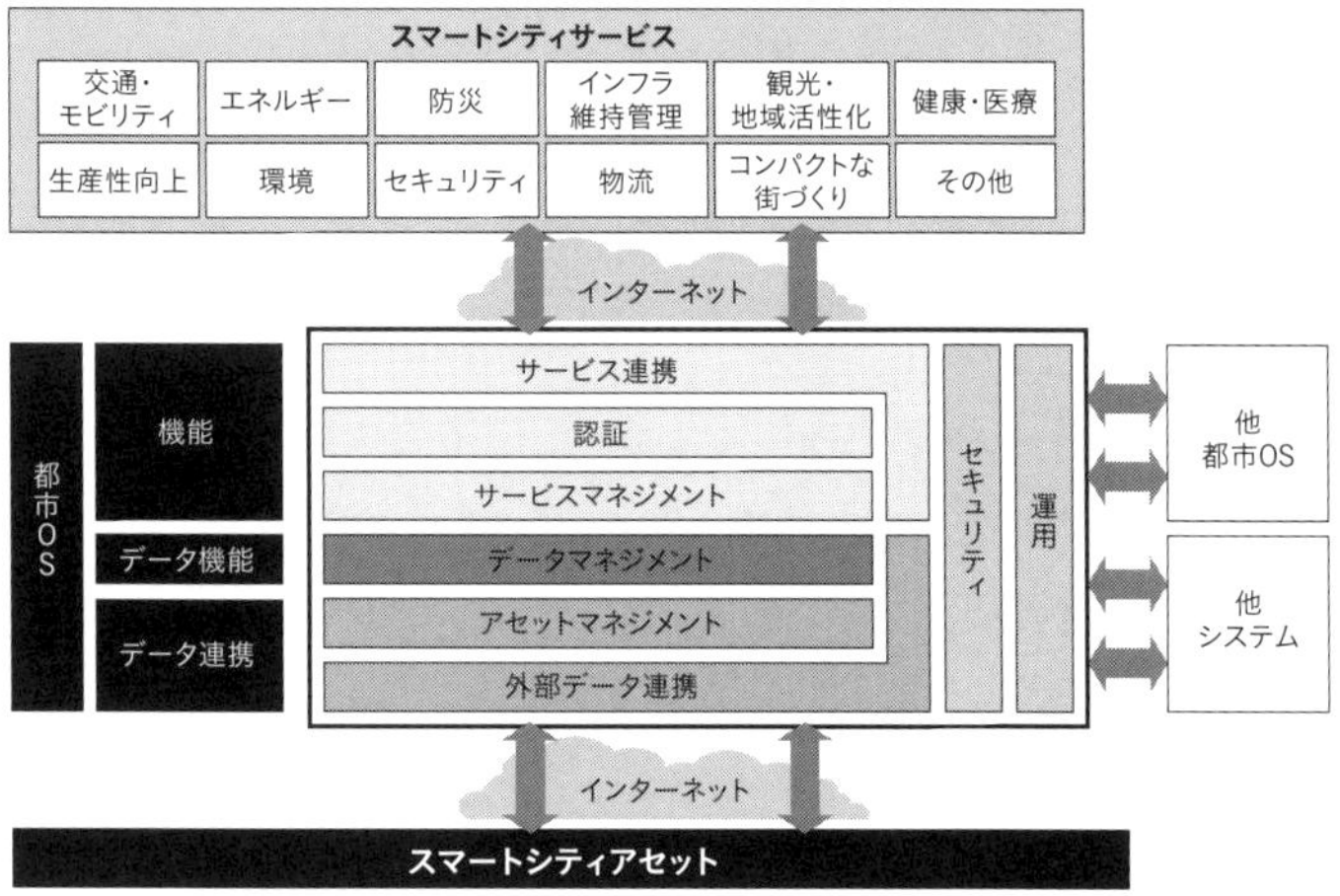

アセットや他システムとのインターフェイスを管理し、データモデルやプロトコルの差異を吸収する

機能7＝セキュリティ：都市OS内外の脅威から都市OSを防御する

機能8＝運用：都市OSの維持・発展に必要なシステム管理や管理プロセスを提供する

都市OSが持つ特徴は三つ

これらの機能を持つ都市OSは、「相互運用」「データ流通」「拡張容易」の三つの特徴を持っている（**図1-2-1-3**）。

■特徴1：相互運用

都市OSによってデータやサービスをつなぎ、相互運用ことができる。つなぎ方は大きく三つある。

方法1：一つの都市OS内の異なるサービス間でデー

図1-2-1-3：都市OSの「3つの特徴」と各構成要素との関係

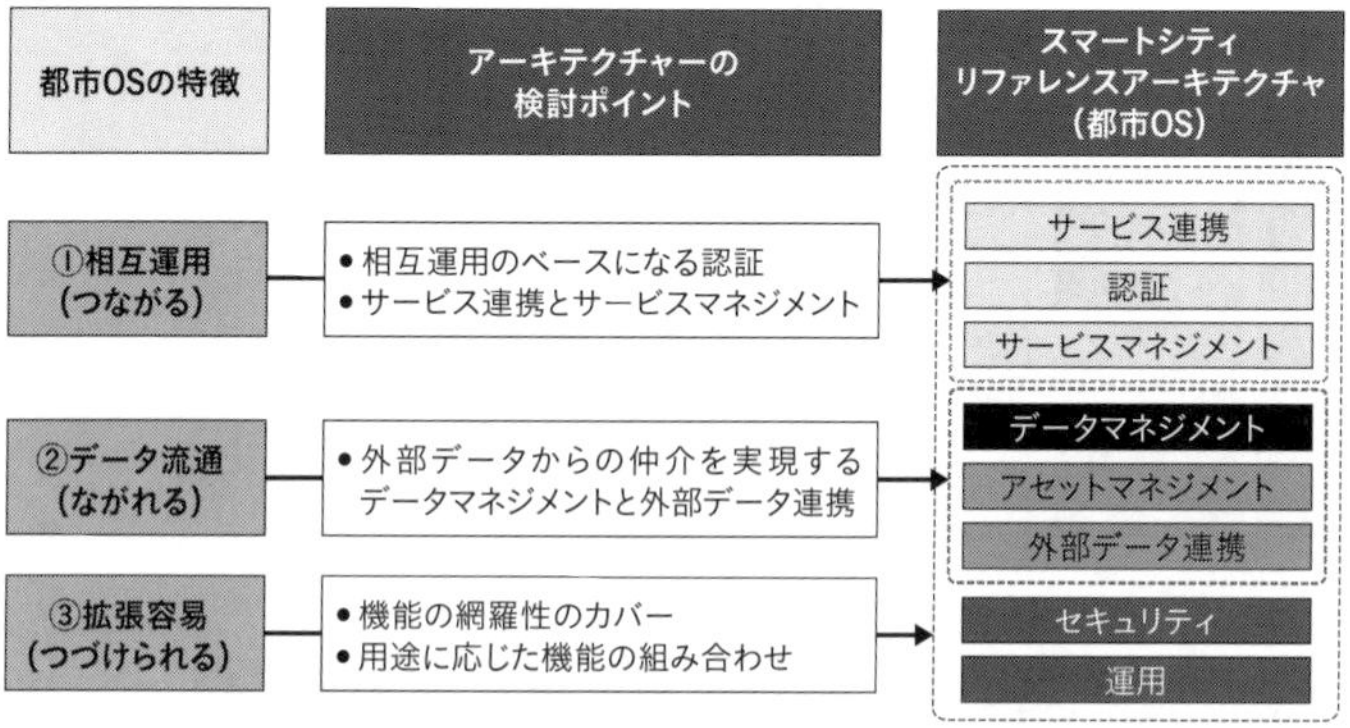

タを連携させる。それにより災害時に持病の薬を避難先に届けてもらうといったサービスの流れもあり得るだろう

方法2：ほかの都市ＯＳとデータを連携させる。相互運用により複数の都市ＯＳをまたいだサービスを提供できる。例えば、引っ越し時の手続きが簡単になったり、旅行先でパーソナライズされたお薦めを受けたりが可能になるだろう

方法3：都市ＯＳ間でサービスを連携させる。ある都市で優れたサービスが実現できれば、それをほかの都市への横展開が可能になる。例えば、会津若松市は「除雪車ナビ」という雪国の市民生活に役立つサービスを提供しているが、これを別の雪国の都市ＯＳに横展開すれば、同様のサービスを低コスト・短期間で導入できるだろう。優れたスマートシティのサービスが各地に拡大していけば、一つの都市ＯＳごとにかかる開発・運用コストを下げられ、その分、より地域特性に応じた新サービスの創出に注力することも可能になる

相互運用を担保するには、標準化団体が定めたＡＰＩ（アプリケーションプログラミングインタフェース）やデータモデルを積極的に採用し、どこからでもアクセスできるように外部に公開する仕組みを取り入れる必要がある。

■特徴2：データ流通

都市ＯＳ内外の多種多様なデータを仲介する機能を指す。都市ＯＳが取り扱うデータには、①更新頻度が低く長期にわたって保存・参照される静的データ、②リアルタイムに生成される動的データ、③空間上の特定地点に関する位置情報を持つ地理空間データ、④個人の属性や行動に基づくパーソナルデータ、⑤データを効率的に検索・管理するためのメタデータなど、特性の異なるさまざまな種類が存在している。このような多種多様のデータを集約・仲介し、活用できるようにする。

■特徴3：拡張容易

都市ＯＳでは、各種機能群から必要な機能を選び、それらを疎結合に組み合わせてシステムを構築できる「ビルディングブロック方式」を採用しているため、サービスへの影響を最小限にしながら更新できる。例えば、スモールスタートでサービスを構築し、地域の実情に合わせて機能を段階的に拡張することが可能になる。

都市ＯＳ導入時にはアナログな課題にも留意する

都市ＯＳをスマートシティに導入する前に留意したいのが、「都市ＯＳとはあくまでもサービスやデータをつなぐための手段である」という点だ。どのようなまちづくりに取り組み地域課題の解決を目指すのかといった全体戦略のもと、どのように利用者の利便性向上を実現するサービスを提供するのか、運営の主体はだれか、どのようにデータを集め、管理するのか、順守すべき関連法やルールは何かなど、アナログ面も踏まえて適切に導入する必要がある。

新規にデータを取得するにも相応の取得・運用コストを要するため、持続性やデータ再利用を踏まえた判断も必要だ。データ連携を実現していくには、データの生成・取得・加工が持続可能な形で提供されること、収集したデータが単独分野でなく他分野でも広く活用できることを踏まえる必要がある。

日本では、既存のシステムやサービスによって生み出された多種多様なデータが存在している。これらのデータを活用できるモデルを構築するところから始めることが重要だ。ただ、都市OSの機能としては接続ルールに合わせていくだけでデータがつながるとするものの、基本的にはデータ提供元の影響力のほうが強いため、相互にメリットがなければ、なかなか上手くいくものではない。

データ公開そのものを目的化して現場の業務負荷や継続的な更新作業などを考慮せずに進めてしまうと、形式がバラバラなデータや、更新されないデータセットが公開されることになる。結果的にデータ活用が進まない状況を招く恐れもある。まずは都市OSにつなげるサービスについてのモデルを確立したのち、他の都市OSとの連携やデータ公開を模索することが望ましい。

これらを踏まえ都市ＯＳを活用すれば、スマートシティにおいて、住民とのさまざまなコミュニケーションを実現するためのサービスをゼロから作り上げる必要がなくなる。既存システムなどが管理するデータを活かしたサービスを迅速に立ち上げられる。都市ＯＳが今後、拡張性の高いスマートシティの実現に貢献していくことは間違いないだろう。

スマートシティが求めるデータ連携基盤の進化と都市ＯＳへの発展

スマートシティの市民サービスの提供に向けたデータ連携の取り組みは世界中で進んでいる。特に欧州では、当地で発展してきた個人ＩＤによるサービス間のデータ連携や、センサーデータなどの利用を目的としたデータ連携が進み、それらを踏まえたデータ連携基盤が構築されている。いくつかの例を挙げる。

■エストニア発のデータ連携基盤「X-Road」

データ連携を実現している例として有名なのが、バルト三国の一角を占めデジタル立国を目指すエストニアだ。デジタルガバメントの代表例としても良く紹介されている。

エストニア国民は現在、政府が用意するポータルサイトに国民ＩＤ「ｅＩＤ」を使ってログインすれば、納税や選挙、教育、健康保険、警察業務などのオンラインサービスが利用できる。これを可能にしているのが、電子政府サービスを支えるバックボーンとして２００１年に運用が開始された共通データ連携基盤「X‐Road」である。

同国では当初、各バンキングサービスとeIDの連携によるサービスを実現していた。だがX‐Road導入以前は、政府機関や企業が独自のデータベースで国民情報を管理していたために、各機関・企業それぞれにeIDおよび個人情報を提供する必要があった。導入後は、段階的に各サービス間のデータ流通を拡張し、警察、学校、病院などが管理するデータベースを含め、横断的に行き来できる利便性の高いサービスを迅速に提供できるようになった。

X‐Roadは、eIDをベースに、利用者自身がサービス単位でパーソナルデータの流通をセルフコントロールする「サービスアプローチ」で発展し、行政サービスだけでなく、さまざまな民間サービスともデータ連携が図られている。

エストニア政府はX‐Roadを積極的に輸出する戦略を採っている。これまでに、フィンランドやアイスランド、アゼルバイジャン、キプロスなどに導入されている。

■欧州連合が開発を進めたOSSの「FIWARE」

EU（欧州連合）では、業種・業界の垣根を超えた横断的なデータ流通やサービス連携を実現するための基盤ソフトウェアの開発が進められてきた。スマートシティ領域における競争力強化と、社会・公共領域のアプリケーション開発の支援が目的だ。

その発展形がOSS（オープンソースソフトウェア）の「FIWARE」である。その開発と管理は2016年以降、FIWAREの普及促進を図る非営利団体のFIWARE Foundationが管理するオープンソースコミュニティが担っている。ちなみにFIWAREは「Future Internet Software」の略だとされる。

FIWAREの実態は、次世代インターネット技術を使ったアプリケーションの開発・実装を可能にするソフトウェアモジュールの集合体だ。各モジュールを組み合わせることでデータの仲介や分散管理を実現し、スマートシティにおけるデータ連携基盤として機能する。ライセンスフリーで利用できる。

各モジュールは「NGSI（Next Generation Service Interface）」というオープンAPI（アプリケーションプログラミングインタフェース）を備え、このAPIを使って連携を図る。NGSIの仕様は標準化団体OMA（Open Mobile Alliance）が策定している。

データ連携基盤としてのFIWAREは、主に都市データの可視化により都市の課題を明らかにし、データに基づいた施策を打つために活用されている。代表的な事例の一つに、スペインのサンタンデール市の取り組みがある。

同市では、市内各所に約1万2000個のセンサーを設置し、そのセンサーデータをFIWAREのデータ活用プラットフォームに集約することで、分野横断のデータ活用を実現。さまざまな社会・公共領域のアプリケーションに活用している。

例えばゴミ回収事業への活用では、ゴミ箱の収容量をセンサーで計測し回収ルートの効率を高めた結果、15%ものコスト削減効果が得られたという。従来は、清掃車が決まった日時に決まったルートを巡回しゴミを回収していた。

日本のデータ連携は市民参加のスマートシティを実現する

X-RoadやFIWAREに対し、日本が目指すべき市民を中心としたスマートシティを実現するための都市OSは、市民とのインタラクティブ性やオプトイン（事前承諾）を前提とした、市民参加を実現する機能が具備されるべきだと考える。

アクセンチュアでは、福島県会津若松市でのスマートシティプロジェクトに取り組むなかで、日本初の都市OSとなる「DCP（デジタルコミュニケーションプラットフォーム）」を開発した。利用者の属性に応じた情報コンテンツやサービスを動的に提供したり、利用者に関するデジタルデータを集積・分析したりを可能にする共通プラットフォームになる。

DCPを使えば、自治体や地域の各サービスやデータを連携し、市民に各サービスをワンストップで提供する仕組みを構築できる。基盤やサービス機能は、必要に応じてアジャイル型で随時、開発・拡張が可能だ。

外部プラットフォームとのサービス/データ連携もAPIを介して実現できる。ユーザーのアクセス情報を含むあらゆるデータをDCPで連携することで、利用者のビッグデータとして新たなサービスの創出などへの活用が可能になる。

このDCPは、データ連携基盤にFIWAREイニシアチブの一環で開発された「Orion」を搭載している。Orionは、日本のデジタル庁が各地の都市OSをつなぐためのデータ連携基盤の標準として採用した。これによりDCPは、異なる都市OSを利用するスマートシティと接続でき、日本各地でのデータやサービスの連携を可能にする。

都市マネジメントの要素も導入のポイントに

今後、都市OSの標準データ連携基盤が整備され、都市OS同士の連携も活発になっていく。だが重要なのは、都市マネジメントシステムの要素も含めて導入を推進することだ。

都市マネジメントシステムとは、スマートシティのビジネス的要素を運用するための仕組みである。スマートシティを実現していくには、単に都市OSを導入するだけでは不十分だ。都市OSをどう使っていくのかという戦略を策定する意思決定の仕組みや、データの連携・流通のルール／ガバナンスを管理するマネジメント組織が不可欠である。

特に防災や安全、まちづくり、医療といった官民の協調が求められる領域では、全体最適の視点が欠かせない。そうした機能を担うのが都市マネジメントの役割だ。

都市マネジメントシステムと都市OSを一対として整備するとともに、スマートシティが全国的に広まっていく中長期的な未来を見据えながら、都市OSの導入、ひいてはスマートシティの構築を進めることが望ましい。

1-2-2 スマートシティへの活用始まる3D都市モデル 国土交通省は「Project PLATEAU」を推進

スマートシティの領域において、都市の〝デジタルツイン〟となる3D（3次元）都市モデルを構築・活用する動きが始まっている。国土交通省は3D都市モデルを整備・オープンデータ化を図る「Project PLATEAU」（プロジェクト プラトー）を2020年4月にスタートさせた。Project PLATEAUを題材に3D都市モデルが持つ可能性について、アクセンチュアの藤井 篤之と増田 暁仁が解説する。

「デジタルツイン」は、実在する〝物理的な世界〟と、その対をなす〝仮想的な世界〟をデジタル空間に構築し、両者を融合することで相互に最適化を図る考え方、あるいは、その仕組みである。デジタル技術によって創り出された〝双子（ツイン）〟の意味でデジタルツインと呼ばれる。

デジタルツインは、その用語が注目される以前から、主に製造業における製品の設計・開発の検討、試作品の機能実証に幅広く利用されてきた。例えば3D（3次元）CAD（コンピューターによる設計）の設計図面からデジタルモックアップモデルを作成し、それをデジタル空間上で動作させ、どのように稼働するかをシミュレーションするなどだ。

最近はデジタルツインの適用領域が広がっている。製造業であれば、工場や生産現場全体の仮想モデルをデジタル空間上に再現し、生産ラインの設定や保守メンテナンスを最適化するといった利用方法が進んでいる。

デジタルツインを都市のスケールにまで拡張

デジタルツインの概念を、都市のスケールにまで拡張するのが「3D都市モデル」である。「3D×都市」といえば、「Google Earth」に代表される商用3D地図を思い浮かべるかもしれない。Google Earthは、ジオメトリ（幾何形状）モデルの3D地図を閲覧できるモードを持っている。航空写真によるバードビュー画像データや、ストリートビューで撮影した画像データを組み合わせて、建物や地形などの空間形状を再現する。

しかしGoogle Earthの3D地図は、地図を見た目通りに3Dデータにデジタイズしたものにすぎない。都市のデジタルツインとして、都市計画の立案や都市活動のシミュレーションに活用することは難しい。

都市のデジタルツインとして活用するためには、都市に存在する建物や道路といったすべてのオブジェクトに対し、名称や用途、築年などの情報を付与し、都市空間を意味のあるものに再現する「セマンティック（意味論）モデル」であることが求められる。

セマンティックな3D都市モデルを実現するための国際標準データフォーマットに「CityGML」がある。地理空間情報の標準化団体であるOGC（Open Geospatial Consortium）が開発した。OGCには、世界500以上の政府機関、研究機関、企業が加盟する。

CityGMLが従来の3D地図と大きく違うのは、オブジェクトに対し意味のある情報が付与されていることに加え、異なる縮尺間の互換性を保つための概念を取り入れている点だ（**図1-2-2-1**）。「LOD（Level Of Detail）」と呼ぶ、この概念により、

図1-2-2-1：Google Earthのジオメトリモデル（左）とCityGMLのセマンティックモデル＋ジオメトリモデルの違い

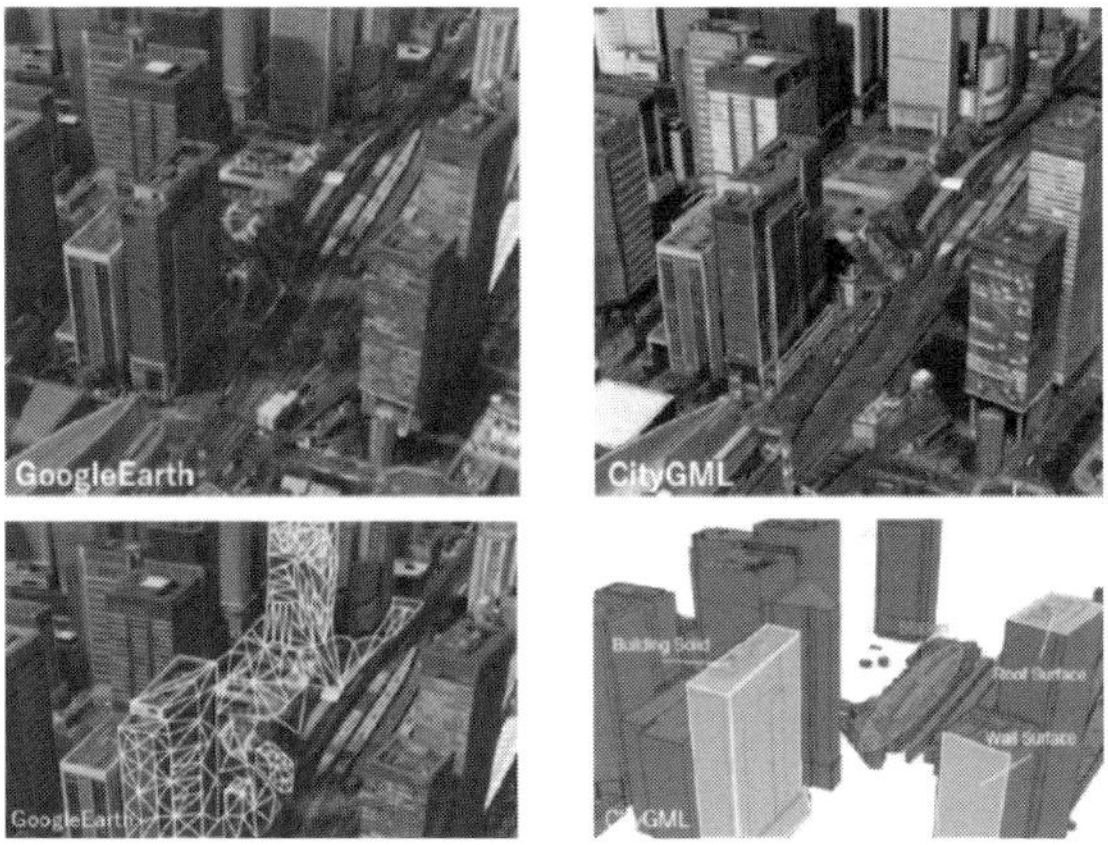

出所：国土交通省都市局の「データ駆動型社会に対応したまちづくりに関する勉強会」第4回資料

CityGMLに準拠する3D都市モデルは、詳細度が異なる情報を一元的に管理・蓄積し利用できる。

CityGML準拠の3D都市モデルを活用する取り組みは、すでに世界中で始まっている。例えばシンガポールでは、デジタル技術を活用して国民の生活を豊かにする「スマートネイション」構想の一環として、「バーチャル・シンガポール」プロジェクトを2014年に始動させている。

バーチャル・シンガポールでは、シンガポール全土に存在するビル・住宅・公園・道路などをデジタル空間上に3D都市モデルとして再現。同モデルを防災や環境のシミュレーションやエネルギーのインフラ管理などに活用する。

日本の3D都市モデル基盤となる「Project PLATEAU」

日本でも、CityGMLに準拠した3D都市モデルの活用を目指すプロジェクトが立ち上がっている。国土交通省が主導し、3D都市モデルの整備活用・オープンデータ化事業として2020年4月にスタートした「Project PLATEAU（プロジェクト プラトー）」だ。

Project PLATEAUは、〝まちづくりのDX（デジタルトランスフォーメーション）〟を推進するプロジェクトである。日本全国の3D都市モデルを整備し、それを活用した都市計画・まちづくり・防災・都市サービス創出の実現を目指す。Project PLATEAUの意義を国交省は次のように説明する。

「これまで都市の情報は各セクターで分断され、得られる情報に限界があった。しかし、これからの時代、同じやり方では変化のスピードに追いつけなくなる。社会にあふれる課題を解決して都市のポテンシャルを最大限に引き出すには、都市の情報を分野横断的に統合・可視化し、都市経営のDXを進める必要がある」

Project PLATEAUの最大の価値は、3D都市モデルをオープンデータとして公開することだ。デジタルツインとして構築された都市空間に様々な情報レイヤーを重ね合わせることで、あらゆる知見を集積させたオープンなプラットフォームとして誰もが利用できるようにする。

2021年4月までに、プロジェクトで整備した各種データセットがオープンデータとして公開されている。3D都市モデルを活用したまちづくりのDXや課題解決型のイノベーションを実現できるよう、都市計画基礎調査などの属性情報を保有する地方自治体と調整しながらオープン化できる情報を選別した。二次利用も可能にすることで、さまざまな分野における研究開発や商用利用の促進を目指している。

Project PLATEAUの3D都市モデルは、Webアプリケーションとして公開されている「PLATEAU VIEW」で確認できる。その見た目は一見Google Earthの商用3D地図と大差がないように感じる。だが、CityGML準拠のセマンティックモデルとジオメトリモデルが上手く融合されている。都市空間を立体的に認識できるという視覚性・視認性が、都市計画の説得力を高めるのもProject PLATEAUの大きな価値の一つだといえるだろう（**図1-2-2-2**）。

データ整備の効率化やユースケースの拡充進む

Project PLATEAUではこれまでに、全国56都市の大規模な3D都市モデルが整備された。しかし、日本全国を網羅しているわけではないし、日々刻々と変わりゆくデータの更新も必要である。

そのため、3D都市モデルの整備・活用のムーブメ

図1-2-2-2：Project PLATEAUでは、多様なデータを組み合わせて都市単位のシミュレーションを可能にする

ントを、民間を含めたビジネス／テクニカル領域の幅広い人たちの間で惹起するための施策も積極的に展開している。国交省が立ち上げたポータルサイトでの取り組みの紹介や、実証成果や有識者インタビューといった記事による情報発信、ハッカソンイベントの開催や報道機関との情報交換などだ。

２０２1年度からは、３Ｄ都市モデル利活用のユースケースを開発する取り組みを本格化させている。公共・自治体向けでは、「都市活動モニタリング」「防災」「まちづくり」の三つのテーマを掲げて、社会課題解決・価値創出のポテンシャルを検証するユースケースの開発が進められている。

民間向けには業種別に7領域を抽出し、マネタイズの方法を含めた民間サービスとしての活用の可能性を探る取り組みが始まっている。7領域とは、小売り、ゲーミフィケーション、モビリティ、観光、エリアマネジメント、コミュニケーション、建設であり、各分野でＡＲ（拡張現実）やＶＲ（仮想現実）などを活用するユースケースを開発する。

ちなみにアクセンチュアは、ＰｒｏｊｅｃｔＰＬＡＴＥＡＵの民間サービスの開発支援に関わっている。先進的なユースケース構築に向けた実証調査や業界横断の実証プロジェクトの立ち上げなどをサポートしている。

こうした実証調査で得られた成果・ノウハウは、『３Ｄ都市モデルのユースケース開発マニュアル（民間活用編）』と『３Ｄ都市モデルのデータ変換マニュアル』としてまとめられている。３Ｄ都市モデルを活用したサービス開発を目指す民間事業者向け知見資料としてＰｒｏｊｅｃｔ ＰＬＡＴＥＡＵのサイト（https://www.mlit.go.jp/plateau/libraries/）上で公開されている。

Ｐｒｏｊｅｃｔ ＰＬＡＴＥＡＵでは２０２１年度以降の中長期的な展開として、「全体最適・市民参加型の機動的な都市インフラ開発・まちづくりの実現」を計画しているという。具体的には、①３Ｄ都市モデルの安価かつ持続可能な維持更新を実現できるデータ整備の効率化、②スマートシティの社会実装に向けた官民連携・市民参加型まちづくりといったユースケースの拡充、③各種都市情報を統合管理する都市計画ＧＩＳと連携した都市空間データの高度化・デジタル化の推進、などに取り組む予定である。

Ｐｒｏｊｅｃｔ ＰＬＡＴＥＡＵによって３Ｄ都市モデルが整備されたことを受け、今後はさまざまな領域での３Ｄ都市モデルの活用が期待される。では、３Ｄ都市モデルやデジタルツインは公共領域において、どのような価値の源泉になるのだろうか。

シミュレーションの精度を高めるデータや視覚性に価値の源泉

３Ｄ都市モデルがもたらす価値の源泉としては①ビジュアライズ（視覚性）、②シミュレーション（再現性）、③インタラクティブ（双方向性）が挙げられる。

都市空間の3Dモデル化により視覚性が高まることは、情報の説明能力を増し、多様な関係者間での共通理解や意志決定などに役立つ。

3D都市モデル（CityGML）は、「Google Earth」などの商用3Dマップと異なり、都市空間を意味のあるものとして再現するセマンティック（意味論）モデルだと既に説明した。都市空間に存在する建物や街路などのオブジェクトに、名称や用途、建設年といった情報が付与されている。セマンティックモデルというデータそのものが、各種シミュレーションの幅を広げ精度を高める。

加えて、現実空間が測量され再現された3D都市モデルは、フィジカル空間とサイバー空間が同期し双方向に情報を交換し作用しあうためのプラットフォームであるデジタルツインを再現する際のインプットデータになり得る。

これらの価値の源泉を公共領域に適用して考えてみる。ビジュアライズ（視認性）は、災害や事故の発生時など緊急時における意思決定や、都市計画時の可視化に役立つ。

シミュレーション（再現性）は、交通管制や警備、都市インフラの遠隔からの保守・点検といった用途だけではなく、仮想空間を使って影響範囲を検証・シミュレーションする「デジタルサンドボックス」といった研究開発や、大規模水害が発生した際の浸水リスクなどの分析に役立つ。

そしてインタラクティブ（双方向性）は、可視化した都市計画に対し、住民からのフィードバックをプランニングに活かすなどが考えられる。

防災領域：災害リスクを可視化し災害に備え適切な避難行動を促す

3D都市モデルの活用例としては、防災分野の取り組みが特に進んでいる。災害リスクを可視化し、災害に備えたまちづくりに取り組む。

■福島県郡山市：洪水ハザードマップを立体化

福島県郡山市の中心部には、東北地方南部を代表する阿武隈川と、その支流の逢瀬川が流れる。そのため数年に一度の頻度で大規模な洪水・浸水被害に見舞われている。これまでも河川改修事業や洪水ハザードマップの作成など防災活動に取り組んできた。今回、災害リスクを3D都市モデル上に分かりやすく可視化する実証実験に取り組んだ。

実験では、浸水位と建物の高さ・階数を比較し、最大規模の浸水が発生しても最上階が浸水しない建物を抽出し、建物の最上階へ緊急的に垂直避難が可能だと判定するアルゴリズムを作成した。

建物属性情報としては、郡山市が都市計画基礎調査などによって把握していたデータから、建物の高さ、地上階数、浸水深、構造種別、家屋倒壊等氾濫想定区域内木造建物を活用している。

判定アルゴリズムを３Ｄ都市モデルに適用することで、郡山駅周辺の垂直避難が可能な建物を可視化した。さらに避難所・避難場所など洪水ハザードマップの情報を重ね合わせて表示することで、住民に対して早期の適切な避難行動を促すきっかけづくりにも寄与している。

■鳥取市：浸水時の避難誘導を高度化

鳥取市も市内中心部を一級河川の千代川が貫いている。郡山市同様の実証実験を実施し、洪水の広がりによって道路が徐々に使えなくなっていく様子を可視化した。国土地理院が提供する地点別浸水シミュレーション検索システム「浸水ナビ」が公開している時系列の浸水シミュレーションデータを３Ｄ都市モデルに重ね合わせた。

地域防災の専門家である鳥取大学の有識者と協力し、鳥取市や地域住民を対象したセミナーなども同時に進めることで、３Ｄ都市モデルを地域の避難誘導の高度化に役立てようとしている。

■東京・虎ノ門ヒルズ：避難訓練をシミュレーション

東京・港区にある虎ノ門ヒルズを運営する森ビルは、「地域の防災拠点としたまちづくり」を社会的使命と考え、「逃げ出す街から逃げ込める街へ」というコンセプトのもと、さまざまな活動に取り組んでいる。

その一環として実施するのが、ＢＩＭ（Building Information Modeling）データと３Ｄ都市モデルを統合した「避難訓練シミュレーション」の実証実験だ。屋内と屋外をシームレスにつないだデジタル空間を用い、オフィスや商業施設が入る複合施設の避難計画をシミュレーションすることで適切な避難方法を探索する。周辺建物の築年数など建物属性情報を可視化し危険個所を事前に判断することで安全な避難経路の確保に役立てることを目指しているという。

まちづくり領域：人の動きを把握し都市開発の効率を高める

３Ｄ都市モデルの活用例として取り組みが進む分野に、まちづくりの領域がある。まちという空間の最適化やステークホルダー間での同意形成などに取り組む。

■東京・大丸有：センサーの設置方針を最適化

東京の大手町・丸の内・有楽町の「大丸有」地域を対象にしたスマートシティの実現を目指す大手町・丸の内・有楽町地区まちづくり協議会は、「エリアマネジメントのＤＸモデル」の構築を目指している。リアルとデジタルの都市を高度に融合し、都市のリアルタイムデータを収集し、そのデータに基づいて意思決定を下すのが目標だ。

大丸有エリアのまちづくりでは特に、丸の内仲通りにおけるウォーカブルな空間化に重点を置き、平日と、休日、国際的な会議や展示の開催時などの目的別・用途別のリ・デザインコンセプトを打ち出している。利用者を起点とした空間構築を実現するために、同エリアを訪れた人の動きを把握し、それらに合わせた空間の設計を企図している。

そのための情報を効果的・効率的に収集するための実証実験として取り組むのが「センサー配置シミュレーション」である。センサーの配置を３Ｄ都市モデル上でシミュレーションし、設置エリアや具体的な設置箇所、センサーで取得可能な範囲・精度などを３Ｄ空間に可視化する。

実証実験で丸の内仲通りをシミュレーションした結果、建物と街路灯の両方にセンサーを設置すれば、街路樹のみに設置する場合と比べ、より少ない個数で空間全体を計測できることが確認できた。今後は、エリア全体をシミュレーションし、センサーの設置方針「センサーマスタープラン」を策定する計画だ。スマートシティのインフラとして必要なセンサー類の設置の全体最適化が期待される。

■長野県茅野市：開発許可に関する行政事務の効率を高める

長野県茅野市は、開発許可のための行政事務の効率化と手続きの負担軽減に向けた３Ｄ都市モデルの活用の実証実験「都市空間に関する情報の集約による行政事務の効率化」を実施した。開発許可に必要な都市関連情報を３Ｄ都市モデルに一元化し、Ｗｅｂアプリケーションとして一覧できるようにした。

一覧できる情報は、都市計画規制に関する用途地域や高度地区といった情報、過去に開発を許可したエリアの情報、災害リスク情報、立地適正化計画に関する都市機能誘導区域や居住誘導区域といった情報である。

3D都市モデルを用いて都市構造をプランニングする

これらの事例は、都市のプランニングに3D都市モデルが活用できる幅広い可能性を示唆している。

災害領域の例であれば、3D都市モデルが今後、精緻化され時系列で保存されていけば、災害発生現場において現実空間と過去の3D空間を比較することで、正確な被害状況を確認し、それを多人数が同時に共有することで迅速な意思決定が可能になり、必要な復旧計画の策定などにも活用されていくだろう。

まちづくりの領域は、3D都市モデルを活用した都市開発ビジョンの可視化や共有化に向けて、上記以外にも多数の実証実験が始まっている。例えば名古屋市は、都市計画の基礎調査情報を活用した都市構造の可視化に取り組んでいる。

3D都市モデルに歩行者の動きを重ねる実証実験も進む。大阪市は、新大阪駅周辺エリアでのウォーカブルな拠点整備を目指した都市開発に伴う歩行者量変化の可視化に、静岡県沼津市は沼津駅周辺エリアにおいて、歩行者の回遊状況を記録するプローブパーソン調査を活用したスマートプランニングに、それぞれ取り組んでいる。

今後は、公共利用ユースケース開発や実証実験にとどまらず、より本格的な3D都市モデルの活用事例が続々と登場してくるに違いない。

1-2-3

スマートシティが目指す近未来のモビリティ 空飛ぶクルマやVRの活用も

公共交通機関をはじめとする「場所から場所への移動手段」であるモビリティは、私たちが生活していくうえでなくてはならない存在だ。デジタル技術やデータを活用しながら持続可能な都市を目指すスマートシティにおいて、モビリティの変化は街づくりの変化に直結している。スマートシティにおけるモビリティのあり方や、実現に向けたカギを握るコア技術を中心にアクセンチュアの藤井 篤之と中野 浩太郎が解説する。

東京の街並みにも、水運などによって形作られた名残がある。このように移動手段としてのモビリティが、どう変化していくかは将来の街のあり方を決めるうえで非常に重要な要素になる。移動のあり方は今後、自動運転技術の普及などによって変わるだろうし、その移動のあり方が変われば、道路の引かれ方は変わり、居住・商業・工業地区といった区分の配置のあり方も変わるだろう。

重要テーマは〝安全性〟と〝脱炭素〟と〝事業持続性〟

スマートシティにおいても、利便性や快適性を備えたモビリティの実現は極めて重要な取り組みになっている。そのためのさまざまな取り組みがすでに進められている。なかでも重要なテーマとして取り上げられているのが「安全性」である。

日本や欧米主要国では２０１２年以降、「ＡＤＡＳ（先進運転支援システム）」と呼ばれる安全運転機能が大きく普及してきている。交通事故は減少傾向にあるものの、残念ながら依然、痛ましい重大事故は一定数存在しているのが実状だ。この課題に対し、モビリティのスマート化によって解決を探る動きが出てきている。

例えば米国では、スマートシティに取り組む都市を中心に「ロードサイドユニット」と呼ばれる交通制御機器の導入が始まっている。オハイオ州コロンバスの取り組みでは、市内１７５カ所の主要交差点にセンサーユニットを設置し、センサーデータからエリアごとの安全性を評価すると同時に、車両にもリアルタイムに情報を発信することで、交差点の安全性を高めようとしている。

同様の交通制御の仕組みは、交通渋滞の緩和にも役立てられている。例えば中国浙江省杭州市では、同市に本社を置くアリババの支援のもと、ＡＩ（人工知能）技術を使って信号機を交通量に応じて制御する交通管理システムが稼働している。

さらに、スマートシティにおけるモビリティにおいては、「脱炭素」と「事業持続性」も配慮すべき必須テーマになっている。

脱炭素の観点では、カーボンニュートラルを実現するEV（電気自動車）の普及促進を背景に、モビリティとスマートグリッド（電力網）の融合が進みつつある。デンマークでは、EVのバッテリーからグリッドへ放電するV2G（Vehicle to Grid）の商業サービスがすでに始まっている。V2Gのためのシステムを手がける米Nuvve（ヌービー）といった企業も登場してきている。

事業持続性の観点で注目されるのは、交通インフラを大きく見直すとともに、デジタル技術を活用した新しいモビリティサービスを創出しようという動きである。

先進各国では、人口の減少に伴って既存の交通インフラの維持が困難な都市や地域がでてきている。この課題を解決するために、自動運転のような新技術を導入して運用コストを下げたり、建物などの生活インフラをモビリティと融合させて利便性を上げたりといったアプローチが出てきた。

米Robomartがカリフォルニア州で手掛ける移動販売事業「モバイルコンビニカー」が、その一例だ（**図1-2-3-1**）。交通困難地域の住民は、専用のスマートフォン用アプリケーションを使って近くの車両を手配し、生鮮品や医薬品などを決済フリー（自動精算）で購入できる。将来的にはドライバーを含め、完全無人化・完全自動化を目指しているという。

図1-2-3-1：移動型店舗によるモビリティソリューションの先進事例

実証概要

開始時期	2020年冬~
エリア	カリフォルニア州ウェストハリウッド
実施企業	Robomart
実施内容	小型の食料品/医薬品を販売するストアヘイリングサービス

サービスの流れ

Robomartの手配	生鮮品の購入	決済
専用アプリから近くで走行しているロボマートを手配	スマホ操作でドアオープン、生鮮品を確かめながらピックアップ	RFIDにより、ドアを閉めるだけで自動精算
● 利用者はあらかじめロボマートの専用アプリをダウンロードし、支払い情報等を登録 ● アプリ上から、近くで走行しているロボマートを手配	● 他の実証ではオンラインで事前注文した食品が届くスキームも存在 ● 本サービスは生鮮品を自分の目で見て選びたい消費者ニーズに合致	● 商品のRFID読み取りによる自動精算には"grab and go"という特許出願中のシステムを活用

実現を阻むコスト面の課題

スマートシティにおけるモビリティについて、海外事例を交えながら紹介した。だが、日本国内においては、スマートシティに取り組む都市や地域が同様の仕組みを導入するには高い壁が立ちはだかっているのも事実である。

日本でのスマートシティプロジェクトの大多数は、既存の都市をベースにスマート化を図る「ブラウンフィールド型」だ（1-1-3参照）。新たなモビリティの導入を検討する前に、まずは都市や地域が、どのような課題を抱えているのかを自治体自身が深く理解しなければならない。

とりわけ大きな課題になるのが財源、すなわちコストである。基準となる収入額を支出額で割って自治体財政の健全性を示した「財政力指数」は、国内の基礎自治体のうち55％で指標が0.5を切っている（国立社会保障・人口問題研究所調べ）。つまり、財政需要を賄うのに必要な財政収入が半分にも満たない自治体が半数以上を占めているのだ。

この比率は、少子高齢化に伴う生産年齢の人口減少によって年々高まっていくと予想される。同研究所の推計によると２０４５年には約75％に達すると見られている。

一方で、大都市圏近郊を除けば、公共交通機関の多くが赤字経営に悩まされている。国土交通省の調査によれば、路線バスは7割以上が赤字であり、赤字分を交付金や地方財源で賄っている。赤字幅を縮小するために各交通機関は路線廃止や減便を進める方向にある。だが、それによって利便性が低下して、さらに乗客が減少し、稼働率が下がり、ますます赤字が膨らむといった悪循環を招いている。

加えて自治体では、道路や橋梁といった交通インフラの維持やメンテナンスにも莫大なコストをかけざるを得ない状況にある。そこにかかる費用も自治体財源を圧迫する大きな要因になっている。

このようなコスト面の課題を解決しながら、住民の生活品質（ＱｏＬ：Quality of Life）を維持していくだけでなく、利便性や快適性を高められる新しいモビリティが求められているのである。

モビリティで都市の持続可能性を高める

新しいモビリティが模索されているものの、コストや採算性の問題から実証実験にとどまっているケースも少なくない。冒頭で紹介したＶ２Ｇを含め、車両と交通インフラが情報をやり取りして安全性を高める「V2X（Vehicle to X）」の取り組みや、信号機を制御して渋滞を減らす取り組みなどは、財源に余裕がある自治体で実現できたとしても、地方都市で普及させるのは難しい。

米国では、米運輸省（USDOT）が主催する「スマートシティチャレンジ」を経て、多くの都市がV2Xの導入に名乗りを上げた。だがペンシルベニア州ピッツバーグ市などは、先進的な計画は策定したもののコストが高く投資対効果が見えないことから、ごく一部の地域でPoC（概念実証）を実施する程度にとどまっている。

導入や維持運営にかかるコストを圧縮しながら、住民の利便性や快適性を高められる持続可能なモビリティとはどのようなものなのか。その一つとして考えられるのが、公共交通機関のオンデマンド型サービスへの転換だ（**図1-2-3-2**）。住民が必要なときに呼び出して利用できるサービスになれば、利用率や乗車率の向上、さらには運営コストの低減が期待できる。

運行中に取得したセンサーデータを活用できれば、エリアごとの交通量を把握し、メンテナンスが必要あるいは不要な交通インフラを早期に特定できるようになる。自治体の交通政策プランや、施設の統廃合も含む設備投資計画が立てやすくなる。国内でも、こういった取り組みが始まっている（**図1-2-3-3**）。

図1-2-3-2：オンデマンド型モビリティの導入例と効果。岐阜県高山市、長野県飯綱町等の自治体は地域公共交通をバスから小型のデマンド交通に切り替え、コスト削減や利用者増加に成功している

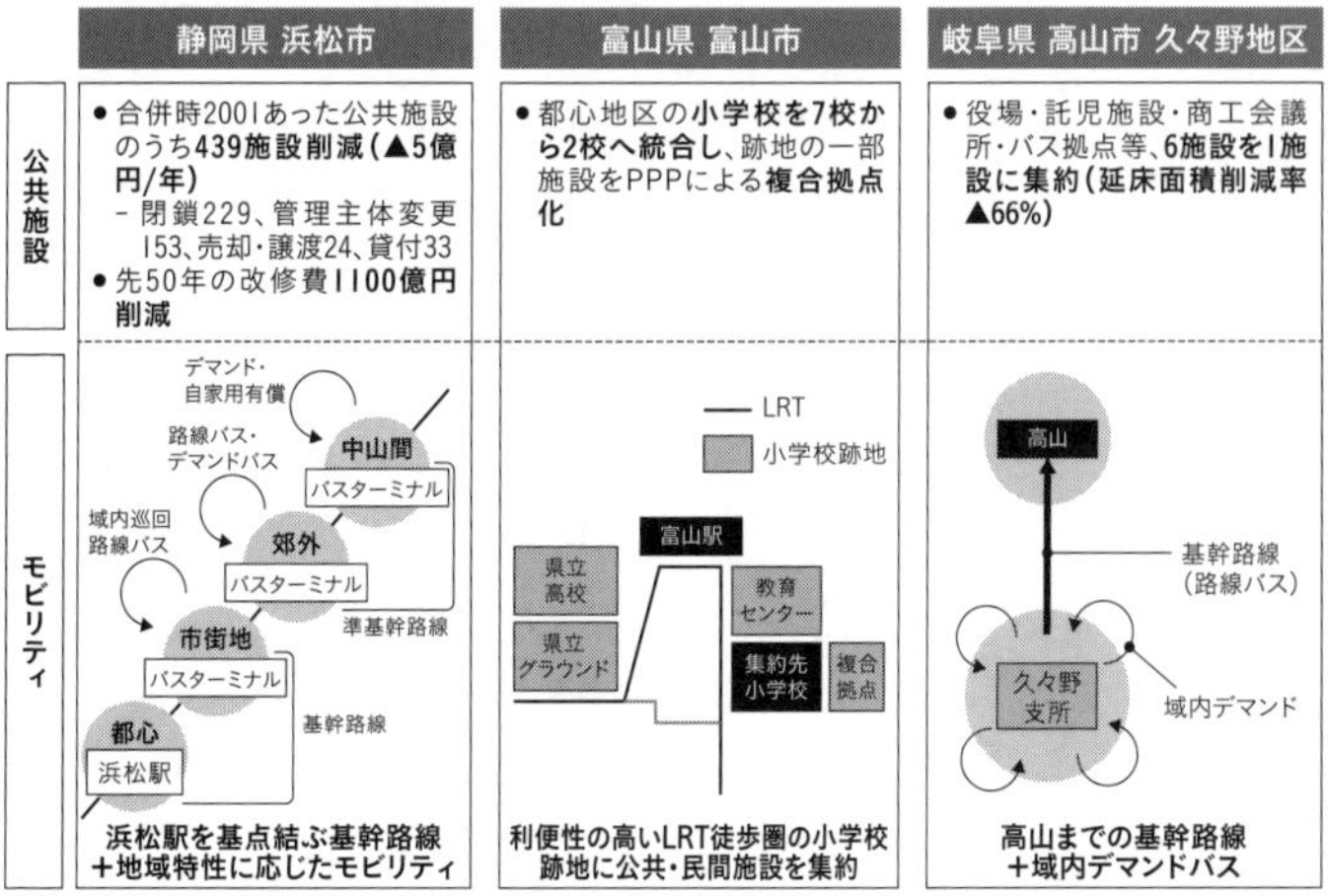

図1-2-3-3：モビリティの充実により都市の持続性向上を目指す自治体の例

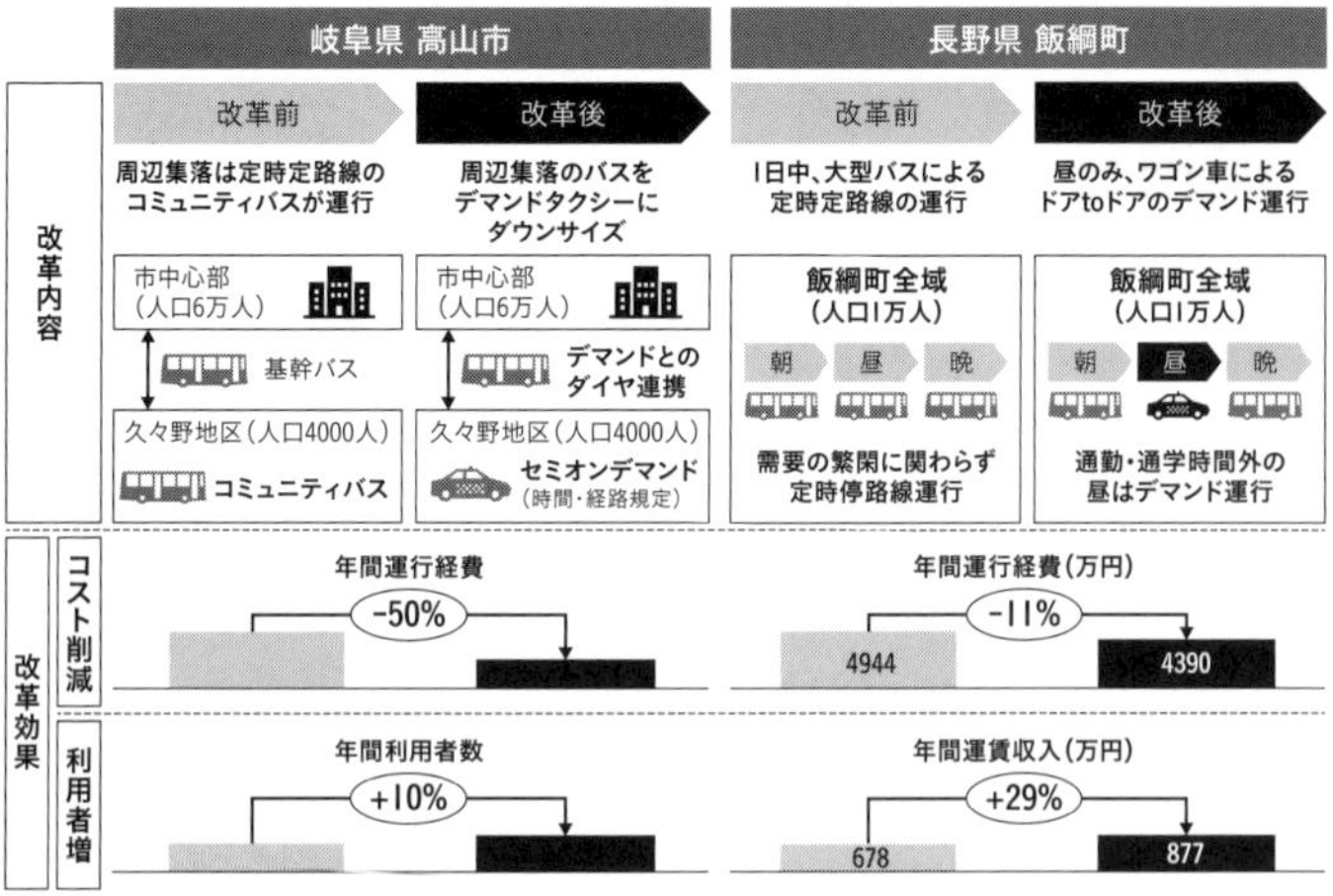

カギを握る自動運転レベル4／5の普及

スマートシティの実現を推進するモビリティの社会実装は、コスト問題を解決し経済性が成り立つことが前提になる。そこでカギを握ると考えられるのが、高度な自動運転レベルの実現に向けた技術革新だ。

近畿運輸局によると、現在の民営・公営を平均した路線バスのコスト構造は、車両費が約7％なのに対し、人件費が6割程度を占める。大都市圏周辺を除く地方では、運転手の担い手がいないなど人材確保が難しいという課題もある。こうした課題を「自動運転レベル4」「同レベル5」の普及が解決すると期待されている。

自動運転レベル4／5は、いずれも自動運転システムが主体になって運転を操作し走行する車両を指す。ただレベル4は、その利用が「限定領域内」と定義されており、レベル5が走路を問わない完全な自動運転になる。当面はレベル4でのサービス化が中心になるだろう。現時点では、走路が決まった空港内の閉域におけるランプバスなどがメインだが、徐々に市中内でも規定ルートを運行するサービスが出現し始めている。

自動運転レベル4／5が実現・普及すれば、運行にかかるコストは約3分の1に抑えられると言われている。アクセンチュアの試算では、日本全国約7割に及ぶ赤字バス路線が3割程度に減ると期待できる。

自動運転化は、配車可能な車両数を増やせる。従来の定時・定路線型ではなく、需要に応じて乗降できるオンデマンド型へと切り替えれば、利便性も大きく高められる。人口密度150人／平方キロメートル程度の都市ならば20分間隔で運行できると、アクセンチュアは試算している。

ただし、その実現に向けては受容性や技術的な課題もある。現時点において国内で自動運転レベル4の商用化事例は、茨城県境町などにおける地方エリアでの自動運転バスや、東京・大田区の「羽田イノベーションシティ」の自動運転バスなどに限定されている。

クルマの走行は人命に直接かかわるため、自動運転の普及促進には、どうしても慎重にならざるを得ない。とはいえ、完全な事故ゼロの実現を検証してからの導入では、諸外国に大きな遅れをとることになる。スーパーシティなどの特区で、地域を限定し住民に十分な説明を実施し理解を深めたうえで、事業採算性が確保できる事業として積極的に導入していくことが望まれる。

自動運転の普及は地方自治体の財政改革のカギとなる。それだけに各自治体は将来の代替交通インフラとして積極的に取り組む姿勢が必要だ。同時に、真の財政効果を出すために、交通インフラや建物施設、その他行政サービスのあり方について並行して見直す必要がある。

そのためにも、単に民間に任せるのではなく、自治体側でも総力を挙げて住民の利便性や快適性を追求できるサービスを企画すると同時に、財政改革に寄与する都市インフラ構想を早期にしっかりと練るべきだと考える。

電動技術で身近になる〝空の移動〟

モビリティを支える基幹産業の一つである自動車産業では近年、内燃機（エンジン）から電動機（モーター）への転換が急速に進んでいる。地球温暖化対策・脱炭素社会の実現に向けた世界各国の規制に対応するためだ。２０３０年には電動車（ＥＶ）の販売台数がガソリン車／ディーゼル車を上回るという予測もある（矢野経済研究所調べ）。

こうした動きに伴ってバッテリーやモーターなど電動技術の開発競争が活発になっている。その恩恵を受けるのは自動車だけではない。ドローン（ＵＡＶ：無人航空機）に代表されるｅＶＴＯＬ（電動垂直型離着陸機）も電動技術の高度化の恩恵を受ける。ｅＶＴＯＬの研究開発には、既存の自動車産業・航空機産業からベンチャー企業までが続々と名乗りを上げている。

スマートシティ分野で真っ先に思い浮かぶのがドローンの物流サービスへの活用だろう。世界中で実証実験が実施されている。日本でも日本郵便やヤマト運輸、佐川急便といった物流事業者を中心に実証実験が行われている。郵便局間の配送や、配送ロボットと連携した個人宅へのラストワンマイルの配達などだ。楽天がゴルフ場で展開する配送サービス「そら楽」など商用化も始まっている。

今後の実用化に向けては、自律飛行の安全性検証、飛行経路の空域設定、法整備などの課題もある。しかし、物流量の増加に伴う配送ドライバーなどの要員不足や、都市部における道路渋滞といった問題を解消するためにも、早期の実用化が求められている。

ｅＶＴＯＬを人の移動手段（乗用）に活用できないか、という期待も高まっている。いわゆる〝空飛ぶ自動車〟や〝空飛ぶタクシー〟への応用だ。例えばスズキと技術協定を結ぶ日本のｅＶＴＯＬメーカーであるＳｋｙＤｒｉｖｅは、大阪府および大阪市と連携し、２０２５年の大阪・関西万博開催時における「エアタクシーサービス」の事業展開を予定している。ＡＮＡホールディングスもトヨタ自動車が出資する米ジョビー・アビエーションと提携し、関西国際空港から大阪市内へのｅＶＴＯＬ運航事業を開始する計画だ。

このほか東京大学発のスタートアップ企業であるテトラ・アビエーションや、トヨタが出資するＪＯＢＹ等の複数企業は近年中の実用化に目途をつけ、既に受注を開始している。本田技研工業は、ガスタービンと電動技術を取り入れて航続距離を伸ばすハイブリッドｅＶＴＯＬの開発を表明している。

乗用ｅＶＴＯＬの実用化に向けた研究開発は、日本ほどには公共交通機関が発達していない米国や中国、中東諸国で積極的に進められている。例えばアクセンチュアの試算では、米国のニューヨーク・ウォール街からワシントンＤＣへ移動がｅＶＴＯＬなら2時間弱で移動できるようになる（**図1-2-3-4**）。飛行機や高速鉄道を利用している現状は3時間超がかかっている。

日本でもＩＲ（統合型リゾート）の都市内移動、空港のない地方都市への都市間移動での導入が

図1-2-3-4：移動手段による所要時間の変化。図はニューヨーク・ウォール街からワシントンDCまで320kmを対象にしたアクセンチュアの試算の例

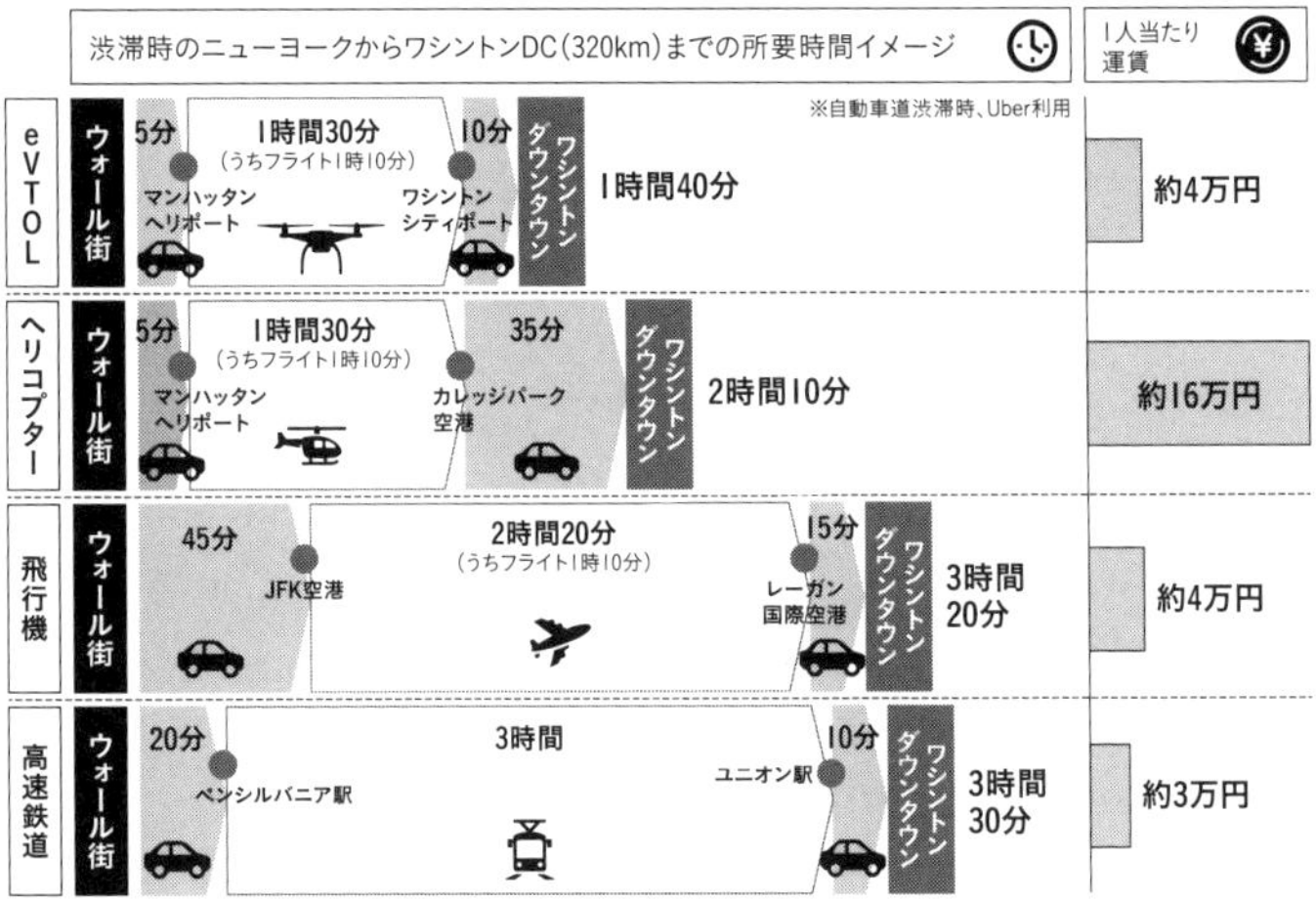

期待されている。会津若松のスマートシティにおいてアクセンチュアは、全国の水辺を活用した地方から地方への飛行艇交通網実現について検討している。会津若松最寄りの発着場候補である猪苗代湖から市内へのeVTOLについても議論している。

空飛ぶクルマによる移動サービスなどの実現には、上下移動も想定した航路を算出するため3D（3次元）空間の地図の発展も不可欠だ。すでに国土交通省などを中心に取り組みが進んでいる（1-2-2参照）。

五感に代わるセンシング技術が高度な遠隔体験をもたらす

eVTOLとともに、新たなモビリティとして注目されているのがロボットだ。ロボットといえば現状では、人型コミュニ

ケーションロボット「Ｐｅｐｐｅｒ」や、ビルや空港の警備・清掃ロボット、レストランの配膳ロボットなど使役ロボットが思い浮かぶだろう。倉庫での品出しや荷積みといった簡単な物理的作業のためのロボットも実用化が始まっている。

しかし、モビリティへのロボット活用とは、仮想現実（ＶＲ：Virtual Reality）を組み合わせて体験の幅を広げるという、いわゆる〝遠隔臨場感（テレイグジスタンス）〟を実現するものである。人が乗用し移動することを前提にデザインされたハードウェアによるモビリティとは異なる。

現地にいるロボットを遠隔操作し、遠隔地でのさまざまなイベントを疑似体験できるようにするには、人間の五感（視覚・聴覚・味覚・嗅覚・触覚）をどれだけ現実に近い形で再現できるかがカギを握っている。

五感のうち聴覚については既に実用化に十分なレベルに到達している。視覚についても人間の眼と同等の高解像度ディスプレイを持つＶＲヘッドセットが登場している。視覚と聴覚で完結し、かつ現地で物理的な制御を必要としない参加型ライブやスポーツ観戦といったエンターテイメント体験については、商用利用がすでに始まっている。非接触が求められるコロナ禍の社会情勢が後押ししていることもある。

一方、味覚・嗅覚・触覚の領域で物理的な制御が必要になる複雑なセンシングについては、依然として新たな技術開発への挑戦が続けられている。例えば遠隔地にいる家族のために、ロボットを通じて料理や洗濯などを介助するケース、商談やショッピングで素材の品質を確かめるケースなどは、さらに高度なセンシング機能を備えたロボットが必要になる。

視覚や聴覚以外の五感を遠隔地へ伝送する制御技術の研究開発には現在も多くの企業や大学が取り組み、徐々に現実世界への適用を進めつつある。しかし、本格的な社会実装には制御面の技術的課題に加え、コストや社会的受容性にも課題があるため、まだ時間がかかると予想されている。

こうした複雑な制御やセンシングが可能になれば、10〜20年程度の時間軸であれば、遠隔化によって不要になる種類の移動の需要は次第に減少していくだろう。今後、ロボットやＶＲがさらなる進化を遂げると、モビリティに対するコスト意識はますます高まり、人々が移動するのは特別な目的に限られるようになるからだ。

東京都市圏交通計画協議会が実施した『パーソントリップ調査』によれば、東京都市圏における外出率（調査対象日に外出した人の割合）は、２００８年に86・3％だったのに対し、10年後の２０１８年は76・6％へと10ポイント近くも減っている。コロナ禍の影響を受ける以前の数字であり、その要因の一端がオンラインによる体験を加速させたスマートフォンの普及率向上にあるのは想像に難くない。

移動の先にある体験の価値が高まる

逆に、旅行やドライブなど移動そのものを楽しむケースや、ロボットやVRでは代替が困難な、食事やスポーツなど身体的な欲求を満たす体験のための移動といったモビリティ需要が重要になってくると考えられる。

そうした移動では、レベル4／5の自動運転車を利用し、仕事やエンターテインメントといった何らかの体験を伴うことが常識になるだろう。多少遠い場所への移動は、ｅＶＴＯＬを使って短時間のうちに済ませるようになる。街中には人とロボットが混在し、ロボットが人の代わりにあらゆる役務を担ってくれる。そんな便利な世界が、スマートシティから全国各地の都市へと広がっていくことだろう。

これらはＳＦの世界で描かれた絵空事のように思えるかもしれないが、決してそんなことはない。すでに多数の製品／サービスが商用化可能な技術レベルに達している。それらを統合した魅力的な体験をいかにして実現していくか、これがモビリティに携わる企業に求められるケイパビリティになっていく。

1-2-4 地域医療を支えるヘルスケアが求める医療健康情報の共有

少子高齢化が進む日本において、医療・介護をはじめとするヘルスケアサービスの発展と品質向上は重大な関心事の一つになっている。スマートシティの取り組みにおいても、ヘルスケア分野は極めて注目度の高いテーマだ。同領域におけるデジタル技術を活用した都市や地域の課題を解決に向けた取り組みについて、世界および日本の現状を俯瞰しながら、目指すべき姿についてアクセンチュアの藤井 篤之と谷田部 緑が解説する。

健康の維持は人びとの生活の基本である。超少子高齢社会の日本では、医療や健康に関する支出が国内総生産（GDP）のおよそ11％に及ぶ（『Health Statistics 2021』、OECD）。疾病全体に占める生活習慣病の割合が増加傾向にある現代において、医療・介護をはじめとするヘルスケア分野が果たす役割は高まる一方だ。

現在のヘルスケア分野には解決しなければならない大きな課題がある。ヘルスケアサービスを提供する病院や薬局、健診機関など複数の施設にまたがって存在する個人の医療健康情報が、全くと言ってよいほど連携・共有できていないことだ。診療や検査、投薬などに関する患者情報の連携や管理が、ほぼ個人任せという現状では、適切な健康管理や医療サービスの提供は難しい。

これらの課題を解決するためにも、都市や地域という単位で個人の医療健康情報を共有可能にすることが急務になっている。２０２０年からのコロナ禍で明らかになったように、感染症対策の局面でも、都市・地域単位で公衆衛生や医療体制を最適化していくことが望ましい。

こうした背景から、日本国内でもスマートシティにおける取り組み分野として、医療・健康といったヘルスケア分野への注目が高まっている。同分野の課題解決を図るには、デジタル技術の活用が不可欠だからだ。

実際、デジタル田園都市国家構想において、他地域などのモデルを活用する「デジタル実装タイプ1」に採択された７０５件の事業のうち、健康・医療分野の取り組みが83件ある。従来のスマートシティでは、エネルギーやモビリティの分野が特に先行してきた。

日本の医療健康情報はライフステージで分断されている

ヘルスケア分野においてスマートシティがどう対応すべきかを考える前に、日本の医療健康情報の連携がどのような状況にあるのか、市民のライフステージごとに改めて整理してみたい。

●**生まれてから就学前の乳幼児の時期**：地方自治体が交付する「母子健康手帳」を使って医療健康情報が管理されている。母子健康手帳には、乳幼児期の健診情報や予防接種記録が記載される

●**就学後**：健診の記録は学校や教育機関が管理するようになり、母子健康手帳に記載された情報と分断されてしまう

●**就職後**：社会に出ると、それぞれの職域保険が健診情報を管理する。退職や転職によって保険が変わると情報は引き継がれない。疾病やケガによって医療機関を受診した場合も、診断や治療の内容、投薬情報や医療費などの情報は各医療機関が個別に管理しており、異なる医療機関を受診すると情報は共有されない

●**リタイア後**：会社／組織を離れると、国保・後期高齢者の保険制度によって管轄が自治体に移る。高齢で要介護状態になれば、過去の病歴を介護施設と情報共有するためには自ら申し出る必要がある

このように日本における医療健康情報は、ライフステージによって個別に分断・管理されている。極めて初期の段階にあると言える。

ヘルスケアのための情報連携

こうした分断を解消するためには、各医療健康情報をライフステージや健康状態、受診した医療機関・施設を問わず、市民のオプトイン（本人の意思による選択）のもと、すべてのデータが一元的に利用できる仕組みを構築する必要がある。

市民に対して何らかのヘルスケアサービスを提供する医療機関や事業者は、スマートシティが提供する医療健康情報のデータ基盤を通じて情報を適切に入手・活用することで、市民一人ひとりにあったヘルスケアサービスが提供できるようになる（**図1-2-4-1**）。そのことは、市民の健康を都市や地域全体で管理する体制の整備を促し、健康を推進するまちづくりにもつながる。

図1-2-4-1：医療健康情報連携の現状と目指すべき姿

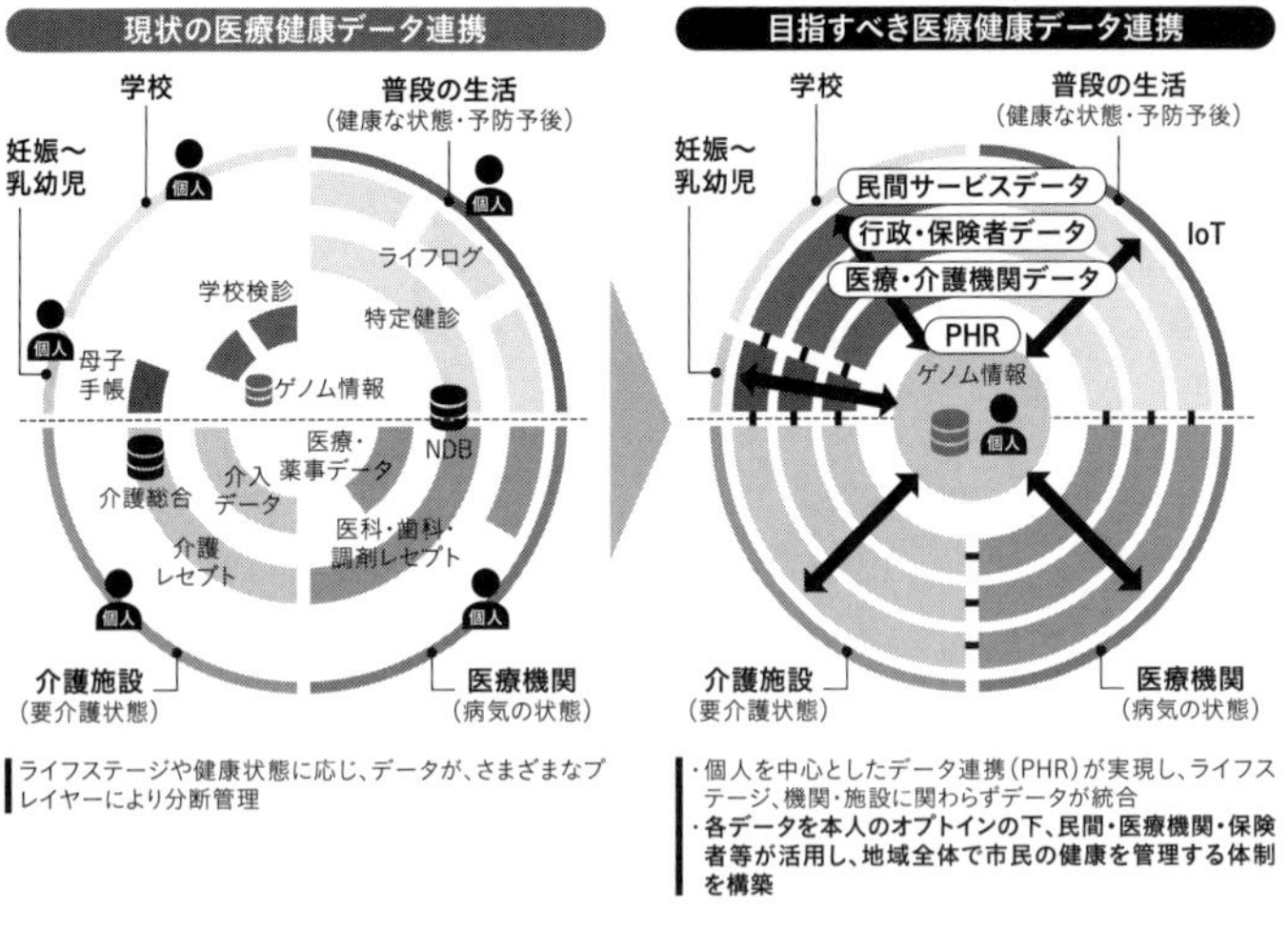

ライフステージや健康状態に応じ、データが、さまざまなプレイヤーにより分断管理

・個人を中心としたデータ連携（PHR）が実現し、ライフステージ、機関・施設に関わらずデータが統合
・各データを本人のオプトインの下、民間・医療機関・保険者等が活用し、地域全体で市民の健康を管理する体制を構築

目指すべき医療健康情報の連携・共有の姿の一端を海外の先行事例に見ることができる。海外では「Electronic Health Record（ＥＨＲ：電子健康記録）」と呼ばれる、医療機関をまたぐ情報連携の仕組みが行政主導で構築されている。その情報を民間が活用する形での連携も始まっている。

■海外事例1：シンガポールの「ＮＥＨＲ」

シンガポールでは２０１１年、政府の出資による「National Electric Health Record（ＮＥＨＲ）」と呼ぶサービスの提供が始まっている。政府の強力なコントロールがあってこそという側面はあるが、医療機関同士の情報連携や共有をすでに実現しているという点で世界的にも先進的な事例といえるだろう。

ＮＥＨＲは、医療健康情報を集中管理するデータベースを備えたシステムによって実現されている。サービス開始当初こそ連携可能なデータの範囲やユーザビリティなどに問題があったものの、その後は電子カルテシステムとの自動連携など継続した改善が繰り返され、医療従事者の間で非常に高い評価を獲得している。現在は渡航履歴や新型コロナウイルスのワクチン接種記録などの情報も統合し、コロナ禍のリスク管理においても効力を発揮した。

ちなみにＮＥＨＲのブループリント（青写真）の構築は、アクセンチュアが主導するコンソーシアムが担当した。２０１０年の受注から10カ月で実装した後も、サマリーケア記録といったサービス拡張やセキュリティ、標準化を含めた設計・運営にも携わっている。

■海外事例2：米国の「Ｈｕｍａｎ ＡＰＩ」

米国では行政が医療健康に関する情報連携の基準を設定している。それを民間が活用するためのサービスの一つに「Ｈｕｍａｎ ＡＰＩ」がある。

Ｈｕｍａｎ ＡＰＩは、個人の管理下にあるさまざまな医療健康情報を、個人が選択したサービスと連携するためのＡＰＩ（アプリケーションプログラミングインタフェース）の仕組みを提供するサービスだ。すでに2億６０００万人が利用し、医療機関同士の情報共有に加え、健康管理サービスや医療保険の加入可否判断などにも活用されている。

個人はサービスを無料で利用できる。利用料は基本的に、保険会社など個人のデータを受け取って活用する企業／組織が負担する。米国政府は医療機関に対し、医療健康データを患者や市民が活用できる形で還元することへのインセンティブを付与し、医療健康データの活用を推進している。医療健康データを患者や市民が管理しながら活用できる仕組みが発展することで今後、患者や市民を主体とした医療健康情報のための連携基盤が登場してくることだろう。

介護・福祉領域での取り組みとの情報連携が必要に

医療・健康の領域で重要なのは、必要なときに必要な対面サービスをスムーズに受けられることである。そのため、スマートシティにおける医療健康情報共有の取り組みでは、海外の先行事例にもあるように、個人を中心としたヘルスケアデータの管理を実現すべきだと考える。

特に日本では、スマートシティのヘルスケア分野とは別に、医療・健康だけでなく介護・福祉行政も含めた地域での取り組みが進められている。例えば、高齢者の生活支援や介護・医療・予防を一体化した「地域包括ケアシステム」、患者の同意に基づいて医療機関や薬局、訪問看護、介護事業者間で医療健康情報を共有する「地域医療情報連携ネットワーク」などである。

いずれも、複数の施設や事業者が一体になり、全体最適を目指したヘルスケアサービスの市民への提供という目的は共通だ。だが現時点では、特定の医療・介護事業者間でのデータ連携など限られた範囲での取り組みがほとんどである。これらを含めた医療健康情報の共有を考えなければならない。

前述したように現状、個人の医療健康情報は異なる組織に点在している。例えば、現役世代は健康保険組合（職域保険）が疾病・健康を管理するが、退職後は地方自治体の国民健康保険（地域保険）に加入する。健康保険が切り替わるタイミングで個人の医療健康情報は分断され、引き継がれていない。

これに対し、スマートシティが提供するヘルスケアサービスによって職域と地域の情報連携が可能になれば、既往症や生活習慣など、長期にわたる情報をもとに適切な健康管理や医療サービスが受けやすくなるのは間違いない。さらには、ヘルスケアに閉じた取り組みではなく、市民生活を幅広く横断した取り組みが必要だ。複数の施設での情報共有はもとより、患者を医療・介護施設に効率的に送迎するモビリティや、病院や薬局などでの医療費決済といった他分野との連携への発展が期待できる。

都市や地域といった単位で医療健康情報を共有する大きな意義は、医療サービスのスムーズな提供に加え、市民一人ひとりに焦点を当てた個別ニーズに寄り添ったヘルスケアおよび、その関連サービスまでもが提供可能になる点にある。

都市ＯＳが持つデータ連携機能を活用する

当然、日本政府も、こうした医療健康情報の連携の姿を実現すべく積極的にデジタルヘルスの改革に取り組んでいる。マイナンバーカードと健康保険証の連携、医療機関や薬局でのマイナンバーカードによるオンライン資格確認といった仕組みである。

既に、その運用が始まっているものの、ユーザビリティ（使い勝手）や利用率は、まだまだ途上段階にある。将来構想が頻繁に変わるなど課題は山積している。全国に約２７０（２０１９年時点）ある地域医療連携ネットワークも、医療健康情報の記録基盤としては、まだ十分に機能していない。多くが資金面の課題を抱え、地域によって参加率や活用度合いに大きな幅がある。

民間事業者からも、医療健康情報の連携基盤を提供するＳａａＳ（Software as a Service）

型クラウドサービスを提供するなどの取り組みが始まっている。例えばITサービス大手のTISが提供する「ヘルスケアパスポート」が、その一例だ。ただし日本では、医療機関から利用者への情報共有インセンティブが少ないといった課題もある。

これら既存の課題を解決し医療健康情報の連携を図るには、都市や地域における行政と民間のさまざまな取り組み、およびそこで生成されるデータを有機的に結びつけるためのデータ連携基盤の構築が望まれる。

スマートシティでは、全体のID連携とデータ連携を「都市OS」が担う。都市OSの仕組みを使ったヘルスケアデータの連携機能の構築・運用を考える必要がある（**図1-2-4-2**）。アクセンチュアでは、そうした仕組みの構築・運用を支援するための準備を進めている。

またスマートシティ会津若松では、ヘルスケア分野の取り組みとして「会津若松スマートウェルネス

図1-2-4-2：アクセンチュアが考える医療健康データ連携の概念図

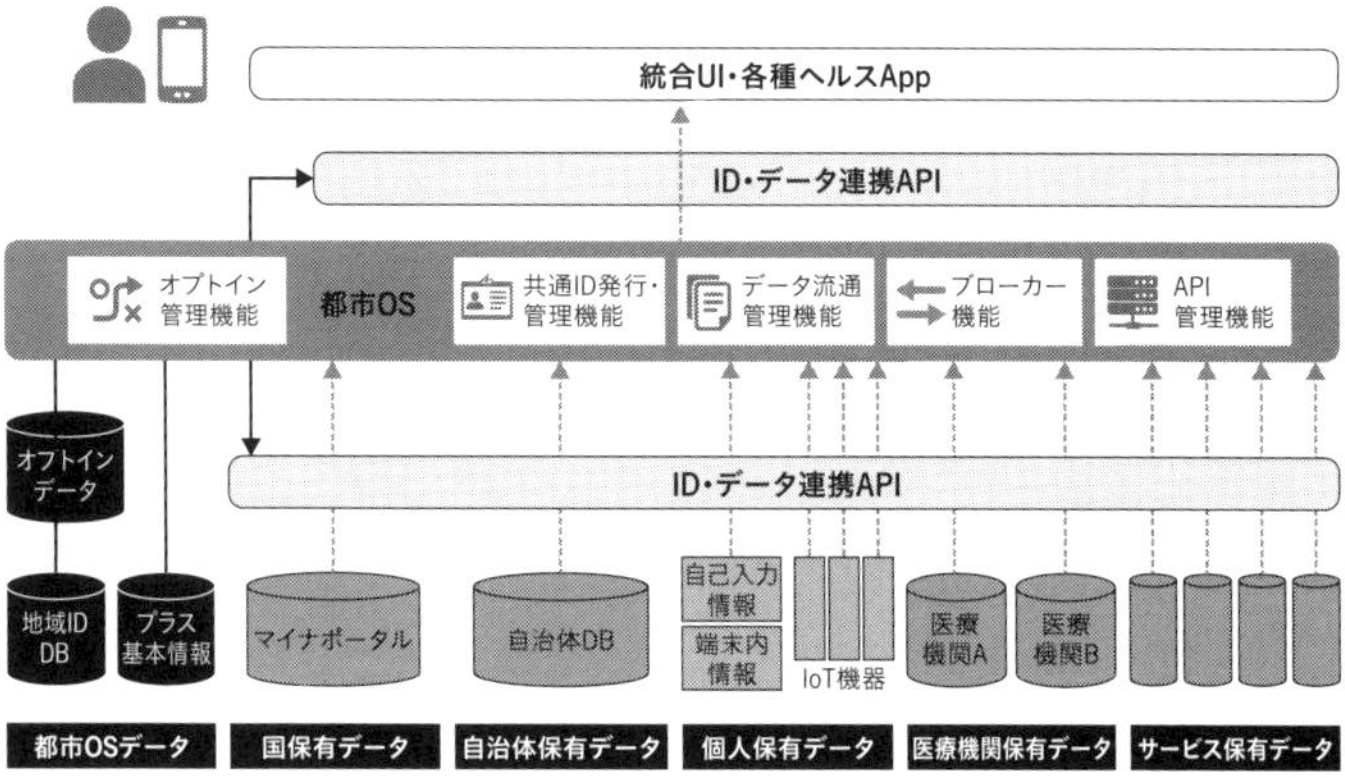

シティ IoTヘルスケアプラットフォーム事業」に取り組んできた。「バーチャルホスピタル会津若松」を掲げた取り組みはデジタル田園都市国家構想タイプ3として採択されている（詳細は2-3-4を参照）。

市民や医療機関の理解を促進し発展を目指す

スマートシティ会津若松での取り組みにみられるようなヘルスケア分野のサービスをビジネスとして軌道に乗せるには、市民や医療機関、薬局などの参加率の向上と維持が不可欠だ。そのためにはメリットや利便性への理解を得なければならない。

日本では医療機関への受診障壁が低く、その分、国民が自身の健康管理について自ら判断し投資する意識が低い。結果、多くのヘルスケアサービス／ビジネスの立ち上がりが他国に比べて遅い。しかし健康志向が高まるなか、健康食品やサプリメントにお金をかける人は少なくない。つまり、十分に有益だと信頼できるサービスであれば、ビジネスとして成り立つ余地は十分にある。

また公共性が特に高い一部サービスにおいては、その仕組みへの市民からの信頼度が高く、頻回の同意取得への不便さが強い場合には、サービス利用時に自らの意思でデータ共有を承認するオプトインから、許諾しない意思を示すオプトアウトへ計画的に切り替えることも検討される。

情報連携基盤を介してさまざまなデータ源からの情報を組み合せれば、新たなサービスを生み出す力になることも期待できる。さらに、サービス事業者に利益を分配するための機能を提供することもヘルスケア基盤の重要な役割になる。

スマートシティにおいてのヘルスケア分野が目指す世界を実現するには、市民や自治体はもとより、多数の医療機関や薬局、介護事業者、データ連携やアプリを提供するサービス事業者、保険会社など、多岐にわたるプレーヤーへの影響を考慮しなければならない。健康医療の公的な意味合いからも、全体最適と競争のバランスも求められる。

それだけに、スマートシティを主導する行政の強力なリーダーシップは不可欠だ。ルール設定やガバナンスを効かせるためのマネジメント体制を確立し、明確なビジョンを示したうえでの舵取りが必要になる。

1-2-5

〝地域協働型教育環境〟の整備がスマートシティを後押し データに基づくエビデンスベースの教育環境の実現を

スマートシティの取り組みにおいて、見逃せない役割を果たすのが「教育」である。教育をデジタル化するだけでなく、スマートシティの街づくりに携わる次世代の人材育成にも関わってくるからだ。ここでは、スマートシティ会津若松において、地域が〝協働〟して取り組む教育支援の具体的な取り組みを例に、スマートシティにおける教育環境についてアクセンチュアの藤井 篤之が解説する。

少子高齢化の進行などで社会環境が劇的に変化すると同時に、デジタル技術の高度化により産業構造や雇用スタイルが大きく変わりつつある。それに伴って、求められる人材や必要なスキルも変化し、個々人に合った教育環境の整備が急務になっている。

一方で、所得格差によって教育格差が生じたり、学習内容の多様化に伴って教職員の負荷が高まったりしているのが現状だ。特に地方では、過疎地を中心に少子化が著しく、地域のコミュニティ機能を担っていた小中学校の統廃合が進み、その結果、地域が持つべき力の低下にもつながっている。

学習方法についても、これまでの知識や基礎学力の習得よりも、個人の嗜好性や能力に応じた、課題を発見・解決する力やコラボレーションのための能力と技術を身につけることが重要だと考えられるようにもなってきた。

会津若松ではまちづくりに寄与する高度人材育成から着手

会津若松市でのスマートシティプロジェクトではこれまで、街づくりに寄与する高度なアナリティクス人材の育成に取り組んできた。公立会津大学に多種多様な先端プログラムを導入したり外部講師を積極的に登用したりすることで大学における人材育成のレベルアップを図っている。

次世代の開発拠点となるＩＣＴオフィス「スマートシティＡｉＣＴ（アイクト）」を設置し、グローバル企業やベンチャー企業などを誘致し、新規雇用を創出するという取り組みも進めてきた。

結果、データ分析やセキュリティ、ロボティクスなどのデジタル人材を３０００人以上育成してきた。さらには、会津若松市への転入者や移住者が増加するなど、新たな経済効果をも創出できている。

その延長線上で今、会津若松が注力しているのが、教育・子育ての領域での取り組みである。

安心して出産・育児ができるサービスを拡充し、時代のニーズに合った〝学びの場〟を提供することで、出生率向上や転出率低減、人口増に寄与すること目指す。

具体的には、個人の学力や志向性に合った学習環境の整備、グローバル化や情報化が進む社会の最前線で活躍するための〝きっかけ〟づくり、〝心穏やか〟で〝健やか〟に育つための地域連携セーフティネットの構築などである。

〝地域協働型〟プロジェクト「Ｆｌａｔフラっと学びサポート」を始動

その一環として、ＡｉＣＴコンソーシアムの有志が中心になって試験的に立ち上げたプロジェクトに「Ｆｌａｔフラっと学びサポート」がある。社会に開かれた学習環境の実現が目的だ。地域の子ども達を、教職員だけでなく、保護者や地域の人々が、それぞれのニーズが合致したタイミングに、気軽にサポートができる環境を創りたいとの願いから「Ｆｌａｔフラっと学びサポート」と名付けた（**図1-2-5-1**）。

Ｆｌａｔフラっと学びサポートが最終的に目指すのは、①社会を生き抜く力を身につける必要がある子ども達と、②多様な知や経験の提供を要求される学校の教員、③地域に協力したい市民や企業を対象にした〝三方良し〟を実現できる仕組みの構築である。すなわち、教員や子ども達がサポートしてほしいタイミングに、地域の市民や企業がフレキシブルにサポートする〝社会に開かれた協働型の学習環境〟の実現を目指している。

図1-2-5-1：「Flatフラっと学びサポート」では共助サイクルの確立を目指す

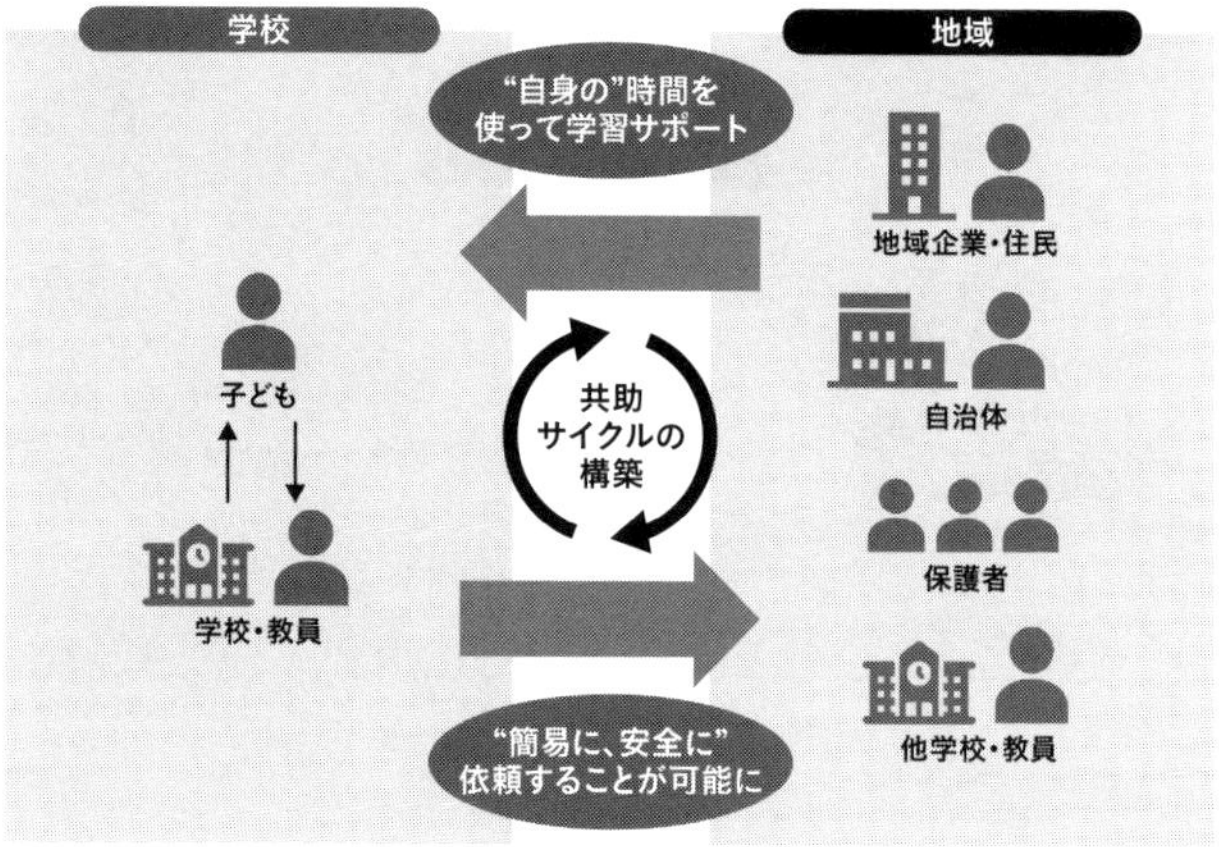

そのために、さまざまな経験を持つ地域の〝先輩〟が、学校という場を活用し、自身が持つ体験や専門知識を伝えることで、子ども達がリアルな社会や実践スキルを学べる環境を整備する（**図1-2-5-2**）。プロジェクトにはAiCTの入居企業18社が参加する。企業のサポートを受けるものの、企業人の立場ではなく1人の市民として活動に参加するところにも特徴がある。

Flatフラっと学びサポートの授業支援形態には三つのパターンがある。①学校へ直接出向く「リアル出前授業」、②特定の学校でリアルに授業を支援しながら、「GIGAスクール構想」で配備されたタブレット端末を使って複数学校を接続・配信する「リアル出前授業＋オンライン配信」、③完全オンラインでの「オンライン出前授業（インタラクティブ）」だ。

図1-2-5-2：学校と地域の“協働型教育”に向けた協働モデルの構築

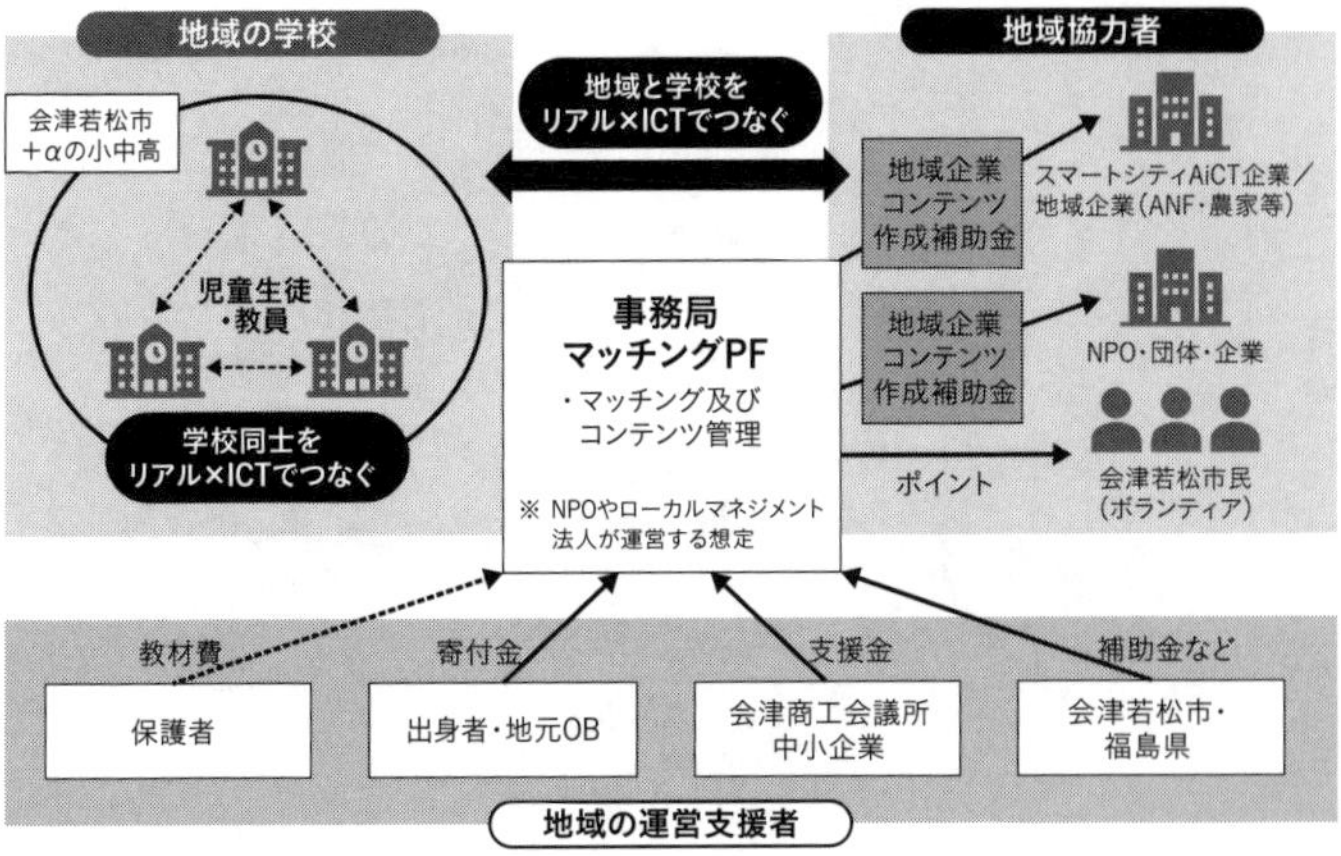

２０２０年８月から２０２１年度までに13回の授業支援を実施した。延べ１２００人以上の子ども達が授業を受けている。いずれの授業もライブ感を大切にしつつ、デジタル技術を使った効率的な授業が実践された。なお会津若松市の全学校には、ＧＩＧＡスクール構想により２０２１年５月にタブレット端末を１人１台配備済みである。

実例として会津若松市内の中学校で実施された授業支援の内容を紹介する。２年生３クラスを対象にした授業のテーマは、「会津の宝リフレクション〜東京と会津双方の良さを比較することで、地元の良さを再発見し、愛着を深める〜」だ。３学期の技術家庭（情報活用能力の向上）と総合学習（プレゼンテーションスキルの向上・グループ学習の実践）の４コマ分の時間を活用した。

1時間目はグループごとの役割分担の協議と会津の魅力についてディスカッションし、2時間目に東京と会津のギャップを検証し地元の魅力を再定義した。3時間目は発表会用資料の作成と練習、4時間目に「会津の宝リフレクション」を各グループが発表した。また2時間目の授業では、AiCT入居企業の東京オフィスに在籍するメンバーに対し、タブレット端末でのインタビューも実施した。場所の制約に捉われないコミュニケーションを体感してもらうためだ。

授業後に実施した生徒へのアンケート調査によれば、資料作成やリサーチなどタブレット端末の活用スキルの継続的な学習について意欲的な回答が多かった。プロジェクト型授業におけるグループワークの楽しさについても高い評価が得られている。

こうしたFlatフラっと学びサポートの取り組みは、会津若松スマートシティ以外の地域への展開が始まっている。例えば、長野県の私立の高等学校では、理数科の1・2年生を対象に茅野市とアクセンチュアが協力してプロジェクト型授業を提供した。

今後はスマートシティに取り組む自治体を中心に、授業支援の機会を増やしていく。地域間の連携機会を増やすことで、児童生徒同士、教員同士の交流を活発化させて交流の輪を拡げたいと考えている。

継続的な運営を支えるデジタルプラットフォームが必要に

〝社会に開かれた協働型の学習環境〟の永続的なモデル構築へ向けては、無理なく運営できる協力体制に加え、授業の品質を担保する仕組みの構築が不可欠である。従来の電話やＦＡＸなどを用いたスケジュール調整では限界がある。デジタルを活用したマッチングシステムの導入も必要だと考える。

そのためＦｌａｔフラっと学びサポートでは、自身の時間と知恵を提供してくれる地域協力者の集約、授業サポートを希望する学校と地域協力者の隙間時間のマッチング、オンラインを活用して地域内外の学校をつないだ交流型授業の実践、スマートシティやＳＤＧｓ（持続可能な開発目標）といった最先端テーマの教育効果を担保した専門性の高い授業コンテンツの提供などに取り組んでいる。

加えて、サステナブル（持続可能）な運営モデルを実現するために、地域のつなぎ役を担うＮＰＯ（非営利団体）などのプレーヤーと効率的に運用するデジタルプラットフォームの検討も進めている。学校や教員と地域支援者のマッチング精度を高め、運用負荷の軽減を図る。

さらにデジタルプラットフォームでは、地域支援者が積極的に関与できるようにするための地域ポイントの付与といったインセンティブや、参加企業への減税措置といった仕組みも検討している。自治体や教育委員会など行政の活用も促進し、学校間の連携強化や多様なニーズにも対応できる機能を取り入れる想定だ。

教育から医療まで子どもに関するデータを集約する

少子高齢化が進む会津若松市にあって、出生率の向上や転出率の低減、Uターン／Iターン率の向上といった大きな課題に対応するためには、地域協働型の教育環境に加え、子育てがしやすい環境を整備する必要がある。

そのための施策として会津若松ではこれまでに、母子手帳の電子化による親子サポートサービスの拡充や、学校で配布されるプリント類を電子化する「あいづっこWeb」および専用のスマートフォン用アプリケーション「あいづっこ＋（プラス）」を展開してきた。学校からのお知らせが確実に届くとともに、学校と家庭のコミュニケーションの活性化に寄与している。今後は、GIGAスクールで配備されたタブレット端末を活用し、児童生徒の宿題や学習結果の共有など、連携可能な情報を拡大していく計画だ。

そのうえで、教職員以外の地域の民間人材を活用した授業やワークショップを開催したり、地域の主婦や学生が積極的に子育てに参加する仕組みづくりに取り組んだりもしている。そうした教育・子育て施策を進めるための基盤として想定されているのが、都市OSとの連携を前提に設計を進めている「子ども情報プラットフォーム（仮称）」である（**図1-2-5-3**）。

子ども情報プラットフォームでは、家庭向けには「保護者ポータル」を整備し、子どもに関する情報をまとめて閲覧できるようにする。教育機関向けには、教育関係者（教職員、保育士、

図1-2-5-3：都市OSと連携する「子ども情報プラットフォーム（仮称）」を基盤とした教育関連施策

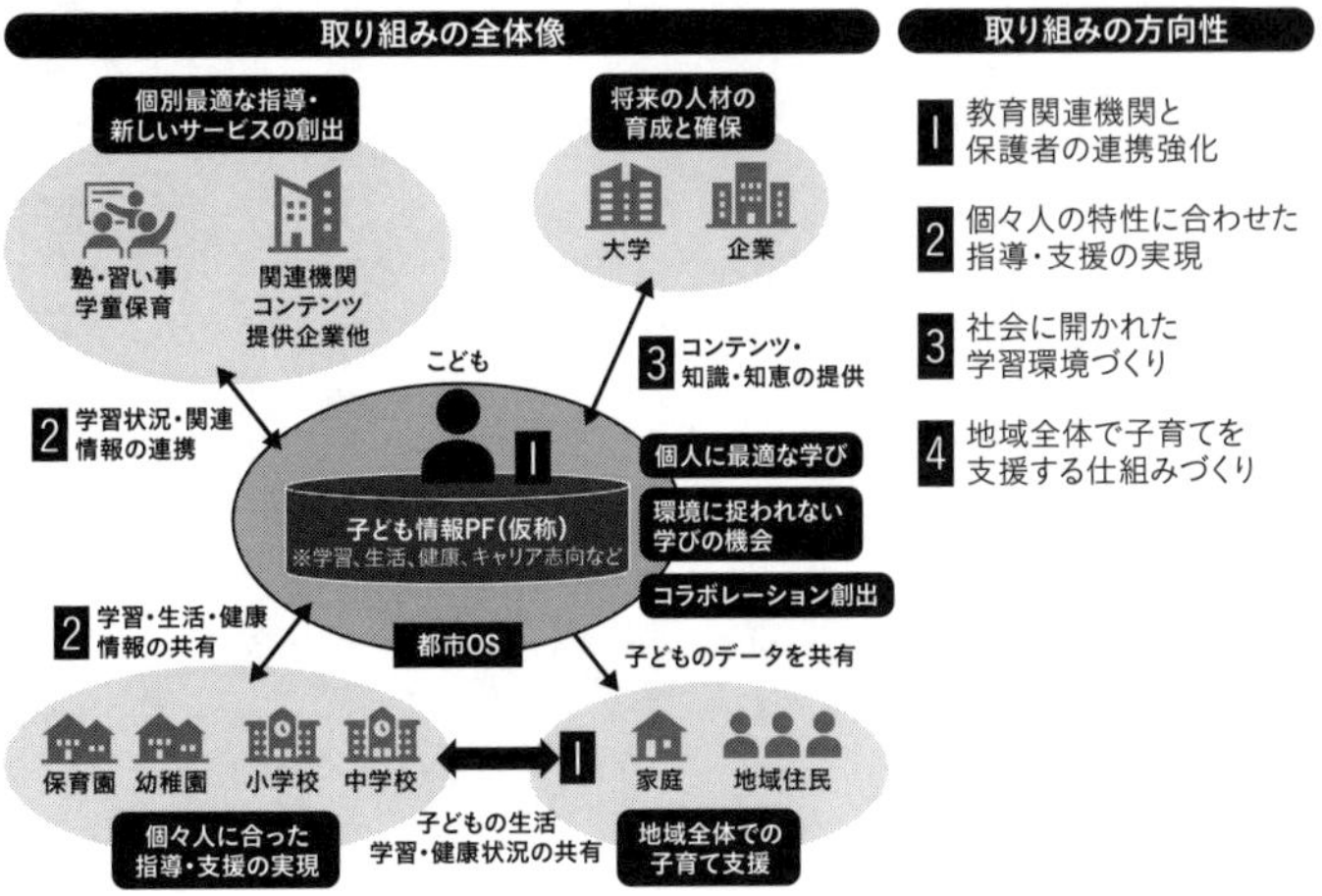

塾講師など）に子どものデータを提供することで、子ども個人の志向や個性、家庭環境に合わせた最適な指導を提供できるようにする。

そのために、学習や生活、健康など子どもに関する個人データは、保育園・幼稚園や小中学校、学童保育や学習塾、病院などの医療機関が持っている。それらの個人データを保護者の賛同のもと取得・集約し連携を図る（**図1-2-5-4**）。種々の教育サービスを連携・提供するだけでなく、見守りや指導を担当する関係者に対しても、最適なサービスの提供を実現する。

こうした取り組みを進めるうえで無視できないのが「オプトイン」の考え方だ。市民がサービス利用時に自らの意思によりデータの共有を承認する。オプトインだか

図1-2-5-4：子ども情報プラットフォームは取得・集約を想定するデータ群

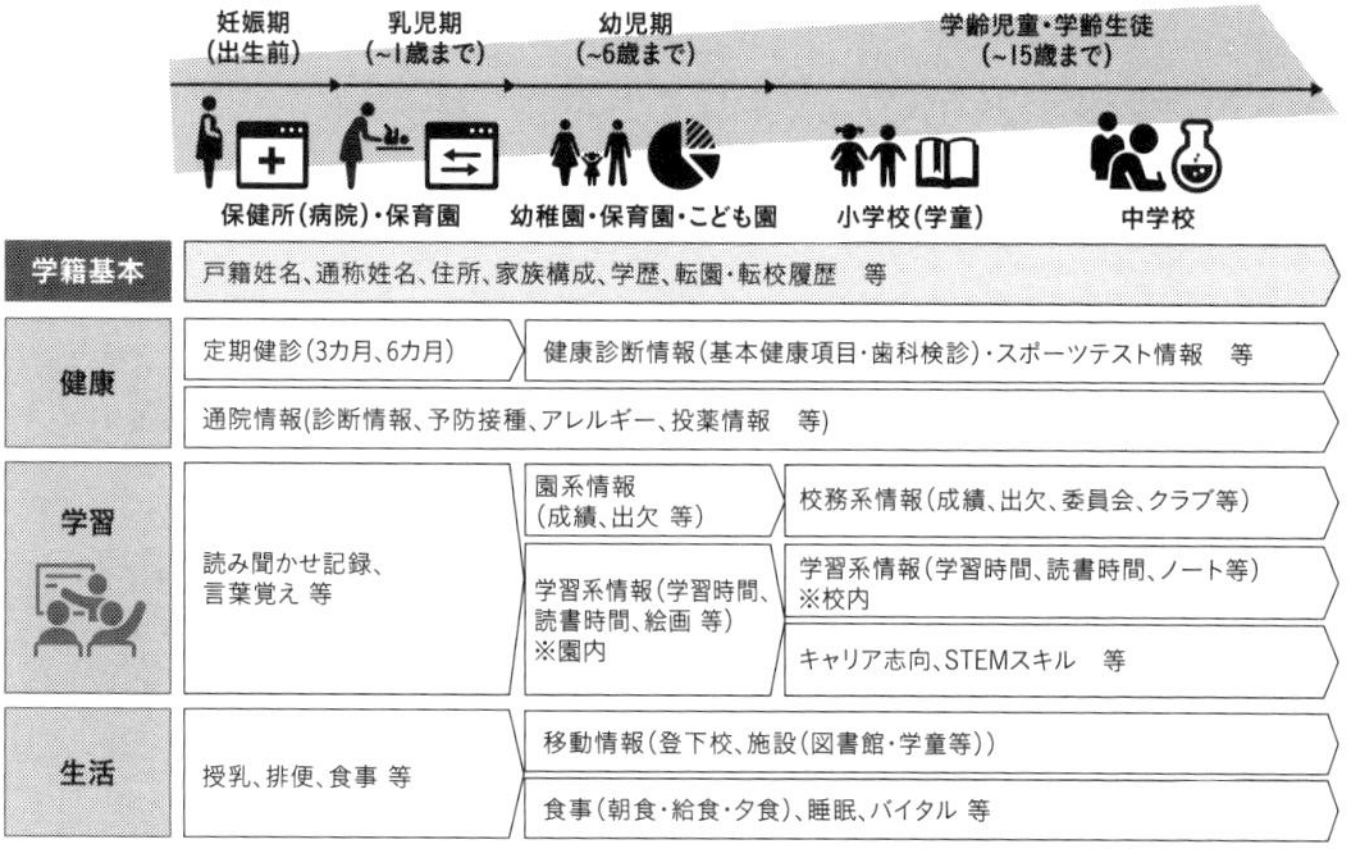

らこそ、あらゆる子どもの行動データに基づき、一人ひとりに合った指導やフォローが可能になるとも言える。あいづっこWebおよび、あいづっこ＋でも、オプトインした保護者に対してのみ、児童生徒が所属する学校や学級に合わせた情報を配信している。

スマートシティ会津若松では、オプトインで集めた、あらゆるデータを収集・分析・統計化することで、直接的な子どものサポートを実現するとともに、各機関で派生するデータを活用した新しい先進サービスの創出を推進する構想を描いている。

なお、情報流通にあたっては地域ID（現在は「会津若松プラスID」）の本人確認の仕組みと、データ利活用範囲の権限を厳格に設計することで、個人データの連携の実現を目指す。

こうした個人データは従来、国や自治体が定める情報管理規則や個人情報保護法などの壁により分断されていた。

集約したデータに基づく自動化・改善が可能に

子ども情報プラットフォームが構築されれば、どのようなビジネスの創出が考えられるのだろうか。最終的な目標は、子ども情報プラットフォームに集約したデータを有効活用し、子どもの個性に寄り添った教育の実現である。そのためには、教職員や学習者の負荷を抑えながら、既存情報をデータ化し、そのデータを蓄積していくためのサスティナブルな運用モデルを作る必要がある（**図1-2-5-5**）。

具体的には、①学習者データベース、②学習者（保護者）課金型の教材購入／サービス利用モデル、③コンテンツ提供者との連携プラットフォーム（コンテンツサービスおよび遠隔授業）の三つが検討項目に挙げられる。これらをトータルに整備していくことが、新たなサービスの創出に寄与する持続可能な仕組みを実現する。

実現可能性のある、さまざまな新サービスの一例に「パーソナルホームページ」がある。登下校や教室の入室をセンサーで感知した出欠情報や、摂取カロリーやインフルエンザ罹患の予兆といった生活情報などを、デジタルデバイスを通じて収集。それらデータをＡＩ（人工知能）技術で統合・分析することで、子どもにとって最適な学びや、保護者にとって最適なフォロー方法を促す。

図1-2-5-5：サスティナブルなビジネスモデルで教職員や学習者の負荷を抑える

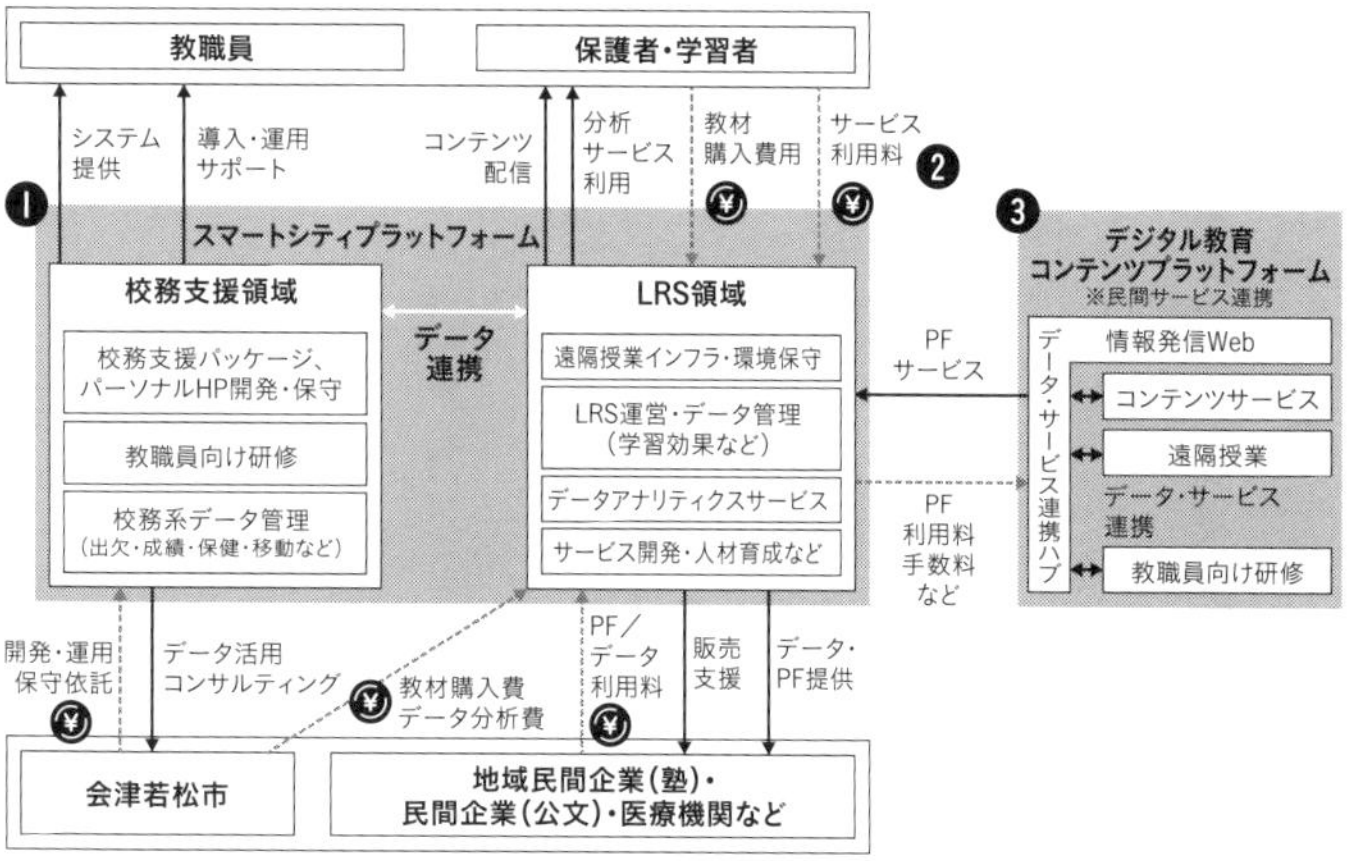

学習者の学習データを収集・格納するデータベースを、民間事業者の新たな付加価値サービスとして進化させるというアイデアもある。民間事業者のサービスだけでなく次世代型校務支援システムとの連携ハブになる仕組みでもある。

これらが実現できれば、授業や成績に関する情報提供はもとより、生徒個人の興味や習熟度に応じた学習プランを提示できる。他にも、保護者間のコミュニケーション、eラーニングを活用したPBL（プロジェクトベースラーニング：課題解決型学習）や反転教育の実現など、次世代の校務支援システムへの応用が期待できる。

学習者は効果的な学習スタイルを身につけられ、保護者は子どもの能力を伸ばす方法が分かるようになる。学校側も教職員の管理業務負荷を軽減して、効果的な教育カリキュラムの作成に注力できる。校長や教育委員会などにとっても、学校運営の意思決定や新たな教育施策の計画立案に役立てられる。

学校教育の現場に役立つのが、蓄積したデータを起点に学校業務を改善するBPR（ビジネスプロセスリエンジニアリング）サービスだ。学校や教育委員会の業務効率化はもとより、教職員の人材育成プランや評価、組織編成なども効率的に改善できる。エビデンスベースの現場運営サービスが登場してくることも考えられ、教職員の働き方改革に貢献するといった効果も期待できる。

このようなデータ分析の活用を業務プロセスや施策展開に落とし込むためには、戦略にひもづくKPI（重要業績評価指標）の設定、それに対応するデータの定義や収集・加工、データを分析する人材育成も欠かせない。

テクノロジーの活用をさらに進めれば、地域教育モデルの理想像が見えてくる。まずは既存の法令や判断基準をベースに、さまざまな自動化を進める。次に統計的手法によりビッグデータを分析し、将来予測と最適な意思決定を実現する。その先に機械学習や自然言語処理を活用した学習システムを実現する。より高度なアナリティクス技術の活用を進めることが、デジタル時代にふさわしい地域教育モデルの確立につながると確信している。

子ども・保護者など利用者向けサービスからの推進が大切

しかしながら現状、会津若松以外の地域の多くは、ITインフラやシステムを構築するものの、ネットワークの切り分けや端末の利用制限、コンテンツ不足などからデジタル利用が活性化せず、デジタルリテラシーが高い教職員の属人的利用にとどまっている。保護者や地域など学校外との連携も生まれていない。

会津若松では、現場のデジタルリテラシーを高めたうえで、校務データや学習データなどを連携するプラットフォームを構築し、データ利活用のための環境整備に取り組んでいる。子どもや保護者向けサービスからデジタル化を推進し、学校現場に負担が少ない形でサービスを拡充しながら、基幹業務の情報化へと進めているのが大きな相違点である。

地方分散の実現や、スマートシティの取り組みを持続的に発展させていく原動力は、人材育成であり教育であることは間違いない。今後も学校現場や自治体と連携しつつ、市民参加や他自治体とのコラボレーションも念頭においた次世代型教育モデルの実現を目指していく。試行錯誤を繰り返しながら、日本の将来を担う人材育成に貢献していきたい。

1-2-6 スマートシティを構成するスマートビルの現状と生み出す価値

スマートシティ／スーパーシティの構成要素の一つに「スマートビル」がある。多くの人が集まるビルを取り巻く環境は大きく変化し、スマートシティにおける位置付けも重要さを増している。大都市圏ではスマートビルそのものがスマートシティと呼べるほどの事例もあるほどだ。急速な発展や変革を遂げつつあるスマートビルについてアクセンチュアの藤井 篤之と山田 都照、深川 翔平が解説する。

ブラウンフィールド型スマートシティは、住民が生活している既存の都市をスマート化する取り組みである（1-1-3参照）。そのブラウンフィールド型のスマートシティで大きな存在感を放っているのが「スマートビル」だ。首都圏や名古屋、大阪、福岡などの大都市圏で進むスマートシティプロジェクトの約6割で、街区内に建設されたスマートビルを中心に取り組みが進められている。

省エネ視点のインテリジェントビルが原典に

スマートビルに標準的な定義はない。だが1990年代から、ビル管理システム（BMS：Building Management System）により電力や通信インフラ、セキュリティ設備を集中制御する「インテリジェントビル」が次々と建設されてきた。インテリジェントビルの目的は主に、ビルの省エネルギー化やビル管理の高度化にある。

その後、ビルを取り巻く環境は大きく変化し、ビルに求められる役割も変わってきた。脱炭素社会やカーボンニュートラルの実現に向けた再生可能エネルギーの活用、コストに直結する慢性的な人手不足によるビル管理の効率化はもちろんのこと、コロナ禍や働き方改革に伴う多様なワークスタイルへの対応、テナントやワーカーへの新たな価値の提供なども重視されている。

そこから生まれたのが、「ビルのあらゆる情報を一元管理し、さまざまな領域に対応できる高度なビルを作ろう」という発想だ。これがすなわちスマートビルである。近年新たに建設された、あるいは建設中のオフィスビルや複合ビルの大半がスマートビルというのが現状だ。バブル期から30年以上が経過した今、当時に建設されたビルの建て替え需要が高まる見通しである。スマートビルが新たなスタンダードになることは間違いない。

スマートビルを巡る市場は今まさに勃興期にある。大手ゼネコンや大手不動産デベロッパーをはじめ、ビル管理を担うファシリティマネジメント会社や、デジタル技術に強い設備機器メーカー、不動産テック企業まで、参画者は広範囲に及ぶ。各社が競争と協業を繰り広げている。

従来のインテリジェントビルの目的は主にビル管理の高度化だった。これに対しスマートビルでは、種々の環境変化に対応するために、ビルに携わるすべての人を対象に、それぞれが必要とする用途に対応するソリューションの提供を目指す。ビル管理に加えて、テナントやワーカーといったビル入居者、さらには設計・施工者の利便性や快適性までも考慮する。

ビル管理者向けソリューションとしては、「クラウドBEMS（ビルエネルギー管理システム）」や「ロボット遠隔制御（省人化）」「設備機器故障予知」などがある。テナント・ワーカー向けには「入退館管理」「会議室予約」「混雑可視化」などが、設計・施工者向けにはデジタルツインやBIM（ビル情報モデリング）／FM（ファシリティマネジメント）の機能などが挙げられる。

スマートビルのデジタル基盤となる「ビルPF（Platform）」

これらのソリューションを支えるのが「ビルPF（Platform）」だ（**図1-2-6-1**）。スマートシティで言うところの「都市OS」同様に、スマートビルのソリューションを提供するための基盤となるデジタル技術で構成されている。

図1-2-6-1：スマートビルが目指すのは各種ソリューションの提供

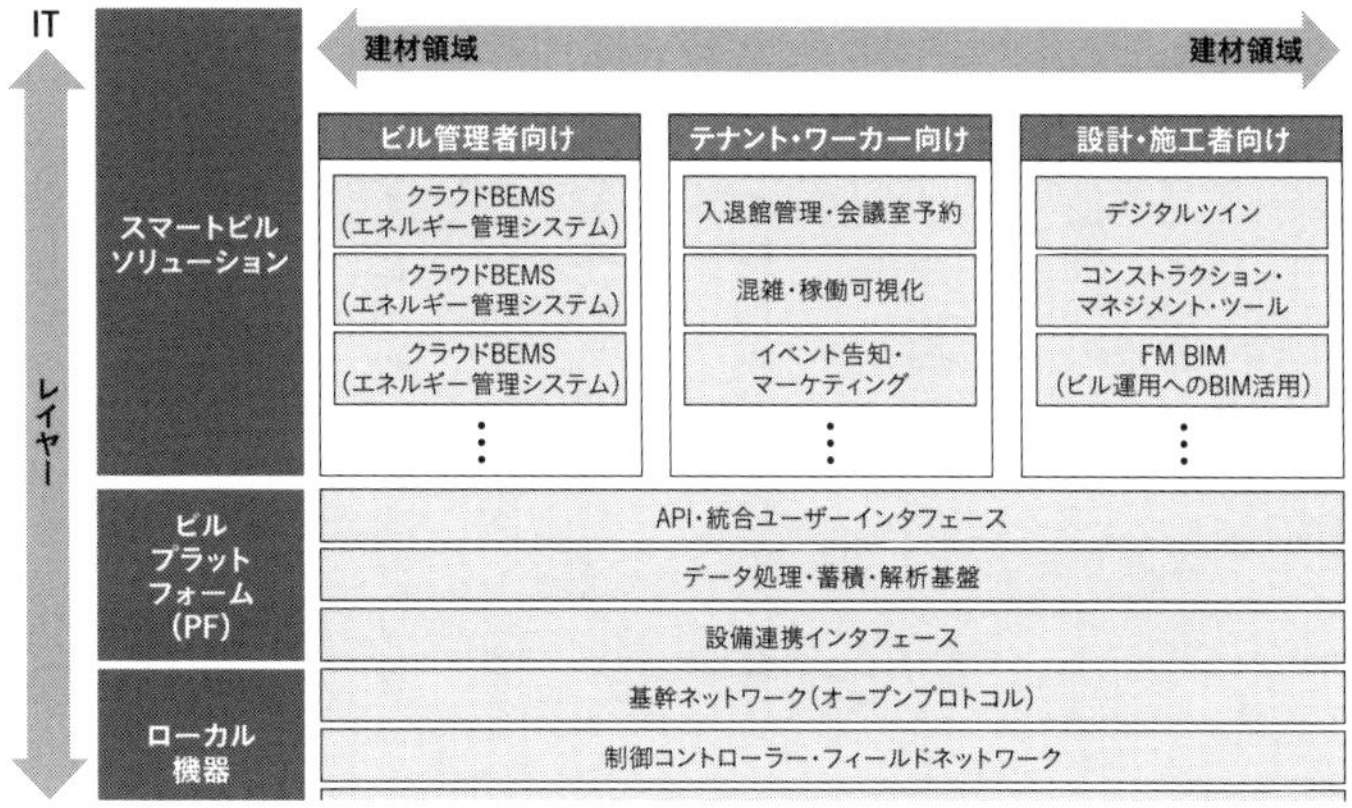

具体的には、複数のソリューションをシームレスに連携しデータ共有や制御を実現するAPI（アプリケーションプログラミングインタフェース）や、統合ユーザーインタフェース、共有データを蓄積・保管するストレージ、データを探索して新たな知見を得る分析基盤などである。

ビルPFで管理するデータを収集するために重要な役割を持つのが、ビル内に設置されるローカル機器である。空調や照明、動力、防災、セキュリティなどのための設備機器と、各種IoT（モノのインターネット）センサーを制御するコントローラーやネットワークだ。

ローカル機器の一部は、インテリジェントビルにも取り入れられていた。だが、そこでのソリューションは、電源設備や空調設備などの機器単体の故障予知や最適制御が中心だった。結果、設備機器メーカーごとに仕様が異なり、機器を横断したデータ活用や統合制御の自由度が限定された。

これに対しスマートビルでは、設備連携仕様のオープン化とAPI仕様の標準化により、他社製の設備機器や空間情報などとの連携、ソリューションのマルチベンダー対応などが可能になってきている。

先行するビル管理者向けソリューション

スマートビルは既に数多くの事例が存在し、各種ソリューションの提供が始まっている。今回はまず、ビル管理者向けソリューションを紹介する。

■エネルギー管理事例：竹中工務店

日本を代表するスーパーゼネコンの1社である竹中工務店は、スマートビルを実現するためのデータプラットフォーム「ビルコミ（ビルコミュニケーションシステム）」の研究開発を進めてきた。2021年5月には、ビッグデータ処理などの新機能を追加してもいる。

ビルコミは、竹中工務店が自社物件のスマートビル化を図るためのプラットフォームだ。スマートシティの都市OSともデータ連携が容易なビルPFに位置付け、オープンプロトコルを採用したクラウドサービスとして提供する。各種設備機器の制御システムやIoTセンサーから取得・収集したデータを効率的に扱え、設備機器を一元的に稼働監視したり、空間内のワーカーの活動量を測定し空調を最適化したりといったソリューションを実用化している。

エネルギー管理の実例として自社ビル（竹中工務店 東関東支店）にも適用している。2003年に竣工した自社ビルを2016年に改修する際に、ビルコミとエネルギー管理関連のソリューションを導入。導入後の1年間で経済産業省資源エネルギー庁が定義する「ZEB（ネット・ゼロ・エネルギー・ビル）」の基準を達成した。ZEBとは「大幅な省エネルギー化を実現した上で、再生可能エネルギーを導入することによりエネルギー自立度を極力高め、年間の一次エネルギー消費量の収支をゼロとすることを目指した建築物」（資源エネルギー庁）である。

■警備・ロボット制御事例：ソフトバンク／東急不動産／三菱電機

東京都港区の竹芝エリアは国家戦略特区に指定されている。そこでソフトバンクと東急不動産が進める都市型スマートシティプロジェクトが「Smart City Takeshiba」だ。その拠点となる「東京ポートシティ竹芝オフィスタワー」には、スマートシティやスマートビルを実現する多種多様なソリューションが導入されている。

その一つが、AI（人工知能）防犯カメラの映像をリアルタイムに解析する仕組みだ。ビル入口やビル内、立入禁止区域に設置したAI防犯カメラの映像を解析処理し、予め登録してある要注意者や立入禁止区域に侵入した不審者を検知すれば、防災センターと警備スタッフにアプリを通じて即座に通知する。警備スタッフは現場に急行し迅速な対応が可能になるため、警備業務を担当するビル管理者の負担軽減とともに、ビル利用者の安全性向上にも寄与する。

オフィスの入退館ゲートは、顔写真を登録したワーカーであれば非接触で通過できる。マスクを着用していても認証できるほか、体温センサーを併設し発熱者を検知するとゲートを開かないなど感染症対策にも対応している。入退館者の監視や体温測定を担当する警備業務の省力化／無人化につながる。

三菱電機との協業では、入退館ゲートと連動して動作するエレベーター行先予報システムを実現している。入退館ゲートで顔認証したワーカーは、エレベーターの階数ボタンを押すことなく、自身が執務するオフィス階へ移動できる。

エレベーターは自走式サービスロボット（自律移動警備ロボット／運搬ロボット）とも連動する。従来はロボットの利用が難しかった階をまたぐ警備や運搬も可能になっている。

■**遠隔監視事例：イオンディライト**

イオンディライトは、大手流通グループ、イオン傘下のファシリティマネジメント会社である。ビル管理業務の効率を高める遠隔監視サービスを提供している。商業施設などのビル内にセンサーを設置し、同社のカスタマーサポートセンター（CSC）から遠隔監視することで設備管理の省力化や無人化を図る（**図1-2-6-2**）。

図1-2-6-2：イオンディライトが運営するカスタマーサポートセンターの様子。2021年3月からは、新たな施設管理モデル「エリア管理」を全国に展開している（提供：イオンディライト）

ＣＳＣは全国８カ所にある。設備の稼働状況や異常を監視するためのシステムを集約したモニタリングステーションを設置している。異常発生時にはＣＳＣが巡回スタッフへ初動対応を指示するとともに、タブレットとカメラを使って遠隔からサポートする。

２０２０年に、北海道のイオン店舗で実証実験と試験運用によって、遠隔モニタリング＋支援の有効性を確認し、同店舗での常駐設備スタッフの無人化を実現した。２０２１年には全国で計１３０以上の店舗に拡大し、ＣＳＣからエリア全体を効率的に管理する「エリア管理」サービスを本番稼働させるとともに、同サービスの全国展開も図っている。新築ビルに限らず、既存ビルのスマートビル化も可能であることを示す好例と言える。

テナント／ワーカー向けに混雑可視化や会議室予約が広がる

ビルの構築・運用に携わる層としては、ビル管理者のほかに、ビルを利用するテナントやワーカー、ビルを建てる設計・施工者などがある。こうした層を対象にした新しいソリューションが発展してきている。

スマートビルの核にはビルOS、ビル基盤とも呼べる「ビルPF（Platform）」がある。データ共有や設備機器の制御、ソリューション連携のためのAPI（アプリケーションプログラミングインタフェース）といった機能を提供するこれら多種多様な機能を持つスマートビルが真価を発揮するのは、ビルに入居するテナント（オフィスやショップなど）や、そこで働くワーカーを対象にしたソリューションである。

■データ活用事例：ソフトバンクと東急不動産

前述した「Smart City Takeshiba」は、ソフトバンクと東急不動産が取り組む都市型スマートシティプロジェクトである。同プロジェクトの拠点ビルである「東京ポートシティ竹芝オフィスタワー」はビルPFを備え、ビル館内に設置した1400超のIoTセンサーデバイスから得られるデータを一元管理している。

ビルテナントに対しては、これらセンサーデータなどから混雑状況や人流、空席などを把握し、映像解析やＷｉ‐Ｆｉ接触情報を加味して分析することで、ビル利用者の人数や性別、年代といったデータを統計化し提供している。各テナントは集客施策や在庫管理、売上予測などに活用すれば「データに基づいたマーケティング」を実現できる。

館内の約30カ所に設置したデジタルサイネージでは、テナント店舗ごとの混雑情報を表示するほか、時間帯や空席率に応じて利用者のスマートフォンアプリにクーポンを自動配信し、アイドルタイムの集客向上を図るといった実証実験にも取り組んでいる。

ワーカー向けには、ワーカー専用アプリやデジタルサイネージを使って、テナントが共用するフリースペースやテラス、エレベーターホール、飲食店、トイレなどの混雑状況をリアルタイムに配信する。空いている時間帯の利用を促し混雑解消につなげる。

ビル管理や向けサービスである入退館ゲートの顔認証・温度検知デバイスとエレベーターの連動機能を使って、ワーカーはタッチレスでエレベーターを利用できる。

■オフィスシェアリング事例：ソフトバンク

「Ｓｍａｒｔ Ｃｉｔｙ Ｔａｋｅｓｈｉｂａ」においてソフトバンクは、スマートシティ／スマートビルに関する種々の実証実験に取り組んでいる。そうした中で2021年8月、オフィススペースを企業間でシェアするためのサービス「Ｓｍａｒｔ Ｗｏｒｋ Ｓｏｌｕｔｉｏｎ」の提供を開始した。スマートフォンから種々のビル設備の操作も可能にする。

Smart Work Solutionでは、テナント企業やワーカーの働き方を支援するためのスマホ用アプリ「WorkOffice+（ワークオフィスプラス）」と、WorkOffice+の導入に必要な各種施工作業やコンサルティング、通信環境の構築などをパッケージにして提供する（**図1-2-6-3**）。

WorkOffice+からは、ビル内の会議室やデスクの予約、利用開始／終了のチェックイン／チェックアウトなどが操作できる。テナント企業のワーカーであれば、自社の会議室やデスクの予約・利用状況をリアルタイムに確認できる。

WorkOffice+をインストール済みのスマホを持って移動すれば、会議室やデスクがあるフロアへのエレベーター降車制限や、オフィスへの入室制限のロック解除ができる。これにより、自社の空き会議室やデスクを他のテナント企業に貸し出せ、オフィススペースの企業間シェアリングをセキュアに実現できるとする。

Smart Work Solutionは、東京都港区にあ

図1-2-6-3：ソフトバンクが提供するスマートビル用アプリケーション「WorkOffice+」の主な機能

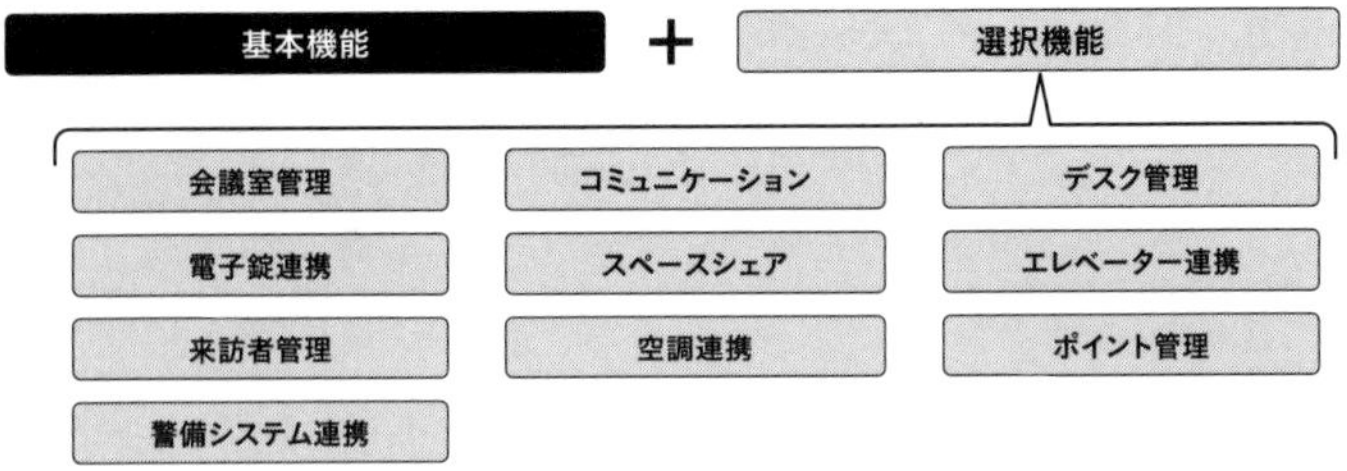

るオフィスビル「プラスシフト乃木坂」（開発はサンフロンティア不動産）や、東京都千代田区のイオンディライト本社などが、機能を選択したうえで導入している。特にイオンディライトでは、WorkOffice＋の導入が、新型コロナウイルス感染症を受けて策定された、来訪者・従業員の健康と安全に配慮した施設に対する国際的な認証制度「WELL Health-Safety Rating（WELL健康安全性評価）」の取得に貢献しているという。

■街区で利用する共通認証ID事例：三菱地所

三菱地所は、東京都千代田区の大手町・丸の内・有楽町エリアで数十棟に及ぶオフィスビルを管理している。それらをビル単位ではなく街区全体を対象にしたスマート化を進めている。その指針となる「三菱地所デジタルビジョン」を2021年6月に策定。同ビジョンの実現に向けた環境整備の一環として共通認証ID「Machi Pass」を開発した（**図1-2-6-4**）。

Machi Passは、三菱地所グループが提供する各種Webサービスやモバイルアプリケーションにログインするための共通認証基盤である。一つの共通IDにより、複数のオンラインサービスや来場予約、オフィススペースなどリアル空間への入退室などが可能になる。

既に丸の内エリアで働くワーカー向けWebサービス「update! MARUNOUCHI for workers」（三菱地所が提供）や、丸の内エリア内の店

図1-2-6-4：三菱地所が街区のスマート化の指針として策定した「三菱地所デジタルビジョン」の概念

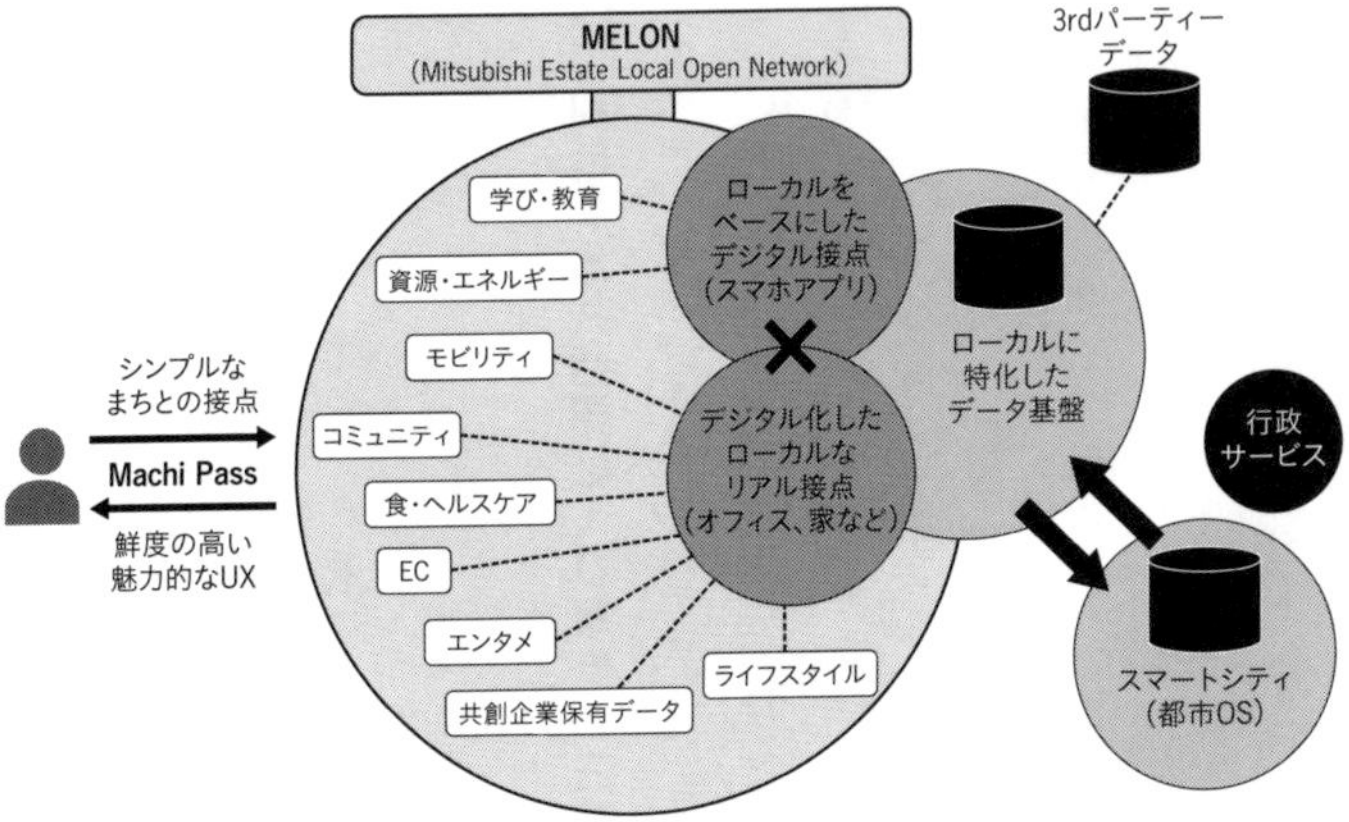

舗ポイントサービス「丸の内ポイントアプリ」（三菱地所プロパティマネジメントが提供）などで利用されている。

２０２２年２月には、顔認証サービス連携基盤「ＭａｃｈｉＰａｓｓＦＡＣＥ」も開発した。利用者は顔画像をＭａｃｈｉＰａｓｓに登録すれば、複数ビルの入退館やサービスの利用などを顔認証で利用可能になる。三菱地所本社ビルでの実証と並行し、同社が運営する会員施設の入退室キーとしての利用を進めている。

三菱地所はＭａｃｈｉＰａｓｓを軸に、街を構成する、あらゆる外部関係者とつながるオープンなエコシステム「Mitsubishi Estate Local Open Network（ＭＥＬＯＮ）」の構築を目指しているという。

スマートビルの価値を高めるには業界としての取り組み・共創が重要に

ここまで紹介してきたようなソリューションによりスマートビルは、どのような価値を生み出すのだろうか。まず挙げられるのが、ビルの建設・運営にかかるコストの削減という価値だ。ビル管理者向け各種ソリューションでは、ビルメンテナンスや警備の省人化が図れるほか、エネルギー管理の仕組みによるコスト最適化も実現できる。事業共同体など企業をまたいだデータ／情報連携を図れば、工程の出戻りを削減する効果も期待できる。

ビル空間全体の状況を可視化・把握できるソリューションでは、ビルに入居するテナント企業やワーカーの快適性や満足度の向上という価値も提供できる。ビルテナント賃料や稼働率のアップにもつながっていく。

スマートビル内で蓄積した膨大なデータを街区内など複数のビルで共有すれば、スマートビルの棟数が増えれば増えるほど、そのソリューションは進化する。将来的にはスマートシティへと発展していくという価値も考えられる。

これらの価値を生み出すスマートビルには、ゼネコンやデベロッパー、設備機器メーカーなど多くの企業が興味を示している。実際、さまざまなプロジェクトが始動している。しかしながら、これらの業界は多重下請け構造を持っており、企業間連携やデジタルケイパビリティが不足しているという課題もある。

そうした課題を解決していくには、ベンダー1社に任せるのではなく、企業間のパートナリングを進め、建設テックや不動産テックと呼ばれるスタートアップ企業なども巻き込みながら、業界全体でのデジタルトランスフォーメーション（DX）の推進や、デジタル化に向けた共創といった取り組みが重要になっていくだろう。

1-2-7

地方でも動き出す「ゼロカーボンシティ」に向けた取り組み

「カーボンニュートラル」や「脱炭素」といったキーワードが強調されるなか、CO2（二酸化炭素）をはじめとする温室効果ガスの排出量削減に向けた取り組みが世界中で加速している。スマートシティは、2008年頃からの段階的な広がりの当初から、デジタル技術を使って都市のエネルギー利用の効率化や低炭素化を図るなど環境志向の側面を持っている。環境意識が改めて高まってきたことで、スマートシティにおけるカーボンニュートラルへの取り組みも注目を集めている。最新動向をアクセンチュアの藤井 篤之と佐藤 雅望が解説する。

世界各国でカーボンニュートラルへの取り組みが加速している。気候変動問題に関する国際的な枠組みである「パリ協定」が2020年に本格的な運用を開始したことが背景にある。

日本でも2020年10月の臨時国会で、当時の菅義偉首相が「2050年カーボンニュートラル」を宣言。CO2（二酸化炭素）をはじめ、一酸化二窒素（N2O）やメタン、フロンなどの温室効果ガス（GHG：Greenhouse Gas）の排出量を2050年までに〝全体としてゼロ〟にし、脱炭素社会の実現を目指すことを表明した。

〝全体としてゼロ〟とは、ＧＨＧの排出と同等以上の量を吸収または除去するという意味だ。ＣＯ２を吸収する植林の推進や、大気中に存在あるいは発電時に発生したＣＯ２を回収・貯留する技術の確立などにより、〝差し引きゼロ〟の達成を目標にする。

カーボンニュートラルの実現は、決して容易ではない。もちろん、前述したパリ協定や国際連合（国連）の「ＳＤＧｓ（持続可能な開発目標）」が採択された２０１５年以降、産業界を中心にカーボンニュートラルへの取り組みは進みつつある。だが実際には、２０３０年度のＧＨＧ排出目標が２０１３年度比でマイナス46％であるのに対し、環境省と国立環境研究所がまとめた２０２０年度のＧＨＧ排出量は２０１３年度比マイナス18・４％と、その進捗は芳しくないのが実情だ。

特に家庭や運輸、産業領域など都市における社会経済活動からのＣＯ２排出量が全体の過半数を占めている。目標を達成するには都市活動や産業構造の抜本的な改革が不可欠である。

こうした状況の中、国にならってカーボンニュートラルな都市である「ゼロカーボンシティ」を目指す地方自治体が目立って増えている。環境省によれば、２０２２年7月29日時点で42都道府県７５８自治体が「２０５０年までに二酸化炭素排出実質ゼロ」を表明している。その数は、日本の総人口カバー率で93・９％に上る。

国・地方脱炭素実現会議も「地域脱炭素ロードマップ」を策定し、２０３０年度までに

１００カ所以上の「脱炭素先行地域」を創出するとしている。全国各地でカーボンニュートラル・脱炭素の動きが起こり、ドミノ倒し的に広がることを期待する。

都市のＧＨＧ排出量を算定する三つのＳｃｏｐｅの概念

カーボンニュートラルへの取り組みは、産業界では一般に、国際的なＧＨＧ排出量の算定・報告の基準「ＧＨＧプロトコル」に基づいて進められる。

ＧＨＧプロトコルでは、事業者自らのＧＨＧ排出量である「直接排出」だけではなく、事業活動に関係するサプライチェーン全体のＧＨＧ排出量である「間接排出」も重視しているのが特徴だ。直接排出を「スコープ１」、間接排出を「スコープ２」、その他の排出を「スコープ３」の三つに分け、これらすべての合計を「サプライチェーン全体の排出量」としている。

ゼロカーボンシティに向けた都市のＧＨＧ排出量にもスコープの概念が存在する。ＷＲＩ（世界資源研究所）の「Global Protocol for Community-Scale Greenhouse Gas Emission Inventories」が、そのための手法の一つである。

そこでは排出量算定領域を、①都市の地理的境界内における活動による直接的な排出をスコープ１、②都市の地理的境界内で供給されたエネルギーによる間接的な排出をスコープ２、③都市の地理的境界外で生じた排出をスコープ３の三つに区分する（**図1-2-7-1**）。

ゼロカーボンシティを実現するには、スコープ２におけるエネルギーの低炭素化やエネル

図1-2-7-1：都市におけるGHG排出量算定の3つのスコープ

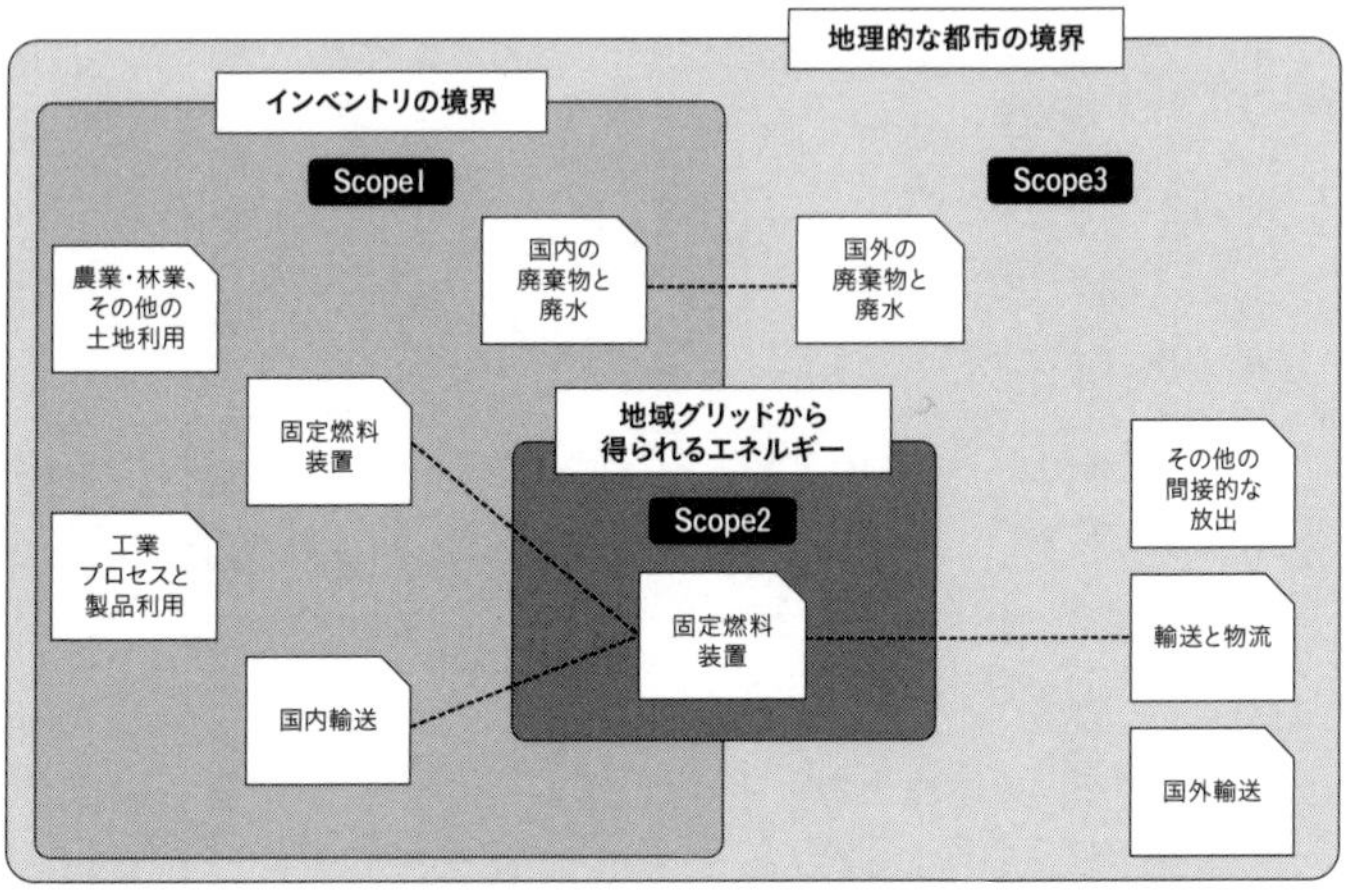

表1-2-7-1：ゼロカーボンシティの実現に向けた主な施策（WRIの情報をもとにアクセンチュアが作成）

スコープ	主な施策
スコープ1	・全体：都市機能の集約化（コンパクト化） ・民生：建築物の省エネ性能の向上（ゼロ・エネルギー・ハウス、ゼロ・エネルギー・ビル）、スマートビルディング ・運輸：移動・輸送手段の置換（モーダルシフト）、商用電気自動車・水素化、シェアリングエコノミーの推進、MaaS（Mobility as a Service）化 ・廃棄物：サーキュラーエコノミーの推進 ・産業：主に建設などでの低炭素化（鋼材・セメントなど建築資材からの排出が大） ・その他：グリーンインフラ推進、域内の産業のカーボンニュートラル全般
スコープ2	・地域での再エネ発電、地産地消、マイクログリッド、P2P（Peer to Peer）取引の電力融通、V2G（Vehicle to Grid）など

ギーマネージメント最適化だけでなく、スコープ1での都市のエネルギー需要の最小化や低炭素化、吸収源の最大化を進めることが不可欠になる。**表1-2-7-1**のような施策を講じることが求められる。

これらの施策には、留意すべき点がある。スコープ1において、スマートビルやモーダルシフトなど個別のプロパティの最適化では、個人の行動データの分析・活用が欠かせないということだ。特に新型コロナウイルス感染症（COVID-19）の拡大により、市民の行動パターンの多様化が加速している今、データ分析・活用は不可欠である。

都市におけるカーボンニュートラルの取り組みには、複数のプロパティの異なる要素を組み合わせ、さらなる最適化を図れるという特徴がある。そこに、これまでスマートシティが培ってきた都市OSやデータ基盤、IoT（モノのインターネット）技術を取り入れるとともに、事業者や市民などすべてのステークホルダーが協力した推進体制の仕組みを活かしながらGHG排出量の可視化などを進めれば、市民が脱炭素に向けた行動を選択できるようになる。

住民理解で実現が進む蘭アムステルダムやFujisawa SST

ゼロカーボンシティに向けた取り組みが各地のスマートシティで進められている。既存都市を対象にした「ブラウンフィールド型スマートシティ」と、未開発地での開発を対象にした「グリーンフィールド型スマートシティ」のそれぞれの取り組みを紹介する（1-2-3参照）。

■ブラウンフィールド型での取り組み例：蘭アムステルダム

ブラウンフィールド型の場合、カーボンニュートラルに対する認知向上や合意形成、意識喚起など、住民を巻き込むことが重要になる。そのためにはカーボンニュートラル以外の付加価値も考慮しながら施策を設計していくことになる。

オランダの首都アムステルダムは２００９年、「アムステルダム スマートシティ プログラム」を策定。エネルギーマネージメントの取り組みを皮切りに、住民理解を徐々に広げながらカーボンニュートラルの実現に向けた取り組み領域を拡大している。

これまでに、スマートメーターの導入やスマートビルへの転換、河川・運河を航行する船舶を含めた低炭素モビリティの導入などを積極的に進め、カーボンニュートラルに向けたサーキュラーエコノミー（循環経済）がうまく回っている。アクセンチュアは同プログラムにおけるパートナーの一社として２００９年以降、取り組みに関与してきた。

■グリーンフィールド型での取り組み例：神奈川県藤沢市「Ｆｕｊｉｓａｗａ ＳＳＴ」

グリーンフィールド型スマートシティでは、カーボンニュートラルの取り組みを比較的容易に推進できる。そこで重要になるのが、カーボンニュートラルの最大化に向けた最新技術やプロパティを組み合わせるための設計である。

神奈川県藤沢市の「Ｆｕｊｉｓａｗａ サスティナブル・スマートタウン（Fujisawa SST）」は、

大規模工場跡地を再開発したスマートシティである。企画当初からエネルギー、セキュリティ、モビリティ、ウェルネス、コミュニティの5分野を横断するサービスの提供を目指していた。

これまでに、3メガワット級という世界最大級の個別分散型エネルギーマネージメントシステムを稼働させている。戸建てのスマートハウスでは現時点でCO2排出量ゼロを達成している。Fujisawa SST全体では各種デジタル技術や機器の導入や活用だけでなく、市民の行動変容も相まってCO2排出量の70%削減を実現している。

カーボンニュートラルを継続的な取り組みにするため現在は、ブラウンフィールド型スマートシティと同様に、自治体や教育機関、事業者、住民が一体となった街づくりを推進している。アクセンチュアは協議会の一社としてFujisawa SSTの取り組みにも関わっている。

ステークホルダーの理解を深め継続的な関与を促す仕組みが必要

ゼロカーボンシティの実現に向けた代表的な事例を紹介してきた。だが現時点では、ゼロカーボンシティを表明するもののカーボンニュートラルに向けた具体策を積極的に推進しているスマートシティは、それほど多くないのが実状だ。その背景の一つには、「カーボンニュートラルの取り組みにはコストがかかる」という認識がある。

しかし、カーボンニュートラルにいち早く取り組むことが、地域全体の活性化につながることは間違いない。そのためにも今後はスマートシティを構成するさまざまなステークホルダーの理解を深め、継続的に関与してもらうための仕組みを作り上げる必要がある。最終的にはQOL（生活の質）の向上など、住民にとっての付加価値を明確に示すことが重要になるだろう。

エネルギー領域における新たな三つのトレンド

スマートシティにおけるエネルギー領域の取り組みは、スマートシティという概念が登場した2008年頃から長らく取り扱われているテーマの一つである。例えば2010年代は、主にエネルギー関連コストの削減や、エネルギー供給における災害対応時の強靭性を示すエネルギーレジリエンスの向上を目的にしていた。

そのために、太陽光発電や風力発電といった再生可能エネルギー資源と蓄電池に、住宅やビル、あるいは地域を対象にしたエネルギー管理システム（HEMS／BEMS／CEMS）を組み合わせ、エネルギーの需給をマネジメントしようとした。エネルギーマネジメントの仕組みを実証実験し、本番サービスの導入に至ったスマートシティも少なくない。

それが最近は、温室効果ガス（GHG：Greenhouse Gas）の排出量ゼロを目指すカーボンニュートラルなど、エネルギーを取り巻く環境が大きく変化した。これに伴い、スマートシティにおけるエネルギー施策に対する見直しが進んでいる。

見直しの方向としては三つのトレンドが顕在化している。①コスト削減以外の価値の重要性の高まり、②統合的なエネルギーマネジメントの実装の進展、③次世代クリーンエネルギー資源の組み込みだ（**図1-2-7-2**）。

■トレンド1：コスト削減以外の価値の重要性の高まり

カーボンニュートラルに向けた取り組みの一環として、GHG排出量を定量化する「カーボンプライシング」の動きが加速している。スマートシティの価値としてGHG排出量削減を訴求する自治体や企業が急増した。

ウクライナ危機をはじめとする世界情勢不安による化石燃料の供給不足や価格の高騰により、化石燃料と比較して相対的に再生可能エネルギーの価格競争力が高まった。太陽光発電や風力発電といった再生可能エネルギーの導入機運はさらに高まるだろう。

図1-2-7-2：スマートシティにおけるエネルギー領域における取り組みの近年のトレンド

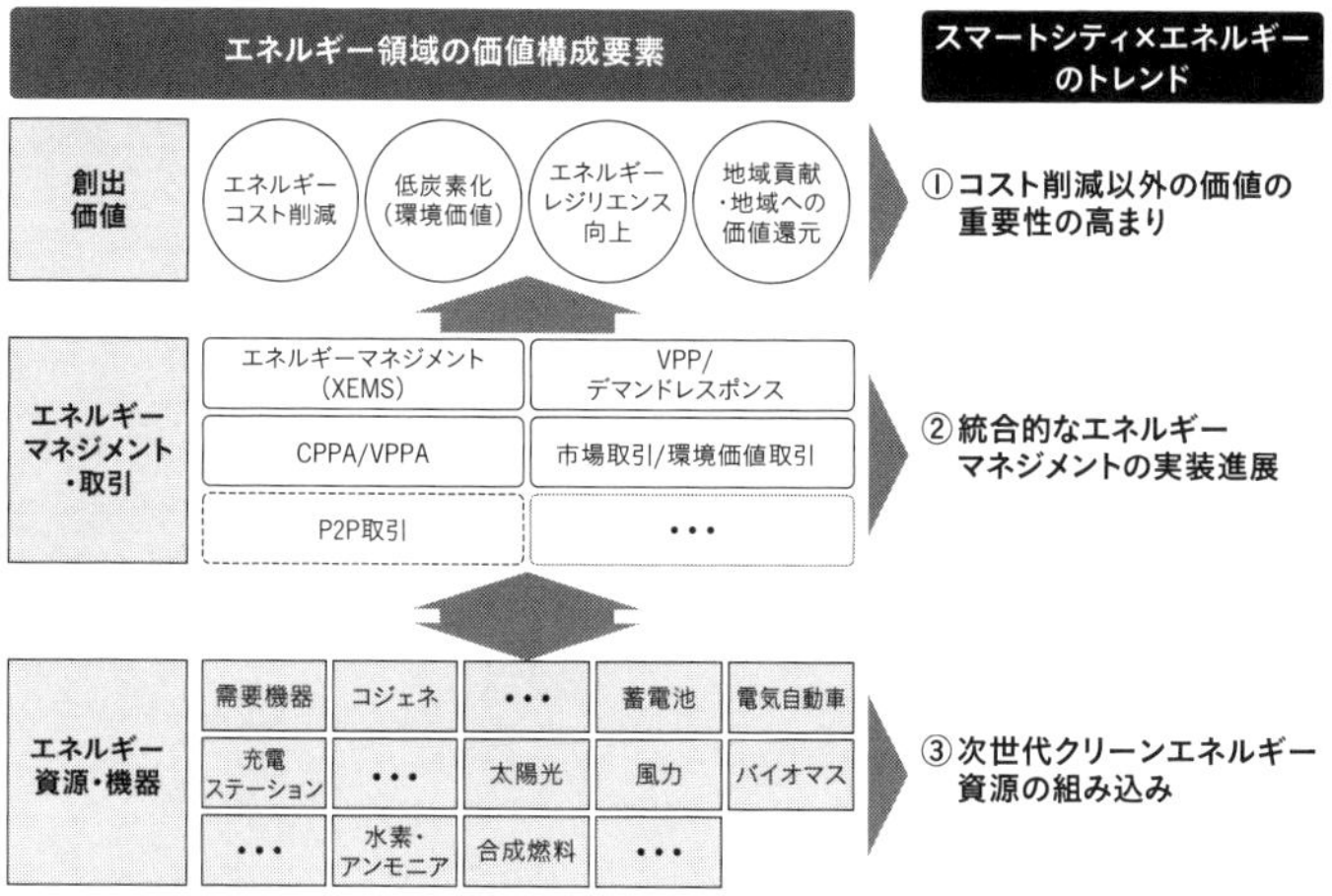

日本では過去、従来のエネルギー政策が功を奏し、エネルギーの安定供給が保たれてきた。それが、2011年の東日本大震災で発生した東京電力福島第一原子力発電所の事故により、全国各地の原子力発電所が稼働停止した。そこにカーボンニュートラルに向けた石炭火力発電への批判が高まり、電力供給能力が低下した。猛暑に見舞われた2022年夏には節電要請が発出されるなど、エネルギー安定供給が困難になるリスクが高まっている。

さらに最近は、原子力の再稼働を早めるべきだという議論が再燃したり、岸田首相が「次世代革新炉の開発・建設」の検討を指示したりと、エネルギーの安定供給維持に向けた議論が活発化しているものの、先行きが不透明な状況が続いている。

結果、従来のようなエネルギーコストの削減一辺倒ではなく、コストは多少高くついても、再生可能エネルギーや蓄電池などを使った自立分散型でのエネルギーの安定供給にも価値が見出されている。そこに積極的に対価を支払う企業などの利用者も現れ始めている。

■トレンド2：統合的なエネルギーマネジメントの実装の進展

スマートシティではこれまでも、太陽光発電と蓄電池の連携や、特定地域内の電力・熱マネジメントなどに取り組んできた。そうした取り組みが進展し、制御やマネジメントの対象となるエネルギー資源や機器、対象範囲を広げたエネルギーマネジメントの実装も進みつつある。

例えば、電力事業者が提供する商用電力系統に何らかの事故が発生し電力供給がストップした際に、蓄電池を活用して、特定のエリアや施設において、一定時間、電力の安定供給を継続できるエネルギーマネジメントシステムが実用化されている。蓄電池とデマンドレスポンスを組み合わせ、卸電力市場や需給調整市場を通じた電力取引なども行われている。

さらに、電力系統にかかる負荷を加味し、再生可能エネルギー発電所の近傍にデータセンターなどの大口電力需要施設を設置することで出力抑制を回避したり、特定エリア内の需給制御を実施したりする取り組みも始まっている。

■トレンド3：次世代クリーンエネルギー資源の組み込み

カーボンニュートラルに向けては、太陽光発電や風力発電といった再生可能エネルギーに焦点が当たっている。だが、脱炭素化に寄与するエネルギー資源は、それだけではない。

中でもカーボンニュートラルに向けた重要なエネルギー資源として注目されているのが、水素やアンモニアである。具体的には燃料電池車や、火力発電における混焼・専焼、水素還元製鉄や水素ボイラーなど産業分野の熱プロセスでの活用などが、運輸・発電・産業といったさまざまな領域で進んでいる。

現時点では、再生可能エネルギー由来のクリーンな水素やアンモニアは、既存の化石燃料由来のエネルギー資源よりも割高だ。だが、クリーンなエネルギー資源をスマートシティに取り込もうとする長期目線の施策が動き始めている。CCS（Carbon dioxide Capture and

Storage）のような二酸化炭素（ＣＯ２）を回収・貯留する仕組みを活用し、回収したＣＯ２と水素を組み合わせたメタンなどの合成燃料を生成する技術開発も進められている。

さいたま市とトヨタの取り組みに全国が注目

では、実際のスマートシティでは、どのようなエネルギー領域の施策が進められているのだろうか。先行する二つの取り組み事例を紹介する。

■スマートシティさいたま美園地区の統合的エネルギーマネジメント

埼玉県さいたま市の浦和美園地区では、脱炭素循環型コミュニティの普及モデルの構築を目指した取り組みが進められている。統合的なエネルギーマネジメントの実装が進展した事例として全国のスマートシティから注目を集めている。

２０２２年2月、第3期の街区で51棟の住宅への入居が始まった。同街区には、商用電力系統から独立した自営線による配電網が構築されている。最大の特徴は、平常時と災害発生時を問わず、街区全体がエネルギーを最適にマネジメントする思想でデザインされている点である。

各住戸には電力事業者Ｌｏｏｏｐが所有する太陽光パネルが設置されている。だが発電した電力を各住戸が直接自家消費できるように変換するパワーコンディショナーは設置されていない。各戸が発電した電気はすべて、街区内の電力系統に集約され、各住戸に再分配される仕組みだからだ。発電電力に余剰があれば街区全体でシェアリングする定置型蓄電池とＥＶ（電気自動車）に蓄電し、必要に応じて放電する。

この仕組みにより、再生エネルギーの自家消費率が60％超、街区内電力の再生エネルギー消費率は実質１００％（証書活用）、災害発生時の自律運転も15時間を実現している。

■トヨタWoven City（ウーブン・シティ）の水素エネルギー活用

トヨタ自動車が静岡県裾野市に建設を進める「Ｗｏｖｅｎ Ｃｉｔｙ（ウーブン・シティ）」は、同社の自動車工場跡地を利用し、面積約７０．８万平方メートル、２０００人以上の住民が暮らすグリーンフィールド型スマートシティである。水素エネルギーを街全体、生活圏全体に組み込む壮大なエネルギー施策として世界中から注目されている（**図1-2-7-3**）。

２０２１年2月に着工したＷｏｖｅｎ Ｃｉｔｙでは、さまざまなパートナー企業や研究者と連携しての新たな街づくりが始まっている。エネルギー領域ではＥＮＥＯＳと共同でカーボンフリーの水素エネルギー利用を進めている。

ＥＮＥＯＳは、Ｗｏｖｅｎ Ｃｉｔｙの隣接地に水素ステーションを建設。水電解装置により再生可能エネルギー由来の水素である「グリーン水素」を製造し、Ｗｏｖｅｎ Ｃｉｔｙに供給する。トヨタは定置式の燃料電池発電機をＷｏｖｅｎ Ｃｉｔｙ内に設置し、その燃料としてグリーン水素を使用する計画だ。

Ｗｏｖｅｎ Ｃｉｔｙや、その近隣をカバーする物流機能として、燃料電池自動車（ＦＣＶ）の導入を推進したり、水素の需給管理システムを構築したりする計画もある。住戸向けには、ポータブル式の水素カートリッジを開発し、必要に応じて水素エネルギーを供給する予定である。

価値を創出できるスマートシティに必要な要素

こうしたエネルギー領域の新しいトレンドを踏まえながら、新たな価値を創出するためには、①多様なエネルギー資源・機器のマネジメントと取引技術の獲得、②街中のエネルギー資源・機器を有効活用できるスキームの構築、③エネルギー環境変化への対応力が必要だろう。それぞれのケイパビリティ（能力）を強化し、早い段階から実績を積み上げていくことが成功の近道になる。

図1-2-7-3：トヨタ Woven Cityにおける水素エネルギー利用の全体像

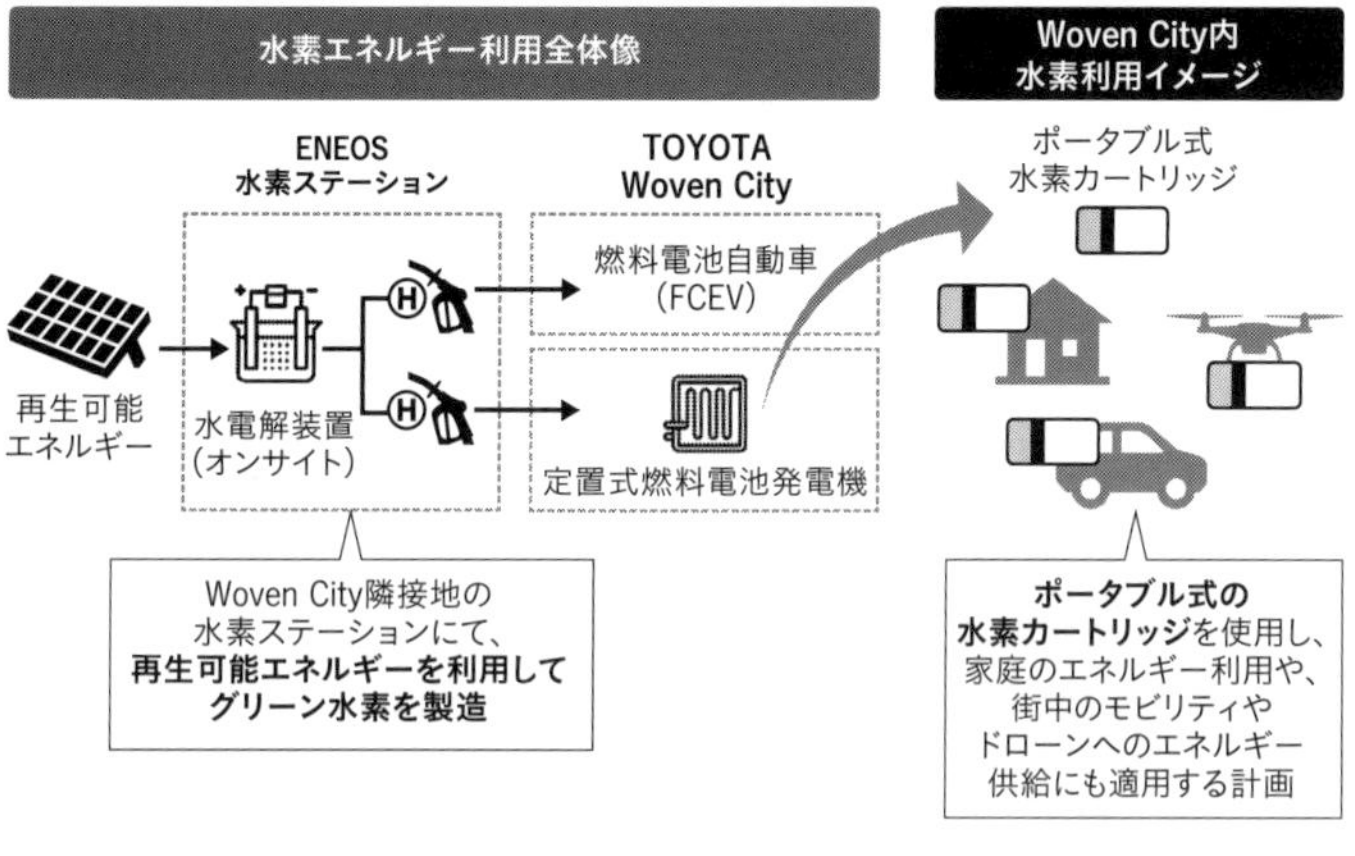

①多様なエネルギー資源・機器のマネジメントと取引技術の獲得

スマートシティの街中には、さまざまなエネルギー資源・機器が存在する。出力変動電源（再生可能エネルギー）、蓄電池やEVなどの蓄電装置、各住戸や事業者と連携した需要機器などだ。これらを取り扱いながら街全体のエネルギーの需要と供給を継続して最適化できる技術や仕組みが必要である。まずは、これらをスマートシティに取り入れることが求められる。

②街中のエネルギー資源・機器を有効活用できるスキームの構築

スマートシティの対象街区と、その周辺におけるエネルギーの需要と供給を把握したうえで、街区内でシェアリングするエネルギー資源・機器の活用スキームを構築する必要がある。例えば、タウンマネジメント会社が充電ステーションや蓄電池を保有し、利用料を課金するような仕組みだ。

平常時にはインセンティブを付与し、災害発生時にはEVの制御権を借りるなど、各住戸や事業者が保有するエネルギー資源・機器を有効活用するためのスキームの構築も重要になってくる。

③エネルギー環境変化への対応力

エネルギーの調達環境やエネルギーに関する制度設計の変化を踏まえ、街区におけるエネルギーサービスをアップデートしていく必要がある。例えば、卸電力市場の価格変動によるリスクを最小化するために蓄電池を街中に配置したり、需給調整市場の商品メニュー拡充を想定し必要なリソース制御能力をあらかじめ強化したりすることが考えられる。

さらに、配電ライセンス制度を活用し、街区に対する、より高度なサービスの提供や、事業者の収益機会拡大の可能性評価なども視野に入れておくべきだろう。

このように、スマートシティにおけるエネルギー領域は今後、さらなる進化が期待されている。

2 CHAPTER

会津モデルの現状とこれから

2-1-1

会津モデル誕生への道 ~スマートシティ会津若松の第1ステージの10年

会津若松市における「スマートシティ会津若松」の成り立ちと具体的な取り組みについては、前著『Smart City 5.0 地方創生を加速する都市OS』に詳しく記してある。本書では少し視点を変え、スマートシティ会津若松が誕生した背景について、時間を巻き戻して考察してみたい。

会津若松市は、なぜスマートシティ化を選んだのか

今でこそ会津若松市は、日本におけるスマートシティの草分けとして、また代表的な成功事例として、国内外でしばしば取り上げられるまでになっている（**表2-1-1-1**）。しかし10数年前、取り組みを始めた当初は、会津若松市とスマートシティの関係も、中核メンバーとして参加していたアクセンチュアの存在も、ほとんど知られていなかった。

2010年代半ばに国の支援事業認定や賞を受けるようになった頃から、「アクセンチュアはスマートシティの実証実験の場として、なぜ会津若松を選んだか」と、しばしば聞かれよう

表2-1-1-1：「スマートシティ会津若松」の主な歩み

年	月	実施内容
2011年	6月	**アクセンチュアの復興チームが福島県庁、会津若松市を初訪問**
	7月	会津若松市、会津大学、アクセンチュアの3者が基本協定を締結
	8月	「イノベーションセンター福島」を設立し、コンサルタント5人でスタート
	12月	復興計画実現のためのアクションプラン「会津若松スマートシティ計画」策定
2012年	5月	産官学連携団体「会津若松（現会津地域）スマートシティ推進協議会」発足
	1月	「エネルギー見える化プロジェクト」開始
2013年	2月	会津若松市の市政方針にスマートシティ形成の視点を取り入れる
	9月	蘭アムステルダム市と実証実験データ共有・研究交流で提携
	1月	オープンデータプラットフォーム「Data for Citizen」を整備
2014年	5月	内閣官房の地域活性化モデルケースに会津若松市が採択。テーマは「ビッグデータ戦略活用のためのアナリティクス拠点集積事業」
	10月	自由民主党「地方創生実行統合本部」が会津若松市を視察
	11月	石破地方創生担当大臣と室井・会津若松市長が会合
2015年	1月	会津若松市が改正地域再生法に基づく地域再生計画第1号に認定
	7月	「会津若松市まち·ひと·しごと創生包括連携協議会」発足。産官学に加えて金融機関·労働団体・メディアが一体になって地方創生を推進する組織
	10月	「会津大学先端ICTラボ（LIVTiA）」の供用開始。データセンター「会津産学連携クラウド」併設
	12月	都市OSをベースにした市民ポータル「会津若松＋（プラス）」開設
2016年	7月	会津若松市が経済産業省の「地方版IoT推進ラボ」第1弾選定地域に採択。10月には「会津若松IoT推進ラボ」を地方として初開設
	10月	「IoTヘルスケアプロジェクト」開始
2017年	2月	会津若松市が「第7次総合計画」でスマートシティを市政の中核に位置付け
	2月	「会津若松＋」で「母子健康手帳サービス」開始
	12月	「一般社団法人スマートシティ会津」を設立（後の「AiCTコンソーシアム」につながる）
2018年	6月	会津若松市とアクセンチュアが「総務大臣表彰（スマートシティ推進・ICT産業集積・人材育成貢献）」を受賞
	ーー	各種サービス（市民ポータル・教育・観光・ヘルスケアなど）の実証が進む
2019年	4月	「AiCTコンソーシアム」完成
2020年	3月	「スマートハウスリファレンスアーキテクチャ・ホワイトペーパー」第1版公開
2021年	6月	AiCTコンソーシアム設立。企業・団体など約80社が会員に
	12月	岸田総理大臣が会津若松市を視察
2022年	4月	会津若松市・会津大学・AiCTコンソーシアムの3者が「スマートシティ会津若松」推進の基本協定を締結
	6月	デジタル田園都市国家構想推進交付金タイプ3に採択
	10月	「スマートシティ会津若松共創会議」を設置
	12月	国土交通省主催「第4回日ASEANスマートシティネットワークハイレベル会合」を開催

になった。つまり、コンサルティング会社としてスマートシティ構想を戦略化し、ターゲットになる地域のポテンシャルを見抜いて進出したという視点からの問いかけだ。だが実は、この見方は少し筋が違う。

そもそも我々が会津若松に向かったのは、スマートシティ構想を実現するためではない。２０１１年3月11日に発生した東日本大震災からの復興が目的だった。「被災地域のために何か役に立ちたい」という一心からであり、スマートシティを作ろうとは夢にも思っていなかった。震災から4カ月目の２０１１年7月下旬、会津若松市と会津大学とアクセンチュアの3者が結んだ基本協定を見れば分かる。スマートシティの「ス」の字も書かれていない。

主眼は、福島県や会津若松市の特徴を活かした産業振興・雇用創出の推進にあり、そのために優れた「技術」「人材」「資金」を誘致し、地域の新たな雇用につながる産業創出と街づくりを支援するのが協定の目的である。地元から出て来た第1の要望も、「スマートで便利な街」ではなく「継続して雇用を作りだせる街」にすることだった。

このミッションに基づき、ＩＣＴ専門大学の会津大学との協業を前提に、デジタル技術の応用を得意とするアクセンチュアが産業創出の拠点として「イノベーションセンター福島」を設立することは早々に決まった。つまり、スタートラインは、ＩＣＴとデジタル技術を原動力に雇用を作れる地域産業をいかに生み出すかが最大のテーマだったわけである。

それから5カ月足らずの２０１１年12月、会津若松市とアクセンチュアは、高付加価値産業の誘致と高度人材の育成、その他八つの施策を掲げた復興計画となる『会津復興8策第一版』を練り上げ、それを実現するためのアクションプランとして『会津若松スマートシティ計画』を策定した。ここで初めて「スマートシティ」の語句が会津若松市の文書に登場する。

再び数カ月の間を置いた翌2012年5月には、スマートシティの実証テーマや、企業を誘致し事業推進の主体となる「会津若松スマートシティ推進協議会」を立ち上げた。これほど短期間に、当初のICTとデジタル技術を原動力にした産業振興と雇用創出をカタチにする手段としてスマートシティが浮上してきたのはなぜか。

〝あるべき姿〟を目指す提案に会津若松市が一歩を踏み出す

一つには、地域再生の有力な手法としてスマートシティに関する知見を持っていたアクセンチュアの提案が背中を押したのは間違いない。

1-1-1で解説したように、2010年前後はスマートシティの端境期にあった。初期のスマートシティ計画は、エネルギー問題や環境負荷の低減といったマイナスを解消する戦略を採っていた。それが停滞し、代わって市民のQOL（生活の質）向上や官民の資金を呼び込める魅力の強化などプラスを創出する戦略に切り替えられるようになっていた。

そんな〝新生スマートシティ〟のプロジェクトが息を吹き返し、世界中の模範になり始める。アクセンチュアは、海外の新生プロジェクトの成功事例を学び、日本全体や地方都市が抱える課題を踏まえて練り直した「会津モデル」の素案を提示したのだ。

これを提案した理由について故・中村 彰二朗 氏は「このモデルに共感する人たちや企業に参加してもらうためである。行政や企業主導の時代を終え、市民主導のモデルのあり方を本格的に議論し実現するためには、既得権益を自ら見直し、前に進めるメンバーでなければ、スマートシティの〝あるべき姿〟は成就しないと考えていたからだ」と述懐している。

当時としてはまだ、全面的な理解を得るのは難しいビジョンだったはずだ。だが、単に世界で流行しているスキームを移植しただけではない思いに会津若松市は可能性を見出したのだろう。しかも同市は、この提案を受け身の姿勢で招き入れてはいない。同市の施政方針の変化を見るとよく分かる。

２０１2年1月、震災後、最初に発行された会津若松市の施政方針は「地域活力の再生に向けた取組み〜復興対策」と題されている。当然ながら主題は、市民の安全・安心と目の前の生活を守り、失われた活力を取り戻す対策が中心である。「スマートシティ」のキーワードは盛り込まれていない。

それが翌２０１３年2月の「ステージII」と銘打った施政方針では、「『内発的な産業おこし』を促進」する必要性に言及し、復興から一歩踏み出す決意を表明している。さらに「将来に向け、持続力と回復力のある力強い地域社会、市民の皆様が安心して快適に暮らすことのできるまち、『スマートシティ会津若松』を形づくる」と明確に打ち出した。つまり、外部からの企業誘致だけに頼るのではなく、内発的で持続力と回復力のある地域を作るためにはスマートシティの仕組みが欠かせないと示したのだ。

いまだ震災の余波も収まらず、復興途上にある中で、確実な成果が期待できるとは限らない未知数のスマートシティへ公的資金を投入する方針には、議会や市民からの反対・反発も少なからずあったに違いない。震災から5カ月後に初当選した室井 照平 市長が、その逆風の中で市政方針に盛り込んだ決断は並大抵ではなかったはずである。人口減少と産業衰退という日本の地方都市に共通する課題に加え、未曾有の震災被害というダブルパンチに見舞われた強烈な危機感が市長の決断を後押ししたのではないだろうか。

室井市長は、補助金に頼った復興や旧来型の産業振興策では、甚大なダメージに太刀打ちできない。街を丸ごと作り変えるほどの変革を成し遂げなければ未来はないと判断し、会津若松市としてスマートシティへのチャレンジを選び取ったと推察される。その後も平坦な道のりではなかった。この10年間、ただひたすらにスマートシティを追求し続け、着実に成果を出してきたという事実が、強靭な意思を裏付けている。

デジタル関連企業の誘致に必須の四つのポイント

会津若松市が選んだ「内発的な産業おこし」を目指すには、中長期的な視座が必要である。しかし、人口流出や地域産業の衰退は現在進行形で進み、待ったなしの状況だ。強力な牽引力を備えたスピード感のある対策も欠かせない。そのトリガーになるのが、復興計画の中核に掲げた「高付加価値産業の誘致」、つまりコスト削減のためのオフショア拠点ではない「高付加価値部門の機能移転」である。

会津若松が選んだ高付加価値とは、データアナリティクス産業だ。データ関連産業の実証フィールドとしてデジタル化をリードする産業クラスターを形成し、データ活用サービス関連産業の誘致につなげるという道筋である。

企業が実証実験のためのフィールドを求めたり機能移転を検討したりする際に、地域を選ぶ条件は四つある。

条件1：付加価値を生み出す源泉であるデータが集積され、利活用しやすい環境であること

詳しくは後述するが、このことはデンマークとスウェーデンにまたがるヨーロッパ最大規模の医療・健康産業クラスター「メディコンバレー」から学んだ。2013年9月に、会津若松市がオランダ・アムステルダム市と実証実験データの共有・研究交流で提携したのも、グローバルな先進事例から知見を得るためだ。

条件2：ICT人材が確保できること

これは会津大学の存在が大きい。深刻なICT人材の不足が指摘される中で、会津大学からは、ＩＣＴ分野で活躍できる〝金の卵〟的な才能を持つ若者たちが毎年約２５０人輩出されている。それが従来は、大学で学んだ知識を活かせる職場が地元にないからと卒業生たちは大都市圏の企業に就職しており、20代の若者の人口流出が最も多い状況にあった。彼らを地元に留められれば、市は人口流出に歯止めをかけられ、企業側は優秀な人材を採用できるというＷｉｎ‐Ｗｉｎの関係が築ける。

会津大学が主催する「ＡＯＩ（会津オープンイノベーション）会議」の役割も大きい。ニーズ・課題の発掘から始まり、シーズとのマッチング、事業化に至るまでのプロセスを産学連携の会議体の中で実現する仕組みで、企業の人材育成にもつながっている。

条件３：企業を超えたオープンイノベーションが可能な産業集積拠点であること

後述する「スマートシティＡｉＣＴ」という〝場〟とプロジェクト運営を担う「ＡｉＣＴコンソーシアム」がこれに当る。この点については、アムステルダムの官民組織「ＡＳＣ(Amsterdam Smart City)」や米シカゴの産官学のコンソーシアム「UI Labs」から多くの示唆を得ている。

条件４：行政の積極的な働きかけがあること

会津若松市では、市政だよりやタウンミーティングで「デジタルのまちづくり、スマートシティ」を繰り返し発信している。市役所内部のデジタル人材の育成や体制整備にも余念がない。スマートシティへの取り組みが世界的に縮小し、国内では注目されなくなった時期でも、会津若松市はスマートシティに向けて市民と共に地道に歩み続けてきた。こうした行政側の意気込みと継続した取り組みが企業に伝わり、徐々に共感を得られるようになるのである。

「地方創生」を先取りしたスマートシティ会津若松

スマートシティ会津若松の具体的なプロジェクトは、初めの数年はゆったりした歩みだった。2012年に「エネルギー見える化プロジェクト」を実施。2013年には行政が保有する情報を無償公開するオープンデータプラットフォーム「Data for Citizen（D4C）」を整備した。Data for Citizenは、後の「都市OS」の機能の一つに発展する。オープンデータからは、積雪で見えなくなった消火栓の位置を地図上に表示したり、除雪車の運行情報を知らせたりするスマートフォン用アプリケーションなど、さまざまなサービスが誕生している。

2014年5月には、会津若松市の「ビッグデータ戦略活用のためのアナリティクス拠点集積事業」が、内閣官房の地域活性化モデルケースに採択された。これと軌を一にして、世間的には鳴りを潜めていたスマートシティが、新たな枠組みである「地方創生」のための施策として全国区で息を吹き返す。

そのきっかけとなったのが、各界に衝撃を与えた通称『増田レポート』である。正式には、民間の日本創成会議で人口減少問題検討分科会の座長を務めていた増田 寛也 氏が、『成長を続ける21世紀のために「ストップ少子化・地方元気戦略」』において「自治体の半数が消滅可能性都市になる」と警鐘を鳴らしたのだ。日本の課題認識が、「人口減少・高齢化」から「人口急減・超高齢化」へと一段シフトアップしたとも言える。

これを受けて、同年7月の閣僚懇談会で安倍首相（当時）は、「個性あふれる地方の創生により、経済の好循環の波を全国に広げ、各地域で若者が元気に働き、子どもを育て、次世代へと豊かな暮らしをつないでいくため『まち・ひと・しごと創生本部』を立ち上げ、各省の縦割りを排除し、地方創生のための各省の企画立案機能を集中させる」旨の発言をしたと伝えられる。いわゆる「ローカル・アベノミクス」とも呼ばれるもので、「地方創生＝まち・ひと・しごと創生」という青写真が示された。

従来の地域活性化は、地方自治体の所管エリアである「まちづくり」に焦点が当てられていた。コミュニティの衰退にブレーキをかけるために中心市街地へ都市機能を集約するコンパクトシティ化や、待機児童解消のような児童福祉のカテゴリーに比重が置かれた少子化対策など、公的補助でマイナスを抑える対策である。

一方の地方創生では、「まち」に経済の活力を取り戻すために欠かせない「ひと」と「しごと」が加えられている。それまでも人材育成や雇用創出はうたわれていた。しかし、工場や巨大ショッピングモールを呼び込むなど、一時的な雇用増加で終わってしまう例が少なくない。

将来に渡って継続する仕組みにするためには、地域の中で「ひと」と「しごと」が循環する産業を生み出す必要がある。

そうしたプラスの魅力が「まち」を包摂する形で作り出されるのがスマートシティである。企業の3大経営資源である「モノ・ヒト・カネ」になぞらえ、都市マネジメントの資源を「まち・ひと・しごと」と位置付けたとも考えられる。今では、情報を加えた4大経営資源が常識だとすれば、地方都市においても「まち・ひと・しごと」に加え、データの利活用が欠かせない。これらを早くから実践し、地方創生を先取りしていたのが会津若松のスマートシティなのだ。

ヘルスケアや教育など新サービスを次々と実証へ

会津若松が先頭を走っていたことは、その後の動きが証明している。2014年10月に自由民主党・地方創生実行統合本部が会津若松市を視察し、翌月には石破地方創生担当大臣（当時）と室井市長の会合が設定された。2015年1月には、内閣府が改正地域再生法に基づく地域再生計画の第1号に会津若松市を認定。2016年7月には、経済産業省が進める「地方版IoT推進ラボ」の第1弾選定地域に採択されている。

その間の2015年7月には、産学官に加え、金融機関・労働団体・メディアが一体になって地方創生を推進する組織として「会津若松市まち・ひと・しごと創生包括連携協議会」が立ち上がっている。発足時から30超の企業・団体が参加し、「データアナリティクス産業クラスター」に向けた大きな一歩を踏み出した。この年、会津モデルのコアになる「都市ＯＳ」が実装され、オプトインに基づくデータを基にパーソナライズしたサービス提供を行える市民ポータル「会津若松＋（プラス）」が開設されている。

これらをもってスマートシティ会津若松は、第1ステージの峠を越えたと言えるかもしれない。以降、「ＩｏＴヘルスケアプロジェクト」や「母子健康手帳サービス」、教育情報連携サービス「あいづっこ＋」といった新サービスが次々に実装され始めたからだ。

第1ステージで本格的に稼働しているサービスは行政系がメインになっている。都市ＯＳをベースにした会津若松＋というポータルサイトを通じて、市民とダイレクトにコミュニケーションするための無料サービスである。

そして２０１７年2月、会津若松市は「第7次総合計画」において、スマートシティプロジェクトを改めて市政の中核に位置付ける。以降、着実にスマートシティとしての体制を固めていく。

まず２０１８年6月、市とアクセンチュアが「総務大臣表彰（スマートシティ推進・ＩＣＴ産業集積・人材育成貢献）」を受賞。２０１９年4月には、企業の集積拠点であり、スマートシティ会津若松の第1ステージの集大成とも言える「スマートシティＡｉＣＴ（アイクト）」が完成した。

スマートシティＡｉＣＴには２０２２年末時点で、東京に本社を置くＩＣＴ関連企業を中心に地元企業を含む約40社、従業員・スタッフを含め約４００人が入居している。これほど多数の機能移転が進んだ背景には、データが集約されたデジタルインフラが整備され、新たなビジネスモデルのイノベーションを起こせる実証フィールドとして全国的に認知されるようになったことがある。

第２ステージのメインは、機能移転してきた各企業と地元企業によるコラボレーションになる。高付加価値のデータアナリティクス産業の成果を活かし、観光・農業・製造業といった地域産業の生産性向上や雇用維持、賃金アップへとつなげ、持続的な地域産業を創り出すフェーズに入る（**図2-1-1-1**）。しかも、行政の税金だけで運営するのではなく、企業の投資を引き出しながらオープンイノベーションを起こしていく活動を重要視している。

図2-1-1-1：スマートシティ会津若松は第1ステージから第2ステージへ

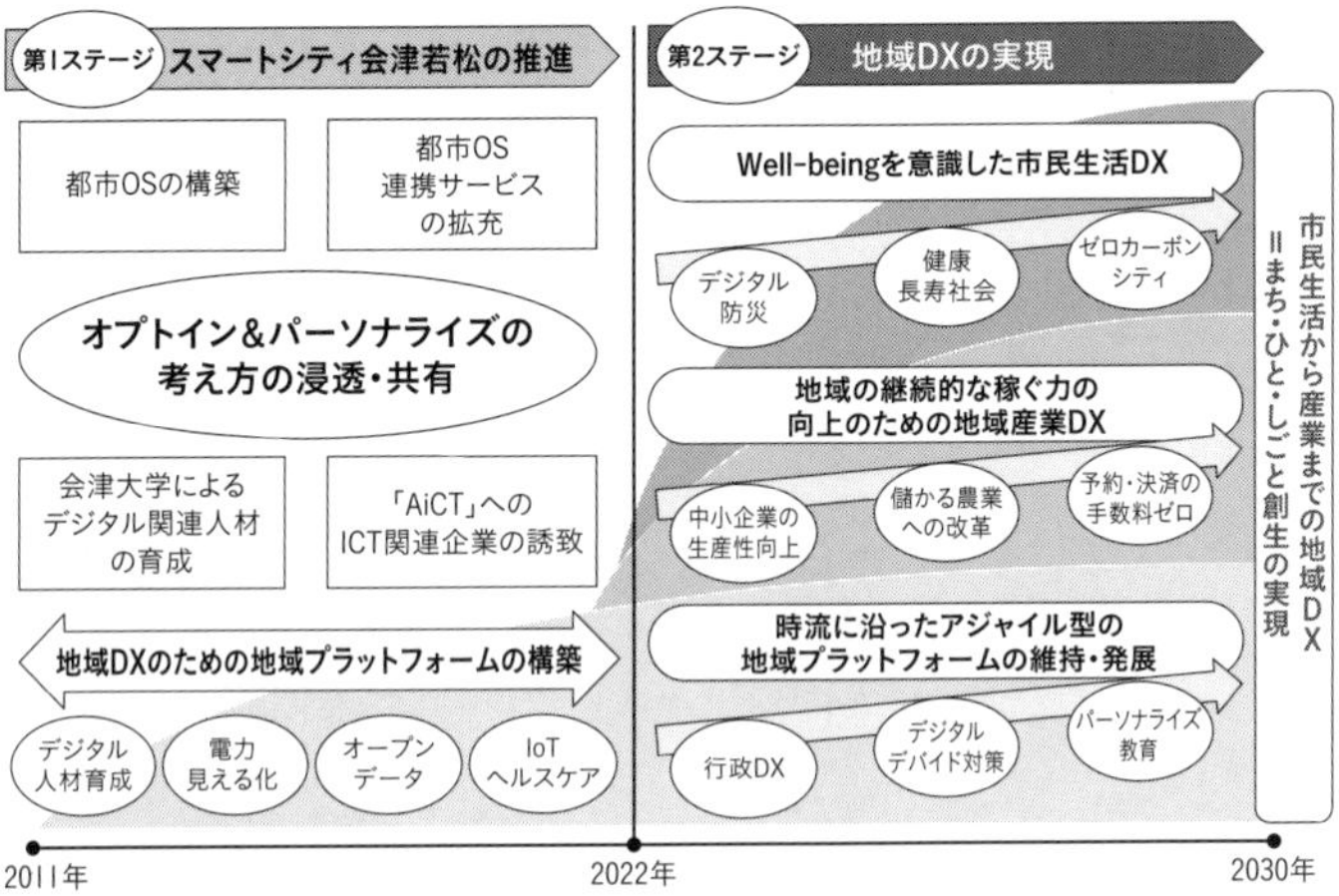

持続的な地域産業とは、国と地方が一体になったデジタルガバメントが提供する時代を先取るデジタルインフラの上に、オープンデータの活用を促す〝場〟が形作られることで、地域企業が活躍するというイメージである。そのアプローチは、中小企業のDXを後押しする「CMEs（Connected Manufacturing Enterprises）」の実装という形で始まっている。その方向をスマートシティ会津若松は、さらに深化そして進化させていく。

これらの取り組みは「デジタル田園都市国家構想タイプ3」の採択を受け、力強く加速している。一部サービスは2022年10月にスタートした。詳しくは第2章2節以降で説明したい。

会津モデルが持つ五つの特徴

第2ステージの説明に入る前に、会津モデルの特徴を整理しておきたい。2022年12月末時点で「スマートシティ官民連携プラットフォーム」のプロジェクト一覧に掲載されているスマートシティは、全国で275カ所を数える。多数のスマートシティがひしめく中、会津モデルは他のプロジェクトとどこに違いがあるのだろうか。

基本的には、これまでの10数年の歩みで紹介してきたように、実証実験で終わらず、国家プロジェクトとしての採用を受けつつ、補助金終了後も自律的に継続・改善できるビジネスモデルを持つ点にある（**図2-1-1-2**）。そのモデルは、会津を訪れた多くの自治体から先進事例として参照され、持ち帰られた後は、それぞれの自治体の実状や理念に合わせてカスタマイズされている。

会津モデルは、2022年の会津若松市の資料では、次のように紹介されている。

「核となる都市OSを通して、市民のオプトイン前提で得られたデータを活用してパーソナライズされたサービスを提供し、地域・市民・企業のすべてが納得感のある〝三方良し〟の考え方をベースにした〝共助型スマートシティ〟」

その主要なポイントは、①都市OSベースのアーキテクチャー、②オプトイン&パーソナライズ、③地域丸ごとスマート化する幅広いサービス領域、④〝三方良し〟が織り込まれた「共助型スマートシティ、⑤10の共通ルール、の五つである。それぞれについて解説しよう。

図2-1-1-2：スマートシティの「会津モデル」

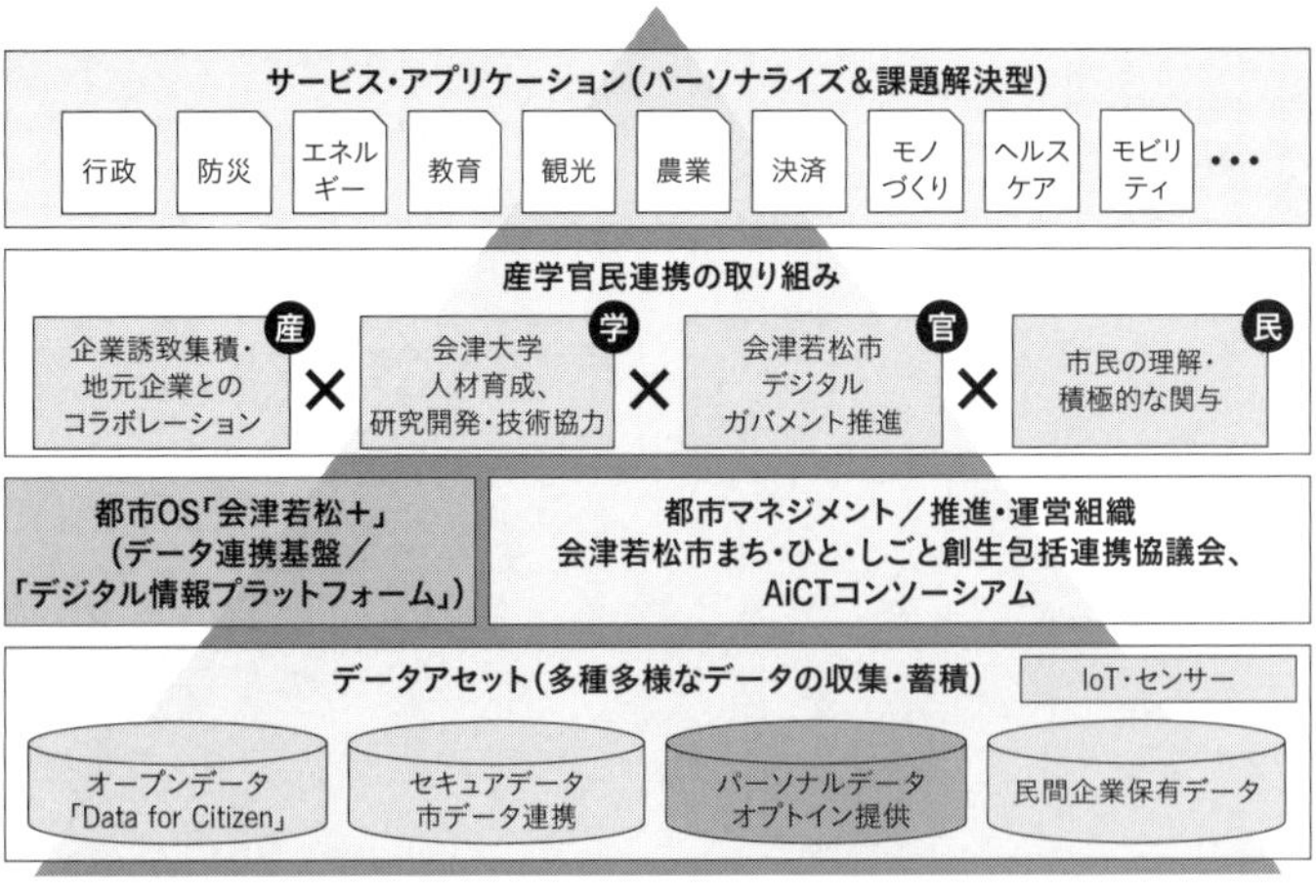

ポイント1：都市OSベースのアーキテクチャー

スマートシティの説明としては、「IoT（モノのインターネット）やAI（人工知能）などのデジタルテクノロジーとデータを利活用し、さまざまな社会課題を解決する新しいサービスが縦横無尽に提供されている街」などとされるケースが多い。だが、これはあくまでもスマートシティの表層をとらえた姿でしかない。

重要なのは、その裏側でデータとサービスをつなぐデータ連携基盤としての「都市OS」がアーキテクチャーに組み込まれているかどうかである（1-2-1参照）。会津モデルでは、都市OSを早い段階から構築し2015年には実装している。都市OSがあるからこそ、デジタルとデータを活用し、市民のQOL向上に役立つ新サービスの開発が容易になっている。

都市OSの構築に先立ち会津モデルでは、行政が持つ統計情報などのオープンデータを扱うためのプラットフォーム「Data for Citizen（D4C）」を2013年に整備している。オープンデータとは、一定のルールの下に公開／見える化されたデータを指す。「データは囲い込むよりもオープンにして活用したほうが社会のためになり、企業にとってもリターンがある」という理念が、その前提にある。

会津若松市は、市政の原則としてオープンガバメントの推進を掲げている。行政が保有するデータの著作権を保持したまま自由に流通できるようにする「クリエイティブコモンズ（CC）」のルールに基づき、オープンデータ化を市役所全体に広げている。D4Cに公開されているデータセットは、２０２２年末時点で３５２セット、開発されたアプリケーション数は56種に上る。

Ｄ４Ｃでは、データは可能な限り、機械やコンピューターでの直接読み取りが可能な「マシンリーダブル形式」で格納され、そのデータを使うアプリケーションを地元のベンチャー企業や学生、市民が制作・提供できるようになっている。ソフトウェア開発プロジェクトをイベント形式で進めるハッカソンから誕生したアプリケーションも少なくない。なお現在、このオープンデータのプラットフォームには、Ｄ４Ｃに加え、欧州で標準化されてきたＩＴ基盤のためのオープンソースソフトウェア「ＦＩＷＡＲＥ」も利用している。

都市ＯＳが提供する中核機能はデータ連携である。さまざまなデータを集約・管理し、連携を仲介する。出所が異なるデータや他のシステムに蓄積されているデータとの連携では、標準化された「オープンＡＰＩ（アプリケーションプログラミングインタフェース）」を用いて呼び出すのが原則である。

また都市ＯＳから提供される各種サービスを利用する際の本人確認には一般に、サービス提供者ごとに異なるＩＤ（個人認証番号）を利用する仕組みが採用されている。これに対し会津モデルの都市ＯＳでは、複数のサービスに共通で利用できるＩＤ管理機能を採用することで、サービス間の横連携や、利便性を高めるための改修、新サービスの効率的な開発を容易にしている。

これらの仕組みにより、ポイント2に挙げる「オプトイン済みのパーソナルデータ」を活用できるようにしている点も、他のスマートシティとの大きな違いになっている。

ポイント2：オプトイン&パーソナライズ

自治体が行政運営のために保存・蓄積しているデータには、前述したオープンデータのほかに、住民票や健康保険・年金など基礎的なセキュアデータ、医療や教育に関するパーソナルデータ、企業や団体がIoTを通じて取得した位置情報やログ情報など、さまざまな種類がある。

これらのデータのうち、オープンデータの活用は他地域のスマートシティでも指向されている。だが会津モデルでは、市民による「オプトイン済みのパーソナルデータ」の活用を最も重視している点が大きな違いである。オプトイン済みとは、そのパーソナルデータの活用に対し、本人が同意・事前承諾していることを指す。

そのために会津モデルでは、個人情報保護法などの法令遵守、データの匿名化・暗号化などのセキュリティ対策を当然の前提として、データ活用の原則に次の2点を据えている。

原則1：取得・活用するデータの種類、利用目的、利用先などを明示し、事前に利用者の同意を得るオプトイン型のデータ活用

原則2：「自分のデータは自分のものであり、自分の意志（同意）によって、自分が使いたいときに使いたい所で利用することで、自身の生活の利便性が高まる」という考え方

市民一人ひとりのWell-being（幸福感）を目指すには、市民が参加できないモデルはうまくいかない。企業や行政が主体になり市民からデータを吸い上げサービスを開発・提供するのではなく、市民が理解し、自らの意思で情報を共有し、運営に関与することが大切だ。

この原則に立ち、会津若松市の市民ポータル「会津若松＋」ではオプトイン型を採用し、サービス利用者の属性や行動履歴に合わせてパーソナライズした行政・地域情報の提供を可能にしている。

なおパーソナライズ化のための利用者IDとしては、市民がすでに保有している種々のIDをそのまま活用できる「オープンID」に対応するほか、必要性に応じて「マイナンバーカード」を使った本人認証にも対応し、多様なサービスを利用するための「統合ID」としても機能する。

ポイント3：地域を丸ごとスマート化する幅広いサービス領域

国内のスマートシティでは、エネルギーや医療、交通など単体のテーマを掲げ展開しているケースが少なくない。これに対し会津若松では、当初から複数分野のサービスを同時並行的に進めてきた。2018年にはエネルギー・医療・教育・観光・農業・製造業・金融・交通の8領域をカバーし、当時は「手を広げ過ぎている。どこかの分野に集中したほうが良いのではないか」という疑問の声も聞かれたほどである。

2022年、デジタル田園都市国家構想タイプ3の採択を受けた際のカバー範囲は、さらに4領域を加えた合計12領域にまで拡大している（2章2節参照）。これほどサービス領域を多角化している理由は、「市民中心／市民のWell-being」をスマートシティの目的にしているからだ。

スマートシティの主人公は、あくまでも市民である。できるだけ多くの市民が参加しやすい環境を整えるには、多様なニーズに応える必要がある。しかし、1人の市民でも、年齢やライフステージによって必要なサービスは異なり、直面する課題は複数分野にまたがっている。多様なサービスを用意しタッチポイントを増やせば、どこかで市民との接点が持て、結果としてスマートシティへの関心が高まり、オプトインの裾野も広がるという考え方が根底にある。

企業にとっての会津若松は、充実したデータの集約が実証フィールドとしての魅力だと先述した。だが企業によって検討している新サービスの領域は異なる。サービス領域が多様なほうが幅広いビジネスケースに応用できるだけに、多数の企業を誘致でき、オープンイノベーション（共創）にもつながりやすい。地域丸ごとのデジタルシフトこそが、スマートシティをより成長させると信じている。

ポイント4：〝三方良し〟が織り込まれた「共助型スマートシティ」

スマートシティの推進において、産学官連携は欠かせない要素である。会津モデルでは、そこに「民」を加えた「産学官民4極」の連携を構成している。産学官3極の連携における民は、モノ・サービスの受け手の位置付けだが、会津若松市民は、オプトインによるデータ共有を通じてスマートシティの形成に参画しているからだ。

産学官民の4極連携を一度ほぐして、会津モデルならではの視点で結び直してみると、「地域・市民・事業者」の〝三方良し〟になる（**図2-1-1-3**）。この関係は、地方創生の「まち・ひと・しごと」とも相関があるだけに、このトライアングルが会津モデルの特徴を象徴しているとも言える。

このトライアングルの「地域」には、会津若松市という行政と会津大学が入る。さらに、地元に根差した企業や団体・組織も含めれば、産学官が入れ子状態で組み込まれている構図になる。

「市民」には、会津若松市民だけでなく、周辺自治体もカバーする広域生活圏の市民や、観光客、出張で訪れるビジネスパーソン、二地域居住者、ワーケーションといった交流人口も含む。場合によっては、分散型インターネットである「Web3・0」の分野で話題になっている「DAO（自律分散型組織）」のバーチャル市民も入れてもよいかもしれない。

「事業者」は、地域外のICT関連企業、あるいは誘致され機能移転してくる企業やベン

図2-1-1-3：会津若松が目指す「三方良し」の共助型社会の概念

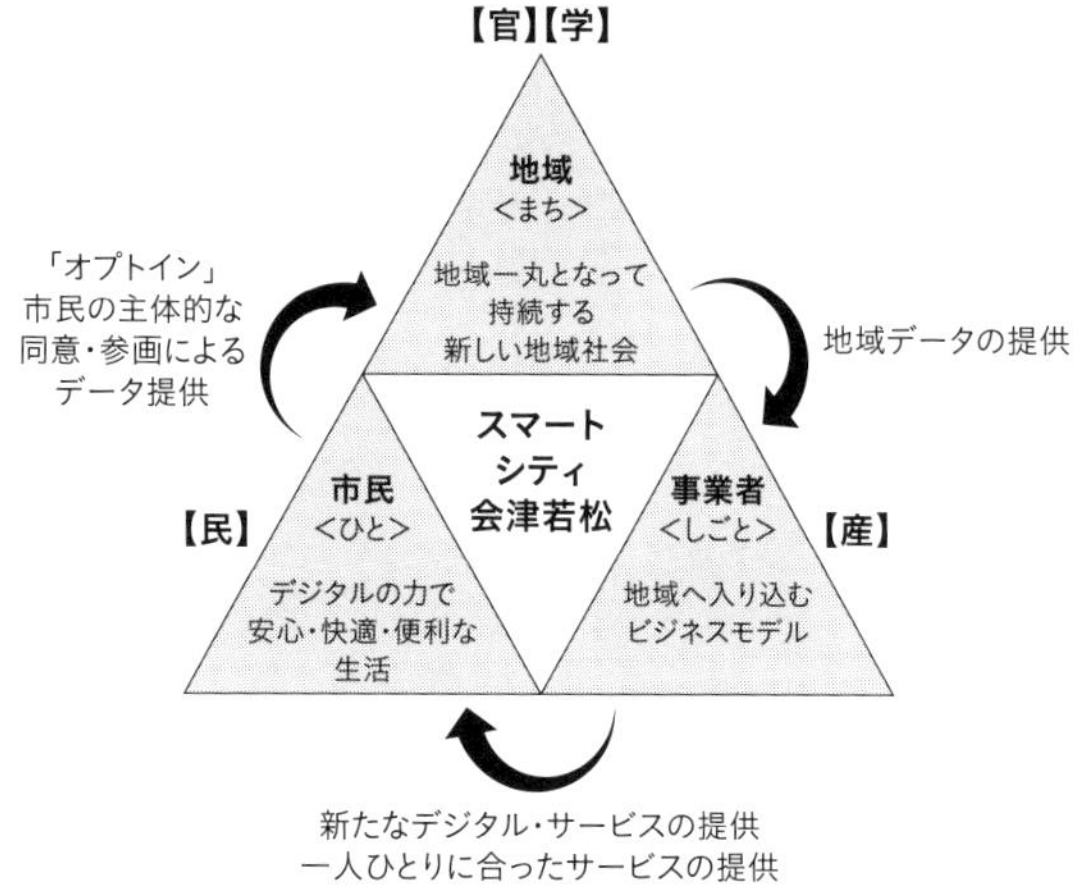

チャーである。

これら三つのセクターの間を取り持ち、スマートシティ全体の都市マネジメントを担うのが、昨今注目されている「ローカルマネジメント法人（LM：Local Management）」（仮称）である。

ローカルマネジメント法人は、2014年度に開催された経産省・経済産業政策局の有識者会議「日本の『稼ぐ力』創出研究会」が提言した組織のコンセプトで、NPO法人と株式会社の双方のメリットを取り込んだ事業体だ。ただ2022年末時点では法的な位置付けが確定していない。

会津モデルでは、「AiCTコンソーシアム」がローカルマネジメント法人に相当する。各種協議会や専門家などと連携を取りながら、外部との相互運用や持続的なサービス提供を推進する。

ポイント5：10の共通ルール

スマートシティの会津モデルを語る上で外せないのが10の共通ルールである（**図2-1-1-4**）。故・中村彰二朗氏を中心に会津若松に関わる、さまざまな関係者がコンセプトや哲学を固めていく上で必要不可欠な「共通理解」をまとめたもので、プロジェクトを進める中で醸成された慣習法のような存在だ。会津モデルのすべての特徴を含んでいる。

会津若松の取り組みに参加する企業は、すべからくこのルールを順守することを宣言しなければならない。プロジェクト推進中に関係者間に調整が必要になった際の拠り所であり、地域としての一体性を保った取り組みに導いてくれる。

例えばデータの利活用にあたって、実際の現場では時に軋轢を生むことがある。民間企業が自社の機器やサービスを通じて取得したログデータなどは、自社のマーケティングに利用するものであり他社との共有が

図2-1-1-4：スマートシティ会津若松の10のルール

人間中心	1. 市民として市民が望む社会を実現するためのサービスを考えること
DXの基本的な考え方	2. データはそもそも市民個人のものである前提の上で、オプトインを徹底すること 3. DXによるパーソナライズに徹底すること
デジタル社会像	4. デジタルを活用した新たな公共・ガバナンスを構築し透明性を担保すること（デジタル民主主義）
サービスデザイン指針	5. サービスごとに三方良しのルールでデザインすること 6. データやシステムは地域の共有財産とし、競争は常に付加価値で行うこと 7. 行政単位ではなく、生活圏でデザインすること 8. 都市OSを通じて、地域IDとAPIをベースとしたシステム連携を順守すること
地域の持続・発展性	9. デジタル（STEAM）人材を地域で育成・活躍すること 10. 持続可能性社会（SDGs）に向けた取り組みを推進すること

想定されておらず、他社との共有が進みにくい。しかし、一企業の資産としてデータを囲い込んでいる限り、オープンイノベーションは生まれない。

これら10のルールを踏まえた取り組みが会津モデルだと言える。

「自分のため」から「地域のため」への賛同に変えていく

データ活用における課題については、会津若松で最初に取り組んだ「エネルギーの見える化プロジェクト」でも議論があった。見える化に必須のHEMS（家庭用エネルギー管理システム）から得られたデータをオープンAPIに乗せられるかどうかで企業の対応が分かれたのだ。多くのメーカーではHEMS機器にバンドル（付随）するデータの共有を認めなかったが、特定メーカーに依存しないアンバンドル化（切り離し）を進めた（前著『Smart City 5.0 地方創生を加速する都市OS』では「アンバンドル／リバンドル」の文脈として説明した）。

一方で企業は、個人情報に紐づいたデータを求めている。個人属性や趣味嗜好、行動パターンなど、個人を軸に深いところまで追跡し蓄積した情報を「ディープデータ」と呼ぶ。このディープデータをオプトインを前提に名寄せし企業が利活用できるようになれば、潜在ニーズを掘り起こす新サービスの開発に役立つからだ。

会津若松でも、ディープデータを個人IDの下に統合することは技術的には可能である。ただ「自分のデータは自分の資産であり、自分のために使う」というルールに照らすと、必ずしも企業側が目指すデータの活用法には、そぐわない可能性もでてくる。

また会津若松でも「地域による地域のための地域データの活用を通じた〝ディープデータバレー構想〟」を標榜した時期もあった。これは、企業がディープデータを分析し自社事業に活かすという文脈である。

しかし、もともと市民から提供されたデータは、自分が自分のために使う分野を想定してオプトインしている。〝超パーソナルなディープデータ〟というイメージだ。たとえ匿名化・暗号化されたとしても、本人がうかがい知れないところで利用される場面には抵抗感が伴うものである。

ただ一方で、「地域のためになるのであれば私のデータを地域で活用してよい」という市民も相当数存在することも調査で確認している。「自分のため」という考えを少し広め、「地域のため」という範囲でオプトインをしてもらい、そのデータを上手に活用することで、地域の資産に変える取り組みも賛同を得ながら進めていきたい。

2-1-2 地方都市が目指すべき方向とは

【鼎談】会津若松市・室井 照平 市長 × 会津大学・岩瀬 次郎 理事 × AiCTコンソーシアム・海老原 城一 代表理事

「会津モデル」の大きな特徴の一つが、産学官連携により市民の暮らしから産業振興、それらを支える人材育成・活用までが持続性の向上のためにデザイン（設計）されていることだ。その中核を担ってきた、会津若松市の室井 照平 市長と、会津大学の岩瀬 次郎 理事、そしてAiCTコンソーシアムの海老原 城一 代表理事は、どんな想いでスマートシティに取り組んでいるのだろうか。3者を結び付けるきっかけを作り出した本田屋本店 代表取締役の本田 勝之助 氏がファシリテーターになり、会津のこれまでと今、そして、これからについて語りあった。（文中敬称略）

いろいろなデータや情報が集まり〝町の見える化〟が進む

本田　本田屋本店 代表取締役の本田 勝之助です。2011年3月の東日本大震災からの復興を起点に、会津若松市がスマートシティに取り組み始めてから10年を超えました。各地域がスマートシティに取り組むようになり、会津への視察も後を絶ちません。長年取り組んできた〝会津ならではのスマートシティ〟とは何なのか、みなさんは、どうお考えでしょうか。会津自身の特徴や市民の反応を踏まえてお聞かせください。

室井　会津若松市・市長の室井 照平です。会津には観光だけでなく、半導体製造をはじめとするモノづくり企業や農業など、さまざまな産業があり、その中で市政を進めてきました。

会津若松市がスマートシティを始めた目的は、コンピュータサイエンスを専門にする会津大学がある利点を活かしてICT（情報通信技術）関連産業を集積し、とりわけハードウェアよりもソフトウェアの分野を強化することで、新しい仕事と雇用を産み出し、魅力的な「働く場のある会津若松」を作ることです。

このことは、私が2011年8月に市長に就任して以来、ずっと考えていました。その過程で、アクセンチュアの故・中村 彰二朗さんと出会ったことが、取り組みが大き

会津若松市・市長の室井 照平 氏

く前進した要因の一つですし、その出会いをコーディネートしてくれた本田さんがいたからです。

私がＩＣＴに着目したのは、生活の利便性を高め、安心して快適に暮らせる町を目指せば、いろいろなデータや情報が集まり〝町の見える化〟が進むのではないかとの想いからです。「地方創生」という言葉が普及する前から、データをまちづくりに役立て、人口減少や地域の衰退など地方の課題を乗り越えていこうと考えたのがきっかけです。

その間に心掛けてきたのは、産学官の連携をさらに進め、域内で完結するのではなく、標準的なモデルを作り横展開していくことです。幸いにも多数のＩＣＴ企業から、いろいろ提案をいただき、その集積を図るための拠点としての「スマートシティＡｉＣＴ（アイクト）」の建設をイメージしながら進めてきました。

２０２２年4月には、ＡｉＣＴコンソーシアムと会津大学との連携をより一層進めるために「スマートシティ会津若松の推進に関する基本協定」を結びました。それがデジタル田園都市国家構想にかかる交付金の申請・採択につながり、その事業を今まさに進めている最中です。

実は、海外の報道機関の取材を受けた際に、「ＩＣＴを活用したスマートシティに取り組むなら米Ｇｏｏｇｌｅに頼んでは？」と言われたことがありました。しかし、大手プラットフォーマーが提供するデジタルサービスを導入するだけでは、本市のような地方都市は元気にはなれません。会津や日本のためになるアプローチを考えれば、一つの終着点として〝三方良し〟という考え方に思い至るのです。

「地域に寄与する新しいデジタルサービスの仕組みを作っていく」ことが大事であり、その仕組みを単に作るだけでなく、新しいサービスを持続的に運営していくための体制としての都市マネジメントを目指し頑張るというのが会津若松市のスタンスです。まだまだ走っている途中ではありますが。

本田　「この町をどうしていくか」を、産学官のプレーヤーが一緒に考えるために、データ

会津大学 理事の岩瀬 次郎 氏

による見える化を踏まえた地方創生を位置付けたことが大きいですね。しかも〝三方良し〟の考え方が、地域の人が自分たちでデータを共有し、見て、考え、構想を練って、雇用を含めたまちづくりを会津から始めようというキッカケになったのですね。

岩瀬　会津大学 理事の岩瀬 次郎です。市長が言われたように、「産学官の連携」が会津ならではの特徴だと思います。他地域でも、例えばモビリティのプロジェクトを産学官で取り組むケースなどはありますが、単一テーマで完結しているケースがほとんどです。会津では、一つのプラットフォームに産学官が集まり、ライフサイクルを通じた複数のテーマを対象にした課題解決を検討・開発するプロセスを継続的に実施しています。会津のスマートシティ自体がイノベーションを生み出すエコシステムになっている点が強みでしょう。

しかも産からの参加企業が、東京から出張ベースで参加するのではなく、ＡｉＣＴに入居し本腰を入れて活動しています。会津大学はもともと会津若松市にキャンパスがある大学ですし、市役所もしかりですが、産学官が地元にきちんと根を下ろしているからこその結集です。そのチーム力が強いと思います。

大学としては、研究のための良い実証フィールドがスマートシティにあるととらえています。例えば、ＡＩ（人工知能）技術を研究する場合、学習データを実証するためのフィールドが地域でありスマートシティであるわけです。教育面でも、学生が講義を受けて終わりではなく、実践能力を身につける場としてスマートシティがある。研究と教育も「スマートシティありき」であることが会津ならではでしょう。

本田　市長が「実証の場」として宣言した会津若松市というリアルな場に大学があり、単発的なプロジェクトに終わるのではなくて、総合的な分野についての取り組みやデータ連携ができることが会津の大きな特徴ですね。どのフィールドを選んでもスマートシティとしての学びや実践の場やチャンスがあることは、学生にとって本当に良い魅力になっていると思います。

AiCTコンソーシアム代表理事の海老原 城一 氏

海老原　AiCTコンソーシアム代表理事の海老原 城一です。この10年超、スマートシティに実際に取り組む中で、世の中がどう変わっていったかを振り返ると、日本は、より疲弊したと感じています。10年前の地方創生は「ゼロをプラスにする」イメージでしたが、今や人口減少はより進み、深刻度が増し、「マイナスからスタートして立て直す」必要が出てきました。それほど日本全体がうまく脱皮できなかった10年という気がします。

その中で会津が取り組んでいる内容のユニークさでいえば、やはり「共助」を土台にしていることでしょう。今、社会システム自体が限界に近付いている感覚が世の中全体に蔓延する中で〝弱肉強食〟型の従来の資本主義のままでは生き残れない。新しいモデルを創り出さないと社会がおかしくなってしまいます。一方、行政だけの力で税金を軸に下支えする「公助」では、セーフティネットにはなっても経済成長までは望めません。

だからこそ、地域の力を引き出し「共助」によって支え合うモデルが求められているのです。市民や地元企業が中心にいて、それを取り巻くかたちで市役所や大学、あるいは我々のような企業がいて「新しい社会システム」を作っていく。まだ緒についたばかりですが、その実践こそが会津のスマートシティの本質であり、一番の難しさでもあります。

岩瀬　スマートシティAiCTに先行入居された約20社のうち8割は、共同研究など会津大学と何らかの連携実績がある企業です。つまり、日本最大のコンピュータサイエンスの教育研究機関である会津大学と連携が図れることに一定の魅力を感じていただけているのだと思います。

会津大学発のベンチャーの数も、AiCTに入居するデザイニウムをはじめ、公立大学では最も多い39社に上りますし、500人規模のITエンジニアもいます。ITエンジニアが慢性的に不足している中で、会津地区にはスマートシティ事業を推進していくのに強力なリソースがあると言えるでしょう。

本田　この10年は、大きな社会構造の変容、どういう価値観で地域や社会を進めていけば良いのかを考え直す転換期でした。従来の資本主義の〝二方良し〟の考え方が限界を迎え、課題を大きくし、行き詰まっている。これに対し、会津若松が取り組んできたスマートシティは「共助」であり〝三方良し〟の世界です。

地元企業も「自分の商売だけが良ければいい」という価値観では立ち行かず、地方も疲弊してしまう。大学であれば、少しでも稼げる人材を育てるという視点ではなく、いかに社会の役に立ち、共助の一翼を担えるかを目的にするという明確なポジションが見えてきました。

会津は一緒に手を取り合って共助できるものを作ろうというビジョンを掲げているからこそ、持続可能性を意識したスマートシティ化が可能だった。デジタル化をどうするかではなく、何のためにデジタル化するのかを示せたことが、会津ならではのスマートシティの取り組みなのですね。

市民・学生・企業が連携し地域課題に取り組む

本田　そこで市長にお聞きしたいのは、〝三方良し〟を目指すためには、スマートシティやデジタルに対する周囲の反応に加え、価値観のぶつかり合いといった部分もあったのではないでしょうか。

本田屋本店 代表取締役の本田 勝之助 氏

室井　最終形はまだ見えていませんが、市民の皆さんの利便性や快適性を高めるために、我々は大胆に挑戦してきました。結果、市民の皆さんは今、行政手続きをストレスなく進められるようになり、地域社会の中でデジタルの恩恵を受けられるスタートラインに立てたと思っています。いろいろな分野で少しずつ形になってきただけに、この歩みを止めるわけにはいきません。

取り組み始めた当初から「スマートシティって何？」という疑念や不安が出るのは分かっていました。ただ心の中では「スマートシティをなぜ進めるのかを分かってくれる日が、きっとくる」と小さくつぶやきながら進めてきました。

実際、具体的な事例を一つひとつ積み重

ねていく中で、「スマートシティを知っていますか？」と尋ねれば「知っています」という声も増えてくるようになりました。関連事業に関心のある方であれば「中身についても少し理解しています」という人もどんどん増えてきました。決してあきらめることなく、これからも前進し続けます。

デジタルガバメントが進み、マイナンバーカードも普及してきています。会津若松市の普及率は2023年3月末時点で申請ベースで7割を超えました。デジタルに舵を切った日本の政策の方向性であり、そうした追い風の中で、市の取り組みと併せて市民の皆さんから「良かったね」と言われるように頑張っています。

本田　会津大学としては、学生がスマートシティに取り組むことで、どのような影響や効果がありますか。

岩瀬　会津大学では、大学と大学院を合わせると毎年300人規模の学生が卒業します。IT・デジタル人材が非常に求められている中で、スマートシティプロジェクトに参画したことは強くアピールできるため、学生の就職活動という意味からも重要です。学生の側にも、スマートシティプロジェクトは非常に先進的な取り組みだというイメージがあります。大学における研究結果の社会実装という側面以外にも、人材育成・人材供給という側面でも会津大学の役割は大きいと思います。

本田　故・中村 彰二朗さんも20年も前から、会津大学のオープンなテクノロジーに共感する企業とのつながりや、その哲学に惹かれる学生に魅力を感じていたと聞いています。会津大学が１９９３年に開学して以来30年の歩みはオープンそのものであり、だからこそ多くの人材を産み育てられたのかもしれませんね。

岩瀬　当校では、オープンソースの基本ソフトウェア（ＯＳ）である「Ｌｉｎｕｘ」をベースにオープンなシステムを勉強しています。このことがコンピュータサイエンスを勉強する上で非常に重要だと考えています。２０２０年12月には本学の「産学イノベーションセンター（ＵＢＩＣ）・復興支援センター（ＡＲＣ）」が経済産業省の「地域オープンイノベーション拠点（地域貢献型）」に選ばれました。

本田　「会津は、なぜそんなに企業を誘致できるのですか」とよく聞かれますが、やはり会津大学があり、そこに優秀な学生がいることが企業に対するマグネットになったのでしょう。ＡｉＣＴに参画してきた多くの企業における影響や効果についてはどうでしょうか。

海老原　2011年に我々が会津を訪れたのは、「震災復興で何らかのお役に立ちたい、雇用創出をしたい」という思いからです。スタート当初は市役所と大学との3者だけでしたから、「雇用を作るとは言うけれど本当に雇用を創出できるのか」という問いかけもありましたし、我々にも確証があったわけではありません。「100%絶対にできる」と言い切れる人はいなかったでしょう。

その後は、いろいろな方々と議論する中で「今のモデルが一つの目指すべき方向性ではないか」と考え、がむしゃらに10年超、取り組んできました。信念をもって進めてきたことで、会津に多くの企業が集まるなど一定の成果はあったと考えています。

プロジェクトを複数領域で進めている点についても、最終的には地元企業の産業に落とし込んでいくのが目的であり、東京から参画している企業が各領域で影響力を強めることではありません。一方で社会課題の重さを考えれば、地元企業だけでは技術的にもエネルギー的にも投資的にも解決できない面があります。だからこそ、多様な企業が集まり、各領域での取り組みを多くの企業が牽引し、かなりのエネルギーをかけられたことが非常に大きかったのです。

本田　会津若松の取り組みにアクセンチュアが参画していることを最近知った方の中には、「アクセンチュアはスマートシティをやるために会津に来た」と思われている方が結構多いですね。

しかし最初の入り口は、東日本大震災に遭った福島において、比較的被害状況が少なかった会津に「福島のバックアップとして雇用を作りたい」という想いからだった。会津の事業者に何度もヒアリングし、どうすれば事業がうまくいくかを調べ、さまざまなアイデアを提案し、一緒に汗をかいていこうと、アクセンチュアが重たいゲートをまず開けたわけです。

儲けを二の次に「ここにある地域課題の解決に何か一緒にできないか」という目線でフィールドに入り、モデルを作ろうとしてきた。その背中を、その後に集まった企業も見て参画していると思います。〝三方良し〟の考えが共感を呼び、一緒に取り組んだ人たちからも実績が上がり始めたことで、実の伴うスマートシティになってきたのですね。

成果が必ず得られる方向性を先んじて示す役割が会津にはある

本田　近年はデジタル田園都市国家構想やスーパーシティに取り組む地域が増えてきました。そうした中で会津が果たすべき役割は何でしょうか。

室井　「会津の役割」というほど重い荷物を背負っているつもりはありません（笑）。ただ、皆が一緒に集まって進んでいる方向こそが必ず答えを導き出してくれると信じています。

その過程で産み出された「スマートシティ会津若松における10のルール」を皆で意思統一したうえで進んでいる点は大きいと思います（**図2-1-2-1**）。

例えば、ルールの5番目には「サービスごとに三方良しのルールでデザインすること」と記されています。初めにお話したように会津には、大都市や大手プラットフォーマーにはない発想で、地域に寄与する新しいデジタルによるサービスや仕組みを先導しているという自負があります。同じような課題を抱える地域への横展開も想定しています。

最終的には、地方創生や地域課題を乗り越え、日本という国の中で、地方がどういう役割を果たせるかという問いに対し、「人口減少に歯止めをかけるのは地

図2-1-2-1：スマートシティ会津若松における10のルール

人間中心	1. 市民として市民が望む社会を実現するためのサービスを考えること
DXの基本的な考え方	2. データはそもそも市民個人のものである前提の上で、オプトインを徹底すること 3. DXによるパーソナライズに徹底すること
デジタル社会像	4. デジタルを活用した新たな公共・ガバナンスを構築し透明性を担保すること（デジタル民主主義）
サービスデザイン指針	5. サービスごとに三方良しのルールでデザインすること 6. データやシステムは地域の共有財産とし、競争は常に付加価値で行うこと 7. 行政単位ではなく、生活圏でデザインすること 8. 都市OSを通じて、地域IDとAPIをベースとしたシステム連携を順守すること
地域の持続・発展性	9. デジタル（STEAM）人材を地域で育成・活躍すること 10. 持続可能性社会（SDGs）に向けた取り組みを推進すること

方だ」と示すことが会津のミッションだと考えています。まだまだ遠い道のりですが、少しずつ下支えにはなっているでしょう。

本田　「失われた30年」と言われる中で、地方創生時代とされながらも迷いを抱えてきた地域に対し、「この方向で地方創生に取り組めば必ず成果が出る」ということを、どこよりも先に示す役割が会津にはあるということですね。そのことを10のルールとして、しっかりと明文化し、地域がスマート化を進めるための〝ブレない指針〟としても示してきた。

会津を訪れて、10のルールに共感したものの、どれかを飛ばしてしまい、前者の轍を踏んでしまった地域も少なくありません。うまく進まずに会津に立ち戻って来る方が「やっぱり10のルールは大事だった」という反応もあります。

岩瀬　会津は、産学官および市民という地域にとっての有力なリソースをきちんと組み合わせ、新しいスマートシティに向けて一致団結して取り組んでいく姿勢を全国に示してきました。このモデルは、継続的にサービスを生み出すための環境、つまりエコシステムです。データを蓄積し、サービスをさらに改善し、新しいサービスも生み出していくという連続したイノベーションを生む会津モデルを、全国に先駆けてきちんと示していくことが会津の役割でしょう。

地方には、さまざまな課題があり、地方だけで解決するのは難しい面もありました。しかし、かなりの部分はデータを利活用しスマートシティ化を図ることで解決できます。例えば、デジタル田園都市国家構想の一環として会津若松が取り組んでいる農産物のマッチングサービス『ジモノミッケ！』は、実需者と生産者をつなげ地元の農産物を地元に届ける〝地産地消〟を促進する仕組みです。これは同時に流通にかかる日数やコストの削減になり、CO2削減にもつながるだけに、まさしく今問われている社会課題に対し、地方の持続可能性というコンセプトに非常に合致しているサービスなのです。

サービスだけにフォーカスすると、単なるマッチングアプリケーションに見えますが、根底には持続可能性を考えたコンセプトを持つアプリケーションだととらえれば、模範的で非常に素晴らしい取り組みだと思います。

良いサービスだけではなく、中には評価の低いサービスも出て来るでしょう。そこで一喜一憂せず、絶えまなく改善していく。一つがダメだったら、また次に良いものを生み出すというエコシステムこそがスマートシティなのです。それを全国に先導し発信しているのが会津です。

本田　地方で何か新しい試みを始めようとすると、ややもすると反対派が出て来て、一致団結して取り組めない状況に陥りがちです。ところが会津地域は、10のルールのおかげで、有力リソースが団結し一つになって取り組めています。

当然うまくいくときもあれば、いかない時もあります。ですが、きちんとガバナンスされたエコシステムとして、うまくいくものはさらに応援し、うまく行かなければ皆で解決策を考えていく。単発に終わらない持続可能な地域課題解決のエコシステムを先端に立って実証し、他の地域に発信して伝えていくのが会津の役割なのですね。

海老原　お二人がおっしゃるとおりだと思います。国の支援も受けながら、会津モデルを横展開可能なものにし全国にいち早く届けることが重要なミッションです。そのために、会津で取り組んでいる事業をとにかく成功させることに尽きると思います。

本田　「雇用を作る」という理想に対し、トライ&エラーはあったとしても、そこにこだわって取り組んできた。参画企業が「会津にきて良かった」と思えるようにしたい、地域にとっても「スマートシティに取り組んで良かった」「応援してきて良かった」というサービスを作っていきたい。そんな想いを持ち続け、それを実現する責任を海老原さんの立場として重く受け止めながら、変わらぬ目線で適切なリーダーシップとアドバイスをしてこられたのだなと感じました。

そうした役割を果たす人たちがいたからこそ、今の会津がある。でなければ方向性を見失いがちですし、各企業の都合の良し悪しによって本質から逸れてしまうという怖れもありますね。

海老原　会津を成功させるためには、会津らしい課題に会津らしく解決していくことが欠かせません。とにかく会津は、①良いモデルをきちんと作り上げて標準化し、②惜しみなく横展開していくという二つのステップが重要だと考えています。かと言って、会津モデルを他地域に、そのまま移植するというわけでもありません。標準化されたモデルの上に、きちんと地域の独自性を鑑みたサービスを乗せていく必要があります。

本田　展開ありきで取り組むのではなく、会津は会津だからこそできることにしっかりこだわり、会津ならではのものを明確に打ち出すことは、とても大事な視点ですね。「横展開＝共通のものを強いること」ではありませんし、「会津のマネをすれば他の地域も同じようになれる」という誤解を招きます。地域の特性や多様性を踏まえて皆さん自身が考え、自分たちの役割を果たし、できることに取り組んでいくべきですね。

サイレントな市民の声をデータで示し固定概念を越える

本田　この10年超で、スマートシティを推進するに当たって最も高かった壁は何だったでしょうか。

室井　結論から言うと、壁は乗り越えずに回り道をしてきたと言えば良いでしょうか（笑）。直接的なハードルは理解者を増やすことですが、無理に乗り越えようとせず、時間と手間をかけて説明を繰り返してきました。そうするうちに、成果をイメージできる人が増えてきたのは間違いありません。

例えば、ＡｉＣＴを建てる時に、土地の取得に関して市議会に諮ったところ、最初は全会一致で否決されました。「なぜダメなんだろう」と自分自身に問いかけながら、説明責任をしっかり果たしていくことで、３カ月後の再度提案時には「がんばれ」と可決していただけました。そこまで来られたのは、市役所だけでなく、皆さんの「ここは前へ進むべきだ」という気持ちが一つになったおかげだと感じています。感謝しかありません。

本田　まるで「水よく石を穿つ」という「雨だれの説法」のようですね。市民の理解者を増やす上で意識したことはありますか。

鼎談は「スマートシティAiCT」内のコミュニティスペースで行われた。当日、岩瀬理事はオンラインで参加した

室井　「高齢者はスマホが苦手だ」といった、一般的な固定観念にとらわれないことです。現に、スマホ教室を開けば、すぐ満席になります。マイナンバーカードにしても、抵抗感が強かった初期の頃でも、意識の高い人はすぐに取得に動くという経過もありました。声を上げない（サイレントな）ように見える市民の気持ちも、実際の事実を受け止めながら進めるのが重要かなと感じています。

本田　会津のスマートシティでは、データを示しながら皆さんに伝えてきました。「スマートシティを知っている」という市民の声はサイレントかもしれませんが、データを取れば実はメジャーだったりします。

室井　令和元年（2019年）度の市民アン

ケートでは「スマートシティの名前は知っている」が95％に達しました。理解度に幅があるのは当然ですが、「知っている」というのは興味関心を持ってくれているわけです。こうしたデータのおかげで、「方向性は間違っていない」と信じてやって来られました。

本田　データがなければ、一部の声の大きい人の意見がメジャーに見え、そこに向けて動いてしまいがちです。逆に言えば、声の大きな反対者がいると高い壁に見えて、多くの市民が反対していると思い込んでしまう可能性もあります。

目の前に立ちはだかっていると勘違いしていた壁を、データで見える化すると、思ったほど高さも厚みもないかもしれません。スマートシティに期待していながらもサイレントにとどまっている市民のデータを、しっかり冷静に取った上で取り組んでいけば推進力になるということを市長は実感されているのですね。

室井　そういう理解者を増やして来られたのも、一度にすべてを進めるのではなく、AiCTコンソーシアムをはじめとする皆さんと分野ごとに一つひとつ取り組み、サービスを広げてきた結果です。

本田　市民の間にも、「これを使うと便利だった」と口コミで伝えてくれたり教えてくれたりする人がたくさん増えてきたからこそ、認知度も高まったんでしょうね。

室井　まだまだ道半ばで最終形にまで到達しているとは思っていません。努力は継続していきます。そのための新しい取り組みとして、２０２２年度からは「スマートシティ・サポーター制度」を立ち上げています。

同制度ではまず、市民の理解を促進するために、デジタルやＩＣＴに関心を持つ市民を対象に、さまざまなサービスを体験できる場を設けます。そこで体験した皆さんには一種のインフルエンサーとして、「いいね」と思うサービスをＳＮＳ（ソーシャルネットワーキングサービス）などによる拡散を通して参加者の輪を広げていただく。体験から市民理解の浸透、そして利用者の拡大への好循環を目指しています。

利用拡大という点では、サービスの対象を行政区域にとらわれずに、柔軟に提供する視点も重要です。例えば、会津若松市が運営するコミュニケーションサービス「あいべあ」は、市民以外でも受信できます。災害情報など、周辺地域の人でも、さまざまな情報を手にできます。

そこがＩＣＴの良いところで、必要とする人たちに、より必要とされるサービスが届く。行政区域に囲い込むのではなく、通勤通学や普段の暮らしの中での移動範囲をカバーする生活圏の中で、情報を的確に入手できる環境は互いに必要です。ＩＣＴツールの特徴をうまく活用すべきです。先述した10のルールの中にも「行政単位ではなく生活圏でデザインすること」が記されています。

本田　本当に必要とされるところに必要とされるサービスを積極的に提供していく姿勢が、真の理解者を増やしていくことにつながったのでしょう。変に線引きをせず、分かってくれる人には分かってもらえるという形で、じわじわと浸透していった結果として、いつの間にか壁を乗り越えられたのかもしれません。

会津にある〝現場〟に参加することから始まる

本田　スマートシティ推進において、若者や学生に期待する役割はありますか。

岩瀬　若者や学生に限らず、これは社会人も含めてですが、期待する役割は「スマートシティに何らかの形で参加すること」に尽きます。スマートシティ事業はそれ自体、大規模なDXプロジェクトです。地域のさまざまな課題を深掘りし、解決のために必要なシーズから技術、プロセスまでの、すべてが学びとなるプロジェクトや場は、スマートシティの他にないと思います。

地域課題やSDGs（持続可能な開発目標）を含めた社会問題に関心があれば、サービスの計画局面から参加して経験を積んでいけます。問題の分析に必要なデータは基本的にデータ連携基盤にあります。そこになければ、センサーや、さまざまな手段によって必要なデータを取る仕掛けも作れます。そうして集めたデータの解析が可能です。会津大生などの技術系であれば、実装局面に参加するのも面白いのではないでしょうか。

どのような形にしろ、興味のある分野または得意な分野でスマートシティに関わっていくことが、若者や学生にとって非常に貴重な経験であり、将来に役立つと思います。

本田　「参加してみるに限る」という雰囲気が響き、興味を持ってくれている学生が多い気がします。私たちとしては逆に、より参加したくなってもらえるような局面ごとの提案や、一緒に取り組める工夫も必要だと感じました。「スマートシティに取り組むなら、企業は会津に拠点を移し、スタッフはここに住んで参加してみるに限る」と故・中村さんもよく話していましたね。

海老原　企業に呼びかけたいのは、ここには現場があり、制約や現状を是とせず将来像から考えられることは本当に価値があるということです。現場と膝詰めで本当のあるべき姿から考え、それを実現していく過程においては、いろいろ工夫しなければならないこともあれば、思った通りにならないこともあるでしょう。しかし、現場を自分の目で見て、あるべき姿を突き詰められる場所であるという点は大きな魅力として訴えたいですね。

本田　会津に暮らしていると、ここが常に現場なので、むしろ現場が当たり前ですが（笑）、東京から参画している企業の多くにとっては「現場がない」ということが悩みの種でした。頭の中だけでイメージして進めざるを得なかったサービスを現場で実証するメリットや特徴も伝えていきたいですね。

海老原　東京から地方都市の「Ｔｏ‐Ｂｅ」、あるべき姿を作っていくと、難しい技術を塗り重ねたようになってしまうきらいがあります。現実に作っていくべき町やスマートシティとは、むしろ技術は裏に隠れていて、それを感じずに人々が楽しく生活できる未来だと思います。

市民のWell-beingを見据え地方都市ならではの姿を目指す

本田　最後に、市民のＷｅｌｌ‐ｂｅｉｎｇ（幸福感）のために地方都市が目指すべき方向はどこにあるのかについては、どうお考えでしょうか。

岩瀬　地方のハンディをデジタルの力で解消し地域の利便性を高めることにスマートシティ

の第一歩があると思います。その上でＷｅｌｌ‐ｂｅｉｎｇを考える場合、会津の歴史的な街並みや景観、自分が住んでいる町の姿が非常に重要です。どこにでもあるような都市や町にすべきではありません。

例えば、エネルギーや水や交通などの都市インフラをデジタルでカバーしていく。あるいは、ハードウェアインフラからデジタルインフラを作り景観を保存していく。そういう形のスマートシティが今後、重要性を増すのではないでしょうか。会津モデルにはデータ連携基盤があるので、そうした方向に拡大していくことは可能です。

もう1点、個々人のＷｅｌｌ‐ｂｅｉｎｇを考えれば、やはり仕事がある。つまり雇用と収入は幸福に欠かせません。スマートシティ事業によって自動化され淘汰されるような仕事は今後、地方にとっては結構インパクトが大きいという調査結果もあります。大都市よりも地方のほうがＡＩ技術による雇用インパクトが大きいというのです。

それに対して、スマートシティの中で、こういう事業や仕事はデジタルで自動化されると示したり、逆に、こういう新しい仕事やスキルは今後必要になるのだと示したり、テクノロジーの力で皆さんの雇用や収入の方向性を示すという役割がスマートシティにはあるのではないでしょうか。

本田　少し違う視点で言い換えれば、これまで日本ではハードウェアインフラによる経済的な成長を求めて都市化を進めてきました。地方はハードウェアインフラにおいてはハンディがありますが、これをデジタルの力で解消できるという可能性が希望になるでしょう。「地方は地方のままでいいんだ」と思わせてくれるのも、デジタルインフラの力だと思います。

一方で、都市に対するアドバンテージとして、自然や歴史、文化といった会津ならではの良さを活かしながら、「なくなる仕事」がある一方で「新たに必要とされる仕事」をテクノロジーを含めて会津が示せれば、今後のＷｅｌｌ‐ｂｅｉｎｇに貢献できるでしょう。

海老原　今の文脈で言えば、従来は力のある大きな企業が垂直統合の形で、すべてを提供することでしか実現できなかったサービスを、デジタルを導入して地域が共通的にサポートしたり地域インフラとして持ったりすることで、個々の企業が本当に自分の強みとする事業だけに注力できるようになるのではないか。そういった社会や働き方、雇用を地域に作っていくことが会津の共助モデルの一つの出口だと考えます。

例えば農産物の流通では、従来は大手流通会社に委託し全国レベルの供給しかできませんでした。これに対して、先ほど岩瀬先生が挙げられた食農領域のマッチングサービスであるジモノミッケ！では、これまでの情報管理や技術レベルでは費用対効果が合わなかった部分を、デジタルを活用することで地域の生産者と需要者をダイレクトに結びつける地産地消を可能にしました。規格外の野菜の流通によるフードロス削減などの効果も見込めるなど、廃棄物を出さずに資源を循環させるサーキュラーエコノミーにもつながります。それに付随した新しい仕事も地域内に産み出せます。

雇用という観点で言えば、地域内のまさに現場があるところに雇用を作りだす取り組みは、スマートシティの一つのゴールであり目指すべき姿ですね。

本田 おっしゃる通り、これまでは各社がすべてを賄う「自助」でずっと進んできたため、自社内やグループ内で完結できる企業が強かった。これからは互いに助け合うことを前提に、自分が得意とする分野で頑張れば、同じ地域の人が苦手な分野を補ってくれるという仕組みを作れれば、各人がやりたい仕事をしながら生活の糧が得られます。さらに、「誰かのために何かをしたい」という気持ちを届けられるようになり精神的にも満たされる。これが「共助」ですね。

言い換えると、今までのビジネスにおいて、人間は「ヒューマンリソース（人的資源）」、つまりお金を生み出す資源として扱われていた。あるいは人を「キャピタル（資本）」だととらえ、パフォーマンスを発揮できる人とできない人に分け、良い資本を揃えるべきだとも言われてきました。しかし、これからのＷｅｌｌ-ｂｅｉｎｇの時代は、人はリソースでもキャピタルでもなく、「ビーイング（人間そのもの）」として扱われる時代になります。

人として自然と共に暮らし、人としてどうあるべきかに従って「Ｔｏ‐Ｂｅ（なりたい姿）」を描き、それを実現していく共助のシステムを会津では作っています。それは、一人ひとりのＷｅｌｌ‐ｂｅｉｎｇのために、ヒューマンビーイングの集合体である社会を、デジタルの力を借りながら共助によってどう実現していくかを示せるモデルです。

室井　人間の欲求を生理的欲求から始まって自己実現までの五つのステップに分ける、いわゆる「マズローの欲求5段階説」の物差しを、Ｗｅｌｌ‐ｂｅｉｎｇの指標の中に当てはめると説明しやすいかもしれません。ただ、一人ひとりのスタートラインが違います。幸福感に対する価値観の違い、ＩＣＴスキルのレベルの違い、必要性の違いなどもあり、欲求がどの段階にあるかは一概に決められません。

行政的な視点でも、先ほど触れた生活圏や人口規模の違いがあります。例えば都市ＯＳを町や生活圏に合わせてどう適用すればいいのか。投資が伴うだけに最適化も必要です。

会津のスマートシティは既存環境の最適化を図る「レトロフィット型」です。例えば、オランダのアムステルダム市のスマートシティは、既存環境を変えていく「ブラウンフィールド型」であり、古き良き街並みを残しつつ、バックヤードにある巨大なサーバーやＩＣＴのインフラに支えられて動いています。

　我々は、まだまだ走っている途中ですから、レトロフィットから始めブラウンフィールドを目指すステージに立っています。日本の地方では資本の制約が厳しいため、町を丸ごと作り変える「グリーンフィールド型」は現実的ではありません。

　Ｗｅｌｌ‐ｂｅｉｎｇの指標の中で、どこにいるかは、その時点時点で認識し直しつつ、アピールしていくべきです。岩瀬先生が先ほど指摘された地域課題解決のエコシステムについても、よりビジュアルにして見せていく説明責任があるでしょう。

本田　分かりやすく伝えていくことが私たちには求められていますね。

海老原　企業側からすると、Ｗｅｌｌ‐ｂｅｉｎｇは一つひとつのサービスごとにＫＰＩを高めていくイメージになりがちです。そうしたボトムアップも必要ですが、地域の全体像から根本的に「Ｗｅｌｌ‐ｂｅｉｎｇとは何か」を考えることが重要です。

　日本では今や、地方に限らず人口は減っていきますし、この先どうなるかの不安にさいなまれ、普通に生きていることすら楽しいとは感じられなくなってきている。若い頃から「貯金をしなければいけない」「お金はなるべく使わない」といった価値観が染みつきデフレから脱却できません。

こうした現状の中でＷｅｌｌ‐ｂｅｉｎｇを考える時、その根幹は「皆が楽しく生きている状態、前向きに生きられる状況」をどう作っていくかではないでしょうか。それを本当に実現できれば、たとえ一度は何らかの理由で青年期に町を出て行ったとしても、また戻って来たり、会津に住んでいなくても何らかの形で応援買いをしたりと、さまざまな形で交流し続けられるはずです。

皆さんが誇りをもってまちづくりに参加したいと思い、自ら意見を出し合って継続的改善に向けた役割の一つを担う市民が増えれば、それがＷｅｌｌ‐ｂｅｉｎｇの向上に最もつながると思います。お互いが一歩引いて冷静に忖度しながらポテンヒットを狙うのではなく、時には喧嘩もし、ぶつかりながら良いところを伸ばしていく。スマートシティへの取り組みは恐らく、ほとんどの人が生きている間に完成することはなく、進化し続けるプロセスでしょうから、その活動に参加し続けることが何よりも重要なのです。

本田　Ｗｅｌｌ‐ｂｅｉｎｇを高めるために地方都市が目指すべき方向性は、故・中村さんの生き方にあると私は思います。中村さんは最初「福島のために」という一心で会津に訪れ、会津の盆踊り支援を皮切りに市民と交流を深め、私たち市民のためのＷｅｌｌを考えて突き進んできました。

ただ彼は、身を挺して精進していただけではありません。中村さんが駆け抜けていっ

た10年間、彼自身が目いっぱい楽しんで、好きなことをやり尽くし、会津を堪能し、会津を愛していたのだと思います。挫けそうなことも当然ありましたが、皆と力を合わせて「こうあるべきだよね」と、ひたむきに生きてきたことは、まさに最高のWellな状態でした。

私は、彼が会津に来る前の10年間を知っています。彼のWell-beingは、会津に来てから間違いなく高まったと確信できる。そこを紐解いていくと、彼が目指した真のスマートシティが見えてきます。それは、どこかにあるかもしれない地方都市の理想像を闇雲に目指すのではなく、「おそらく、この方向だよね」と確かめ合いながら、仲間と共にプロセス自体を楽しみ、「最高に幸せだ」と思える実感だと思います。

地方都市だからこそ、そんな人生を送っていける。そういう意味で、彼が会津で10年間歩んでき

図2-1-2-2

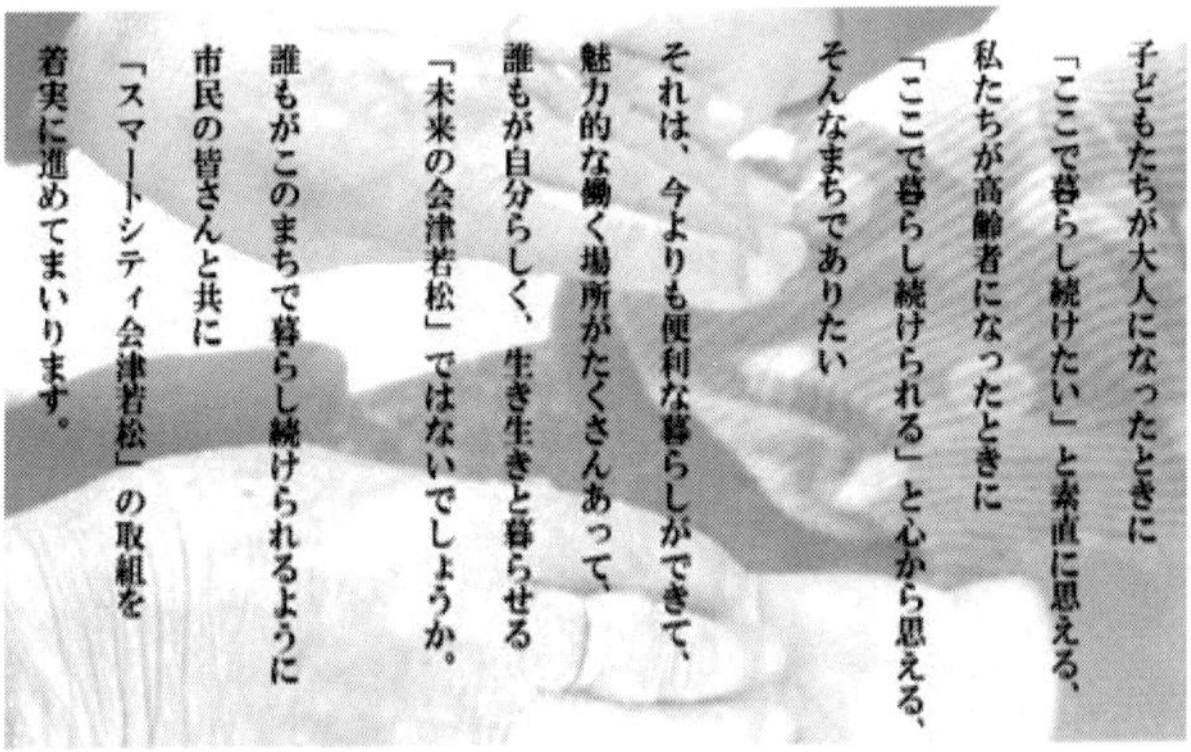
子どもたちが大人になったときに
「ここで暮らし続けたい」と素直に思える、
私たちが高齢者になったときに
「ここで暮らし続けられる」と心から思える、
そんなまちでありたい
それは、今よりも便利な暮らしができて、
魅力的な働く場所がたくさんあって、
誰もが自分らしく、生き生きと暮らせる
「未来の会津若松」ではないでしょうか。
誰もがこのまちで暮らし続けられるように
市民の皆さんと共に
「スマートシティ会津若松」の取組を
着実に進めてまいります。

た姿こそがWell-beingそのものです。皆で作っていくのがスマートシティであり、それが会津のモデルなのです。地方都市が目指すべき姿は、実はそんなところにあるんだという中村さんの遺志を引き継いでいきたいですね。

室井　おっしゃる通り、Well-beingの根幹は、やはり「この町が好きだ」という共感をどう作っていくかです。そして「好きで居続けられる町」「皆が誇りに思える町」を作る。それはコミュニティを作るのと同義でしょう。

その意味で「地方都市が目指すべき方向」とは、やはり自分が住んでいる地域ならではの良さを好きになり、自分事としてとらえて主体的に地域に参画していく市民を増やすことではないでしょうか。

最後に、私がいつも講演の締めとして添えている言葉を届けたいと思います（**図2-1-2-2**）。

2-2 スマートシティを現場で動かすICTオフィス「スマートシティAiCT」

会津若松のスマートシティにおいて、官学民の連携の場であり、人材育成の場になるのが、2019年4月に竣工したICTオフィスビルの「スマートシティAiCT（アイクト）」である（**写真2-2-1**）。AiCTは「会津ICT」の略だが、その「A」には、「AIZU（会津）」「AI（人工知能）」「Advance（前進／進出）」の意味が込められている。

AiCTは、スマートシティ会津若松における第1ステージの集大成でもある。データアナリティクス産業の集積拠点を目指していた会津若松市にとって、首都圏からICT関連企業が機能移転するための〝受け皿〟になる施設が不可欠だったからだ。

集大成といっても建物の完成をもって目的が達成されたわけではない。単にハードウェアの入れ物を造って第1ステージの締めくくりにするなら、「ハコモノ行政」のそしりは免れない。行政主導で造った公共施設に見込み通りのテナントが入居せず経営破綻する例は枚挙に暇がない。

AiCTも2015年末にオフィスの環境整備計画を策定し市議会に諮った際には二度も否決されている。その計画地が、会津のシンボルである鶴ヶ城のすぐ近くで、メインストリート

写真2-2-1：スマートシティAiCTの外観

の北出丸大通りに面した日本たばこ営業所跡地だったため、「広大な敷地を活かした観光用の施設を整備するべき」との意見が大半を占めたからだ。「数百人も収容できるオフィスビルを作っても埋まるはずがない」「赤字に陥って市の財政を圧迫するのではないか」といった懸念が大きかった。

しかし、スマートシティを目指す会津若松市では既に、大企業と連携した実証事業も始まり注目度も高まりつつあった。そうした中で、産業集積と雇用創出につながる企業の誘致を選択したことは、まさに英断だった。AiCTが開所して2年後には23室あるオフィス棟が満室になったのだ。

AiCTは、常駐企業が入居するオフィス棟と、コワーキングスペースとコンベンション機能にカフェを擁する交流棟からなっている。その運営・管理は、会津若松市内の企業5社がアライアンスを組んだ株式会社AiYUMU（あゆむ）が担っている。

会津若松市から委託された「ホルダー企業」としての位置付けだ。2022年10月時点では、コワーキングスペースの登録企業を含めると44社が入居し、400人を超える人員が日々、活動している。

一極集中の東京よりオープンイノベーションが起こりやすい環境に

東京一極集中の是正や脱東京が叫ばれるものの、首都圏には本社機能や研究開発部門を置き、地方の中核都市に支店を、その他の地方都市には末端の営業所を配置するという構図は変わっていない。末端の営業所は、最近のキーワードでいえば「サテライトオフィス」だが、営業所／サテライトオフィスにスタッフは常駐せず、必要な業務や商談に合わせて出張ベースで短期滞在するパターンが多い。

これに対しAiCTでは、首都圏に本社を構えるグローバル企業から地元ベンチャー企業までが入居し、その大半が研究開発や新規事業開拓、実証実験を目的にした本社機能の一部を移転させている。しかも、本社の部長や次長クラスが会津若松市に住民票を移し、センター長として常駐している。

市内の事務所に比べ決して安いとは言えない賃料を払い、各企業が高付加価値部門の機能移転を決めた理由は、スマートシティ会津若松が持つ、データが集約された環境と人材が確保できる実証フィールドとしての魅力に加えて、名だたるICT関連企業が一つのビルの中に一堂に会することでオープンイノベーション（共創）を起こしやすいと評価されているからだ。

入居してくる企業の多くは、それぞれが東京都心部に本社を置き、相互交流するなら距離的なハードルはない。にもかかわらず東京都心ではオープンイノベーションが活発とは言い難いのが実状だ。なぜなら、プロジェクトに関係する複数企業の担当者が打ち合わせを持とうとすれば、全員の予定を調整し日時を決めるまでに手間がかかるためだ。どんなに急ぎのテーマでも会合を実施するまでに最短でも1週間から10日がかかってしまう。オンラインミーティングでも日程調整の手間は変わらない。

それが、AiCTに入居していれば、各社のセンター長が同じビルに常駐しており毎日顔を合わせている。総合エントランスのセキュリティゲートを越えれば、各社の事務所ドアは開いていて、「ちょっといいですか」とフラっと入って行ける。そこでは企業の枠を超えた議論がなされ、新しいアイデアが創造される。オープンスペースやカフェで声を掛けたり、仕事帰りに一緒に飲みに行ったりもすれば、日々の業務の空いた時間にも密度の濃いコミュニケーションが取れる。「その価値はプライスレスですね」という声がよく聞かれる。

一つのサービスを実現するために、企業を超えて複数の企業がプロジェクトを組むことは世界では普通に行われている。共創・協働に当たり前のように取り組まなければ価値あるサービスは生み出せないことは、現代の世界では常識である。日本企業が最も苦手とするアプローチだ。だがAiCTに入居すれば、各社が自然につながりコラボレーションが生まれる。

つまりAiCTを持つ会津なら、地域や期間限定の実証事業として取り組み、上手くいけば全国展開し、失敗したら修正するというスタンスで、新サービスのアジャイルな開発が可能になる。機動力を持ってチャレンジができる土壌が整ったからこそ、AiCTがスマートシティ会津若松における第1ステージの集大成だと言えるのである。

スマートシティ事業の自律的な推進を担うAiCTコンソーシアム

スマートシティAiCTが満室になる2カ月前の2021年6月には、一般社団法人AiCTコンソーシアムが設立されている。その前身は2017年設立の一般社団法人スマートシティ会津である。

AiCTコンソーシアムは、AiCTに入居している企業や地元企業が、地域のための事業を実行するためにアライアンスを組んだ民間セクターだ。2023年1月時点の参画メンバーは91社に達する。主な役割は、スマートシティ会津若松に関わる、さまざまな政策を合議制で立案し、プロジェクトを実行推進することと、スマートシティのシステム上の共通基盤である都市OSの運営である。

他の地域のスマートシティでは、行政や民間企業中心の任意団体が主体になって事業を進めるケースが少なくない。AiCTコンソーシアムの組織形態が利益を追求しない非営利の一般社団法人になったのは、市民のWell-being（幸福感）を目指すに当たっては、行政と民間企業の中間的な存在が必要だったからだ。

自治体は地域のために行政サービスを実施する主体ではある。だが歳入と歳出に関わる法的な縛りがあり、自由な事業展開は難しい。一方、民間企業は営利目的の組織のため、利益が少しでも高まる自社顧客に対して全国スケールでサービスを提供する使命がある。

これに対してAiCTコンソーシアムは、地域のため、市民のためという軸で自治体の補完機能を果たしつつ、自治体だけでは担えない分野では民間企業並みの裁量で意思決定し、投資や活動ができる。

一般社団法人というと、参加メンバーの互助会的組織という性質が強い。将来的な姿としては、「地域商社」や「DMO（Destination Management／Marketing Organization：地域づくり法人）」「ローカルマネジメント法人」といった組織を想定している。データを活用して得られた収益を地域内で蓄積・再投資によって循環させることで、地域が持続的に発展していくようにサポートしていく（2-4-7「『新しい資本主義』に向けた『会津モデル』のこれから」参照）。

AiCTコンソーシアムと会津若松市、地域産業との関わりにおいて、AiCTコンソーシアムは具体的なプロジェクトを推進する立場である。スマートシティ推進全体を責任者として統括するのは、あくまでも会津若松市だ。行政的な方針を決め、戦略やルールを策定して内外に示す。その過程で大学や企業の側から提言はするものの、最終的な決定権は市にある。

AiCTコンソーシアムとしては、決定された方針のもと、さまざまなプロジェクトの担い手として実行していく。「持続的で自律した地域産業を創出する」という目的に照らせば、主たる担い手は地元企業や事業者であるだけに、多くの地元企業の参画を促し、彼らの意見を反映しながら推進していく。

ただ地元企業の投資規模と実行力だけでは、なかなか解決できない根深い社会課題に対峙しなければならないため、地元以外の企業を加えて、投資したり、オープンにディスカッションしたり、グローバルな視点から新しいアイデアを出したり、他地域の成功例を横展開したりすることによって、スピーディに成果を出そうと活動している。

一方で、人口12万人弱の会津若松市に大小80以上の企業がひしめき、それぞれが個別の目的に向けて活動してしまうと、「共助型スマートシティ」というゴールを見失ってしまうおそれがある。そこで、理事企業があつまる「理事会」と全会員が参加できる「定例会」を、それぞれ毎月1回開催している。各社が個別に実施しているプロジェクトの情報をシェアし、地域内での活動の重複や混乱を避け、全体のガバナンスを維持するのが目的だ。

AiCTコンソーシアムのガバナンスを司る5大原則

全体のガバナンス維持において最も重要なのことは、AiCTコンソーシアムに参画している企業と参加者全員の一体感を醸成する空気感づくりである。具体的には、「AiCTコンソーシアムの5大原則」に基づいて一人ひとりのマインドセットを転換することだ（**図2-2-**

1）。5大原則も、スマートシティ会津若松の特徴としてあげた「10の共通ルール」同様に、10数年間に渡る取り組みの中から生み出されたバリュー（価値基準）である。

Open／オープン：既存の枠組みや常識に捕らわれず

Flat／フラット：立場は違えど、お互いの意志や考えを尊重しながら

Connected／コネクティッド：〝目的〟へ向けて結束して絆を創出し

Collaboration／コラボレーション：みんなが知恵を出して苦楽を共にし

Share／シェア：好事例は業界、地域内外を問わずに共有する

この5大原則は、故・中村 彰二朗 氏がいつ

図2-2-1：AiCTコンソーシアムの5大原則

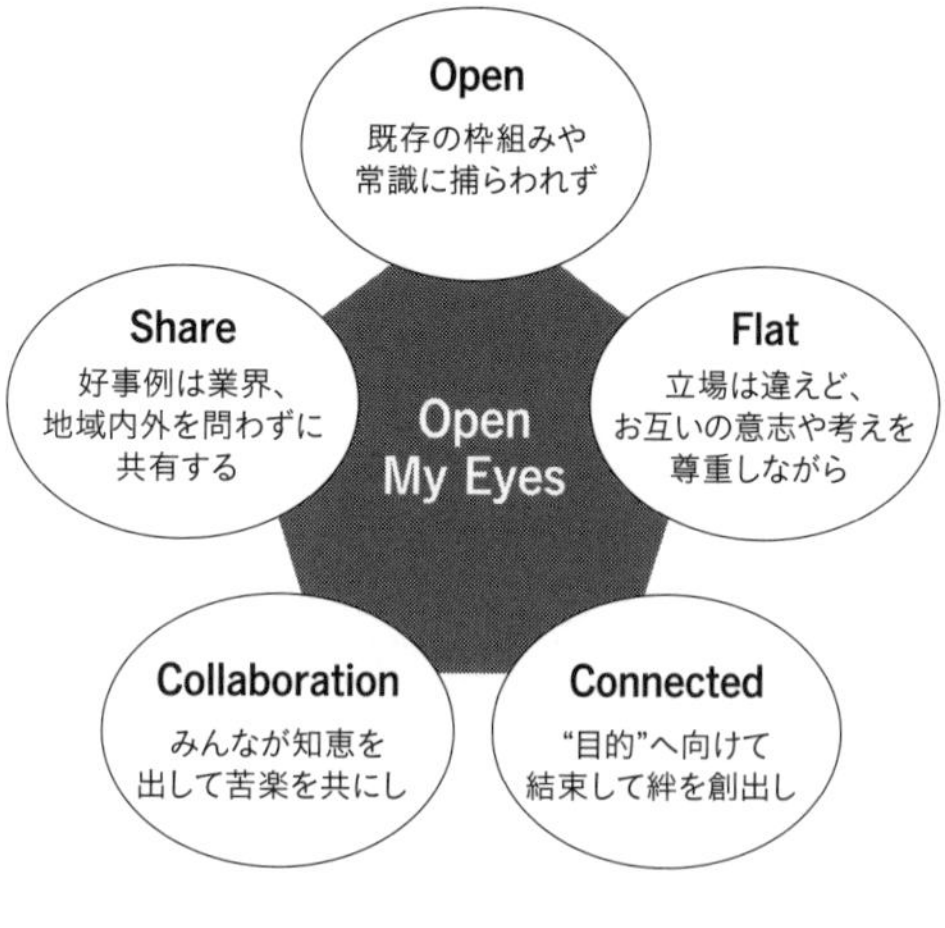

Open
既存の枠組みや
常識に捕らわれず
Share
好事例は業界、
地域内外を問わずに
共有する
Open
My Eyes
Flat
立場は違えど、
お互いの意志や考えを
尊重しながら
Collaboration
みんなが知恵を
出して苦楽を共にし
Connected
“目的”へ向けて
結束して絆を創出し

も口ずさんでいた言葉である。5大原則を見るたびに、皆と嬉しそうに話している姿が今でも目に浮かぶようだ。

5大原則は、スマートシティAiCTの中でも、リアルなシーンとして実践されている。具体的には、「AiCTのドアは、いつでもオープンです！」「背景や立場に捕らわれず、みんなフラットです！」「ゴールを目指し、組織を超えてコネクティッド！」「一緒に考え、共に働くコラボレーション！」「プロセス・成果はどんどんシェア！」などである。

そして、これら五つのキーワードをつなげる合言葉が「Open My Eyes」だ。「自分自身の双眸（両目）を見開いて、地域課題の解決に向けて自発的に参画する」という意味を託している。

「Open My Eyes」には実は、もう一つの意味が隠されている。「My eyes（Aizu）：わが町、会津」を、さまざまな軛（社会課題）から解放し、外に向けて開放するというメタファーだ。『千夜一夜物語』で岩の扉を開けて宝物を得るときの呪文「オープンセサミ（開けゴマ）」ならぬ、「開け、会津」が、AiCTコンソーシアムの合言葉なのだ。

さらに「Open My Eyes」は、本書でもたびたび登場する「オプトイン」とも呼応する。

オプトインの意味は、データ活用の文脈では「データを提供する際の本人の同意・事前承諾」と解説してきた。本来の「opt」は「〜を選ぶ」と訳され、「opt-in」は「入ることを選ぶ」、「opt-out」は「出る（入らない）ことを選ぶ」である。オプトインを後者の広い意味合いでとらえ、「Open my eyes, and opt-in」とつなげれば、「スマートシティ会津への扉を開き、自ら地域活動へ参加する」という行動基準になる。企業活動に引き寄せれば、「スマートシティAiCTへの入居、AiCTコンソーシアムの活動への参画」を表現したキャッチフレーズだとも言える。

展開する14領域はデジタル田園都市構想とも同期

AiCTコンソーシアムが実際に取り組んでいる事業は、都市機能と市民生活に密接にかかわる14分野である（**図2-2-2**）。各分野に対応したワーキンググループ（WG）を組成して活動している。AiCTコンソーシアム参加企業は、いずれのWGにも自由に参加できる。複数のWGに属しても構わない。各分野の詳細については2-3で紹介する。

14分野のうち12分野は、2021年11月の岸田内閣発足と同時に始まった「デジタル田園都市国家構想」に呼

図2-2-2：AiCTコンソーシアムが取り組む14分野とデジタル田園都市国家構想」事業として先行実装した7分野

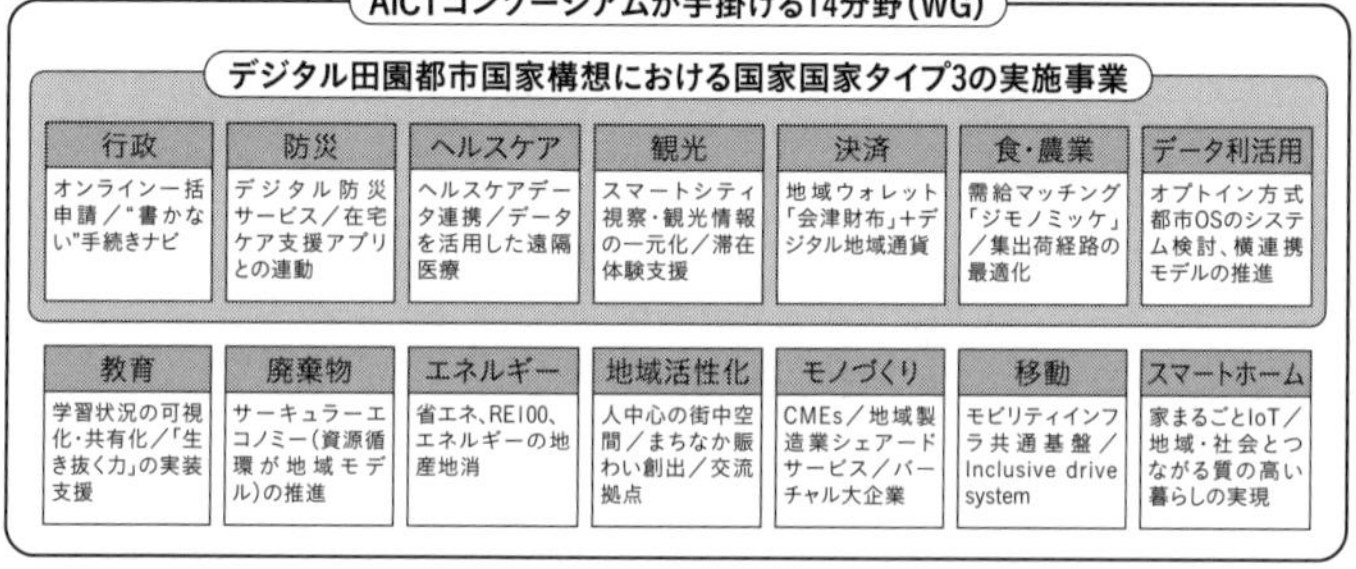

AiCTコンソーシアムが手掛ける14分野（WG）						
デジタル田園都市国家構想における国家国家タイプ3の実施事業						
行政	防災	ヘルスケア	観光	決済	食・農業	データ利活用
オンライン一括申請／"書かない"手続きナビ	デジタル防災サービス／在宅ケア支援アプリとの連動	ヘルスケアデータ連携／データを活用した遠隔医療	スマートシティ視察・観光情報の一元化／滞在体験支援	地域ウォレット「会津財布」＋デジタル地域通貨	需給マッチング「ジモノミッケ」／集出荷経路の最適化	オプトイン方式都市OSのシステム検討、横連携モデルの推進
教育	廃棄物	エネルギー	地域活性化	モノづくり	移動	スマートホーム
学習状況の可視化・共有化／「生き抜く力」の実装支援	サーキュラーエコノミー（資源循環）が地域モデルの推進	省エネ、RE100、エネルギーの地産地消	人中心の街中空間／まちなか賑わい創出／交流拠点	CMEs／地域製造業シェアード サービス／バーチャル大企業	モビリティインフラ共通基盤／Inclusive drive system	家まるごとIoT／地域・社会とつながる質の高い暮らしの実現

応しており、同構想が掲げる12領域の事業としてサービスの実装が進んでいる。

具体的には、まず行政、ヘルスケア、観光、防災、決済、食・農業の6領域のサービスを2022年10月中に稼働させた。これらのうち行政、ヘルスケア、観光の3サービスは数年前から展開してきたもので、デジタル田園都市国家構想の推進に当たり、サービス内容を進化させている。他は新たに稼働させた。

その際、AiCTコンソーシアムのWGの一つである「データ利活用」の分野も、すべてのサービス領域を支えるシステム設計に関わるため共通検討分野に位置付け利用している。実際、新サービスの稼働に伴うデータ接続のために、都市OSの機能もアップデートしている。

ちなみにデジタル田園都市国家構想の交付金制度は三つのタイプに分かれており、スマートシティ会津若松はタイプ3に採択されている（**図2-2-3**）。事業主体は、同年4月に基本協定を結んだ会津若松市と会津大学、

図2-2-3：デジタル田園都市国家構想における交付金制度の3タイプ

タイプ種別	内容	交付金	初年度の採択数
タイプ1（スターター）	優良なモデル・サービスを活用した実装の取り組み（相互互換性を考慮）	国費上限：1億円 補助率：2分の1	403団体
タイプ2（スターター）	データ連携基盤を活用した複数サービスを伴う取り組み	国費上限：2億円 補助率：2分の1	21団体
タイプ3（スターター）	早期にサービスの一部を開始	国費上限：6億円 補助率：3分の2	6団体

【各タイプ共通要件】
① デジタルを活用して地域の課題解決や魅力向上に取り組む
② コンソーシアムを形成する等、地域内外の関係と連携し、事業を実行的、継続的に推進するための体制を確立する

ＡｉＣＴコンソーシアムの3者である。

タイプ1：「スターター」の位置付けで、他地域などで既に確立されたデジタルサービスを導入する取り組みが対象になる。２０２２年3月に約４００団体が採択された。対象になるサービスは、デジタルの効果を実現できれば良く、単体でも構わない。具体的には、オンライン診療や、地域内の公共交通機関の経路検索や予約・決済などをスマートフォン用アプリケーションを使って可能にするＭａａＳ（Mobility as a Service）、ドローンを活用したスマート物流、自動操舵トラクターによるスマート農業などである。

タイプ2：他の地域やシステムと連携できるオープンなデータ連携基盤、つまり都市ＯＳの活用を前提に、複数サービスを実装する取り組む必要が対象になる。採択数は21団体である。

タイプ3：タイプ2の条件をクリアした上で、さらに同構想の「リーダー」として、より進化したサービスを早期に実装する取り組みが対象である。採択数は全国で6団体である。採択が発表された２０２２年6月28日から同年10月末までの4カ月弱の間のサービス開始が条件だったため、すでに都市ＯＳを構築しサービスを実稼働できている自治体が対象になったためだ。

2-3-1 デジタル田園都市国家構想タイプ3事業＝ヘルスケア領域 都市OSを介した健康・医療・介護に関するPHRを軸に包括的な連携を実現

デジタル田園都市国家構想タイプ3事業において先行する6領域の一つがヘルスケア領域である。同領域の取り組みについて、AiCTコンソーシアムでヘルスケア領域ワーキンググループのリーダーを務めるアクセンチュアの藤井　篤之と谷田部　緑が解説する。

個人のヘルスケア関連データがバラバラな現状を打開

スマートシティ会津若松では、早い段階からヘルスケアとICTを融合した実証実験に取り組んできた。2016年に総務省のモデル事業としてスタートした「IoTヘルスケアプロジェクト」が先駆けである（後述）。5年以上に渡ってヘルスケアデータの活用に関わる知見を蓄積してきた。その延長線上に、デジタル田園都市国家構想におけるヘルスケア領域の事業が位置付けられる。

同事業では、都市OSを活用して健康・医療・介護に関する個人の生涯にわたるデジタルデータである「PHR（Personal Health Record）」を扱うプラットフォームを構築し、データ連携の強化を中核に据えている。PHRからスタートしたのは、日本における医療データの現状が、デジタル技術によるデータの利活用を阻む構造になっているからだ（**図2-3-1-1**）。

日本における医療データは現状、図の左のイメージのように、一人の人間の心身にかかわる情報が、ライフステージや健康状態によって異なる担い手によって検査・取得され、別々に管理されている。

例えば、妊娠すると交付される母子健康手帳は自治体の管轄、就学してから受ける学校健診情報は学校や教育委員会が持ち、就職後の定期健診や特定健診のデータは企業健保あるいは自営業なら国保のデータに入る。最近は、個人がスマートウォッチなどを使って脈拍・血圧・体温などのバイタ

図2-3-1-1：健康・医療・介護に関する個人情報は現状、ライフステージや健康状態で分断されている（左）。それらをPHRとして連携し新たなサービスを提供できるようにする

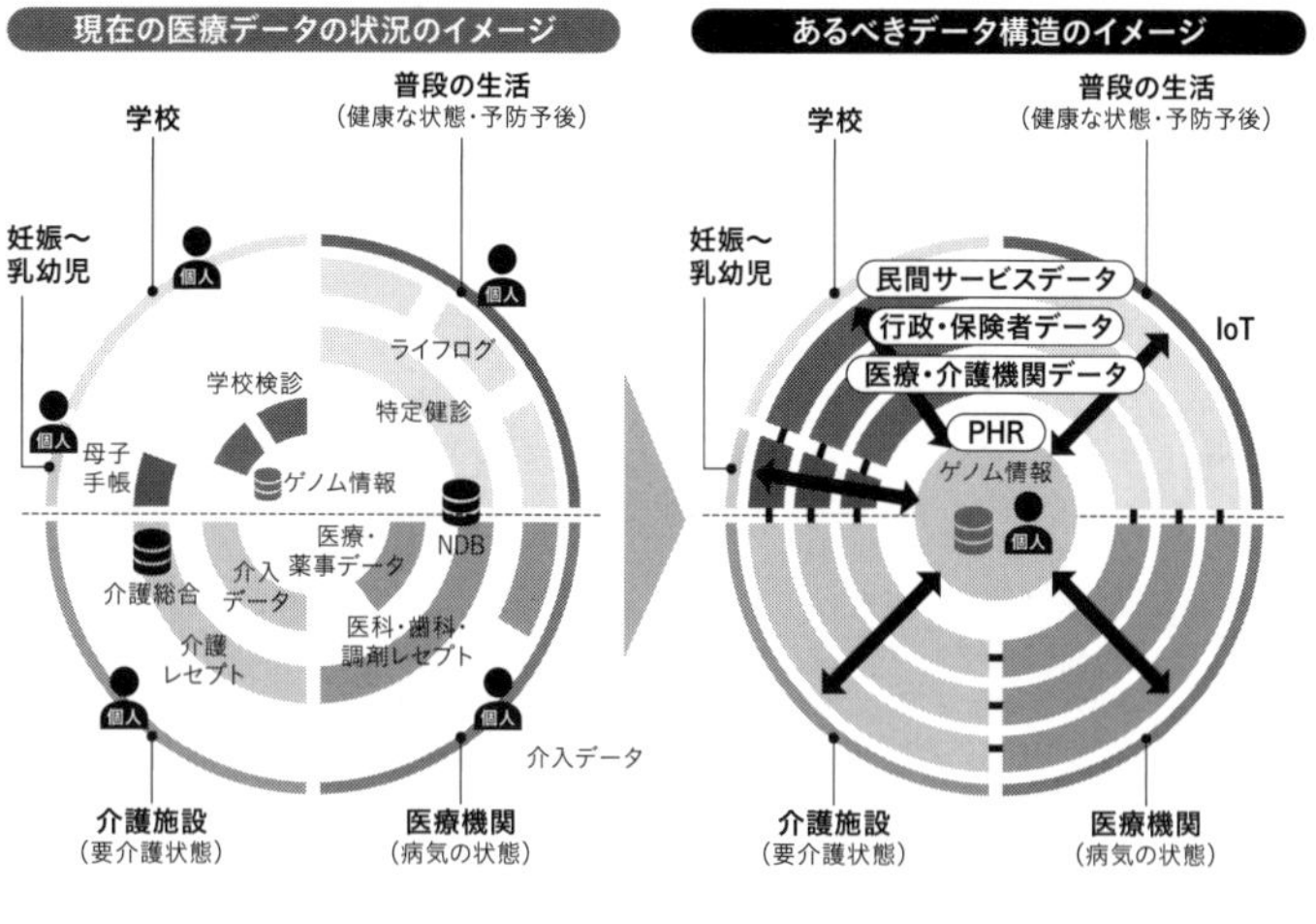

ルデータを取るケースも増えているが、これらのデータもアプリケーションを提供している民間企業の手の内にある。すべての情報を本人が保管し、時系列に整理され、いつでも参照できるようになっていることは極めて少ないのが現状だ。

さらに病気になれば、診察時のカルテに載っているデータは基本的に各医療機関が個別に保管している。レセプト（診療報酬明細書）は財政に関わるだけに国が統合して集めており、市民は自身の情報をマイナポータルで確認できるものの、それらのデータを民間が利活用する取り組みは始まったばかりである。要介護になれば、フェイスシート（プロフィール書類）やケアプラン、経過報告記録などは介護事業所や自治体が保有する。

このように健康・医療・介護に関するデータは、その保管主体も保存先もバラバラである。いまだに診療情報がデジタル化されていない病院やクリニックも少なくない。例えば、電子カルテの普及率は、病床数が400床以上の大型病院では90％を超えるものの、200床未満の小規模病院やクリニックでは50％に満たない（『医療施設調査』、厚生労働省、2020年）。

そのため、かかりつけ医がいなければ、病気になる度に口コミや、あいまいな評判を頼りに病院を選び、何時間も待ったうえに、問診票に何度も同じ内容を書かされ、似たような検査が繰り返される。にもかかわらず、医師の初診は短時間で終わり、検査結果が分かるまで何日も待たされた後に再診となることもある。適切な治療を受けるまでに、やたら時間がかかるのだ。

さらに日常的生活では、自分自身で健康状態を正確に把握できずに病気の兆候に気づかず、診療を受けるべきタイミングに遅れ、症状が悪化してから受診するといった例も珍しくない。

こうした構造を打開するためには、正確な健康・医療・介護に関わる情報を、個人を中心に集約し、いつでも参照して利活用できるようにする必要がある。つまり、行政や健康保険組合のデータ、医療機関や介護事業所のデータ、民間企業のデータをPHRとして、そのすべてを都市OSにを介して共通IDで連携したうえで、さまざまなヘルスケアサービスを提供することが、市民一人ひとりの健康で安全な暮らしにつながる。

PHRプラットフォームでデータ利活用＋遠隔医療サービスを実現

デジタル田園都市国家構想の採択事業としての取り組みにおいて、2022年度に先行スタートした具体的な事業は、①医療・ヘルスケアデータ連携事業と②遠隔医療サービス事業の二つである（図2-3-1-2）。

①医療・ヘルスケアデータ連携事業

本事業は、都市OSを介在させたPHRプラットフォームを設け、ヘルスケアデータを利活用する道を開くものである。主に「電子カルテ」と「IoTデータ」の二つのデータアセットを連携させている。

福島県では東日本大震災からの復興事業の一環として、医療福祉情報ネットワーク「キビタ

図2-3-1-2：デジタル田園都市国家構想タイプ3のヘルスケア領域で取り組む事業

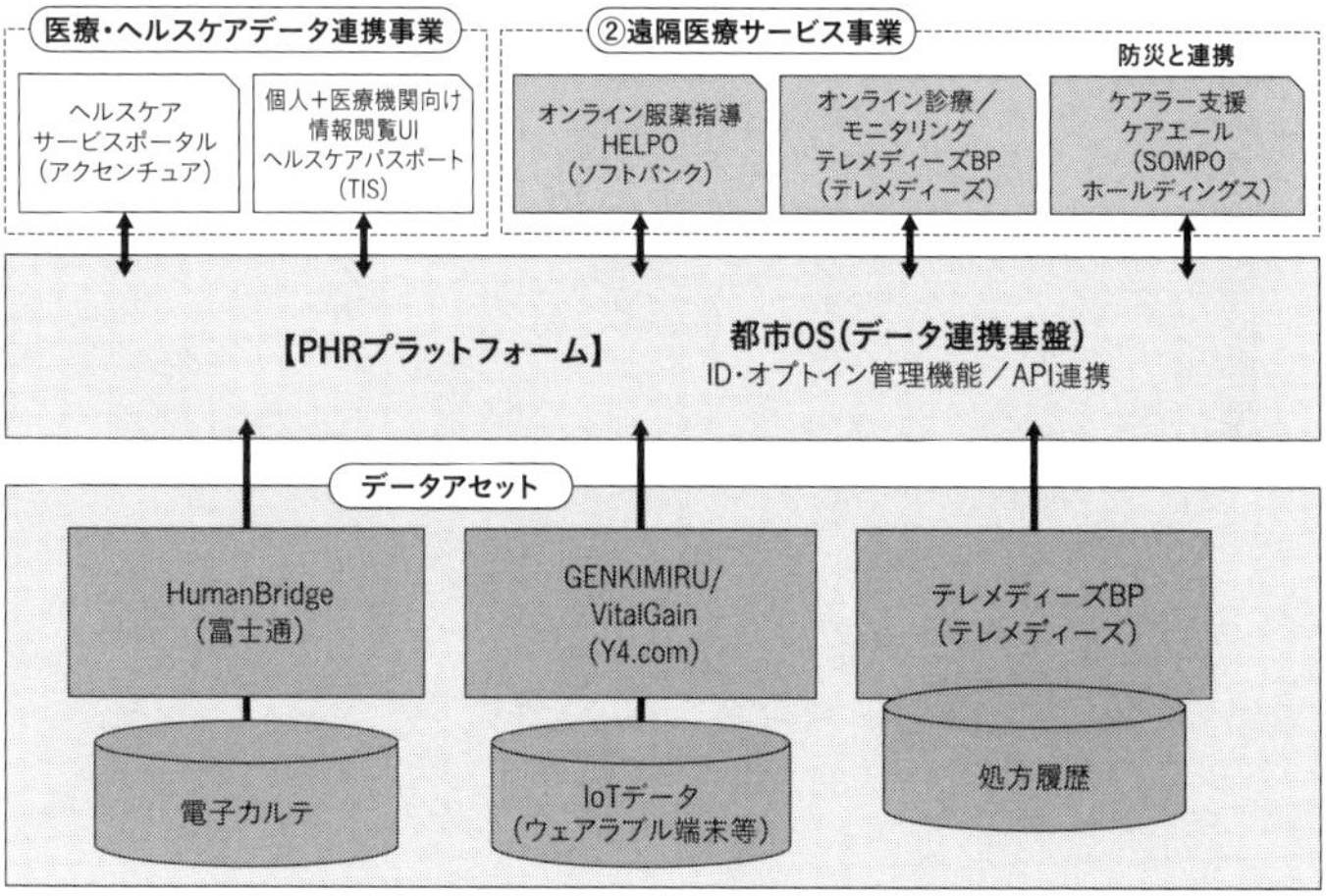

ン健康ネット」を構築し、2015年4月から運用を始めていた。電子カルテを県内50施設以上の病院やクリニックの間で閲覧できる先駆的な取り組みである。ただ、基幹病院の検査結果などを周辺医療機関が閲覧できるものの、患者自身は情報を確認できず、また患者自身が家庭などで測定したIoTデータを医療機関で閲覧できる仕組みもなかった。

そこで本事業では、電子カルテのデータを個人の認証・同意に基づいて国際標準のデータセットに則って抽出できる形にし、都市OSを経由して、さまざまな医療系のサービス事業者が利用しやすい仕組みを準備した。

設計に当たっては、キビタン健康ネットの連携ゲートウェイシステムの一つである「HumanBridge」（富士通製）を介して、医療機関の電子カルテをつないでいる。

データ連携の第一号は、会津若松市内で最も大きい竹田綜合病院だ。冒頭で触れた「ＩｏＴヘルスケアプロジェクト」に、会津若松市とアクセンチュアと共に参画した医療機関であり、同病院を運営する一般財団法人竹田健康財団の竹田 秀理事長はＡｉＣＴコンソーシアムの会長でもある。

本事業では、健康状態の見える化によって促される行動変容を狙いとしている。順次、データの提携先を増やしていく予定だ。最終的には、キビタン健康ネットと連携し、本事業で構築した仕組みをベースに地域の医療連携ネットワークを進化させることで、福島県内の多くの病院がＩＤで連結し、さまざまな検査データやカルテ上のデータを他の医療機関でも閲覧できるようにしていく構想を持っている。

一方のＩｏＴデータについては、健康増進プラットフォーム「ＧＥＮＫＩＭＩＲＵ」（ベンチャー企業のＹ４・ｃｏｍ製）を活用し、家庭用血圧計（オムロン製）から得られるデータとも連携している。Ｙ４・ｃｏｍは、各種ヘルスケアデバイスを使った保健指導サービスを提供しており、ＩｏＴデータの利活用に強みを持つ。今後は、さまざまなＩｏＴデバイスのデータを活用したヘルスケアサービスや診療に活用を広げていく。

②遠隔医療サービス事業

本事業では、オンライン診療とオンライン服薬指導の両サービスの提供から始める。前者は、高血圧を専門とするオンライン医療支援事業者である一般社団法人テレメディーズが提供する「テレメディーズBP」との連携で実現している。その背景には、会津若松では高血圧が大きな健康課題であり、血圧の診療では家庭での測定値が重要でデジタル医療との親和性が高いことがある。自宅で測定した普段の血圧データに基づき、テレメディーズの医師やスタッフが血圧管理についてアドバイスし、必要に応じてオンライン診療や地元医療機関での対面診療につなげる。

後者は、24時間365日いつでも健康相談ができる窓口として導入するヘルスケアアプリケーション「HELPO」（ソフトバンク子会社のヘルスケアテクノロジーズ製）の機能を使いながら、地域医療機関との連携を目指す。これらの遠隔医療サービスを通じて蓄積したデータも、オプトインを前提に再活用できる仕組みを構築している。

これらのサービスを踏まえたとき、自身の医療データを本人が責任をもって管理し、医療機関などが使えるようにするには、情報を見える化する「ビュワー（Viewer）」が必要になる。本事業では「ヘルスケアパスポート」（TIS製）の仕組みを活用している。

ヘルスケアパスポートは、ユーザーインタフェース（UI）として、自身の健康データをチェックできる本人向けのツールと、医療従事者向けツールとを備えている。本人が同意すれば、テレメディーズやHELPOのサービスを担う医師も、ヘルスケアパスポートを使ってデータを一元的に見ながらのオンライン診療が可能になる。

ヘルスケアサービスとしては、家族介護に携わる「ケアラー（家族介護をしている側）」を支援するためのアプリケーション「ケアエール」（ＳＯＭＰＯホールディングス製）も提供する。介護事業所・医療関係者・行政など、ケアラーが担当している介護者を取り巻く関係者をつなぎ、ケアラーが必要な情報を見たり、連絡し合ってコミュニケーションを取ったりができる。ケアエールは、ソフトバンクとアクセンチュアが手掛ける防災領域の事業とも連携している（詳しくは2-3-5の防災領域の項参照）。

目指すのは地域を包括的にカバーする「バーチャルホスピタル構想」

２０２３年度以降は、電子カルテの連携対象とする病院を増やすとともに、高血圧からスタートしたＩｏＴデータを、他の疾病も含めて、より高度にデータを活用した医療を実現するサービスにつなげていく考えだ。

デジタル田園都市構想に採択された事業は、我々が検討してきた全体構想の入り口に過ぎない。ＡｉＣＴコンソーシアムのヘルスケアワーキンググループのメンバーや地域の医療関係者、および行政がこれまで〝あるべき医療の姿〟を議論する中では、「バーチャルホスピタル構想」を練り上げてきた（**図2-3-1-3**）。

バーチャルホスピタル構想の世界感は、市民一人ひとりのＷｅｌｌ‐ｂｅｉｎｇ（幸福感）に欠かせない健康管理・医療・介護を担うのは、特定の医療機関や介護事業所ではなく、地域全体を一

図2-3-1-3：ヘルスケア領域の“あるべき姿”として実現を目指す「バーチャルホスピタル構想」の概念り組む事業

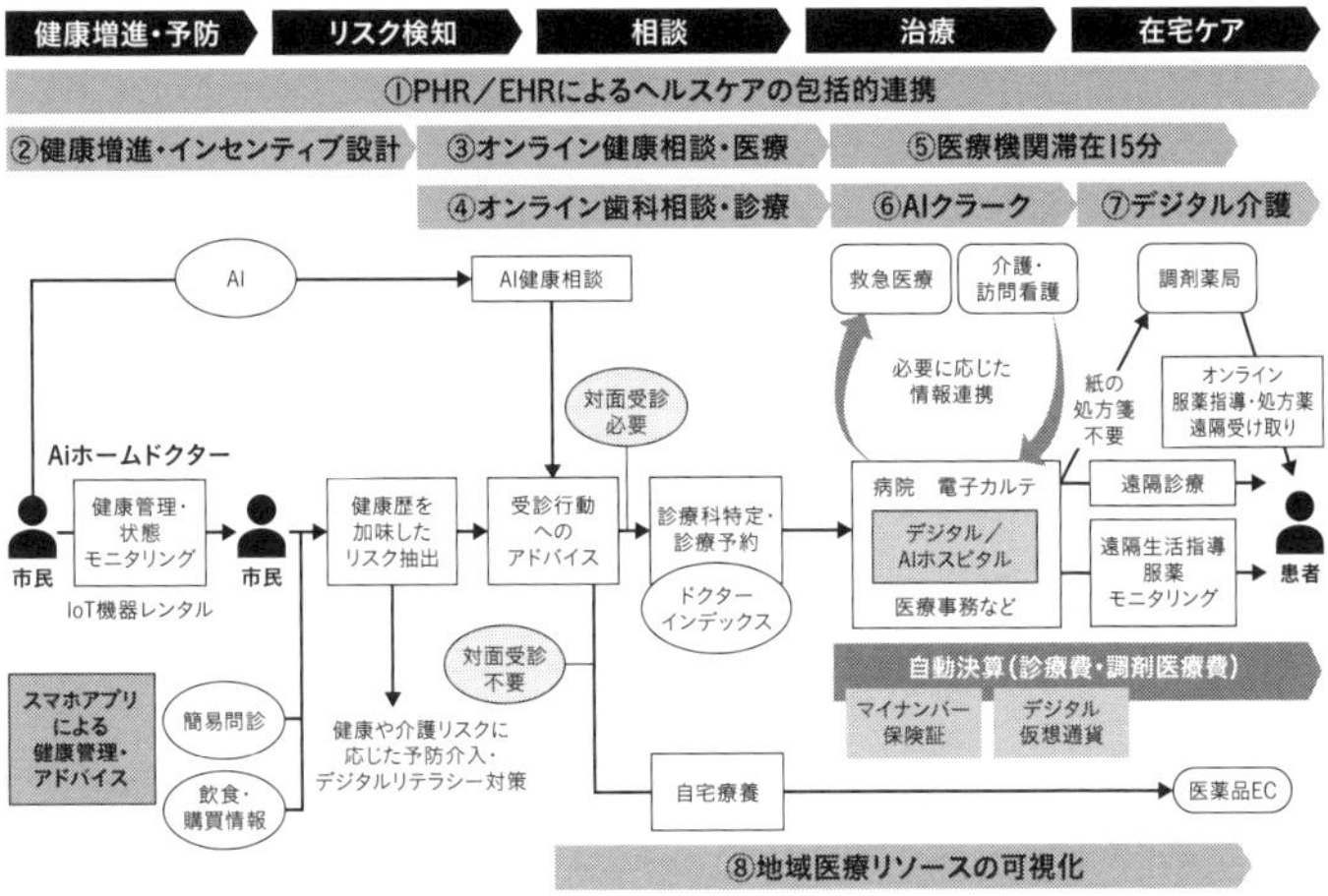

つのバーチャルヘルスケア機関に見立て、包括的にカバーするというものだ。デジタル技術とデータをフルに活用した予防医療の仕組みの構築によって、従来は相反する命題だと思われてきた「市民の健康増進」と「医療系従事者の人手不足の解消／医療介護費削減」を両立し、持続可能な健康長寿社会の実現を目指す。

図2-3-1-3の「①PHR／EHR（Electronic Health Record：電子健康記録）によるヘルスケアの包括的連携」は、図2-3-1-2の2022年度デジタル田園都市国家構想事業のうちで示した「①医療ヘルスケアデータ連携事業」に、図2-3-1-3の「③オンライン健康相談・医療」と「AIホームドクター」は、図2-3-1-2の「②遠隔医療サービス事業」に、それぞれ相当する。

今後は、IoTデバイスで測定した日々の

データから疾病リスクを検知し、健康相談やオンライン診療のデータを組み合わせ、AＩ技術を活用しながら緊急性のランクを「あなたは、自宅で静養／市販の薬を服用／薬局で薬剤師の相談／至急病院で診察」といった形で振り分ける仕組みも構想している。必要な時に適切な診察やケアを受けられるようにするためだ。安易に救急車を呼んだり、病院に行ったりして医療ひっ迫を招く事態も防げる。

病院やクリニックの診察が推奨される場合に役立つのが「ドクターインデックス」である。医師と患者の間にある情報の非対称性を解消する機能であり、患者が客観的なデータに基づいて医者を選ぶためのデータを提示する仕組みを想定している。

「⑤医療機関滞在15分プロジェクト」は、医療機関にかかる患者が持つ一番の不満ともいわれる「待ち時間の長さ」を解消する取り組みだ。現状は、患者が病院で診察を受けるまで、あるいは検査や治療までに〝待ち〟、薬の処方箋をもらうために〝待ち〟、さらに会計のために〝待つ〟。これに対して「⑥AＩクラーク」を用いることで、医療従事者や事務担当者の業務の効率化を図るなどで、本当に診察に必要な時間だけ病院にいればよいようにすれば、患者の負担は大幅に軽減される。コロナ禍で起こった病院内感染リスクも減るだろう。

理想的な流れは次のようなシーンである。まず通知やオンライン対話で対面診察が必要だと判断されればアプリを使って予約する。すると、診察の開始時間をAＩシステムが予測し通知する。その診察時間に合わせてMaaS（Mobility as a Service）によって連携したタクシーが玄関先まで迎えに来て、診察直前に病院に到着できる。

本人確認は共通ＩＤで行われ、問診票を事前に入力したり、普段のデータが連携されたりすることで、医療機関で問診票を書くことなく診察室に直行し診察／治療を受ける。終われば会計を待つことなく、すぐに帰宅できる。診療費の決済はデジタルで完結し、後から口座から引き落とされるからだ。処方箋データは薬局に自動送信され、薬が宅配便で自宅に届く。

実現に向けては、まだまだ超えるべきハードルはあるものの、技術的にはすぐにでも実装できるレベルである。「医療機関滞在15分」という目標は、診察や治療にかかる正味の時間が短いことを象徴した数値として設定した。オンライン診療なら「０分」である。

「⑦デジタル介護」の第一歩は、前述した「ケアエール」である。今後は、デジタルツールを駆使し介護の対象になる高齢者が恩恵を受けるサービスを高度化していく構想だ。そのためには高齢者のデジタルリテラシーの向上支援も欠かせない。

「⑧地域医療リソース可視化」では、会津若松市および周辺地区の医療機関における病床稼働などの情報を複数医療機関で共有することで、医療の提供方法を地域全体で最適化する。コロナ禍でも浮き彫りになった救急搬送先が決まらないといった課題の解消が期待できる。

価値提供モデルを転換し医療制度のあり方を変革

以上のように、病気になったら治療を受ける医療機関だけが頑張れば良いのではなく、年齢を問わず普段の健康管理から介護までのすべてのシーンで、必要な人に必要なリソースが割り当てられ、市民一人ひとりのヘルスケアがスムーズに連携される仕組みが求められる。

最終的なゴールとしては、新しい地域医療制度をスマートシティという文脈の中で作り上げていきたい。価値提供モデルの転換を含め、日本の医療のあり方そのものを変える試みである。デジタル技術を活用することで、必要な人に、必要な量と質の医療が提供され、提供した医療サービスや薬に対する報酬ではなく、地域全体が健康になるという成果への貢献に対して報酬が発生するような制度を実現したい。つまり、「市民を健康にすれば医療およびヘルスケアサービスの関係者が対価を得られる構造」への転換であり、疾患、症状を基本にした診療から予防的な健康管理によって不要な医療の削減を評価する取り組みへのシフトである。

すでに「登録GP（General Practitioner：契約主治医）」制度を持つイギリスでは、「面倒を見ている患者たち全体の健康診断のスコアが改善したかどうか」によって対価を支払う成功報酬制度の実証実験が行われている。

患者の都合で医師を選べる自由アクセス制の日本において、イギリスと同じ制度をそのまま導入するのは難しい。だが、バーチャルホスピタル構想を実現するプロセスで、地域全体の健康スコアとドクターインデックスをからめて指標化できれば、構想する価値シフトも可能になるだろう。

2-3-2 デジタル田園都市国家構想タイプ3事業＝食・農業領域 地産地消の需給マッチングで儲かる農業へ

デジタル田園都市国家構想タイプ3事業において先行する6領域の一つが食・農業領域である。同領域の取り組みについて、AiCTコンソーシアムで食・農業領域ワーキンググループのリーダーを務める凸版印刷のDXデザイン事業部事業推進センターDXビジネス推進本部スマートシティ推進部会津サテライトオフィス 部長 佐藤 伸一 氏が解説する。

AiCTコンソーシアムにおいて食・農業領域ワーキンググループのリーダーを務めるのは印刷大手の凸版印刷である。教育領域のリーダーも務めるほか、行政領域のワーキンググループにも参加しBPO（ビジネスプロセスアウトソーシング）関連を担当している。

食・農業領域と印刷会社は一見、関係が薄いように見える。だが、印刷技術を応用した事業として、情報コミュニケーション、生活産業、エレクトロニクスの3分野を展開しており、エレクトロニクス事業が扱うセンシング技術や画像処理技術を活用したスマート農業や、マーケティングの応用分野としての農業の6次産業化など重なる領域は少なくない。

スマートシティに関する事業は情報コミュニケーションに含まれる。その方向性として、DX（デジタルトランスフォーメーション）とSX（サスティナブルトランスフォーメーション）を融合した「D&SX（デジタル&サスティナブルトランスフォーメーション）」を挙げている。

高齢化・低所得・販路限定の三重苦から〝儲かる農業・魅力ある農業〟へ

デジタル田園都市国家構想タイプ3の対象事業として先行実装される食・農業領域の取り組みにおいて、会津若松の課題を抽出すると、高齢化、低所得、特定の集荷団体への販売チャネル依存の三点が挙げられる。スマートシティが目指す持続可能な地域社会を創出するには〝儲かる農業・魅力ある職業〟に転換し、後継者の育成や若者の新規就労の拡充につなげる必要がある（**図2-3-2-1**）。そのためには、売り上げと所得アップが欠かせない。

現在の農業が儲からない理由の一つは、代々続けてきた品目の生産にとどまることで、変化する消費者の多様なニーズに応えられるだけの品目と量を生産できていないからである。多数の品目を生産し生産量も確保するには手間も体力もかかるだけに、若手の担い手がいない高齢者中心の農家には対応が難しい。売り上げ・所得が上がらなければ、後継者育成や新規就労者の拡充につながらない。結果、高齢化と担い手不足が加速していくという〝負のスパイラル〟に陥ってしまう。

この連鎖を断ち切る一つの対策がスマートアグリカルチャー（農業）だ。テクノロジーを活

図2-3-2-1：会津若松地域の農業分野の課題と対応の方向性

高齢化	農業就業人口：平均66歳、60歳以上が約**78**%
低所得	農業事業者の販売額：500万円未満（販売なし含む）が**85.8**%
特定出荷先への依存	農産物売上1位の出荷先：集出荷団体・卸売市場が**90.8**%（JAが71.2%）

「儲かる農業」「魅力ある職業」への転換
<後継者育成・新規就農者の拡充>
✓**スマートアグリ**：
多様なニーズに応えられる
品目数維持・生産量確保
✓**需給マッチング**：
地産地消、計画生産・出荷。
質の担保と可食処分品縮減（規格外品の商品化）、フードロス削減

→売り上げ・所得アップ、サステナブルな農業経営で魅力もアップ

『第3次会津若松市食料・農業・農村基本計画「アグリわかまつ活性化プラン21」』、2017年2月を元に作成

用して生産技術を高め、省力化・効率化によって少人数でも高品質の農作物が作れる仕組みを実現する。

この課題に対しては会津若松市の農政課がさまざまな取り組みを進めてきた。センサーによる土壌の状況測定や、水や肥料の供給を自動化し収穫量と品質を高める「養液土耕システム」、田圃の水位や水温の管理と自動給水で省力化する「水田の水管理システム」、自律飛行型ドローンによる生育状況の診断、農薬・肥料を散布する「栽培支援ドローン」などだ。

農業が儲からないもう一つの理由が、現在の農産物流通が置かれている構造的な問題である。その構造に風穴を開け地域の生産者の活路を開く事業が、デジタル田園都市国家構想タイプ3で取り組む「需給マッチング」による地産地消の促進である。

需給情報の可視化とマッチングで地産地消を促進

農産物流通における構造的問題には二つの側面がある。一つは、生産者から、旅館やレストラン、居酒屋、介護施設などの実需者に農産物が届くまでに、多数の中間流通業者が介在することである（**図2-3-2-2の左**）。しかも、販売チャネルがＪＡ（農業協同組合）のような集出荷団体に限られている生産者が少なくない。

この流れは、大きな集出荷団体から卸や仲卸、あるいは青果店へ入る単一の商流である。生産者・実需者と中間流通業者との連絡も、いまだに電話やファックスによるアナログなやり取りが中心であり、効率が良くない上に相互性がない。生産者からすれば、地元の実需者が何を求めているかを掴めない。逆に飲食店や旅館サイドでは、地元でその時期に穫れる野菜類が何か分からないのだ。個別に互いの顔が見える取り引きをしている実需者はいるものの、あくまでも少数派である。同じ地域内であるにも関わらず、生産者と実需者の間で情報が遮断されているのが実状だ。

もう一つの側面は、地方で生産された農産物の多くが、首都圏など大都市の消費地に優先的に集められていることだ。生産者は、自分の手を離れた農産物が、どこに出荷され、どんなルートで、どこで、誰に消費されているかを把握していない。

そして地方の青果市場には首都圏に送られなかった農産物が置かれるが、魅力あるメニュー

図2-3-2-2：農産物流通における構造的な問題と、「需給マッチング」による解決策

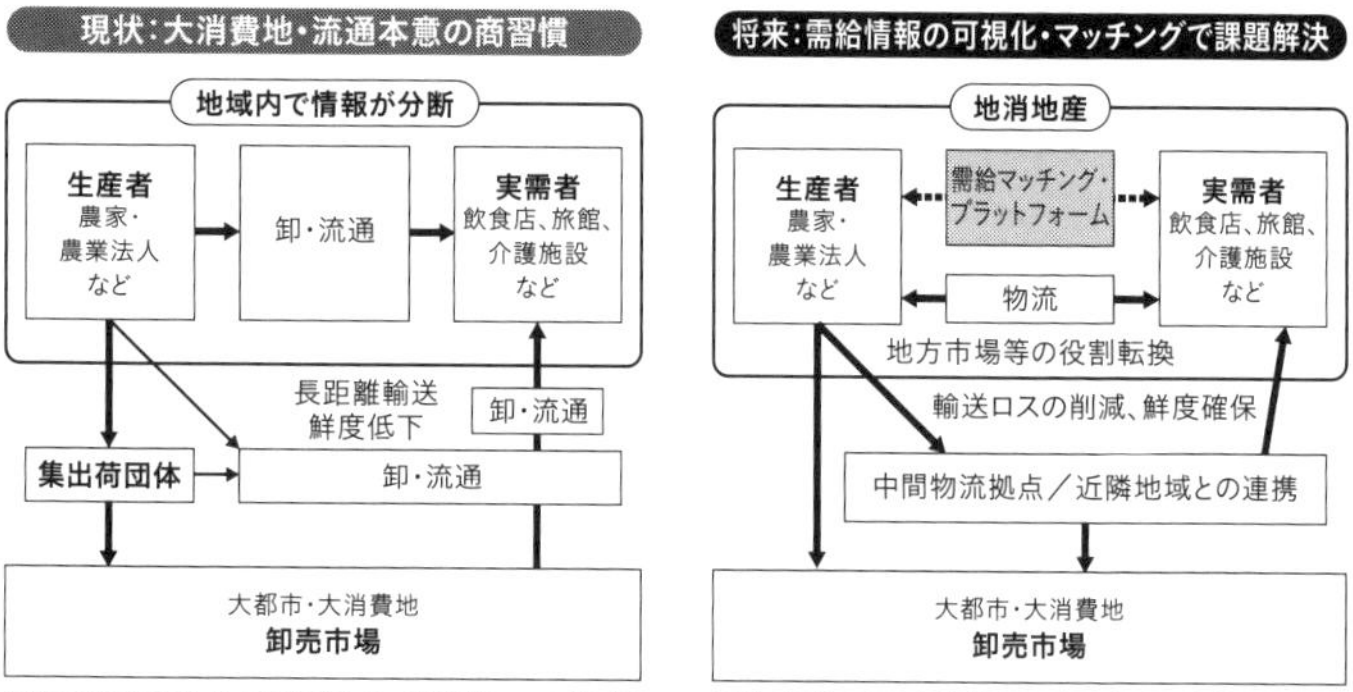

現状

○**生産者**：中小生産者が多く、消費者ニーズの把握、自力での販路開拓困難。大消費地への出荷を主とする中間流通へ依存。利幅を確保できない

○**実需者**：地元の旬の産品を仕入れたいが、ロット確保、品目ごとの調整が困難なため断念しがち。特色ある鮮度高い地元の魅力を発揮できない

将来

○**生産者**：需要を踏まえた計画生産・出荷。多品種化、付加価値の高い農作物の生産に注力。所得向上と食品ロスの削減

○**実需者**：小ロットから発注可能。規格外品の利用による仕入れ価格低減。計画発注による付加価値の高い産品の獲得、ニーズ対応

を開発したいレストランや旅館のニーズには必ずしも一致しない。ニーズに合う品目があっても、地元の需要を賄えるだけの供給量に足りなければ、いったん首都圏の卸売市場に納められた農産物を逆流させ戻すかたちになる。生産者と実需者が同じ地域にいるのに、流通する農産物は遠く首都圏を経由してくるため輸送費が2倍かかる。その上、トラックに長時間揺られて往復するうちに鮮度も落ちてしまう。地元の農産物が地域内の実需者にダイレクトに届けられれば、輸送コストが省け新鮮なうちに調理できるはずである。

しかし、これまでは大消費地中心の発想と、大手の流通事業者本意の商習慣が常態化し、生産者と実需者が共に流通プロセスから疎外され、ブラックボックスになっていた。生産者も実需者も中小事業者が多いため、独自に

販路や産地を開拓できず、大手の流通事業者に頼らざるを得ない面もある。

今回の需給マッチング事業では、こうした情報と流通プロセスという二つの分断を解きほぐすために、デジタル技術を活用し需給情報を見える化し、中間流通を介さずに生産者と実需者のマッチングを図る。

具体的には、『ジモノミッケ！』という共通プラットフォームに対し、生産者は「いつ、どんな農産物を、いくらでデリバリーできるか」という出荷予定情報を、実需者は、「いつ頃、どういう農産物を、いくらぐらいで欲しいか」という発注情報を、それぞれが提出する。生産者は実需者の発注情報を、実需者は生産者の出荷予定情報をチェックし相互に入札し合う。条件が折り合えば落札され、マッチングが成立する。

まずは、地産地消、すなわち地域内経済循環を促し、次に近隣地域と連携し、最後に大消費地に発送するというイメージを持っている（**図2-3-2-2の右**）。「地元↓近場↓遠方」という優先順位で需給バランスを図れば、輸送にかかる距離や時間のロスを減らせ、大消費地からの逆流をなくせる。流通コストが軽減されるため、生産者は適切な利幅を確保でき、実需者は鮮度の高い農産物を割安に仕入れられる。

販路がマルチチャネル化すれば、旬の地物やオーガニック野菜など付加価値の高い農産物を求める実需者向けに栽培する余裕も産まれ、売り上げの増加や所得の向上につながる。生産者と実需者の双方にとってWin-Winの関係が成立する。

需給マッチングによる地産地消が進めば、地域全体のサステナビリティを促進する動きにもつながる。いわゆるフードロスの削減だ。

大手の流通事業者は、大消費地への輸送効率を高めるために、農産品のサイズ・形状・外観などの規格を細かく定めている。規格外の品物は選別・除外され流通に乗らず畑の肥やしになっていた。しかし、「スープに使うから、B級品の曲がっていたり大きさにバラつきがあったりしても良い」といった実需者のニーズが分かれば、これまで廃棄されていた野菜類が陽の目を見るようになる。社会課題の解決が経済価値を生むのである。

食・農業を核に多様なサービス連携、全国展開を目指す

将来的な構想の一つを**図2-3-2-3**に示す。需給マッチング事業の第1フェーズでは、中間流通の部分をプラットフォーム運営者が対応できるようになる。これにより、生産者の販売チャネルは多数の実需者へ一気に広がる。

需給マッチングでは、マッチングの成立後は、プラットフォーム運営者が指定する専任の配達員が、指定日時に農家の軒下まで訪問して集荷し実需者まで運んで納品する。つまり基本的な作業フローは、従来の〔生産→集荷→中間流通→消費〕のままで変わらないが、担い手が変化する。

現状は、［生産者→集荷事業者→元卸→仲卸・青果店］という流れでモノが動いている。

図2-3-2-3：農産物の生産・流通・消費の流れと担い手の役割を多チャンネル化で転換する

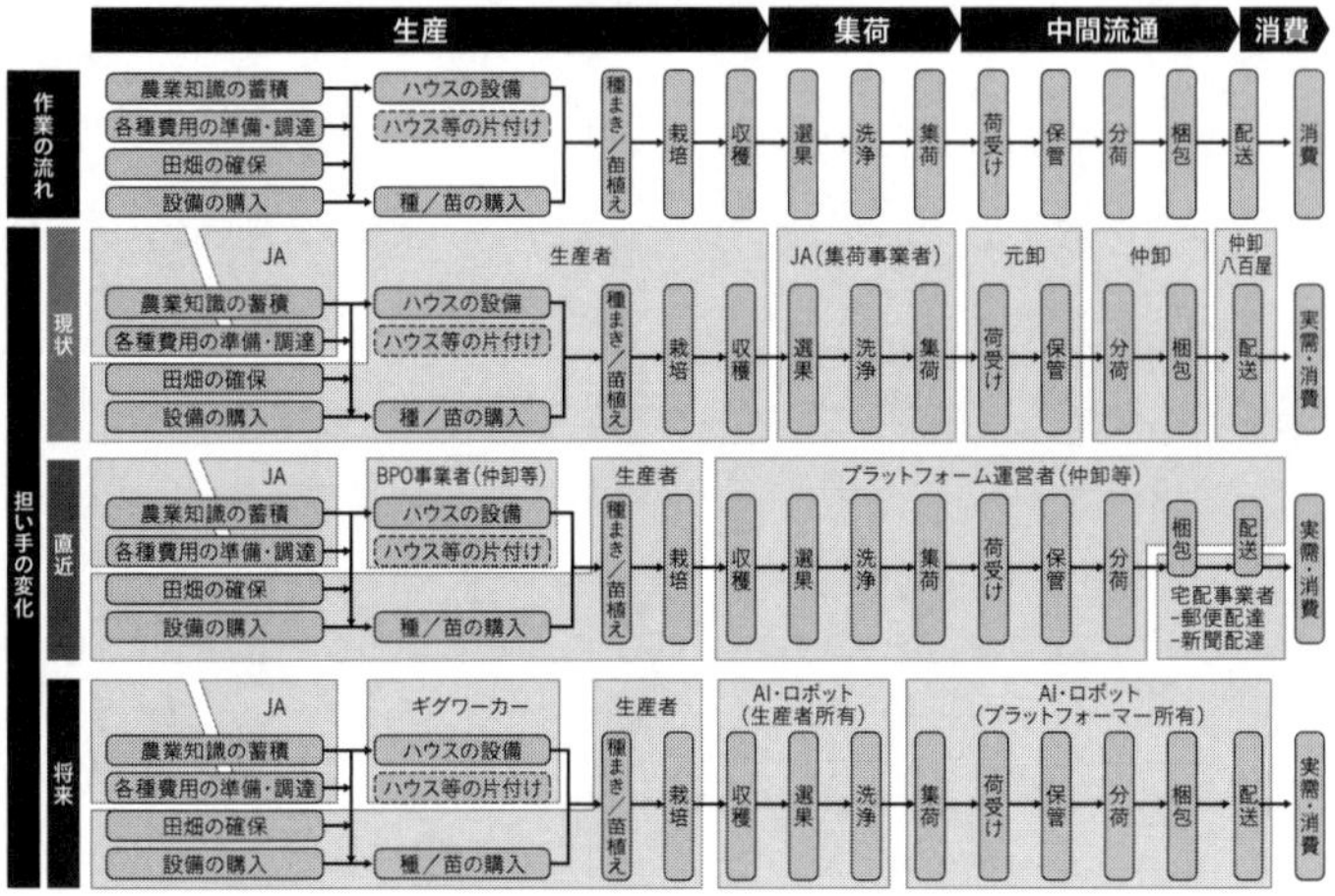

だが、集荷事業者への納入は生産者自身が自家用軽トラックで行っており、その負担も軽くない。最終的な実需者への物流は仲卸や青果店が担っている。

この担い手の変化には、既存の中間流通事業者が介在できず仕事を失うという〝中抜き〟のイメージを持つかもしれない。しかし、従来型の中間流通が縮小するだけで事業者がいなくなるわけではない。JAや卸売市場の関係者もプラットフォーム運営者の役割を果たせるため、むしろ業務の幅が広がる可能性もある。現にジモノミッケ！のスタート時点では、仲卸の事業者が配送業務を担っている。

物流部分に関しても、タクシーやバスが空き時間に貨客混載で農産物を運んだり、新聞や郵便配達の事業者などが異業種から参入したりするシーンも想定される。新たな仕組みが、利用者の減少や衰退する分野からの受け皿になるわけだ。さらに将来的には、流通部分はAI自動運転車やロボットで自動配送ができるようになるのではないか。

配送に関しては、デジタル技術を活用した別のサービスとも連携が可能になっている。配達員が農産物をピックアップする際に最も早く回れる最適ルートをアプリで表示するサービスが、それだ。複数の農家を回り納品先に配るために必要な農家と旅館やレストランのそれぞれの地図情報を予めプロットすることで実現している。

会津若松の都市OS上で稼働している他のサービス領域との連携にも取り組んでいる。その一例が2023年3月に実装を開始した決済領域がある（2-3-4の決済領域の頁を参照）。観光やヘルスケア、教育の領域でも連携する。

例えば、旅館が地元野菜を使ったレシピのフェアを開催し、その情報を地域ポータル「会津若松+」で発信したり、地元野菜を食べた後の血糖値を測定し健康アドバイスをしたり、給食に地元野菜を使って食育したりといったサービスが想定できる。これらの活動を通して、子供たちが「農業ってカッコいい、ステキ」と思ってくれれば、担い手不足の解消にもつながる。さまざまな領域に入り込み、会津若松の基幹産業の一つである農業の活性化に貢献していく。

ちなみにジモノミッケ！の参画者数は、2023年4月上旬時点で生産者が34軒、流通事業者は38軒になっている。これを早い段階で100対100程度にまで増やしたい。凸版印刷としては、会津若松で構築したサービスやモデルを全国に50カ所、100カ所と展開していければビジネスとして成立すると考えている。社会課題を解決しながらD&SXにつながる仕組みを作ることが使命である。

2-3-3

デジタル田園都市国家構想タイプ3事業＝観光領域 観光事業者の収益向上と持続的観光地経営を目指す

デジタル田園都市国家構想タイプ3事業において先行する6領域の一つが観光領域である。同領域の取り組みについて、ＡｉＣＴコンソーシアムで観光領域ワーキンググループのリーダーを務めるアクセンチュアが解説する。

データを活用し〝デジタル×リアル〟の融合作戦を推進

デジタル田園都市国家構想のタイプ3の事業として、観光ワーキンググループが目指すのは、地域観光を下支えするデジタルサービスと、実際の観光入込み客数の増加につながるリアルサービスを掛け合わせた両面作戦の推進である（**図2-3-3-1**）。

その前提として、会津エリアにおける観光は、農業や酒造、漆工芸と並ぶ基幹産業の一つだということがある。交流人口の増加や地域産業の振興を図る上でも重要な政策分野なだけに、デジタル田園都市国家構想以前から、会津若松のスマートシティの施策の中でも先行して取り組んできた。

その第一弾は、2016年2月にスタートしたインバウンド向け観光サイト「VISIT AIZU」である。単に既存の観光サイトを多言語化するのではなく、訪日外国人観光客の国籍や居住地域によって異なる嗜好を踏まえ、そこに訪問時期と好みのジャンルによってパーソナライズした観光コンテンツを提供する仕組みとして実現した。

VISIT AIZUは、東日本大震災で落ち込んだ観光需要が急激に回復するきっかけにもなった。さまざまな観光振興キャンペーンも相まって、2012年から2019年までの7年間に、会津若松市内の旅館ホテルの外国人宿泊数は13倍以上に増加した。VISIT AIZUが実装された2016年以降の伸び率が大きい。ただ残念ながら、2020年からのコロナ禍ではインバウンド需要は壊滅的な打撃を受けた。

デジタル田園都市国家構想のタイプ3事業で目指す第一の軸は、地域観光を下支えするデジタルサービス

図2-3-3-1：デジタル田園都市国家構想のタイプ3事業で取り組む、デジタルサービスとリアルサービスを融合した観光モデル

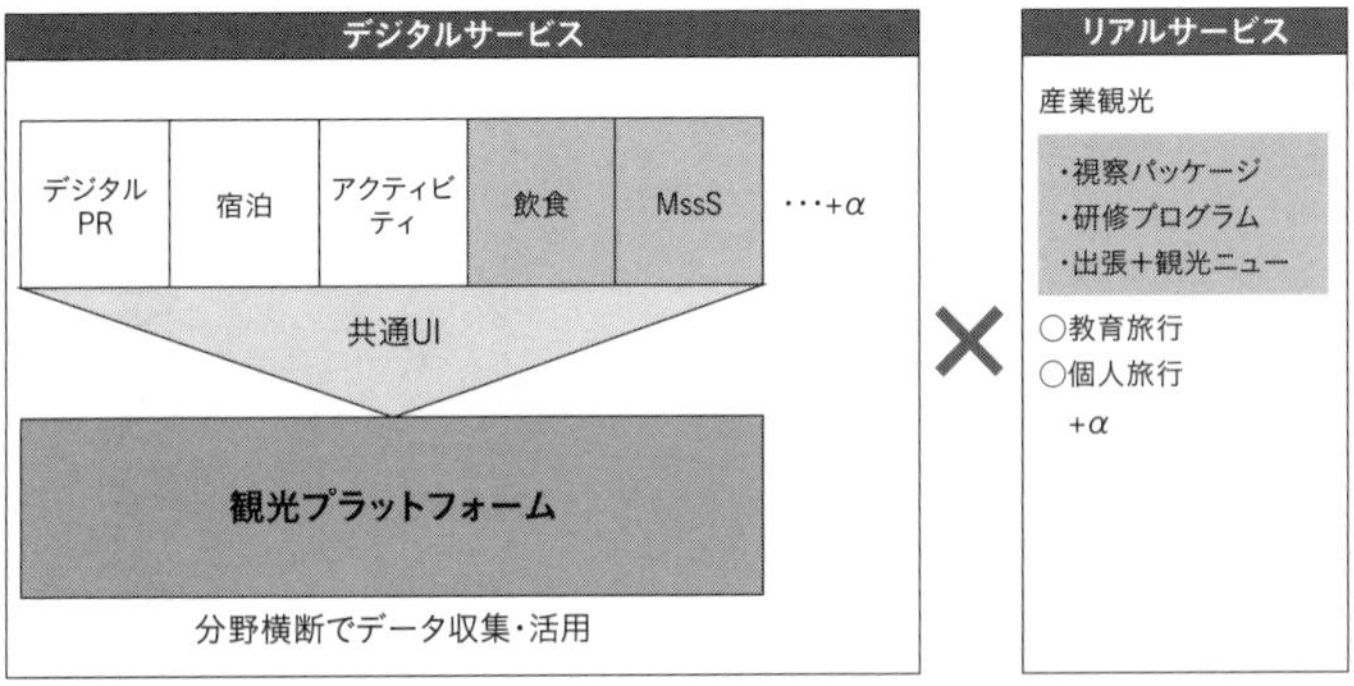

である。先行して外国人観光客向けには、VISIT AIZUというユーザーインタフェース（UI：User Interface）を通じて展開してきた。今回の事業では、都市OS上に既に構築している観光プラットフォームを国内向けの新たなサービスに対応できるよう更新し機能強化を図っている。

加えて、具体的なデジタルサービスとして、大手グルメサイトの検索には掲載されない地元飲食店の情報をオープンデータ化する「飲食店見える化」を初年度から実施している。

加えて、観光型MaaS（Mobility as a Service）の実装も計画している。異なる交通手段に共通のキップや周遊バスなどの電子チケットを発行し、スマートフォンから検索・予約・決済ができるようにする。決済領域で進めているデジタル地域通貨との連携も視野に入れている。

もう一つの軸は、実際の観光入込み客数の増加につながるリアルサービスだ。会津若松には、歴史や自然をベースに成熟した観光コンテンツがある。そこに、スマートシティとしての10年超の実績への評価やブランドが、新たな観光資源として浮かび上がってきた。その点に着目し今回の事業では、産業観光をテコに国内からの観光需要を喚起する。

ボランティアだったスマートシティ視察をパッケージ化し産業観光に

産業観光の具体的なコンテンツとしては、視察・研修・出張を想定している。そのパイロットモデルとして最初に始めたのが、スマートシティ視察の有料パッケージ化だ。一般に各種の視察対応は基本ボランティア、つまり無料である。

スマートシティ会津若松の認知が広がるにつれ、視察者は大幅に増加した。年間の視察者数は2000人近くに達し、さらなる増加が見込まれる。視察依頼は、市役所の担当部署だけではなく、自治体内の各所管課や団体、企業、研究機関、AiCTコンソーシアムの事務局や参画企業、あるいは会津大学などにバラバラと問合せが入ってくる。

最初にコンタクトを受けた担当者は、関係者に連絡を取り個別に調整しなければならず、手間がかかり本来業務とは別の時間を取られてしまう。ボランティアンのため、それぞれの裁量に任されるだけに、必ずしも視察ニーズに合った最適なプランニングができず、満足度にバラツキが出るのが実状だ。スマートシティ〝らしさ〟を体感したり、地元の観光事業者や飲食店との接点を持ったりする機会がない場合もある。

こうした課題を解決するため、視察依頼の窓口をAiCTコンソーシアムに一元化し、視察ニーズに応じて適切なコースを組み立て、イベント企画も併せて提供する形にした。宿泊・飲食・コワーキングスペース・レンタカーなど地域の事業者とも連携し、地元の利益につながる各種サービスをセットすることも可能になった。視察者をデータベース化し、リピート訪問を促進するための情報発信も考えられる。

有料化によって得られる収入は、基本的には観光プラットフォームや、その他領域のデジタルサービスなどの運用に充てる想定だ。無料のボランティアとしての対応では、システムやサービスのアップデート費用など、プログラムの永続的な維持やバージョンアップへの対応が難しいからだ。軌道に乗るまでは国や自治体からの補助金や給付で運用費をカバーせざるを得ないが、自前の収入増加を図り、自立・自走できるようにするのが目標である。

地域課題の解決を人材育成のための〝場〟に変える

スマートシティＡｉＣＴの視察を中心としたパッケージのほかに、研修や出張に観光メニューを組み込んだ産業観光プログラムの提供も始めている。ＡｉＣＴコンソーシアムに参画している約90社の大企業や地元企業の社員を合算すると１００万人以上の規模にもなる。会津若松市のスマートシティプロジェクトに参画する事業者の観光需要だけをとっても大きなポテンシャルがあると言える。

複数の多様な事業者が集まっているという特性を活かし、通常は事業者別だった新卒者や管理職、役員などへの節目研修や、ＤＸ（デジタルトランスフォーメーション）人材の育成、新事業創出のワークショップなどを、教育機関や地域の事業者、市民を含めた多様なプレーヤーを巻き込んだコラボレーション型プログラムとして推進することで、スマートシティプロジェクト関係者と市民の絆を深めるとともに、関係人口の拡大にも寄与していきたいと考える。

その一環として、「地域課題解決型人材育成プログラム」の事業化に向けた実証事業をスマートシティＡｉＣＴの観光ワーキンググループの加盟事業者を中心に開始している。会津若松市の中心部から一山超えた猪苗代湖西岸にある湊地区という日常空間から離れた自然に囲まれた環境でデジタルデトックスし、地域の方々と触れ合いながら古民家をリノベーションしたり、雪中で日本酒の製造過程を体験したりするプログラムである。

ほかにも、高齢化が進む農家で、収穫し切れず畑に放置された野菜や直売所で売れ残った農産物を集めて子供食堂を支援したり、耕作放棄地を整備してヒマワリを植えて景観を再生したりするなど、季節性や地域特性に鑑みた地域課題の解決にも取り組む。

スマートシティ関連プロジェクトで、都心から定常的に出張してくる関係者に向けたサービスも拡充させていく。コロナ禍でリモートワークが普及したことで、オフィスにも客先にもいかずにオンライン対応で済ませるケースが増えている。だが、それでは会津若松の関係人口の増加にはつながらない。そこで、現地に来なければ体験できないサービスを抱き合わせにする。

例えば昨今、愛好者が増えている「ソロキャン（一人キャンプ）」を組み込んだ出張プランである。カーシェアリングの車にソロキャン用セットを積み込んだパッケージを作り、出張での仕事が終わった後に、ホテルに泊まらず提携したオートキャンプ場の星空の下で一晩過ごす。

あるいは、AiCTコンソーシアムのメンバーの溜り場的な交流棟のカフェで、出張帰りに20〜30分でも気軽に立ち寄れる飲み会に参加し、地酒を試飲したり地元事業者と触れ合ったりする。支払いも、サブスクリプション方式の会費やデジタル地域通貨を利用できるようにすることで、さまざまなデジタルサービスを実際に体験してもらう。

教育旅行も有望だ。会津若松に修学旅行や林間学校で訪れる学校は年間1000件以上ある。だが、旅費のうち宿泊・移動コストや旅行代理店の手数料が占める比率が高く、地元事業者の収益性は高くない。学びや体験に関わるプログラムを充実させたサービスは、まだまだ未開拓であり、こうした分野にも新しい観光コンテンツを派生させていきたい。

DMCモデルで自立・自走型の観光モデルを目指す

産業観光を起点に、デジタルをフル活用して魅力ある観光コンテンツを醸成し、国内外からの観光客数を増やすことは、従来の観光政策の延長線上にある。AiCTコンソーシアムが目指すのは、「地域にお金が落ちる仕組み」であり「観光事業者の収益アップ、従事者の賃金アップ」である。それが引いては雇用創出や持続可能な観光産業の振興に結びつく。ここまで変革が進んで初めて「観光DX」と言えるだろう。

このゴールに至るうえで必要なのが三つのチャレンジである（**図2-3-3-2**）。いずれも現状の課題に対応している。

チャレンジ1：〝地域主体〟の観光経営モデルの確立

デジタルツールが身近になってきたことから、域外の大手プラットフォーマーのみに依存せず、地域が主体になり域内の観光事業者が協調して利用できる負担が低い観光プラットフォー

図2-3-3-2：産業観光を起点に観光DXが目指すゴール

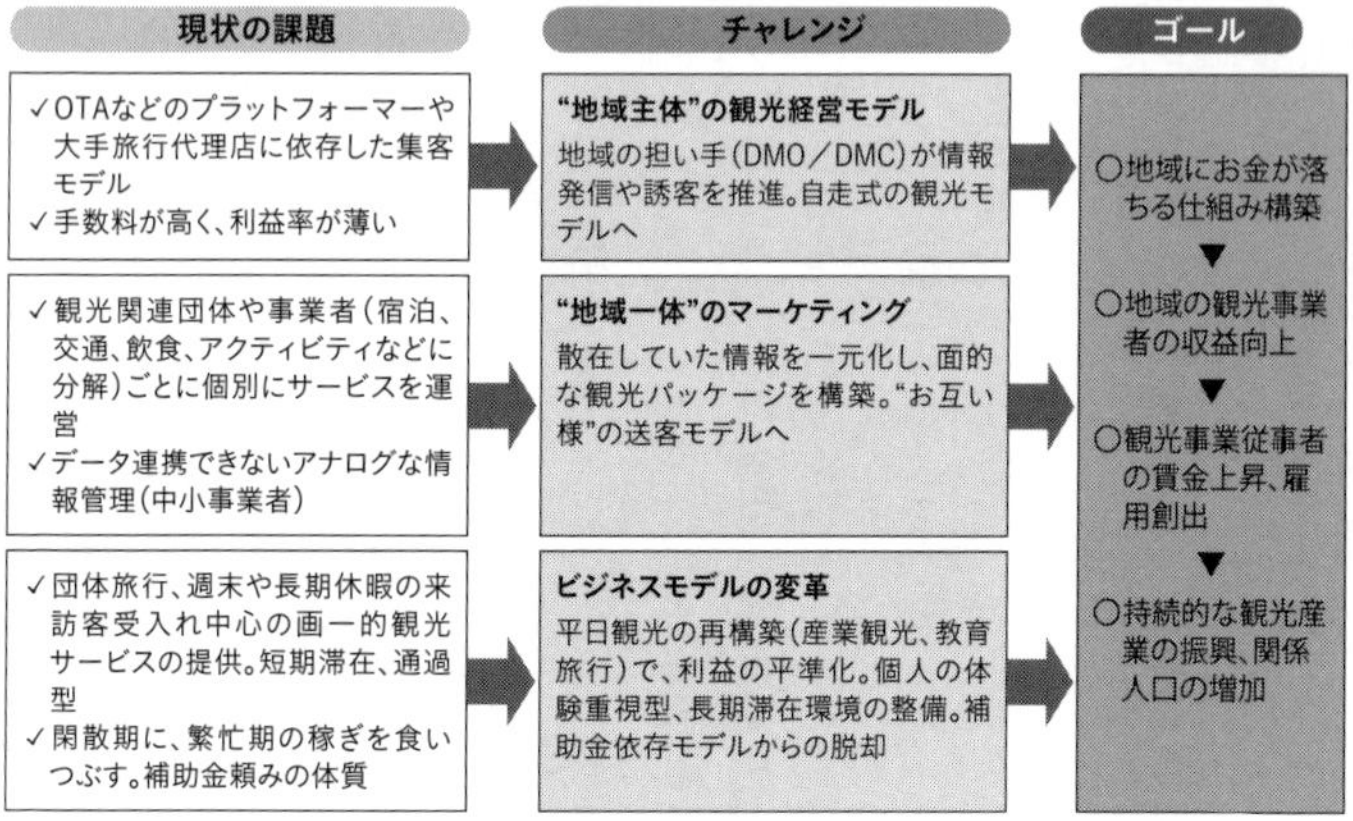
現状の課題
✓OTAなどのプラットフォーマーや大手旅行代理店に依存した集客モデル
✓手数料が高く、利益率が薄い
✓観光関連団体や事業者（宿泊、交通、飲食、アクティビティなどに分解）ごとに個別にサービスを運営
✓データ連携できないアナログな情報管理（中小事業者）
✓団体旅行、週末や長期休暇の来訪客受入れ中心の画一的観光サービスの提供。短期滞在、通過型
✓閑散期に、繁忙期の稼ぎを食いつぶす。補助金頼みの体質
チャレンジ
“地域主体”の観光経営モデル
地域の担い手（DMO／DMC）が情報発信や誘客を推進。自走式の観光モデルへ
“地域一体”のマーケティング
散在していた情報を一元化し、面的な観光パッケージを構築。“お互い様”の送客モデルへ
ビジネスモデルの変革
平日観光の再構築（産業観光、教育旅行）で、利益の平準化。個人の体験重視型、長期滞在環境の整備。補助金依存モデルからの脱却
ゴール
○地域にお金が落ちる仕組み構築
○地域の観光事業者の収益向上
○観光事業従事者の賃金上昇、雇用創出
○持続的な観光産業の振興、関係人口の増加

ムを運営し誘客を促す。

現状、中小の旅館・ホテルの事業者は、顧客管理などのバックオフィス業務や、広告・広報・販売促進といったマーケティング活動の大部分を旅行代理店に頼らざるを得ないのが実状だ。インターネットのみで集客する「OTA（Online Travel Agent）」についても、旅行者側の利便性が高く、事業者側にとっても旅行者と手軽にコミュニケーションが取れるツールであるものの、利幅が薄い中小の宿泊事業者にとっては、その手数料が負担になっている。

「観光 × デジタル」というキーワードを先に考えてしまうと、デジタル技術に優れた大手プラットフォーマーが提供する機能の便利さに対し、簡単には対抗できないのが実態だと言える。だが一方で、我々が取り組みたいことは「観光で訪れる方々に会津らしい魅力を体感していただき、大

満足して帰っていただくこと」であり、そのことは会津の観光事業者が一番上手くできるはずだと確信している。デジタルは、それを実現するための手段に過ぎない。デジタル領域でプラットフォーマーに対抗するのではなく、会津が持つリアルなコンテンツの魅力でもって選ばれる存在になることを目指すものである。

地域全体で自立・自走型の観光モデルを目指す主体としては「DMO（Destination Management Organization：観光地域づくり法人）」が想定される。観光庁はDMOを「『観光地経営』の視点にたった観光地域づくりの舵取り役であり、戦略策定と実施する上での調整機能を備えた法人」に位置付ける。2022年10月時点では、全国で250以上のDMOが観光庁に登録されている。その多くは財団法人や社団法人だ。活動内容としては情報発信などの広報・プロモーションや、地域の公共施設などの委託運営にとどまっており、地域の〝稼ぐ力〟を引出すまでには至っていない。予約や決済の仕組みも大手プラットフォーマーのサービス利用にとどまるケースも多い。

これに対し、より戦略的な観光地経営を目指すためには、ステークホルダーに責任を持つ「DMC（Destination Management Company：観光地域づくり株式会社）」が必要ではないかと考える。「地域商社」といったイメージだと言えるかもしれない。

チャレンジ2：〝地域一体〟のマーケティング

都市ＯＳをハブに、散在した情報の一元化を図りマーケティングの効率を高めることで、観光プラットフォームを通じた多様なデジタルサービスやリアルサービスを生み出していく。点在する宿泊・飲食・アクティビティ・交通の事業者を面で結び、相互に共創できる観光パッケージを構築する。

情報発信やサービス運営は現状、個々の事業者がバラバラに実施している。観光地域としての一体感がなく、宿泊・飲食・アクティビティ・交通の各事業者に分解され、データも分散して保有されている。加えて中小事業者の多くはアナログ情報のまま管理され、デジタル技術によるデータ活用ができていない。結果としてデータ連携もできず、データ分析に基づく魅力的な観光コンテンツの開発にもつながらない。

こうした事業者単体での顧客囲い込み型から、〝お互い様〟の送客モデルへ転換できれば、地域全体として「滞在時間増加×滞在利用単価増加」を実現でき、地域の稼ぐ力を高められるはずだ。

具体策として会津若松では「Ｖｉｓｉｔｒｙ」をリリースしている。地域内の商工会議所や市役所、ＡｉＣＴのそれぞれが個別に展開していた観光情報をオープンデータプラットフォーム経由で収集し一つのマップ上で情報発信する仕組みである。

チャレンジ3：ビジネスモデルの変革

観光サービスはいまだに、団体旅行や週末・長期休暇時の滞在客の受け入れを中心とした画一的な対応から抜け出せていない。平日や閑散期はサービス料金を下げ、利用者が多い週末や繁忙期に稼いだ利益を食いつぶしていく。結果として経営が安定せず、補助金で底上げしないと立ち行かない観光地も多い。

利益を平準化するためには、デジタル田園都市国家構想事業で取り組む産業観光や教育旅行など新たな切り口で、平日や閑散期の来訪を増やす対策が求められる。

観光客のニーズは、観光地を効率的に巡る〝思い出作り型〟から、個々人の嗜好に合った感動や学び、あるいは地元の人々との触れ合いを楽しむ〝体験重視型〟へシフトしている。一人ひとりのニーズに対応した個人旅行のコンテンツをより強化し、パーソナライズ観光をブラッシュアップする。さらに観光ＤＸによって〝稼げる地域観光経営〟をモデル化し、他地域への横展開にもつなげていく。

2-3-4

デジタル田園都市国家構想タイプ3事業＝決済領域 デジタル地域通貨が多様なサービスを横串で支える

デジタル田園都市国家構想タイプ3事業において先行する6領域の一つが決済領域である。同領域の取り組みについて、ＡｉＣＴコンソーシアム決済領域ワーキンググループのリーダーを務めるＴＩＳ 会津サービスクリエーションセンター センター長の岡山 純也 氏が解説する。

ＡｉＣＴコンソーシアムで決済領域ワーキンググループのリーダーを務めるのがＴＩＳである。２０１０年頃からシステム構築事業からサービス化の流れにシフトする中で、社会課題解決の実証拠点としてスマートシティに取り組んできた。

２０２０年にはサステナビリティプロジェクトチームを立ち上げ、事業を通して中長期的に解決を目指す社会課題を、①金融包摂、②都市への集中・地方の衰退、③低・脱炭素化、④健康問題の四つに定めた。これに沿った戦略として取り組むのが、「市民ＤＸ（デジタルトランスフォーメーション）」としてのスマートシティと「政府・自治体のＤＸ」であるデジタルガバメントである。

こうした経緯から、TISグループの中核事業の一つである金融・キャッシュレス決済領域での会津若松との関わりが深まっている。

地域にデータを還元できるデジタル通貨が重要

デジタル田園都市国家構想とスマートシティとの共通のゴールが「Well-being（幸福感）」と「持続可能な社会／共助社会」の実現である。そこに向けて会津モデルが重視しているのは、データ利活用の前提となる「オプトイン」と「地域へのデータ還元」だ。特に後者は金融決済と密接に関わっている。

世界的に通貨のデジタル化が加速する中、日本は出遅れ感が否めない。ただデジタル化が進んでいる国は、偽札や脱税、ブラックマネーの横行など通貨に関わる深刻な社会課題を抱えており、その解決策としてデジタル化を推し進めている面がある。そうした社会課題が日本では少ないことが動きを遅くしているとも言える。

このような環境下ではあるが、日本でも通貨のデジタル化を検討する団体として「デジタル通貨フォーラム」が2020年12月に発足している。流通大手やメガバンクなど各業界の企業・団体が参加し、関係省庁や日本銀行をオブザーバーにして、日本で普及を図るべきデジタル通貨のアーキテクチャーの検討を進めている。

同フォーラムが目指すのは、ブロックチェーン技術を使う「二層構造デジタル通貨プラットフォーム」と、円建てのデジタル通貨「ＤＣＪＰＹ（ディーシージェイピーワイ）」の実用化である。前者の二重構造とは、①通貨の基本的機能を取り扱う共通領域と、②さまざまなニーズに対応するスマートコントラクトを実装できる付加領域とを指している。

日本のキャッシュレス決済も昨今は、従来のクレジットカードや交通系ＩＣカードに加えて、スマートフォンを使ったタッチ決済や二次元バーコード（ＱＲコード）決済が普及し、デジタルデータを活用しやすい環境が整いつつある。

だが一方で、地域へのデータ還元の観点では、各サービス事業者のデータ公開に消極的な姿勢がボトルネックになっているのが実状だ。普及に向け各事業者がポイント還元などのインセンティブを強化しているものの、システム開発や運用に莫大なコストがかかるため、そこから得られるデータを自社資産として活用したい意向が強いためである。

データが囲い込まれると地域でのデータを活用できず、地域全体の生産性向上につながらない。そのためスマートシティ会津若松では、デジタル通貨の社会実証に先行して取り組み、民間事業者のデータ公開と利活用、地域還元の仕組み／仕掛けづくりにチャレンジしてきた。それがタイプ３の採択につながっている。

キャッシュレス決済の普及を妨げる二つの理由を地域全体で解消へ

地方圏でキャッシュレス化を進めるには二つの課題を乗り越える必要がある。一つは決済手数料だ。いわゆる国際ブランドといわれるクレジットカードの決済手数料は3～4%近い。QRコード決済は、それよりは低いものの一定の手数料がかかるのは共通だ。

薄利多売のビジネスが成り立つ大都市圏であれば、それでも収益を確保できる。しかし地方では、薄利の上に顧客数が少ないため、3～4%の決済手数料を払えば利益が残らない。キャッシュレス決済の仕組みをあえて導入しようとは考えられない。

もう一つの課題はリードタイムの長さである。クレジットカード決済では、現金化までに半月から1カ月程度かかる。現金商売主体の事業者では、リードタイムが短くないと資金繰りが厳しくなる。これら二つの課題をデジタル地域通貨という手段で解決し、普及を図ることが金融決済領域の主な使命である。

具体的には、期間限定のクーポンやポイントのチャージ型から始め、徐々に行政手続きとの一体化、デジタル給与払い、企業間決済へと広げ、金融機関と連携した裏づけある資産として円と交換ができるDCJPYを目指す。全国で地域通貨が流行し始めているが、それらの多くは、ポイントをチャージして利用する仕組みに限定されており、円とは交換できない。

会津モデルの都市OSとの関係で言えば、デジタル通貨フォーラムが採用する〝二層構造〟のアーキテクチャーを都市OSに搭載し、多様な業種・業界のサービスとシームレスにつなげていく（**図2-3-4-1**）。将来的にはCBDC（中央銀行デジタル通貨）との相互運用性を見据えていく。

会津モデルの都市OS上に構築しているデジタル地域通貨のイメージを**図2-3-4-2**に示

図2-3-4-1：「二層構造型デジタル通貨プラットフォーム」と都市OSの関係

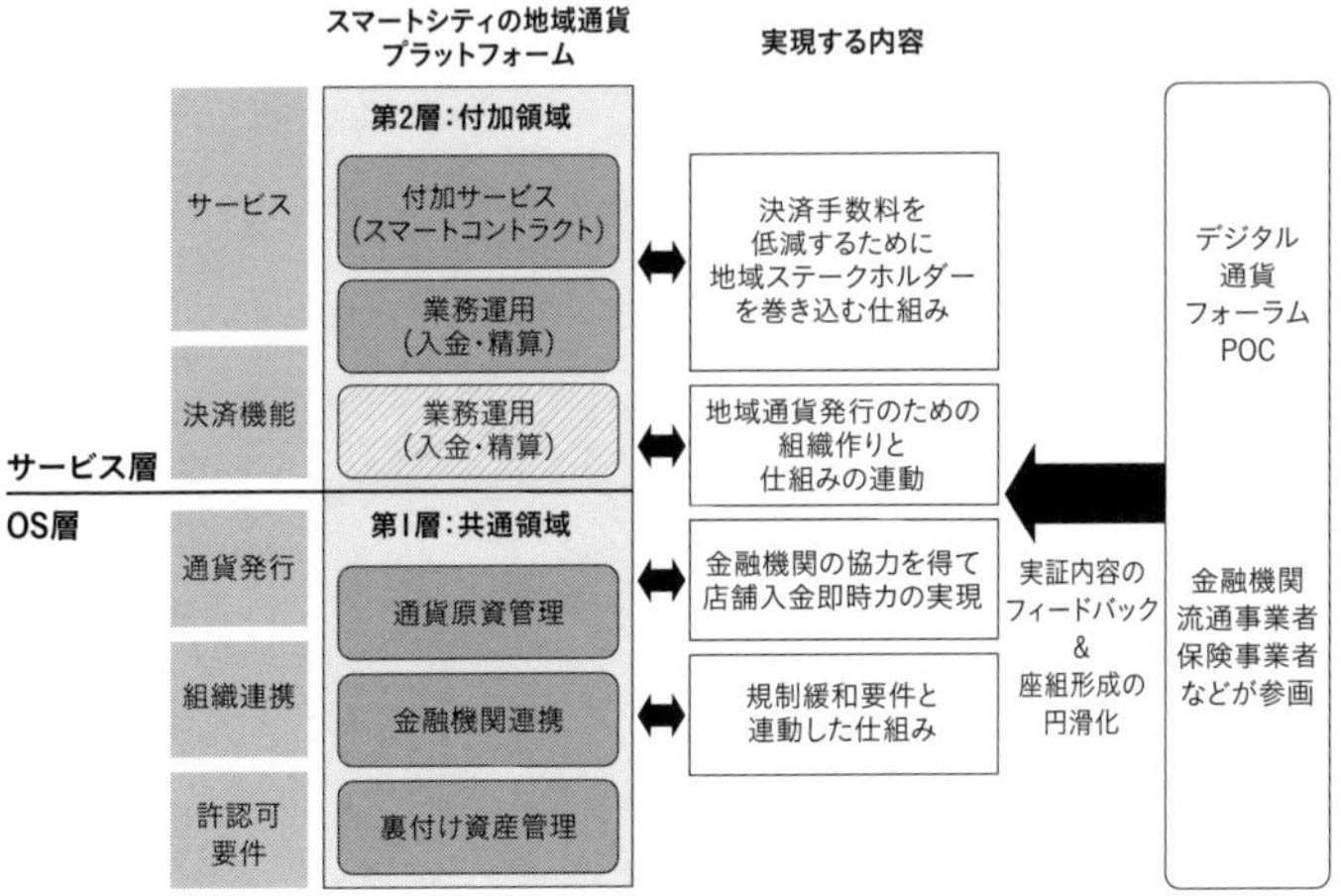

す。デジタル地域通貨の導入によって決済コストを大幅に低減した上で、地域全体で支える仕組みである。

「地域全体で支える」とは、従来のような決済事業者による定率の手数料ではなく、システム運用にかかるフィーを地域内の関係者に〝定額で・薄く・広く〟負担してもらうビジネスモデルを指す。

この定率から定額へ転換することの意義は大きい。定率の場合、商売を頑張れば頑張るほど手数料の支払い額も増えるのに対し、定額なら商売を頑張るほど利益が増えるからだ。

デジタル地域通貨「会津コイン」を軸に対消費者と事業者間のサービスを展開

デジタル田園都市国家構想タイプ3事業として進める決済領域で扱うデジタル地域通貨

図2-3-4-2：会津におけるデジタル地域通貨の仕組み

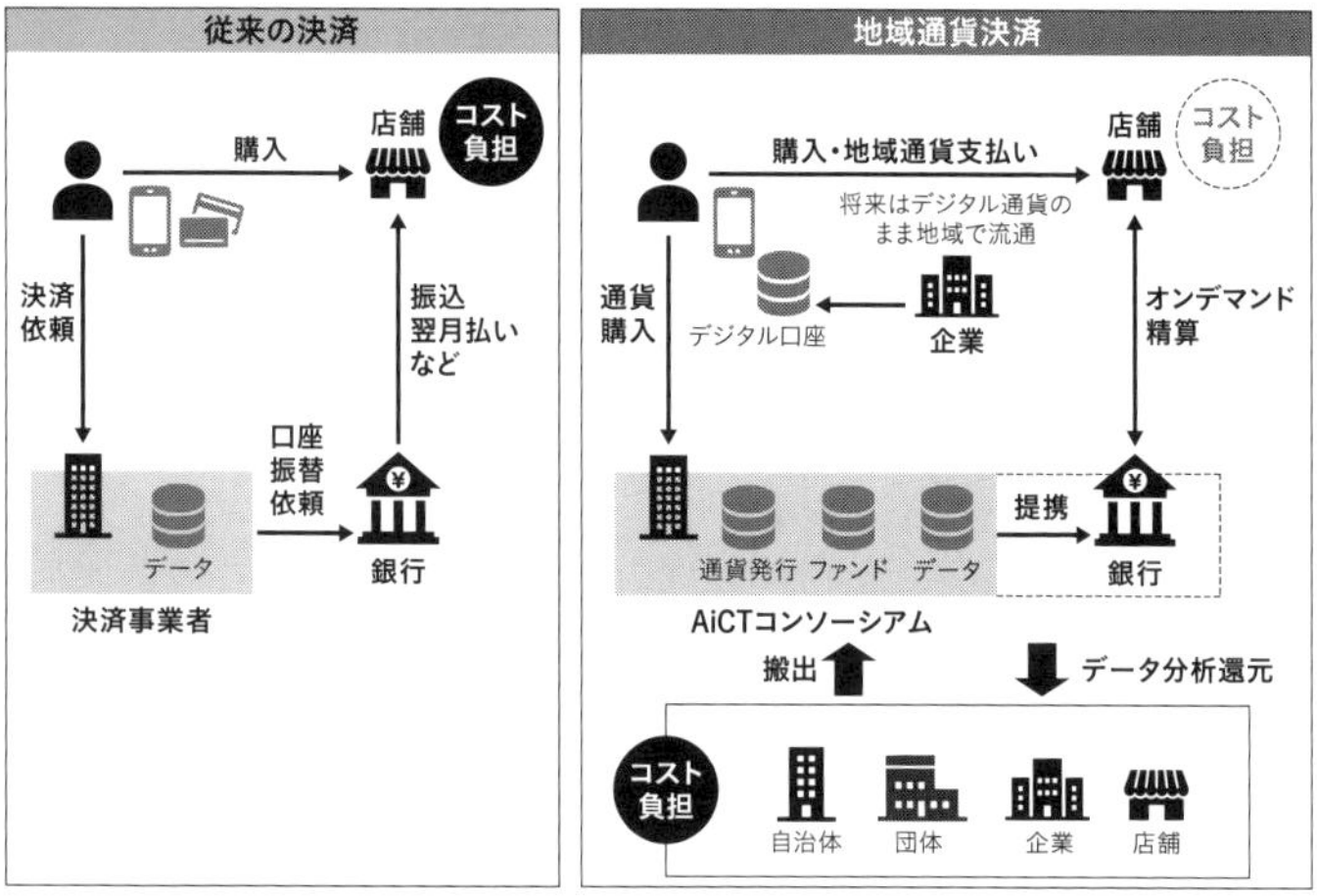

は「会津コイン」と呼んでいる。市民一人ひとりのIDの役割を持つデジタル地域ウォレット「会津財布」上で利用できる。このIDを軸に、TISが運営する担うID決済プラットフォームとAiCTコンソーシアムが運用する都市OSが連携し個人と、その利用を認証する。

会津コインを使うタイプ3事業は、他の決済手続きを伴う六つのサービス分野と横串で関わっている。具体的な活動は大きく二つある（**図2-3-4-3**）。

一つは、利用者と小売り店舗の間の「＋α健康アドバイス」である。2022年10月24日に先行してスタートした。次のような流れでサービスを提供する。

①活動に賛同してもらえるスーパーマーケッ

図2-3-4-3：地域課題を解決するデジタル地域通貨の取り組み事例

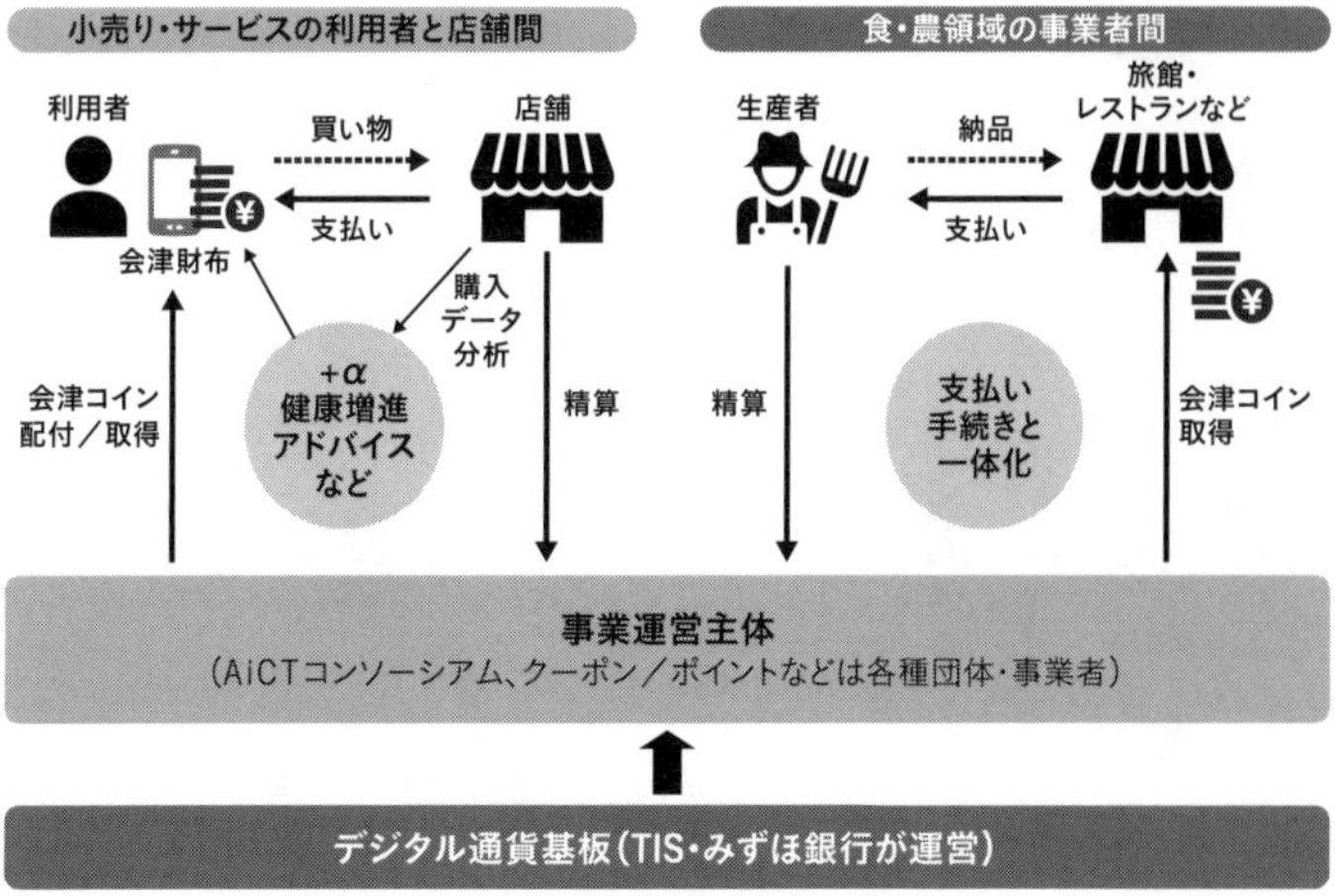

ト（小売店舗）と利用者を募集

②スーパーでの買い物で「会津コイン」（再来店時に利用可能）を付与

③利用者のオプトインを得て、購買データを健康増進アプリに提供

④利用者はスマートフォン用アプリケーション上で栄養素を把握・分析結果を確認

⑤スマホアプリでの健康アドバイスの確認や健康セミナーへ参加

⑥これらのアドバイスを基に買い物＝健康的な買い物への行動変容

ここでの会津コインの取得は、チャージ型ではなく協力者へのインセンティブとして付与する形でスタートさせた。まずはサービスを使い、そのメリットを実感してもらう必要があるためだ。会津コインを利用できるシー

ンは順次増やしており、スマートシティＡｉＣＴ内のコンビニエンスストアや、観光ワーキンググループが実施している「スマートシティ視察パッケージ」にも実装していく計画である。

二つ目のテーマは、事業者間の決済サービスだ。２０２３年３月から始まっている。農産物の生産者と食材を使う旅館やレストランなどの事業者を需給マッチングプラットフォーム「ジモノミッケ！」で結び、その決済に会津コインを利用してもらう（2-3-2の食・農業領域の頁を参照）。ここでは付与型ではなく、預金口座から会津コインへの振り替える、つまりチャージする方式を採っている。事業者だけでなく、消費者もスマホ上で会津コインをチャージでき、一般店での利用も始まっている。

これら二つのテーマでは、各サービスに関連した機能を提供する企業が都市ＯＳを通じて連携している。地域通貨の発行・決済処理では、みずほ銀行が、購買データの把握・分析は東芝データが、健康アドバイスは明治安田生命保険が、それぞれ担っている。

共助＋都市ＯＳがデジタル地域通貨で得られるデータの価値を高める

＋α健康アドバイスや事業者間決済といった多様なサービスが実現できている理由としては、ＡｉＣＴコンソーシアムのオープンな風土と、データ連携基盤である都市ＯＳの存在が重要だと考える。

ＡｉＣＴコンソーシアムへの参画にあたって各企業は、地域課題の解決を最大の共通目的とし、自社のサービスやソリューションの展開を追求しないという理念を共有している。営利企業としては一見矛盾しているが、このミッションの実現に向けて、各社がオープンでフラットな関係で取り組むことが、従来にない付加価値の高いサービスの創出につながっていく。

スマートシティAiCTには約40の企業が入居している。だが実は、事業分野が重なる企業も少なくない。単に自社の強みを追求するだけでは競合してしまう。しかし、競合する企業同士でも協調できる領域がある。社会課題解決のために各社ができる役割を協力して果たすという姿勢で取り組めば、同じ目的と同じ方向性で活動できると実感している。

都市OSの存在も大きい。例えば「会津コイン＋α健康アドバイス」では、決済データと購買データを紐づけている。どちらも購入する〝現場〟に接点があるため両者を混同しがちだが、実は全く違う。

一般的なキャッシュレス決済で得られるデータでは「いつ、どこで、いくら買ったのか」までしか分からない。「何を買ったか」を知るには小売店が持つPOS（販売時点情報）システムで取得する購買データが必要だ。そのPOSシステムも、年齢や男女別の属性を合わせて収集できるが、個人の志向までは追跡できない。しかも決済データと購買データは異なる事業者が扱っているため、それぞれのデータも孤立している。

デジタル地域通貨を使い、個人IDを認証ができる都市OS上で横連携すれば、「誰が、いつ、どこで、何を、いくつ買ったのか」が分かる。つまり、都市OSの個人認証［Who］を軸に、デジタル地域通貨という手段［Ｈｏｗ］と、決済データと購買データの［Ｗｈｅｎ・Ｗｈｅｒｅ・Ｗｈａｔ］が把握できる。

それでも、５Ｗ１Ｈの［Ｗｈｙ］が抜けている。そこに「健康アドバイス」というプラスαのサービスを加えて行動変容を促せば、「健康のために○○を買う」という購買理由［Ｗｈｙ］までが分かる。

ただ単純にデータを集めるだけでは意味がない。具体的なデータ項目に落とし込み、どういうデータを紐づければ、どんな価値が生まれるのかを分析し、効果を見える化して初めてサービスを実装する意義が生まれる。ＩＴやデジタル技術を使う利益を地域の人々が享受できるように作り込みながら、徐々に理解を広げることがサービスの定着につながると考えている。

デジタル地域通貨の効果は、キャッシュレス化により暮らしを便利にするだけにとどまらない。例えば、会津は豪雪地帯であり、お年寄りが学生に雪掻きを手伝ってもらうシーンをよく見かける。そのお礼としてデジタル地域通貨を渡せば、労働力と地域通貨の一種の「価値交換」になる。モノやサービスの交換ではなく、「共助」の価値交換の手段として活用できる。

給与支払いにも有効だ。一般には通常の円建て通貨のほうが使い勝手が高く給与をデジタル地域通貨で払ってほしいという人は少ない。ただ、会津の事業者にヒアリングすると、地域でしか使えない会津コインに対し「今の給与に少し上乗せして配布する方法であれば前向きに検討したい」という声が少なからずある。

この「地元を何とかしたい」という共助につながる思いを、デジタル地域通貨や決済の仕組みに絡めた企画を練り、多くのユースケースを積み上げながら普及を図り、地域全体を盛り上げていく取り組みに挑戦していきたい。

2-3-5
デジタル田園都市国家構想タイプ3＝防災領域
住民一人ひとりの状況に合った避難行動をサポート

デジタル田園都市国家構想タイプ3事業において先行する6領域の一つが防災領域である。同領域の取り組みについて、ＡｉＣＴコンソーシアム防災領域ワーキンググループのリーダーを務めるソフトバンク 会津若松デジタルトランスフォーメーションセンター センター長の馬越孝 氏が解説する。

ＡｉＣＴコンソーシアムで防災領域ワーキンググループのリーダーを務めるのがソフトバンクである。ヘルスケア、観光領域のワーキンググループにも関わっている。

ソフトバンクは、スマートフォンを核にした通信事業だけでなく、グループとしてキャッシュレス決済の「ＰａｙＰａｙ」など消費者が日常的に使うデジタルサービスも提供している。消費者向けサービスを提供するに当たっては、テクノロジーの進化だけでなく、人が判断する基準やデータを扱う意義を常に定義し直しながら、関係性の高い領域で事業展開している。スマートシティ分野では、ロボティクスや自動運転など複数のプロジェクトにトライしている。本社がある東京・港区の竹芝でもスマートシティに取り組んでいる。

会津若松との関わりは、オプトイン型のデジタルサービス基盤の構築に魅力を感じたのがきっかけだ。市民が自らの意思で個人のデータを家族や地域とつなぎ、必要時には流通させ、さまざまなサービスと連動させることで利便性や安全性を高める。地域にデータがしっかり残るため、勘と経験に頼るのではなく、データに基づくまちづくりに期待するとともに、その一翼を担いたいとの考えである。

平時から災害からの復旧まで 最適な避難方法を地域に提示

デジタル田園都市国家構想タイプ3事業としての「デジタル防災」サービスは、2022年3月に会津若松＋のアプリケーションとして一般公開され誰もが利用できる（**図2-3-5-1**）。発災時に、どこにいても、手元のスマートフォンを使って、その時にいる場所から目的地まで最適な避難経路を誘導するサービスである。

図2-3-5-1：パーソナライズ避難誘導アプリ「デジタル防災」の画面イメージ

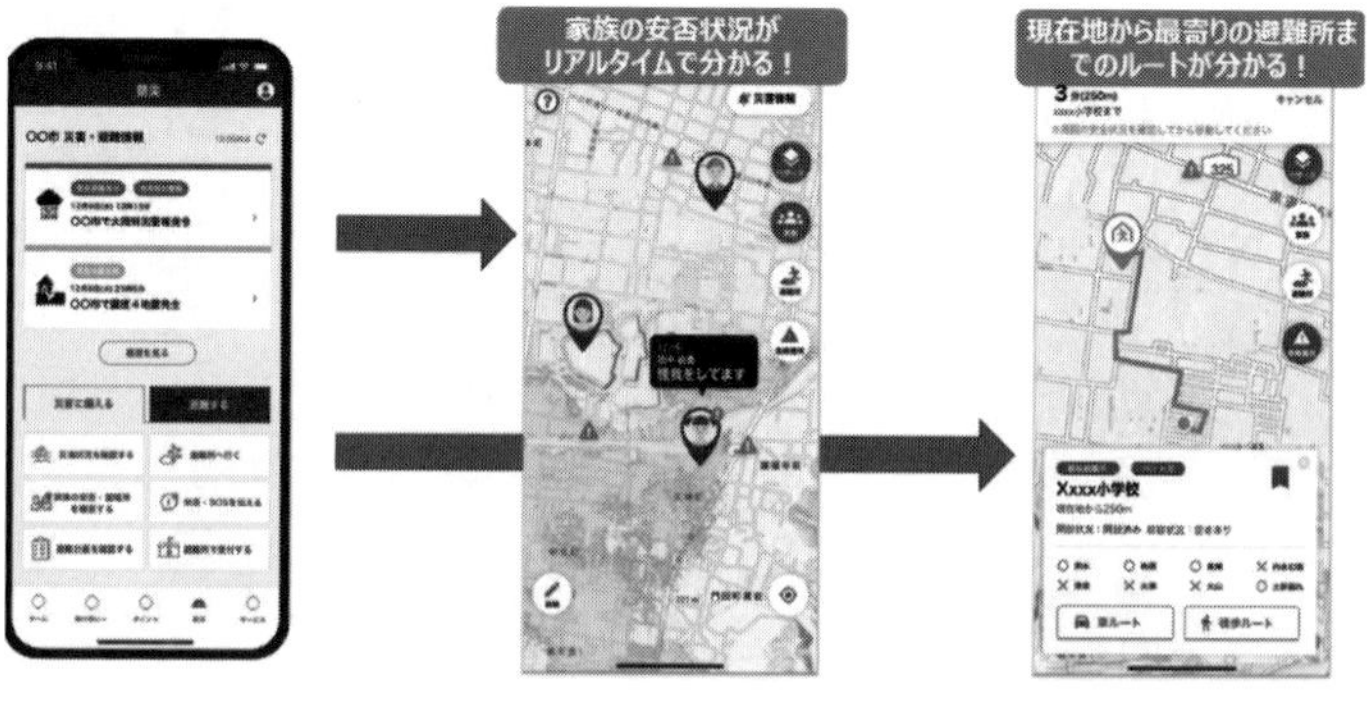

ほとんどの自治体が、防災に関するガイドブックや、域内の避難所・避難場所を記載したマップ類を市民に配布している。しかし、そうしたガイドは、一度は見ても、どこかに仕舞ってしまい、活かされていないケースが少なくない。いざという時に確認できない状態がほとんどではないだろうか。しかも災害は、自宅周辺で起きるとは限らない。通勤・通学や買い物、あるいは旅行などで外出しているかもしれない。

デジタル防災のスマートフォン用アプリケーションでは、自身に必要な情報を得られるだけでなく、家族とも情報連携ができる。介助・介護が必要な人は、医療福祉関係者とも連携が図れる。利用者一人ひとりに最適化した避難誘導と、行政だけに頼らない共助型で、地域の防災力を高められる。

具体的には、「平時→発災時→避難時→復旧時」という災害前後のシーンごとに、必要かつ適切な避難行動をサポートする（**図2-3-5-2**）。

図2-3-5-2：災害時のシーンごとの課題を解決し適切な情報とサポートを提供する

		平時	発災時	避難時	復旧時
課題	市民	いざという時の計画行動は事前に立てにくい	行くべき、最寄りの避難先がすぐに分からない	地域コミュニティ・行政に安否を伝える手段がない	地域全体が被災する中で、心身の不調に対応できない
課題	行政・地域コミュニティ	紙ベースのハザードマップ、防災ガイドは、どこかにしまわれ、すぐに見られない	市民一人ひとりへの情報伝達や状況に応じた避難誘導は困難	対面や電話等による個別の確認や調整に手間取り、全体を把握できない	被災後の手続きの情報を市民一人ひとり届けられず、個別対応も時間がかかる
デジタル防災サービスの主な内容		オプトイン情報を設定	地域の災害情報を確認	避難所混雑マップ確認	体調確認・オンライン相談
		防災用品リスト・避難計画をアプリで作成	置かれた状況に合った最適な避難経路を指示・誘導	避難ルート上の危険箇所を確認。安全に避難	必要な行政手続きを簡単に入手可能
		重ねるハザードマップで災害リスク、避難ルートを確認	家族や事前登録した関係者の現在位置・安否確認	自身の安否状況を回答、家族や関係者と共有	行政による避難者リスト・支援物資の管理

平時：スマートシティ会津若松における市民ポータルサイト「会津若松＋」に共通ＩＤでログインし、個人属性などのオプトイン情報をあらかじめ設定する。各人の状況に合った避難計画の立案に必要な項目がガイドされる。防災用品や備蓄食料、持ち出し品、避難先、緊急時連絡先などを選択・入力すれば、必要な準備が整っていく

高齢者や障がい者の場合、プロファイル情報として既往症や服薬、要介護・支援の有無、移動のための杖や車イスの要不要などを登録しておけば、状況に応じた対策が立てられる

発災時：今いる場所から適切な避難場所へのルートを提示する。マップ上では、家族や事前設定した関係者に、自身の居場所と安否をリアルタイムに相互確認できる

避難時：役所からの避難指示などリアルタイムな災害情報と、避難場所までの経路に危険個所がないかをマップ上で確認しながら安全に避難できる

復旧時：各種手続きの案内を閲覧したり、体調不良が起きた場合などのオンライン健康相談を受けたりができる。災害時の、さまざまな不安を解消できる

普段から防災サービスに馴れておくための住民対話を重視

デジタル防災サービスでは、行政から一定の警戒レベル以上の避難指示が出されると、事前にオプトインを得て取得している住民の位置情報や要支援者の一覧などが地域で共有される。

避難支援が必要な人の状況を踏まえ、市の職員だけでなく、周囲の住民も含めて互いが助け合うための仕組みである。

例えば行政や医療福祉関係者は、市内滞在者の避難状況の把握や、避難リストの作成・管理が可能になる。高齢者や障がい者など支援や配慮が必要な市民の状況や、対応の緊急度を現場に行かなくても把握できるため、搬送や治療の優先順位に応じた行動が取れる。いわゆる「遠隔トリアージ」である。モビリティ領域のサービスと連携すれば、福祉事務所への移送もスムーズになる。

従来も、119番コールされた位置情報は、防災・福祉・医療の関係者間では共有するというルールはあった。ただ住民一人ひとりの状況が不明なうえ、行政や医療福祉の関係者がすぐに動けるとは限らない。デジタル防災サービスによりプラスアルファの情報が共有されるメリットは大きいと考える。

こうしたサービスをタイプ3事業として早期に開始できたのは、AiCTコンソーシアムが、その開発を2021年の早い段階から着手していただけでなく、市や市民と連携しながら利用者の認知・拡大に取り組んでいたからだ。

例えば、防災サービスの利用者拡大では、技術やサービスの内容を自治体や一般に提供・公開するだけではなく、いざという時に受け取った情報を行動に結びつけられるよう、普段から馴れておくための取り組みも並行して展開してきた。実際の〝対話の場〟を最大限に生かす次の二つである。

一つは「スマートシティサポーター制度」である。デジタルツールのメリットを実体験によって感じてもらいながら、口コミや拡散により利用者の輪を広げ、市民の理解度を高め、浸透を図るのが狙いだ。市民ポータル上で提供している他分野のサービスへも利用が拡大することも期待できる。

もう一つは「デジタル防災開発におけるリビングラボ」だ。利用者と開発者の相互理解を深め、現場のリアルな状況に配慮した開発を進めていくための仕組みだ。スマートシティAiCTのオフィスや公民館、市役所の会議室など、さまざまな場所を活用し、小学生から70～80代の高齢者まで幅広い年齢層の利用者と継続的な対話を重ねていく。町内会と協力したユーザーテストなども実施している。

こうした対話の積み重ねの上にあるデジタル防災サービスに対しては、取り組み意識が高い町内会や介護・医療関係者などから好意的な評価を得られている。「市が提供する統一的なプラットフォーム上で、要支援者の情報が共有され、それぞれの立場でどう行動すればいいか、具体的なオペレーションにまで落とし込んだサービスが受けられるのがありがたく、安心感がある」という声だ。今後は、観光客など来訪者向けの避難行動支援にも取り組んでいく。

都市OS上でのサービス連携により防災に連なるサービスも拡充

利用者の声を取り込んだアプリケーション開発の舞台裏では、標準化されているリファレンスアーキテクチャに則った都市OS上にサービスを構築することで、防災と関連性の強いヘルスケアや介護医療領域、行政との連携を容易にしているのが特徴だ。

具体的には、介護事業を有するSOMPOホールディングス、避難民支援サービスを提供するSAPジャパン、保険・金融サービス事業を展開するMS&AD Insurance Groupと、それぞれの強みを生かしたサービス連携に取り組んでいる（**図2-3-5-3**）。

SOMPOホールディングスは、在宅ケア支援アプリケーション「ケアエール」を提供

図2-3-5-3：「デジタル防災」と連携する複数のサービス例

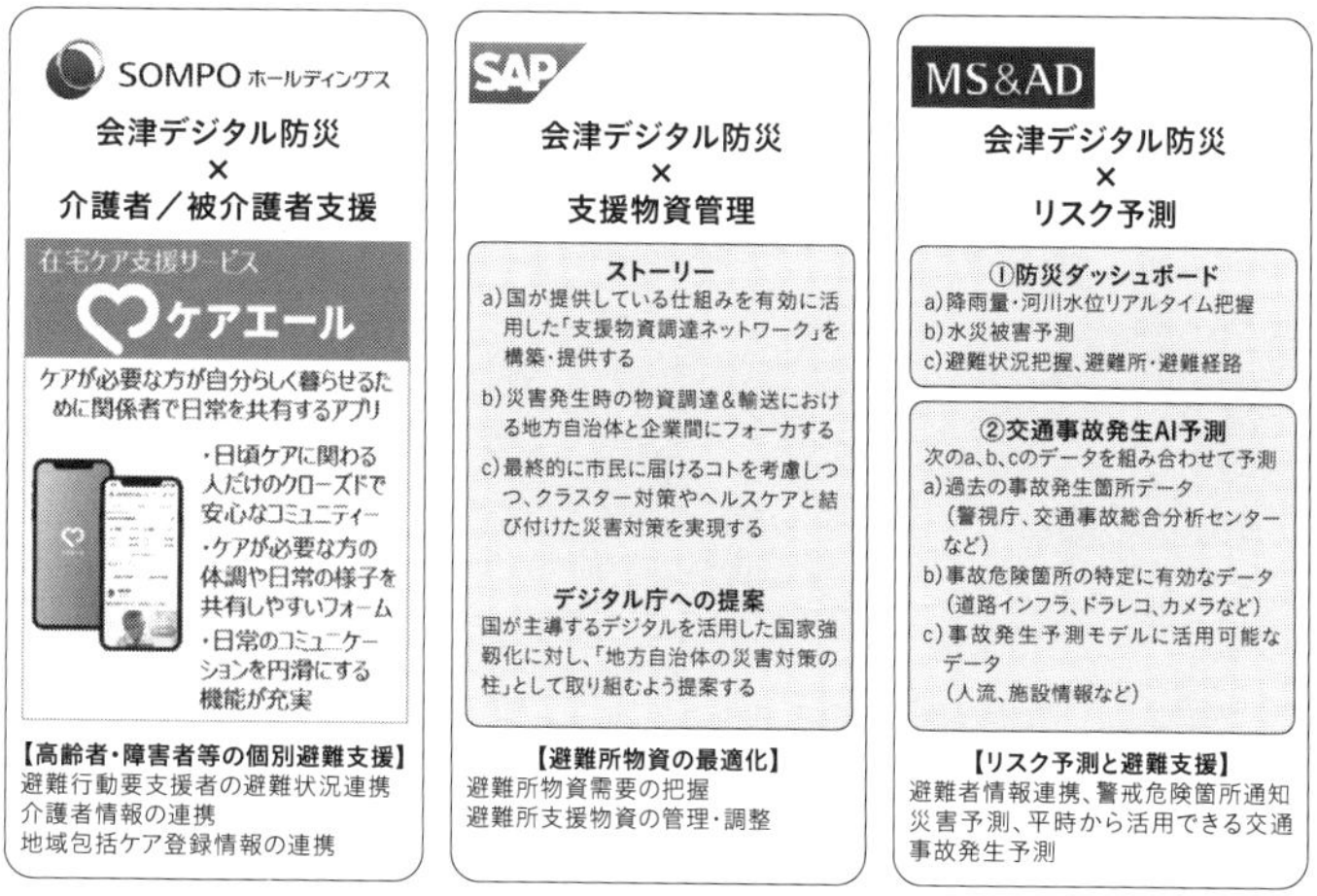
SOMPOホールディングス
会津デジタル防災 × 介護者／被介護者支援
在宅ケア支援サービス
ケアエール
ケアが必要な方が自分らしく暮らせるために関係者で日常を共有するアプリ
・日頃ケアに関わる人だけのクローズドで安心なコミュニティー
・ケアが必要な方の体調や日常の様子を共有しやすいフォーム
・日常のコミュニケーションを円滑にする機能が充実
【高齢者・障害者等の個別避難支援】
避難行動要支援者の避難状況連携
介護者情報の連携
地域包括ケア登録情報の連携
SAP
会津デジタル防災 × 支援物資管理
ストーリー
a)国が提供している仕組みを有効に活用した「支援物資調達ネットワーク」を構築・提供する
b)災害発生時の物資調達&輸送における地方自治体と企業間にフォーカスする
c)最終的に市民に届けるコトを考慮しつつ、クラスター対策やヘルスケアと結び付けた災害対策を実現する
デジタル庁への提案
国が主導するデジタルを活用した国家強靭化に対し、「地方自治体の災害対策の柱」として取り組むよう提案する
【避難所物資の最適化】
避難所物資需要の把握
避難所支援物資の管理・調整
MS&AD
会津デジタル防災 × リスク予測
①防災ダッシュボード
a)降雨量・河川水位リアルタイム把握
b)水災被害予測
c)避難状況把握、避難所・避難経路
②交通事故発生AI予測
次のa、b、cのデータを組み合わせて予測
a)過去の事故発生箇所データ（警視庁、交通事故総合分析センターなど）
b)事故危険箇所の特定に有効なデータ（道路インフラ、ドラレコ、カメラなど）
c)事故発生予測モデルに活用可能なデータ（人流、施設情報など）
【リスク予測と避難支援】
避難者情報連携、警戒危険箇所通知
災害予測、平時から活用できる交通事故発生予測

している。会津若松市に住む高齢の要介護者と離れて住む家族とを結び、災害時には「防災×介護」のサービスを展開するのが目的だ。そのための実証テストも始めている。

ＳＡＰジャパンは、避難所における避難民の受付・管理や避難所生活の改善支援サービスを提供する。支援物資の管理サービスも提供する予定だ。昨今は感染症との複合災害が起きることも考えられるため、避難所だけでなく、車中泊や在宅避難にも対応できるサービスにするべく、流通業との連携も検討中である。

ＭＳ&ＡＤ Ｉｎｓｕｒａｎｃｅ Ｇｒｏｕｐでは、三井住友海上火災保険が、災害時の的確な情報収集を支援する「防災ダッシュボード」を、ＭＳ&ＡＤインターリスク総研が、「事故発生リスクＡＩアセスメント」を提供する。前者は、災害予測や発災後の被害推定など災害リスクをリアルタイムに可視化する。後者は、交通事故の発生場所に、道路の構造や急加減速などの走行データ、人流などを加えたデータ群をＡＩ（人工知能）技術を使って分析することで事故につながる危険個所を可視化する。

これら一連の取り組みは、「長屋スタイル」と自称しているスマートシティＡｉＣＴだからこそ生まれたとも言える。そこで生まれたシステムは普遍的な課題に対処できるため、同様の課題を抱えたり環境が似ていたりするエリアには、大都市も含め横展開できると考える。地方都市型と都心型とで、それぞれに個別・独自の部分と共通化できる部分を見極めたデジタルの実装を広げていきたい。

2-3-6 デジタル田園都市国家構想推進交付金タイプ3＝行政領域 〝書かない行政手続き〟で市民の利便性向上と職員の業務改革を両立

デジタル田園都市国家構想推進交付金タイプ3事業において先行する6領域の一つが行政領域である。同領域の取り組みについて、AiCTコンソーシアム行政領域ワーキンググループのリーダーを務めるアクセンチュアが解説する。

デジタル田園都市国家構想推進交付金タイプ3における行政領域の事業としてサービスを提供し始めているのが「書かない行政手続きナビ」である（**図2-3-6-1**）。

〝書かない〟行政手続きナビでは、オプトインを前提に、共通ID管理とマイナンバーカードの認証機能を持つ都市OSを介して行政の基幹系システムが持つデータと連携することで、行政手続きに必要な情報が画面上で自動的に入力される。市民は、スマートフォンやPCから基本情報を打ち込むことなく行政手続きができる。

サービス名称は「書かない行政手続きナビ」だが、役所に行く必要も窓口で待つ必要もない

図2-3-6-1：「書かない行政手続きナビ」の流れ

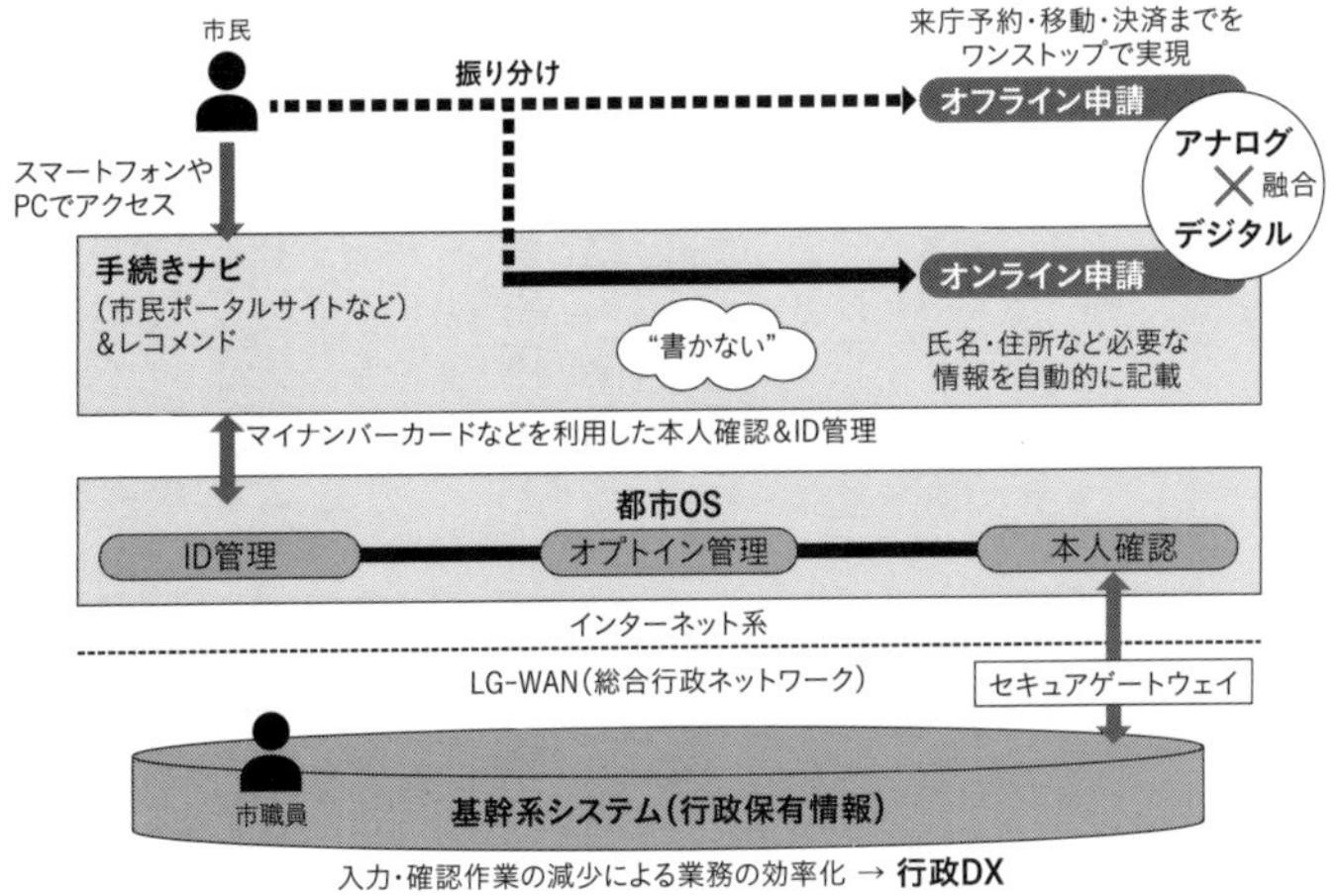

ため、「書かない＋〝行かない〟＋〝待たない〟の行政手続きサービス」だと言える。市職員も、申請システムと基幹系システム（住民基本台帳）がつながりデータが自動連携するため、従来の確認作業が不要になり、業務が大幅に軽減される。

届出や申請の内容や個人属性によっては、完全にオンラインで完結できないケースもある。今後は、実際の窓口でも、なるべく待たずにスムーズに手続きが進められるようにすることも計画している。具体的には、オンラインかオフラインかを判定して振り分け、オフライン申請の場合は市役所への来訪を予約するといった機能を持たせる考えだ。

会津は常に「書かない、行かない、待たない手続き」を目指してきた

会津若松市は市民ポータル「会津若松＋（プラス）」を通じて、子育てや教育、観光、ヘルスケアなど多様な市民向けサービスを2010年代半ばから提供してきた。そのなかで行政ワーキンググループが取り組んでいるのが行政DX（デジタルトランスフォーメーション）であり、タイプ3事業の「書かない行政手続きナビ」で実現した「書かない、行かない、待たない手続き」につながっている。

単に〝書かない〟行政手続きサービスであれば、会津若松市では2014年頃からスタートさせている。例えば「ゆびナビ」が、その一つ。マイナンバーカードを活用したタッチパネル受付サービスや、市役所職員がタブレット端末を使って市民と対面で住民票などの申請書を作成するタブレット受付サービスを提供する。高齢者や障がい者、乳幼児連れの人が申請書に記入する負担を軽減するために取り入れた。

ゆびナビのタブレット受付サービスでは、タブレット端末が住民基本台帳の情報を受信するため基本情報の入力は不要である。住基システムに入っていない情報だけを、市職員が市民から聞き取りながら入力する。最後に市民がタブレット端末に手書きで署名すれば申請書が完成し、証明書などを受け取れる。

ただし、インタフェースとしてデジタル端末を使っているものの、業務プロセス自体は大き

く変更していないという意味では、デジタル化の入り口を意味する「デジタイゼーション」レベルであったと言える。

市民自らがスマホや自宅のPCから手続きができるオンライン申請書作成支援サービスは2020年12月下旬にスタートした。自宅や勤務先での休憩時間などにスマホやPCを使って会津若松＋にアクセスすれば申請書を作成できる。自身で基本情報を入力する手間はあるものの、氏名・住所・連絡先などの共通項目は一度入力すれば複数の申請書に自動で反映される。いわゆる「ワンスオンリー」の仕組みのため、何枚もの申請書に同じ内容を手書きする手間は省ける。

ただこれも、機能としては申請書を事前に作成するだけで、画面上に出力されたPDF形式の申請書を市民が印刷し市役所に持って行かなければならない。市役所の窓口では紙ベースで手続きが進むため、市職員のオペレーションに変化はない。書類作成後のプロセスがペーパーレス化されず、部分的なデジタル化に止まっている。手書きはなくなるものの、データをデジタル端末に自ら〝打ち込む〟必要がある。

2022年10月からは、「ゆびナビぷらす」のサービスも開始している。タブレットで受け付けるゆびナビを進化させたサービスで、転出入時の住所変更に付随する数十の手続き（保険・年金・医療・子育て関連など）を1回の手続きで完了できる。引っ越しに伴う手続きの利便性が大幅に向上する。

この流れに加えて、今回のデジタル田園都市国家構想事業で実現したのが「書かない手続き」だ。マイナンバーカードによる本人確認と、都市OSを介して本人のオプトインを確認することで、自治体の基幹システムにある個人情報を本人が受け取れる。これまでは、自治体の基幹システムに情報があっても、それを本人に渡す仕組みが整っておらず、多くの情報を自ら入力する必要があった。そのため「市役所に足を運べば市役所の職員がシステムを見ながら対応できる情報が、オンライン申請になると自分で入力を求められることは、かえって大変だ」という声も多く挙がっていた。

この矛盾を会津若松市では、運用済みの都市OSによるオプトイン機能を活用することで解消し、真の〝書かない〟手続きの実現すると同時に〝行かない〟手続きを実現している。これらのメリットは申請者の側にとどまらず、職員による確認作業や手作業も大きく削減され、行政の業務改革にもつながっていく。

ITインフラ整備にとどまった電子政府を利用者中心のデジタルガバメントへ

行政手続きのデジタル化は古くからの懸案事項である。そもそも行政は住民の基本情報を持っているにもかかわらず、市民は届出や申請の度に役所を訪れ、住所・氏名・年齢、その他の属性情報を手書きで記入している。申請内容が異なれば、庁内をはしごしながら、同じ内容を何度も繰り返し記入する。手続きの順番待ち時間も長い。手間がかかるのは市民だけではない。手書き文字を判読しながら内容を確認する職員の業務も膨大だ。

市民と職員の双方にとって煩雑な手続きを軽減するため、１９９０年代後半には「電子政府（ｅ-Ｇｏｖ）」の実現が提唱された。２０００年にＩＴ基本法が制定され、翌２００１年には「ｅ-Ｊａｐａｎ戦略」により「国が提供する全ての行政手続をインターネット経由で可能とする」方針が打ち出され、「5年以内に世界最先端のＩＴ国家になる」との宣言も出た。

しかし結果はＩＴインフラ中心の整備に止まった。紙の書類が〝電子化〟され、ペーパーレス化は進んだものの、世界ＩＣＴランクは低迷の一途をたどる。当時は、利用者視点の欠如、ＢＰＲ（ビジネスプロセスリエンジニアリング：業務改革）の未実施、各省バラバラの重複投資といった問題点が指摘されていた。

２０１０年代に入ると、政府ＣＩＯ（内閣情報通信政策監）が新設され、省庁横断の国家プロジェクトとして取り組む体制が徐々に立ち上ってくる。２０１６年には「官民データ活用推進基本法」が制定され、「データ流通環境の整備や行政手続のオンライン利用の原則化」が義務付けられた。２０１８年の「デジタル・ガバメント基本計画」では、デジタル三原則として①デジタルファースト、②ワンスオンリー、③コネクティッドワンストップが打ち出された。自治体も行政手続きのデジタル化にじわりと動き始めている。

昨今は、政府が運営する「マイナポータル」サイトを使い、マイナンバーカードを使ってオンライン申請ができる仕組みを自治体が導入している。市民はスマホやＰＣから手続きでき市役所を訪れる必要はない。市民には完全にデジタル化されたオンライン申請に映る。しかし、受付側の自治体職員の手間は実は変わらない。住民のさまざまな基本情報を保有する市の基幹系システムとはデータ連携ができていないからだ。

マイナンバーカードの基本機能は本人確認である。そのため手続きに必要な他の情報は自ら漏れなく入力しなければならない。しかも、入力した情報が正しいという保証はない。入力ミスや勘違いで打ち込んでしまう可能性もある。結果、申請を受け付けた自治体の職員が、申請システムの画面を見ながら基幹系システムの情報と突き合わせて内容を確認する必要がある。

庁内のシステムがネットワーク接続されていない場合、自治体の担当者は、申請システムからわざわざ手動で当該情報をプリントアウトし、基幹系システムに改めて情報を打ち込むというアナログな作業が介在してしまう。中途半端なデジタル化だ。それなら従来のように、窓口に来て手書きで申請書を書いてもらい、対面でやり取りしながら進めたほうが職員は楽な場合もある。デジタル化が行政の業務改革に逆行する可能性もあるわけだ。

デジタルデバイドと逆デジタルデバイドを解消できる行政DXを目指す

行政DXにおいては常にデジタルデバイド（格差）が課題になる。それを防ぐためには、種々のデジタル化を拙速に進めアナログ対応を一足飛びになくすことは得策ではない。

しかし、デジタル端末を使いこなせる利用者層にすれば、アナログ手続きが残ることには不便を強いられる。すべての手続きをオンラインで完結できれば、行政手続きのために半休を取らずにすむと考える会社員は多いだろう。こうした要請に行政側が応えられないことを「逆デジタルデバイド」と呼ぶ。

デジタルデバイドと逆デジタルデバイドのいずれの格差も、デジタル技術をうまく活用することで解消できる。デジタルとアナログの融合により業務が効率化すれば、市職員は窓口で市民にゆとりをもって対応したり、より手厚いサービスの創出に力を振り向けたりができるだろう。国が掲げる「だれ一人取り残さない」を実現するためには、そうした行政DXモデルを構築する必要がある。それがAiCTコンソーシアム行政領域ワーキンググループの目標でもある。

2-3-7 地域の〝稼ぐ力〟を高めるクラウド基盤「CMEs」中小企業の生産性向上と賃金アップをテコに

スマートシティ会津若松では、市民のＷｅｌｌ Ｂｅｉｎｇ（幸福感）の向上と地域の〝稼ぐ力〟の向上を両輪に進んでいる。両者のうち、地域の稼ぐ力に大きく貢献するのが、中小企業を対象にしたクラウド型共通業務プラットフォーム「ＣＭＥｓ（Connected Manufacturing Enterprises：シーエムイーズ）」である。スマートシティ会津若松が取り組む14領域の一つであると同時に、中小企業が99％以上を占める日本にあって地域全体をけん引するための独立したプロジェクトでもある。

スマートシティ会津若松の取り組みが、産業振興・雇用創出を目指してスタートしたことは前述したとおりである。しかし、この課題にチャレンジするに当たり、早々に考えを改めることになった。地域に移り住んでもらうためには「安全で住みやすい街をつくる」ことが重要だと考えていたが、地方には大都市とは全く異なる現実があるからだ。

すなわち、「稼げる仕事がない限り、その街では生きていけない」のである。いくら都市のスマート化を進め、行政サービスが良くなっても人は集まらない。地域産業の活性化を図り新しい職場ができ、そこに雇用が生まれ、従業員の賃金が高まってこそ、家族として地域に住み続けられる。そこに到達して初めて街全体が発展していく。

安定して稼げる持続可能な雇用を作るためには、簡単に真似できない、その地域ならではの〝地の利〟を活かした雇用を作りあげなければならない。そのための手段として会津若松は「スマートシティ」を選んだのだ。

会津若松には農業や観光など基幹産業と言える産業がいくつかある。その一つが多くの地元中小企業が携わる「ものづくり」だ。他地域と同様、会津若松でも中小企業の生産性がなかなか高まらないことが課題だった。そこで、地元の中小企業が雇用を守り賃金を高める前提として、生産性向上をダイレクトに実現するためのツールとして作り上げたのがクラウド型共通業務プラットフォーム「CMEs（Connected Manufacturing Enterprises：シーエムイーズ）」である。

CMEsの構想は、会津の地が〝孵卵器〟になり必然的に生まれてきたといっても過言ではない。それまで「地域活性化」や「地域活力の再生」などと汎用なカテゴリーだったものが2014年、「稼ぐ力を持つ地方都市を創り出す」という明確なベクトルを持つキーワード「地方創生」に生まれ変わる。この動きと軌を一にして、会津モデルにとって最も重要なアーキテクチャーの一つである「都市OS」が動き始めた。このオープンデータの連携基盤をテコに、持続的な地域産業の創出につながる企業間連携を実装するための仕組みが育っていったからである。

もちろんＣＭＥｓが形になるまでには、手探りの状態が続いた。変化の兆しが見えたのは「会津産業ネットワークフォーラム（ＡＮＦ）」という地元団体との交流が深くなってからだ。

ＡＮＦは、会津地域に拠点を置く製造業を核とした約80社の中小企業が集う組織である。行政や教育機関とも有機的な協力関係を築き、中小企業の成長と発展を目指している。ＡＮＦのメンバーと侃々諤々（かんかんがくがく）の議論を尽くすうちに中小企業のリアルな姿に直面し、次第にアイデアが熟成していく。

ＣＭＥｓの構想が具体化したのは２０１８年頃からだ。同年にＡＮＦが開催したイベントでの故・中村 彰二朗 氏の講演において、経済産業省が当時、うたっていた「Digital or Die（デジタル化を図らねば死あるのみ）」というフレーズを聞いた中小企業が危機感を覚え、デジタル化による生産性向上に舵を切る感度の高い企業が現れたのである。

資金不足な中小企業には〝相乗り型〟のプラットフォームが必要

改めてＣＭＥｓの仕組みが作られたプロセスを振り返ってみる。初めに、日本企業の生産性が「なぜこれほどまでに低いのか」という問題を浮き彫りにしながら、地域に広がる中小企業の生産性向上を線的ではなく、面的に果すソリューションを追求した。

多くの中小企業は、IT化、デジタル化の必要性を認識している。しかし、実際に取り組んでみても、うまくいかないケースが多い。その原因を一言で表せば「個社分散、投資不足」である。

個々の企業は、資金力も人材も経営資源が限られ、一社単位で導入できるデジタル化は、どうしても小粒な投資になりがちだ。結果、一部業務の改善、つまり部分最適しか実行できない。業務や組織をまたぐ全体最適のシステム改革に踏み出せないという構造的問題が横たわる。

部分最適では本当の意味での生産性向上を達成できず、期待した成果は挙げられない。特定の業務だけを最適化すると、他の業務にしわ寄せが出たり、かえって効率が悪くなったりすることさえある。企業の成長を求めるなら、全体最適を志向したデジタル化を目指すべきだ。だが個社単位で考えている限り、どうしても資金力の壁にぶつかってしまうのだ。

大企業には豊富な経営資源があり、全社的なDX（デジタルトランスフォーメーション）に取り組める。中小企業との決定的な違いだ。では、中小企業は諦めるしかないのか。あるいは部分最適で我慢するしかないのだろうか。

そこで発想を転換した。一社だけで取り組むデジタル化に限界があるなら、中小企業が〝相乗り型〟で使えるプラットフォームを構築し、同じ業務システムを使って生産性を一気に高めていく姿が望ましいのではないか。地域全体の企業を視野に入れれば面的に生産性向上へ導ける。さらに、そのプラットフォームを地域で運営できれば、「完全な地域自立型のデジタル化モデル」までが実現できるはずである。

このコンセプトで重要なのは、どんな業態の企業に適用しても生産性が高まる機能を持つプラットフォームでなければならない点である。果たしてそれは、どんな機能なのか。どうすれば競合関係にある同業他社と相乗りができるのか。こうした課題を解決するために実地調査に時間をかけた。企業の業務機能を一つひとつ分解し、丹念に整理することで「競争領域」と「非競争領域」に分類できるまでにたどり着いた。

競争領域は、各社が独自性を持って尖らせる、その個社ならではの業務である。例えば、R＆D（研究開発）や、マーケティング、生産技術、営業ノウハウなど、自社の強みを活かして「とことんこだわる」べき分野だ。本業の製品の品質や売り上げに直結するため、戦略的に経営資源を投入して取り組む必要がある。

一方の非競争領域は、原材料や部品の調達、製造指示、生産管理、販売や在庫管理、財務会計など、いわゆる基幹業務である。どの会社でも同じような作業をこなしている業務プロセスであり、現状が部分最適型業務・システムの場合、業務改革による効率化の余地が大きい。あえてこだわる必要がなく、むしろ共同利用することが大きな効率性を産む「協調領域」とも言える。

そこから導き出された結論が、「非競争領域で生産性を高められる機能を持つプラットフォームを構築できれば、中小企業の役に立つ」ということだ。キーワードは「データ化／見える化

／業務標準化」である。これらによって、主要業務プロセスの効率化だけでなく、原価管理の高度化と収益性の改善、発注の最適化による在庫削減など、さまざまなメリットを生み出せる。

資金不足の中小企業でも導入しやすいように、初期費用を抑えたサブスクリプション（購読）形式を採用したのもポイントの一つである。「IT化／デジタル化は莫大な初期投資がかかる」というイメージを払拭できるからだ。

ERPと簡易なMESとサプライヤー向け発注ポータルを連携

CMEsの仕組みを**図2-3-7-1**に示す。ERP（企業資源計画／統合基幹業務システム）を中心に、簡易なMES（製造実行システム）とサプライヤー向けの発注連携ポータルを連携させている。

CMEsが持つMESによって得られる効果の一例を挙げる。**図2-3-7-2**は、部品の加工作業に欠かせない製造指示書から実績登録に至る工程の導入前と導入後を比較したものである。

MES導入以前の流れは、製造指示から実績登録まで、工程が変わる度に手書きで記録した紙にハンコを押して次々に回すものだった。途中、手書きのアナログデータを生産管理システムに入力してデジタルデータに置き換えるもの、データ連携ができていない別のシステムにはデータを何度も打ち直すなど、同じ作業が繰り返す必要があった。アナログとデジタルが混在し、データが個別分散していたため、何かトラブルが起きた場合もデータをたどるのも難しい。

図2-3-7-1：CMEsプラットフォームの仕組み。基幹業務は、ERPに世界的な強みを持つ独SAPの「S／4」をベースに、不足する機能を付加している

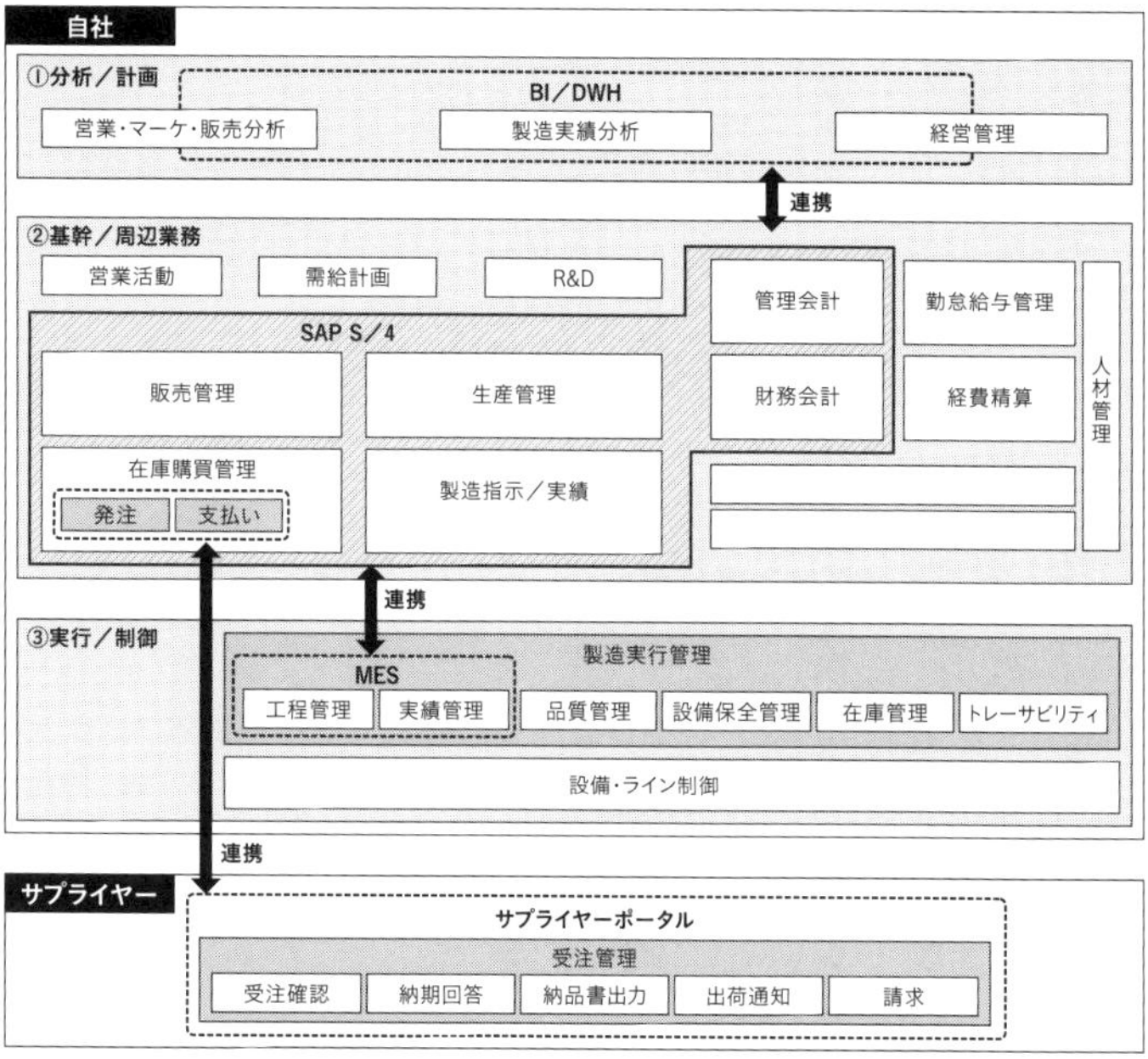

図2-3-7-2：CMEsを導入した現場の導入前と導入後の比較

CMEs導入前	CMEs導入後
1. 手書きで実績をメモする	1. 不要（iPadに直接入力）
2. 現場の共有PCに移動する	2. 不要（ネット接続のポータブル端末を使用）
3. 生産管理システムを起動する	**3. MESシステムを起動する**
4. 指図No.を手入力し指図を検索する	**4. バーコードスキャナで指図を検索する（手入力は不要）**
5. 手書きの実績をシステムに転記する	**5. MESシステムに実績を登録する**
6. 日報管理システムを起動する	6. 不要（システム連携による）
7. 入力対象を探す	7. 不要（システム連携による）
8. 手書きの実績をシステムに転記する	8. 不要（システム連携による）

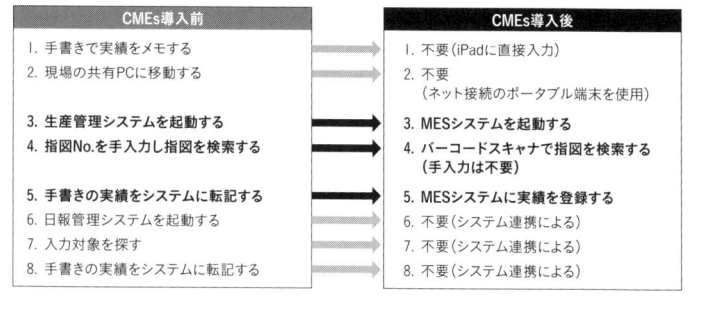

ＭＥＳ導入後は、データがすべてデジタル化されシステム内で連結される。生産管理システムから発行した製造指示書を現物に添付し、以降の作業はすべてバーコードを端末で読み取るだけで、管理会計にまで瞬時に反映される。

ＣＭＥｓの導入効果は、工数削減による作業の効率化にとどまらない。製造不良を引き起こす手書き文字の読み違いや、データ打ち換え時の転記ミスが一掃されるため、品質向上とコスト削減が可能になる。しかも、過去の実績データを即座に掘り起こして分析できるため、管理統制面の高度化という副次的効果も大きい。特に、工程ごとの労務費や間接経費がガラス張りになり、標準原価に対して実際にかかった原価が一目瞭然になる点は、全体最適を実現するＥＲＰの真骨頂である。売れば売るほど赤字になる不採算品目や原価割れ品目をリアルタイムで把握でき、生産計画を機動的に見直せる。製造実績の確定が、月次から週次、日次へと短サイクル化し、経営判断の迅速化も期待できる。

個社の効率化から、地域企業間の連携による新ビジネス創出へ

ＣＭＥｓのゴールは、個社単位の生産性向上だけではない。その先を見据えたポテンシャルを持っている。相乗り型で多くの企業に面的に展開することで、同じ仕組みを使う企業間でのデータ連携が可能になることだ（**図2-3-7-3**）。

ＣＭＥｓの真骨頂は、その名前の通り「Ｃｏｎｎｅｃｔｅｄ（コネクティッド、つながって

図2-3-7-3：共通プラットフォームで成せる将来像

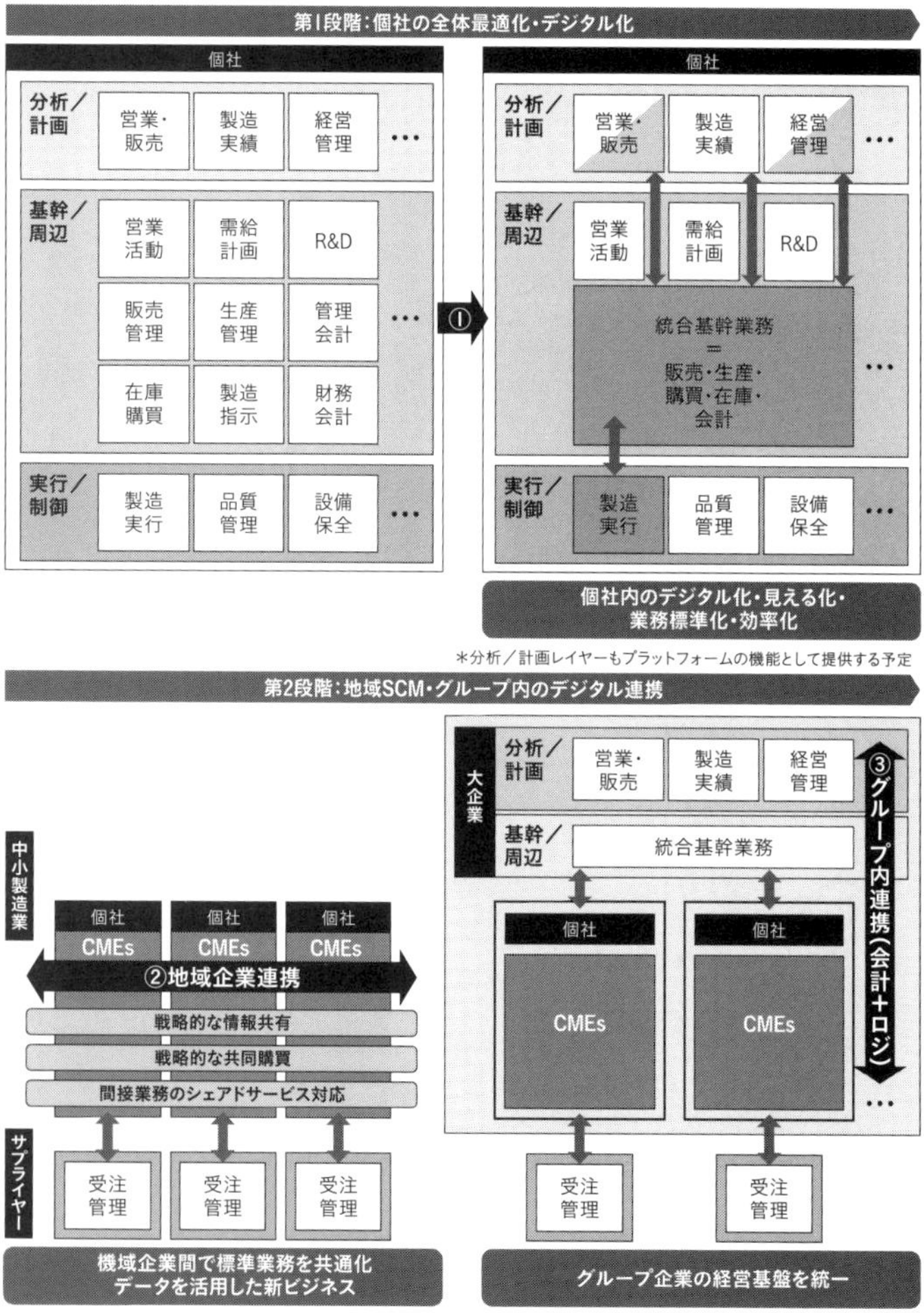

いる)」である。ちなみに、このＣｏｎｎｅｃｔｅｄは、経済産業省が２０１７年３月、ドイツで開かれた情報通信分野の国際見本市「ＣｅＢＩＴ」で提唱した「ＣｏｎｎｅｃｔｅｄＩｎｄｕｓｔｒｉｅｓ」のコンセプトに通底する。標準化されたデータがつながることで生産効率が高まり、生産性が向上した地域内の企業がつながることで、革新的な新ビジネスの創出に結びつく。

例えば、共同購買でディスカウントを利かせた調達をする、顧客情報を戦略的に共有して営業リソースをシェアする、財務会計のシェアドサービスに対応して効率化を図るなど、連携により仮想的な価値創造の共同体ができあがる。

一社だけではリソースが限られ資金力も弱い中小企業であっても、束になって力を発揮すれば大企業にも負けない〝バーチャル大企業〟として対抗できる。そこでイメージしているのは『スイミー』という絵本に出ている小魚たちだ。仲間を集め統率の取れた群れになれば、大きなマグロをも恐れず自由に泳ぎ回れるという世界観である。

非競争領域での構築・導入が一通り普及すれば、将来的には競争領域にも展開できる伸び代があるとも考えている。

ＣＭＥｓ導入の前提である「データ化／標準化」への取り組みが不可欠

相乗り型の共通プラットフォームであるＣＭＥｓの導入では、データ化／標準化が前提になる。そのために業務改革が不可欠だ。例えて言えば、大企業のように自身の体形に合わせた服をオーダーメイドで仕立てられないのであれば、レディメイドの服に身体を合わせるしかない。

ただ中小製造業においては、自前主義の企業風土の下で、独自の進化を遂げてきた業務システムを構築している企業が多く、服に身体に合わせるための肉体改造に対しては抵抗感が強い。そのためか、多くの中小製造業のデジタル化は遅々としている。デジタル化の成熟度で言えば「デジタイゼーション／インダストリー２・０」のフェーズにある（**図2-3-7-4**）。

インダストリー２・０とは、紙ベースのアナログデータをデジタル化する「デジタイゼーション」の段階である。表計算ソフ

図2-3-7-4：デジタル化の成熟度。多くの中小製造業は「インダストリー2.0」の段階にある

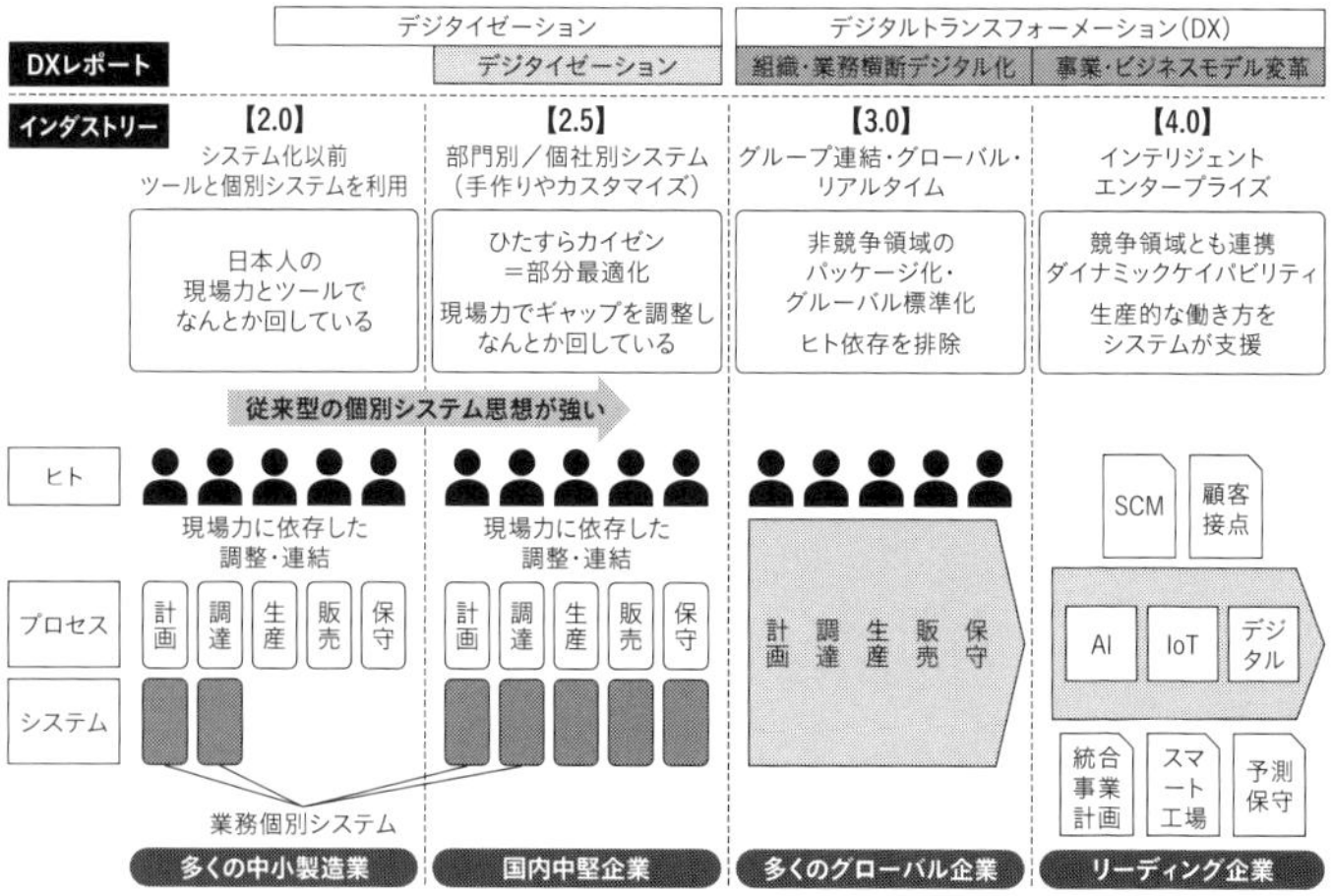

トウェア「Ｅｘｃｅｌ」やデータベース管理用ソフトウェア「Ａｃｃｅｓｓ」を使って、個々人が手作業でデータを入力する属人的な対応に頼っている。

「インダストリー２・５」になれば、個別の業務や製造プロセスをデジタル化する「デジタライゼーション」の段階になる。中堅企業が業務効率化を達成したケースもあるが、個々のシステムがサイロ化し連携が取れていないため、部分最適に留まっている。ここまでは大企業であれば、１９９０年以前から取り組んでいた内容だ。

大企業は１９９０年代には、全体最適を目指し組織横断型でシームレスにつながるシステムを構築し「インダストリー３・０」のフェーズに入っている。結果、大手製造業の生産性は、１９９６年から２０１６年までの20年間に13・４％アップしたものの同じ期間に中小製造業の生産性は３・２％ダウンしている（『未来投資会議構造改革徹底推進会合 経済産業省提出資料』、２０１７年10月12日）。20年以上も時計が止まっているどころか逆回転しているのだ。

大企業が利益を確保するなかで、中小企業に対しては調達価格を抑えるなど、コスト削減のしわ寄せを押し付けているという側面があることは忘れてはならない事実である。しかし、効率化を進められなかったこともまた事実として受け止める必要がある。

中小企業のデジタル化が進まない要因は「資金力や人材不足だ」と前述した。だが、それ以前に根本的な原因がある。すなわち、ＥＲＰをはじめとする新しいソリューションを知った上で、リソース不足を理由に選択できないのではなく、そもそもＥＲＰの存在、あるいは本質的な意味合いを知らない中小企業が圧倒的に多いことである。

宮城県の調査（２０２２年）によれば、「ＥＲＰに類するシステムを使っている」と回答した企業は全県で20％弱だった。自己申告ベースのアンケートであるから、ＥＲＰの中身を理解して回答している割合は、これより、さらに少ないと思われる。つまり、中小企業と大企業の間には〝知識流通の壁〟が存在していると言える。この知識流通の壁を乗り越え、ＣＭＥｓのような全体最適型のＣＩ組みの導入に踏み出せば、これまでの遅れも一気にキャッチアップできるのではないだろうか。

その際に注意したいのは、ＤＸがバズワードになるなか「ＩｏＴ（モノのインターネット）やＡＩ（人工知能）を導入しさえすれば成長できる」と錯覚することである。インダストリー２・０の状態にとどまり、同２・５／３・０に移行できていない段階にありながら、ＤＸというキーワードを聞いた途端、一足飛びに「インダストリー４・０」に踏み出そうとしてしまう勇み足はありがちだ。

インダストリー４・０は、同３・０のステップで構築する正しいデータの入力・蓄積と業務プロセスの標準化なくしては実現できない。ＩＴの世界には「Ｇａｒｂａｇｅ Ｉｎ Ｇａｒｂａｇｅ Ｏｕｔ」という金言がある。どんなに優れたシステムでも、ゴミのように質の悪いデータしかインプットされなければ、アウトプットも低品質なミスリードしか出てこないという意味だ。本来必要なステップを省いた取り組みはうまくいくはずがない。

だからといって「DXは中小企業には無理だ」と失望するのは早計である。例えばCMEsを利用すれば、初期投資を抑えながらERPシステムを迅速に導入・運用できるため、インダストリー2・0から同3・0へフェーズを変えられる。それは同4・0にスムーズに展開するための準備になる。

中小企業を支援する側のデジタルリテラシーや実装力の向上にも有効

CMEsの導入効果に対し、期待する中小企業からの反響以上に多かったのが、中小企業を支援する立場にある自治体や公益法人、業界団体からの引き合いだ。CMEsの普及活動として彼らに訴求したのは、CMEsが複数企業で共同利用できる仕組みである点と、将来的な企業間連携により地域企業の面的な支援ができる点である。彼らの関心の高さは、従来はこれができていなかったことの裏返しだと言える。

行政や支援機関によるサポートは、個別企業からの要請に応じて、生産施設単体や生産システムのカスタマイズに必要な資金を援助する施策が中心になっている。だが、支援担当者がセミナーや勉強会でIT化／デジタル化の最新知識を獲得しても、個々の中小企業の現場に落とし込めるレベルの提案は難しい。地域産業全体の底上げを目指しながらも、それを実現できるノウハウまでは持ち合わせていないのが実状だ。

実は、中小企業の経営者の間では、行政や半公的な第三者機関に対する信頼が厚い。しかし、中小企業を教育・啓発する立場にある支援担当者のリテラシーがインダストリー2・5までの状態では、教えを受ける企業がインダストリー3・0から先に進めることはない。

この点でもＣＭＥｓは、グローバルで競争している大企業の知見や品質を中小企業向けにチューニングしたシステムである。その内容を理解するためには、最新のＩＴやデジタルに関するリテラシーが前提にはなるものの、ＣＭＥｓの普及活動に同行し、現地で具体的なソリューションを個社に適用するプロセスや効果を確認できれば、支援する側のリテラシーも合わせてアップデートできる。一歩先を行く支援策を提案できるノウハウを身に付けられる点が、自治体や各種支援団体に支持される所以でもある。

その意味でＣＭＥｓは、「大企業＋中央官庁」と「中小企業＋地方自治体」の知識格差を埋めて平準化するパワーを秘めていると言える。

2-3-8

中小企業のデジタル化を支えるＣＭＥｓ 地場産業の成長が従業員や市民ら地域の〝幸福感〟に

【鼎談】マツモトプレシジョン・松本 敏忠 代表取締役社長 × 西田精機・西田 高 代表取締役社長 × アクセンチュア アクセンチュア・イノベーションセンター福島（ＡＩＦ）相川英一 センター共同統括

「会津モデル」において、地域のものづくり企業の〝稼ぐ力〟を高めるための仕組みがクラウド型共通業務プラットフォーム「ＣＭＥｓ（Connected Manufacturing Enterprises：シーエムイーズ）」である。生産性をダイレクトに高め、雇用を守り賃金を高める。ＣＭＥｓを導入するマツモトプレシジョン代表取締役社長の松本 敏忠 氏と、西田精機代表取締役社長の西田 高 氏、そしてＣＭＥｓを推進するアクセンチュア アクセンチュア・イノベーションセンター福島センター共同統括の相川 英一 氏が、ＣＭＥｓ導入の経緯や狙い、これからについて語り合った。（文中敬称略）

中小企業のデジタル化について意見を交わす3氏

相川　アクセンチュア アクセンチュア・イノベーションセンター福島センター共同統括の相川 英一です。スマートシティ会津若松では、市民のWell-Being（幸福感）の向上に加え、地域の〝稼ぐ力〟の向上にも取り組んでいます。そのための具体的な仕組みが、クラウド型共通業務プラットフォーム「CMEs（Connected Manufacturing Enterprises：シーエムイーズ）」です。そのCMEsを導入したマツモトプレシジョン様と西田精機様は、デジタル化によって、地域に根ざす、ものづくり企業の新たな姿の実現を目指しています。

松本　マツモトプレシジョン代表取締役社長の松本 敏忠です。当社は1948年に東京都世田谷区で創業し、約50年前に現在の本社がある福島県喜多方市に移ってきました。主力の製造品目は、工場用ロボットアームなどに使われている空気圧制御部品や自動車エンジン用のパーツです。

従業員数は約170人で、その中にベトナムからの特定技能実習生が30人います。ベトナムには、サプライチェーンマネジメントの一環として生産拠点を作り、BCP（事業継続計画）対策を進めています。

私自身は当社に事業を承継するために2014年に入社し、2018年に社長になりました。以後、経営者として、デジタル化を進めることで生産性を高めることに積極的に取り組んできました。

西田　西田精機 代表取締役社長の西田 高です。当社は三代続く同族企業で、医療分野でグローバル展開する企業が販売する精密医療機器の部品を約40年に渡り製造しています。扱う部品は約2500種類あり、月に約400万個を納品します。いずれも米粒の3分の1から親指大ぐらいの非常に小さな部品です。

当社ももともとは、祖父が東京で75年ほど前に、旋盤を使って金属部品を製造する挽き物業として創業しました。株式会社にしてから約45年経ちます。労働力不足から約30年前に福島県西会津町の工場団地で操業を始め、私も引っ越して来ました。2011年の東日本大震災の4年後、会津若松市長から福島県の雇用を守り拡大する必要性を説かれ、会津若松市に河東工場を新設しました。当社としても事業拡大と人材確保が必要だと判断したためです。

2020年には本社も東京から西会津町に移しました。現在の従業員数は約180人ですが、さらなる躍進に向けて事業を拡大していこうと考えています。

生産性向上を果すためにはデジタル化は必須

相川 マツモトプレシジョン様は2021年4月、CMEs導入の第1社目として採用いただきました。どういった経緯から採用に至ったのでしょう。

松本 私が当社に入社して最初に感じたのは、「従業員は皆一所懸命に働いているにもかかわらず、なかなか期待される給料を払えていない」ということです。そこから社長になるまでの3年間は、どうすれば給料を上げられるかを一番に考えていました。給料を上げるには会社の利益を上げなければなりませんが、給料の原資は生産性を高めなければ作れないのです。

そうしたことをずっと考えあぐねていたなかで2018年、アクセンチュアの故・中村彰二朗氏による「IoT、インダストリー4・0〜会津の未来像」というテーマの講演を拝聴したことが、CMEsにつながるすべての出会いのきっかけです。

その時に最も衝撃を受けた言葉が「Ｄｉｇｉｔａｌ ｏｒ Ｄｉｅ」です。当時、経済産業省がまとめた『ＤＸレポート』で使われていたキーワードだと中村さんから紹介されました。ＤＸ（デジタルトランスフォーメイション）やＩｏＴ（モノのインターネット）、インダストリー４・０といった言葉さえ全く知らなかった頃です。以来、「生産性向上を果すためにはデジタル化は必須だ」と考えるようになりました。

実は弊社でも「２０２５年の崖」と言われるシステム上の課題を抱えていました。そのため、アクセンチュアさんからもアドバイスをいただく中で、その後にＣＭＥｓにつながる「会津コネクティッド・インダストリーズ」に代表として参画することになったのです。

会津コネクティッド・インダストリーズは、アクセンチュア、ＳＡＰ、会津大学、西田精機の各社も加盟している「会津産業ネットワークフォーラム（ＡＮＦ）」という団体が推進していたプロジェクトです。1年ほど続いたプロジェクトミーティングでは、地方の中小企業の生産性を高めるための手段中心に、ものづくりにおける連携をいかに強化できるかを議論しました。次第にＥＲＰ（企業資源計画／統合基幹業務システム）のような統合基幹システムやＣＭＥｓにつながるプラットフォームの話が出るようになっていったのです。

ただミーティングでは非常に専門的な言葉が飛び交いますし、事例のほとんどは大企

マツモトプレシジョン 代表取締役社長の松本 敏忠 氏

業のものでした。当社のような地方の中小企業が果たして導入できるのだろうかと当初は疑問でした。中小企業が大企業並みに実行できるとは思えませんでしたし、地方の企業は別々に動いており連携は現実的ではないと考えていたからです。

ただ自分で言うのは何ですが、志は高くあったものですから、次第にできるような気がしてきたのです。私自身が「できない」と決めつけずにマインドセットをチェンジしながら「できる」方向に舵を切ってみると、みなさんと共に取り組めるようになっていきました。

相川　気持ちを切り替える元になった〝高い志〟とは、どのようなものですか。

松本　大きく二つあります。一つは、「時代の流れに逆らうべからず」という私の信念です。当社が東京から移転してきた1973年は、首相になる田中 角栄 氏が「日本列島改造論」を唱えた翌年です。高度成長の中で地方分散が盛んに訴えられていました。当社が喜多方に来たのも労働力と工業用地を求めてです。

それから半世紀を隔てた今、政府はデジタル田園都市国家構想を打ち出し、スマート化の一環として生産力の向上を挙げています。これら二つの国家プロジェクトの〝流れ〟に上手く乗っていく。今は上手く乗れていると感じながらCMEsに取り組んでいます。

もう一つは、会津のスマートシティ化への共感であり、生産性を高めることが地域に住む従業員が、より豊かになることにつながるというビジョンです。ここでの豊かさとは、給料が上がるだけではなく、会社を離れ市民として過ごす生活において、高い利便性から多くの恩恵を受けられる。地域のコミュニティの中に仕事場が位置付けられ、地域からも支持されている状態を指します。

私は四代目ですが、娘婿として事業承継を目的に入社しています。会社の変遷も詳しく把握していなければ、小売業から転身したため、ものづくりのイロハも知りませんでした。事業承継者として外部から来たため、時代の流れの中で会社が向かうべき方向性についてては私なりに研究しました。そしてたどり着いたのが先のビジョンです。

会津のスマートシティ化には、ものづくりの生産性向上が掲げられており、まさに運命的な出会だと感じました。豊かなバックグラウンドがあり、改革を進めるうえで非常に説得力があり、当初からワクワク感があったのだと思います。単に業務改革のためのシステム導入なら、別の選択肢があったかもしれません。

CMEsは中小企業には〝なくてはならない武器〟に

相川　西田精機様の正式採用は2022年9月です。西田社長は、なぜ採用を決められたのでしょうか。

西田　約30年前、当社が西会津町に進出した際の従業員数は20人弱でした。事業形態は今と同じですが、当時から顧客との納期調整や生産計画はExcelやAccessを使いながら私自身が、できる範囲で作ってきたという経緯があります。

事業が少しずつ拡大するようになってからは、顧客企業からのサポートも受けながら、生産システムの構築プロジェクトにも何度か取り組みました。しかし、ExcelやAccessでは、それぞれが持つ機能以上のことはできなければ、連携も難しく、いろいろなデータを引っ張り出してはくっつけるということの繰り返しでした。市販の生産管理システムもいろいろ試しましたが、なかなか思うようなシステムには出会えない

西田精機 代表取締役社長の西田 高 氏

状態が20年ほど続きました。

その後、ソフトウェアベンダーに思いをぶつけながら当社独自の生産管理システムを構築し、そこから3年以上をかけてMES（製造実行システム）の構築にまでたどり着きました。ただ当社の売り上げは、ある顧客企業一社だけで約90％以上を占めているため、実質的には、ほぼその顧客向けの生産システムです。

当社は、自分たちがやりやすく、安心・安全な在庫を作るといった、ものづくりに取り組んできました。そのため生産システムも、世の中の流れとは別のところにあるのかもしれないけれど、稼働はしていましたので、そのまま続けていました。ところが、不況やコロナ禍になり、いろいろ感じているうちに、中村さんの講演を聞き深く感銘を受けたのです。これまで取り組んできた、ものづくりへの反省も踏まえ、インダストリー4・0や競争領域と非競争領域の違いについても学びました。

中小企業では、ものづくりの工程とシステムが一体になっており、それが会社の財産だとして公表しないのが一般的です。しかし競争領域は、コアコンピタンスを深化探索するために公表しなくても良いですが、非競争領域では、いろいろな形でつながることによって世の中の流れや情勢が分かる。やはり自分たちの作りたい放題では通用しないし、基幹システムとつなげた見える化が必要だと考えるようになったのです。

そこからANFのアドバイスを受けたり、松本さんの導入事例を伺ったりするうちに、まさしく中小企業が抱える課題が浮き彫りになってきました。特に同族企業が事業承継を、いかにきちんとした形で進めるかを考えるうえでは、CMEsは中小企業には〝なくてはならない武器〟になると感じ導入を決めました。

相川　私自身、2018年に会津に来て、CMEsのプロジェクトである「コネクティッド・インダストリーズ」に参加しましたが、当初から「やるべきことに企業規模の大小は関係ない」という信念を持っていました。これは、アクセンチュアとして、大手製造業にコンサルティングを提供しノウハウを蓄積する中で確信したことです。

どんな会社も、R&D（研究開発）は競争領域として持っていなければなりません。

一方で、購買・生産管理・物流・営業・経営管理などの基幹業務も会社の機能としては欠かせません。しかし従来は、企業規模が小さいから、イニシャル投資が難しいからという理由で、基幹業務の整備は後回しにされてきました。

加えて中小企業の場合、大企業のように業務全体をいきなり変えるのは難しい。それ以前に、まずは自分たちのコアコンピタンスをより強化するために、例えばＩｏＴ技術を使って一部の生産ラインの高度化を図ろうとする。つまり部分最適です。そこに、アクセンチュアが大企業向けに提供し蓄積してきたノウハウを〝ギュっ〟と詰めて中小企業に提供できれば、確実に効果を上げられると考えたのです。

当初はＣＭＥｓのパッケージがなかったため、マツモトプレシジョンさんを訪ねて業務プロセスをヒアリングし、大企業向けノウハウと比較・検討したうえで必要な機能を一つひとつ積み上げていきました。その過程で、Ｅｘｃｅｌのバケツリレーをこう改善すれば効果が出るとか、在庫管理の精度を高度化・見える化し原材料の購買数量の適正化によって数％に止まらない生産性の向上効果を勝ち取れると実感できました。

それらを大企業でしか使えないＥＲＰパッケージではなく、中小企業も広く使えるよう標準化してクラウドに登載し、サブスクリプション（購読）形式で提供できれば必ず効果が出せると確信したのです。

ただＣＭＥｓの導入により、慣れ親しんできたやり方を変えることは非常にハードルが高かったのではないでしょうか。

経営トップが「絶対にやる」という意志を伝えることが重要

松本　当社が長年使ってきたシステムは、西田精機さんと同じく自前のＥｘｃｅｌやＡｃｃｅｓｓです。従業員の誰かが開発・管理し続けてきたものですが、ＣＭＥｓの導入では、すべてを一掃することになります。開発・管理し続けていた社員や利用してきた社員のモチベーションが一番の気がかりでした。

ＣＭＥｓの導入を検討する際に私が最初に声を掛けたのは、システムを管理してきた二人の担当者です。第一印象として二人は「中小企業がＥＲＰのような総合パッケージをコントロールするのは難しい」と躊躇する一方で「ＣＭＥｓのようなシステムがなければ、これからの維持管理はできないだろう」と現実も受け止めていました。彼らもそれなりの年齢になり、維持管理が難しくなる問題を自覚し、どう解消すべきかという課題を抱えていたのです。同時に、ＩＴ化を手掛けてきた彼らからすれば「統合型のシステムは非常に高価」という懸念もあったのです。

ただＣＭＥｓはサブスクリプション形式のため、中小企業の立場が勘案された従来の常識を覆すような導入・運用費用になっていました。経済的な懸念点はクリアできるため、その後の属人化を避けられるオペレーションを考慮すれば「採り入れるべきだ」と

アクセンチュア アクセンチュア・イノベーションセンター福島（AIF）センター共同統括の相川 英一 氏

冷静に判断してくれました。

一方、現場で作業しているシステムの利用者から見ると、「今までできていたことができなくなる」「親しんできたシステムが不慣れなものに変わってしまう」のは事実です。こうした懸念をどう払拭するか。その方法は一つしかありません。

私は導入の2年ほど前から、「デジタル化を進め生産性を高められれば、その先には皆さんの給料アップがある。この手段を選ばなければ、生産性向上は見込めず給料も上げられない」と、さまざまなシチュエーションで繰り返し伝えるようにしました。ある意味、刷り込んできたとも言えます（笑）。「道具が変われば最初はやりにくいけれども、慣れてしまえば効率的になる」とも言いました。そのうえで、社内にヘルプデスクを設けたり、指導できるスタッフを置いたり、会社として準備できることは準備し、不慣れな部分をカバーしていったのです。

会社が、ある日突然変わることは難しい。それだけに、やはり経営トップが成果を期待し、その効果を従業員に伝える。トップダウンで舵を取ることがデジタル化を進めていくうえでは重要だと思います。

西田　当社の場合、約20人から180人の企業規模になるまで、会社のことはすべてに渡って私が見てきました。「トップが言ったことを黙ってやっていればいい」という企業体質だったと思います。それだけにCMEsに先行していたMESの導入時も、私の「絶対にやる」という意志をメンバーにいかに伝えるかが課題でした。

CMEsへの切り替えでは、MES導入時のプロジェクトメンバーを核に、長男の常務がプロジェクトリーダーに立ちました。私は、松本さんが話されたように、CMEs導入の先には生産性の向上があり、企業を存続させるには必要な手段だと常に話すように心がけました。MESの完成から実質約1年しか経っていなかったため、大きな抵抗感はありませんでした。「これまでやってきたことをなぜ変えるんだ」「面倒くさい・やりづらい」といった声が若干出ましたが、それよりも生産性向上を目指すほうが大事だとの理解が広がり、予想したほどのトラブルはありませんでした。

正しいデータを見て正しい判断を下せば生産性も売り上げも向上する

相川　マツモトプレシジョンさんも西田精機さんも、アーリーアダプターとして難しいジャングルに自ら分け入り道を切り開かれました。それができる経営者は多くはありません。

ＣＭＥｓは最新のＥＲＰシステムの機能を提供していますが、その仕組みを動かすのは人です。生産ラインで働いている方、バックヤードで経理を担当している方など、利用者はさまざまです。だからこそ、お二人が強調されていた、「この先に何があるのか」を全員が理解して進めることが大切です。ツールであるＣＭＥｓを導入すること自体が目的ではありません。

会社が違えば、人も文化も違います。人や文化まで標準化はできません。お二人の会社の現場から出て来た声を、例えばＦＡＱ（よくある質問と答）として収集し標準化を図るなどすれば、これから導入する企業は、スムーズに取り組めるのではないかと考えています。導入に向けた心理的なハードルや、社内展開時のアナログ的な対応についても今後は、拡充していきたいと思います。

導入後の成果はいかがでしょうか。

松本　成果は会社の業績にてきめんに現れています。売上増はもとより、営業利益率が導入前は1％にとどまっていたものが5％にまで改善しました。「利益率1％から脱却できれば、従業員の可処分所得を3％上げる」と公約していたのですが、その約束を2022年の春に果たせました。従業員と経営との信頼関係が一気に深まったと思います。

行動面でも、これまで各人が固有の意味で使っていた業務用語を一掃しました。CMEsが提供しているITベースの共通言語に合わせたのです。共通言語に基づき同じ方角に進み、データが貯まってくるにつれ、利用するツールも同じものに集約できました。正しいデータを見て正しい判断を下すという行動変容が随所に現れ始めただけに、データの信頼性が非常に重要になってきました。

図2-3-8-1：マツモトプレシジョンにおけるCMEsの導入効果と今後のチャレンジ

CMEsの導入の果		今後のチャレンジ
●発注・原材料出庫・製造実績・出荷など各種実績の日次登録業務の完全定着 →データ精度が整い経営判断に有効な分析業務が可能に ●月次決算業務の主体的遂行 ●単品別個別原価計算への移行 ●主要な外注先とのサプライヤーポータルの稼働 ●一部原材料のMRP発注による効率化 など	➡	●MRP発注品目の拡大による、さらなる効率化 ●単品別個別原価分析業務の確立と、それによる採算性向上施策立案の推進 ●計画立案業務の効率化・高度化のための能力関連データの整備と解析計画立案業務の設計 ●サプライヤーポータルの展開先拡大によるサプライヤー連携のさらなる効率化 ●実績確定の短サイクル化（月次→週次）による経営判断の迅速化

モノと情報とお金の流れが一気通貫でつながるようになったことで、手戻りが少ない経営になったと思います。これまでの部分最適が全体最適になり、属人化から共通化になったのです。標準化された世界で正しいデータを見ながら、それぞれが判断を付け加えていくというフラットでオープンな流れが起き始めていると感じています。

西田　当社は2022年5月に導入しましたが、すでに成果は出ています。

CMEsの導入に当たって私が掲げた第1のテーマが「徹底した無駄取り」ですが、CMEs導入後の5カ月間を見ても、無駄が格段になくなっているの確かです。例えば、サプライヤーとの発注連携ポータルでは、従来は手作業だった発注や納期管理が半自動あるいは完全自動でできるようになっています。

より大きな成果として現れているのが時間の無駄取りです。私は工学部出身でものづくりが本職ですが、経営に携わると、それ以外の仕事のウェイトが大きくなり、競争領域におけるコアコンピタンスを強化するための時間が取れなくなっていました。CMEsの導入により時間ができ、本当にやりたいことに集中できています。従業員からも「以前より時間ができた」という声が聞こえています。わずか5カ月で、こうした言葉が現場から出て来たことは、すごい成果だと思っています。

日々のデータを収集・分析でき中期経営計画と常に照らし合わせながら判断できるよ

うになったことは、経営者としては非常に有効です。従来は、ほぼ1社特定の顧客ニーズに合わせ作りたいように作ったシステムだっただけに相当な無駄がありました。例えば、製造と経理・会計が連動していないため、半期の業績や1年ごとの決算数字から判断するなど"後追い"ばかりしてきたのですから。

CMEsにより、横につながる情報網ができた結果、データが正しいかどうかもすごく大事になりました。例えば、ものづくりのための工程設計は、以前なら"だいたい"で良かったのですが、CMEsは"だいたい"では動きません。逆に「ここが整理できていないから無駄が出る」ということが浮き彫りになったわけです。その意味では、これまで私の頭の中にしかなかった当社の全体像がシステムとして整理され、リスタートできました。

図2-3-8-2：西田精機におけるCMEsの導入効果と今後のチャレンジ

CMEsの導入の果	→	今後のチャレンジ
●CMEs外の業務設計を含めた安定化 ●各種実績登録業務の自走 ●月次決済業務の自走 ●サプライヤー25社へのサプライヤーポータルの展開	→	●半製品入出庫実績計上の不備ゼロに向けた業務運用改善 ●MRP活用による発注効率化 ●計画系マスターデータの精度向上とMRP活用による生産計画立案の効率化 ●単品別個別原価分析業務の確立と、それによる採算性向上施策立案の促進

CMEsでは〝やってなかったこと〟がすべて分かってしまう

相川　会社に利益が出ているのか、原価を正しく把握し儲かっている品目は何かをリアルタイムに見えることはCMEsの最大のメリットです。それが見えれば経営者は「こっちに舵を切ろう」と判断できるはずです。データによる見える化は大変で難しいというハードルではありますが、それが見えた瞬間に経営の景色はがらりと変わるでしょう。経営者が正しいデータと分析手段を手に入れられれば、会社が間違った方向に進んでいても軌道修正ができます。日本全体が儲かる体質を持った製造立国に必ず戻れるのではないでしょうか。

松本　私も経営判断に必要な材料が適時集まってくるようになりました。多くの会社は月次で決算しているので、経営状態の掌握スピードは1カ月単位が基本でしょう。しかし当社は今、週次決算に移行しています。それほどデータの集約スピードが上がってきたのです。

これは「ムリ・ムダ・ムラ」の〝三ム〟を省き生産性向上につなげる一番の原則です。データの集計を速くし正しいデータに基づいて〝三ム〟の存在を感知し、経営判断に生かす。このスピードが速いほど営業成績も上がると思います。

西田　そのためには、CMEsの型に、ある程度、はめるという行動に導く教育が大切になります。正しいデータを入力するには、正しい作業を継続できなければならない。この習慣化も併せ、必要な行動変容です。アナログ性が強い会社ほど、やったりやらなかったりする作業があるはずです。CMEsでは、やらないと、やってなかったことが、すべて分かってしまいます。そこから業務プロセスを整理できるだけに、このプロセスの共通化が大きく効いてくるでしょう。

松本　製造業に絶対的に必要なのは、製品当たりの原価を構成する要素を整える「マスター整備」です。材料や費用、時間など、一個の製品を作るための原価を構成するあらゆる要素を整えていくのです。マスター整備により、販売単価に対する製造原価も粗利も分かります。ムリな計画ではないか、ムダな時間がどれだけあり改善しなければならないのか、トータルのムラをどう省いていくかなど、それぞれの打ち手が見えてきます。

西田　おっしゃる通りです。ロットごとの原価管理、ひいては製品一個ごとの原価管理ですね。これができれば、以前は納品後の結果でしか判断できませんでしたが、今は作った瞬間に分かります。それが徹底的なムダ取りにつながる。

そこでのキーはやはり、データの正しさです。できないと先に進めません。当社でも導入当初は、きちんとデータ入力ができる従業員とできない従業員がいましたが、正しいデータの大切さを理解した上で実践していくことで、会社のレベルが上がっていくことが体験できた気がします。

私の言葉で「できた／できない」「頑張った／頑張らない」と感覚的に伝えるのではなく、「ルール通りやらないと進まない」という仕組みが当社を底上げしてくれたのです。自分たちの実力がすぐに分かれば、どう手を打つのか、どこに力を注げばいいかも分かる。従業員からも、いろいろなアイデアが出てきています。

相川　日本のものづくりはこれまで、部署間、ライン間、工程間を紙の伝票やＥｘｃｅｌを使い担当同士があうんの呼吸で回してきました。中小企業なら、各部署に複数の担当者がいて、それぞれの頭の中を具現化したようなＥｘｃｅｌがＰＣの中にあり、そのファイルをバケツリレーしていくようなイメージです。

ですが、ＣＭＥｓのコアにあるＥＲＰでは、そうした曖昧さは１ミリも許してくれません。導入当初はまず、その壁にぶつかります。しかし、そこで仕様を緩めてしまうと元も子もありません。導入・利用の先に生産性向上や給料アップがあるいう目標を明示し業務ルールの厳守を徹底する必要があります。

大企業でもＥＲＰの導入では、システムが用意しているプロセスをカスタマイズ（設定変更）したりアドオン（機能拡張）したりしています。厳格なルールの下でしか作業ができない設計になっているにもかかわらずです。ＥＲＰ導入に多額のコストがかかるイメージが生まれる所以でもあります。

これに対しＣＭＥｓでは、プロセスを一切変えずに使っていただいている。ややもすれば大企業のＥＲＰよりも正しい使い方かもしれません。この先、ＥＲＰがバージョンアップしてもスムーズに追従していけるでしょう。

従業員、協力会社、地域社会の〝三方良し〟の考え方がＤＸを求める

相川　最後に、これから採用を考えている企業へのメッセージをお願いします。

松本　何よりも経営者のマインドセットのチェンジが絶対的な条件であり、入口だと思います。生産性向上を果さなければならないと思っているか否かが大事です。モノづくりの中核を担うのが、日本の全企業の99％を占める中小企業だという構造が変わらないとすれば、サプライチェーンにおいて、我々のような中小企業がデータ連携のハブになり生産性を高めていくべきです。

それにより、地域社会や従業員、協力会社の皆さんの、それぞれに必要な利益をきち

んと確保しようする〝三方良し〟の考え方を持てなければ、DXに取り組もうとも考えないのではないでしょうか。

当社や西田精機さんのような従業員数が200人弱の大きさの会社でも、経営者がすべてを見渡せてはいないはずです。人・モノ・金の動きのすべてを見渡せなければ、必然的に「デジタル化が必要だ」と考えるはずです。その時、「自分が見える範囲内でやれれば良い」と考える経営者と、「ものづくりの流れ全体を変えていかねばならない」と信念を持てる経営者では、とらえ方は全く異なるでしょう。社会問題に向き合おうと思う経営者なら、DXの必要性を考えているはずであり、おのずとデジタル化の流れを知ろうとするはずです。そうした経営者のみなさまに向けて、マインドセットのチェンジにつながる発信をしていきたいと考えています。

当社がCMEsのパイロット導入を決めたのも、大きな野望があるからです。先ほど中小企業がデータ連携のハブになるべきだと言いましたが、私は中小企業が大企業の行動まで変えるぐらいの気持ちでいるのです。つまり、99％の中小企業が大企業をもコントロールするぐらいの志を持つべきだと。でなければ中小企業は収益を確保できなくなってしまうという危機感を私は持っています。この考え方に共感していただける経営者をたくさん集め、情報共有ができるタスクを組みたいと思っています。

西田 私はこれまでトップダウンで事業を展開してきました。ただ「それだけでは賄えない規模になってきた」と知ったのが、MESやCMEs導入の大きな契機になりました。初めは、どうすべきか分かりませんでしたが、中村さんが言うものづくりの世界標準であるインダストリー4・0で〝ハッ〟と再認識したのです。そして、中小企業はどうすれば良いのかを考え始めたタイミングにCMEsに出会いました。

当時の従業員は「社長の言っていることだけやっていればいい」という姿勢でしたから、ある意味、経営は私の頭の中だけにありました。それがCMEsを導入プロセスにおいて、データ整理など、私の能力だけでは賄えない要素が増える一方で、その能力を持つ従業員が大勢いることに気づかされました。それから従業員の個性を活かす道が開けたのです。

ワンマンだった社長自身が体力を含めて「もうダメだ」と思ったときには、もう遅いと思うのです。社業の発展には、DXによって生まれる時間を、いかに有効に使うかが欠かせません。ムダを省き効率が高まれば従業員の合理化を図るのではなく、その時間をより一層自社の強み、コアコンピタンスを深化探索することに充てる。それにより、本当に必要とされる個性ある企業として全世界から選ばれる企業になりたいと考えています。そのためにはCMEsのような基幹システムの導入は不可欠です。

〝コネクティッド〟が日本の製造業の競争力を高める

相川　我々が皆さんと一緒に目指したいのは、すべての会社・業務・人・モノがつながる〝コネクティッド〟です。

CMEsの第一段階は、これまで個社の中で分断されていた業務をつなげるところからスタートしました。次のステップとしては、個社がバラバラに1社ずつ導入していくのではなく、地域内の企業が非競争領域にある業務では同じ仕組みを使い共有化を図ることで重複しているコストを削減し、それぞれの生産性の向上効果をさらに引き出したいと考えています。

日本の製造業には地域性があり、似通った業種が同じ地域に集まっています。

CMEsを地域単位で複数社が導入すれば、松本さんや西田さんのように地域全体を牽引していく企業が各地域に生まれ、それを中心に地域の製造業が再興していく姿を思い描いているのです。

いずれは日本中の製造業が元気になり、先進7カ国のGDPや単位時間当たりの生産性において、日本が常にトップ3以内に位置するのが私たちの野望です。それは決して突飛な話ではなく、今後の5年、10年という時間軸で実現できるのではないでしょうか。

2-4-1

協調領域を広げる都市OSを軸に「会津モデル」の全国展開と地域連携を推進

スマートシティ会津若松の第2ステージでは、会津でのコラボレーションを進め、より多様な市民向けサービスの充実に加え、スマートシティの一つのスタイルとして確立された「会津モデル」の横展開・全国展開を目指す。

スマートシティ会津若松での長年の取り組みに基づく「会津モデル」は、会津ならではの特徴を持ちながら、地方創生に取り組む他地域の〝稼ぐ力〟の創出を後押しできると考える。さらに、地域間の横連携によって地域を超えた社会課題を解決していくポテンシャルを合わせ持っている。

実際、多数の企業が実証フィールドとしての会津若松の魅力に惹かれて集まり、市民に役立つ新しいサービスやアプリケーションを生み出している事実は、2-2で紹介した通りである。

都市OSがなければスマートシティのリスクが一社に集中する

スマートシティ会津若松に多くの企業が進出してくる最大のポイントは、市長をトップに、実行主体としてのAiCTコンソーシアムを中心とした都市マネジメントと共助の仕組み、そして、それらを実現するシステムとしての「都市OS」を稼働させていることである。都市OS自体の仕組みについては1章で解説している。以下では、スマートシティに向けたサービスを企業が開発する際に、都市OSがあるかないかで何が違ってくるかを説明したい（**図2-4-1-1**）。

都市OSがない状態で、スマートシティのための新しいサービスを独力で開発しようとすると、基本的なシステム設計から、ITインフラやアプリケーションの開発までのすべてを一社が投資し整備する必要がある（**図2-4-1-1の左**）。

その後に、ビジネスモデルとして成り立つと判断し実証テストに移った段階でも、マーケティングを手掛けたり、モデル事業の参加者やデータの収集をゼロから始めたりしなければならない。実用化までに膨大なコストと時間がかかる。成功すれば一社で利益を独占できるものの、軌道に乗るまではランニングコストの持ち出しが続き、失敗した場合の損失も大きい。その企業が撤退すれば、スマートシティ事業そのものが、とん挫する恐れもある。

これに対し都市OSがある場合は、都市OSが実現している「共通データ連携基盤」機能を

図2-4-1-1：スマートシティにおける「都市OS」の有無による相違点

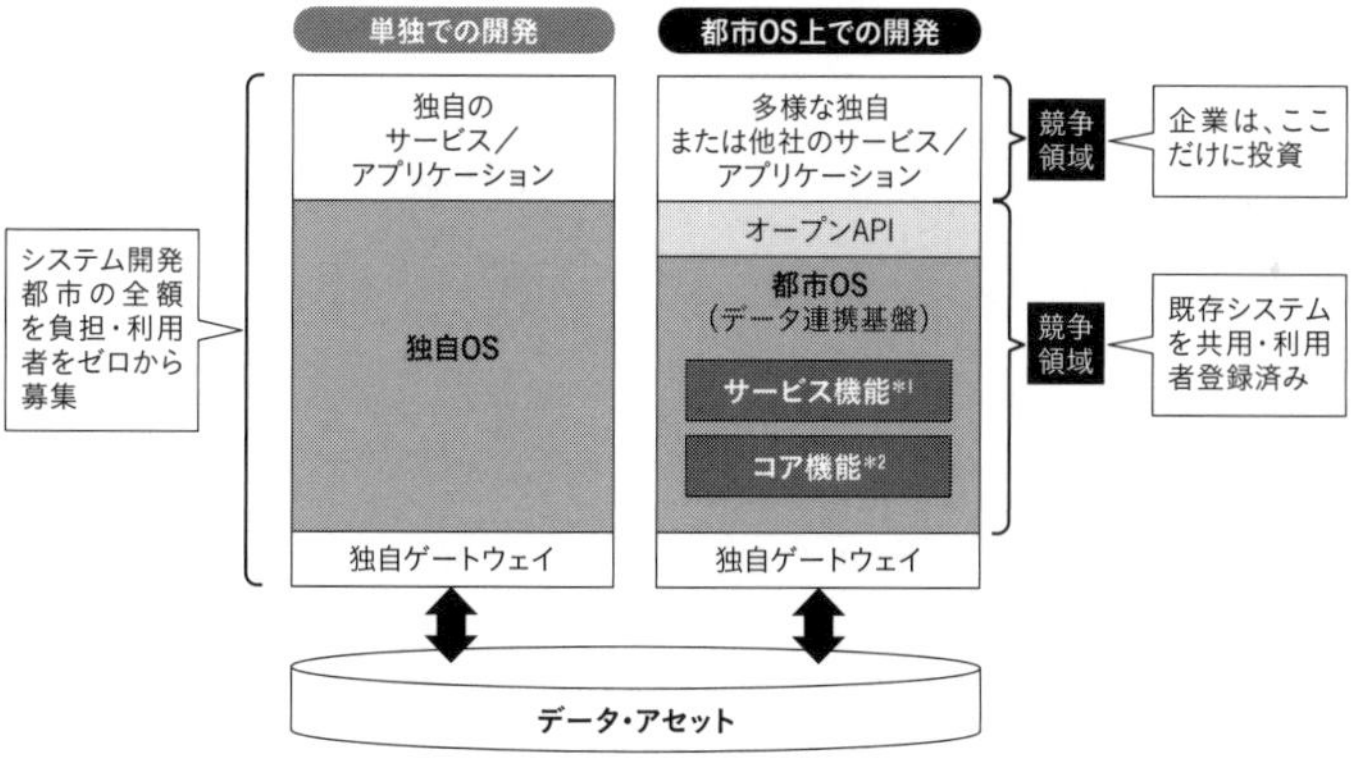

そのまま利用することで、その部分を開発するためのコストと時間を割愛できる（**図2-4-1-1の右**）。「共通データ連携基盤」は、システム開発において、どの企業でも共通して利用する「協調領域」として提供される。各企業が独自性を競い合う「競争領域」は分離されているため、進出企業は自社が得意とするサービスやアプリケーションの開発にだけに注力すればいい。

この仕組みであれば、仮に実証テストに失敗しても企業側の損失は抑えられるため再挑戦も可能になる。複数企業が同時に多様なサービスの展開を試みていれば、仮に一つのサービスがうまくいかなくても、スマートシティの取り組み全体への影響は軽微になるはずだ。

このように都市OSの最大の役割は、協調領域と競争領域を分け、協調領域のための機能を提供することにある。そのうえで都市OSには、いくつかの種類がある。都市ＯＳの構成要素によるもので、大きくは①コア機能と②サービス機能に分けられる。

コア機能は、他のシステムやデータとの連携・流通をスムーズに行うための仕組みだ。国が定める共通仕様である「スマートシティ・リファレンス・アーキテクチャ」への準拠が推奨されている。準拠する範囲内では都市ＯＳに差は出ない。

一方のサービス機能は、各自治体が抱くスマートシティへの理念やサービス展開のコンセプトによって盛り込まれる機能が異なる。ミニマムなコア機能を中心にした都市ＯＳは協調領域よりも競争領域が大きくなり、逆にサービス機能を充実させれば協調領域が広がる。会津モデルの都市ＯＳは、個人に紐づくデータ活用に関わる機能など、協調領域の幅を広めに取った仕組みになっている。

さらに会津モデルでは、サービス機能の中にオプトイン管理機能が組み込まれていることが最大の特徴になる。パーソナルデータの利活用を事前承認した利用者（市民など）が登録できる。個人の属性だけでなく興味・関心事項も併せて紐づけられる。つまり企業側から見れば、あらかじめニーズを把握できている会員に直接リーチできるため、マーケティングや会員募集にかかる時間やコストを省け、ビジネスとしての展開が容易になる。

デジタル田園都市国家構想タイプ３事業の一環として決済機能も組み込んだ。さまざまな有料サービスに応用できる料金回収の仕組みである。デジタル地域通貨の発行・管理もできる。

新しい機能を柔軟に組み込み、拡張・改修ができるのも都市ＯＳの特性だ。企業にとって使い勝手がよく、粒度の細かいデータと連携できるオプトイン型の都市ＯＳを採用することは、スマートシティ事業への企業の進出意欲を高め、結果としてスマートシティの経済効果も高まると期待できる。

都市ＯＳを採用した地域間にサービスの相乗効果が起こる

会津モデルが目指す全国展開は、スマートシティ会津若松で構築したシステムやサービスを〝丸ごと〟パッケージにし、それを採用してもらうことではない。地域ごとに、自然環境や文化・歴史、市民の価値観、社会課題が違うからだ。会津モデルでは、会津で培ったビジネスモデルのエッセンスを抽出し、地域それぞれに合った機能を付加しながら、その地域独自のスマートシティを作り上げていく（2-1「会津モデル誕生への道」を参照）。

そもそも、都市ＯＳを採用すれば、すぐにスマートシティが完成するとは言えない。会津若松でも、都市ＯＳを実装して最初の5〜6年間は、行政サービスを中心に間口を広げ、オプトインの登録者数を少しずつ増やすことに集中してきた。なぜなら、オプトインの中には消極的な同意が含まれるからだ。

初期のサービス開始時は、サービス内容をあまり理解せずに登録したり、サービスを試すために、とりあえず同意して参加したりする人がいる。こうした人々から得られたデータを基にしても、優れたサービスは生まれにくい。「このサービスなら自分も使いたい」と納得し積極的に参加してくれる市民のデータこそが優れたサービスにつながっていく。スマートシティの取り組みへの共感を地道に広げながら、積極的な参加を増やす粘り強さも必要になる。

従って、他の地域に横展開する場合も、会津と同様に行政サービスのデジタル化からスタートし、オプトインを実体験してもらいながら登録者数を徐々に増やし、その上で有料サービスに展開していくという道筋になる。

こうした考え方に共感し会津モデルの都市OSを採用した自治体は、2022年度末時点で、次節以降で取り組みを寄稿いただいている千葉県市原市、長野県茅野市、山口県下関市のほか、神奈川県Fujisawa SST（サステナブルスマートタウン）、宮崎県都農町、沖縄県浦添市など9都市を数える。

これらの自治体のスマートシティは、会津が歩んだ10年よりも早く軌道に乗る可能性が高い。会津が時間をかけ試行錯誤して作り上げた有形無形の知見や財産を採り入れられるからだ。同じ都市OSを採用した地域間では、すでに相乗効果も産まれている。例えば、会津で開発した学校向けアプリケーションを導入した自治体が新たな機能を追加し、その成果を会津に逆輸入することでサービスの質が向上したケースがある。

企業側からしても、同じ都市OSを導入する地域が増えれば、サービス展開のリスクが減りデータ利活用の幅が広がる。よりスピーディな開発やサービスの深化・進化が期待できる。物

図2-4-1-2：全国を275程度にわける「デジタル生活圏」のイメージ

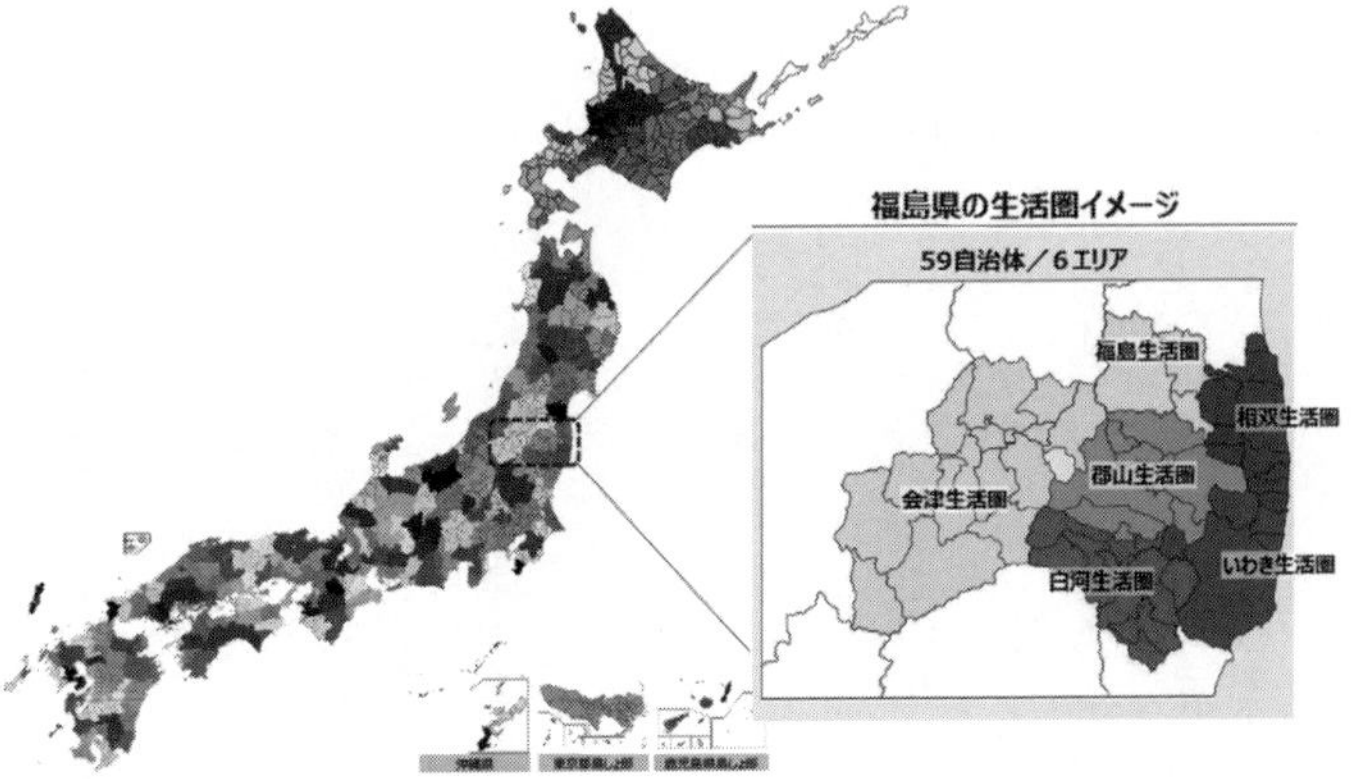

理的な距離は離れていても、スマートシティに対する同じ理念と価値を共有する地域がデジタルでつながりバーチャルに連携していけば、一種のエコシステムが生まれるのではないかと考える。

市民の行動範囲を考慮した「デジタル生活圏」の発想を

地域連携を検討する際に重要なのは、行政区画とは別に「生活圏」を考えることである。市民を中心としたサービスのデザインを想定すれば、人々の行動は行政区画の範囲にとどまらないからだ。例えば、住民登録している家は会津若松市だとしても、勤務する会社の所在地はお隣の喜多方市かもしれない。かかりつけのクリニックや、週末に遊びに出掛ける地域が、喜多方市とも違うケースも珍しくない。人びとは日常的に行政区画をまたいで行動しているのである。

にもかかわらず、自治体ごとに都市ＯＳやサービス提供の枠組みが変わってしまえば、市民にとっての利便性や使い勝手は良くない。日常生活における行動半径の中では、同じサービスが受けられるようなデザインが求められる。

この考え方を具体的にイメージするためにアクセンチュアでは、人口10万人以上の自治体を中核都市と定め、そこから約1時間以内で行ける範囲を「デジタル生活圏」と仮に定義した（**図2-4-1-2**）。共通のデジタルサービスを展開する地域になる。この仮定に基づきシミュレーションした結果、行政区分としては約１７００の基礎自治体があるが、デジタル生活圏は２７５程度になる。

この２７５の生活圏に含まれる自治体が広域連携し、共助型のスマートシティを目指すことが望ましい姿ではないだろうか。

2-4-2

横展開で広がる会津モデル＝千葉県市原市 新しいコミュニケーションスタイルを起点にスマート化へ

千葉県市原市は、「会津モデル」のシステム面での中核をなす「都市ＯＳ」を導入し、スマートシティ化に取り組んでいる。同市情報政策課長の中田 直樹 氏が、市原市におけるスマートシティへの取り組みを解説する。

行政と市民の意識の落差を浮き彫りにしたアンケート結果

市原市がスマートシティに取り組み始めたきっかけは、２０１９年の市民意識調査である。市民アンケートにより深刻な実態が判明したのだ。すなわち「二人のうち一人が市に関わる必要な情報を入手できていない」だけでなく、そもそも「市民の4分の3が市の公式ホームページを利用しない」という。しかも、いずれの割合も２０１５年の調査より悪化していた。

市の公式ホームページでは、市民の暮らしにかかわる有益で必要な情報をもれなく公開し、市政だよりなどの広報誌も活用し、幅広い層への情報発信の拡充に努めてきた。行政サイドとしては、それなりに充実したサービスを提供しているつもりでいた。だが多くの市民の手元には届いていなかったのである。

データベースを整備し情報を網羅的にホームページに掲載するだけでは、利用者が必要な情報は、利用者自身が膨大な情報の中から探索して取得しなければならない。わずらわしいうえに、ネット検索に慣れていない人にとっては、求めている情報が、どこになるかも見つからない可能性がある。その他の媒体でも、一方的に発信するだけでは、知らせたい内容が該当する人に伝わっているのか、どう評価されているのかまで追跡できない。市民の意識調査から、行政サイドから能動的に「情報を見ていただく」という姿勢で発信し、利用者の反響をつかむことが大切だと痛感した。

こうした課題を是正するためには、利用者に負担の少ないデジタルの仕組みを導入し、新しいコミュニケーションスタイルを構築しなければならないとの考えに至った。

最初に取り組んだのが、公式ホームページを、市民、事業者、観光客、移住者という属性に合わせて整理し、それぞれに最適な情報を発信する仕組みに作り直すリニューアルである。その際、市から利用者に必要な情報をタイムリーに届け、有益なサービスを提供するために、「DCP（デジタル・コミュニケーション・プラットフォーム）」（アクセンチュア製）を導入した。会津モデルの都市OSが提供する主要機能の一つである。

DCPを通じたサービス提供の基本的な方針は次の3点とした（**図2-4-2-1**）。

図2-4-2-1：市原市が導入したサービス基盤（都市OS）の概念

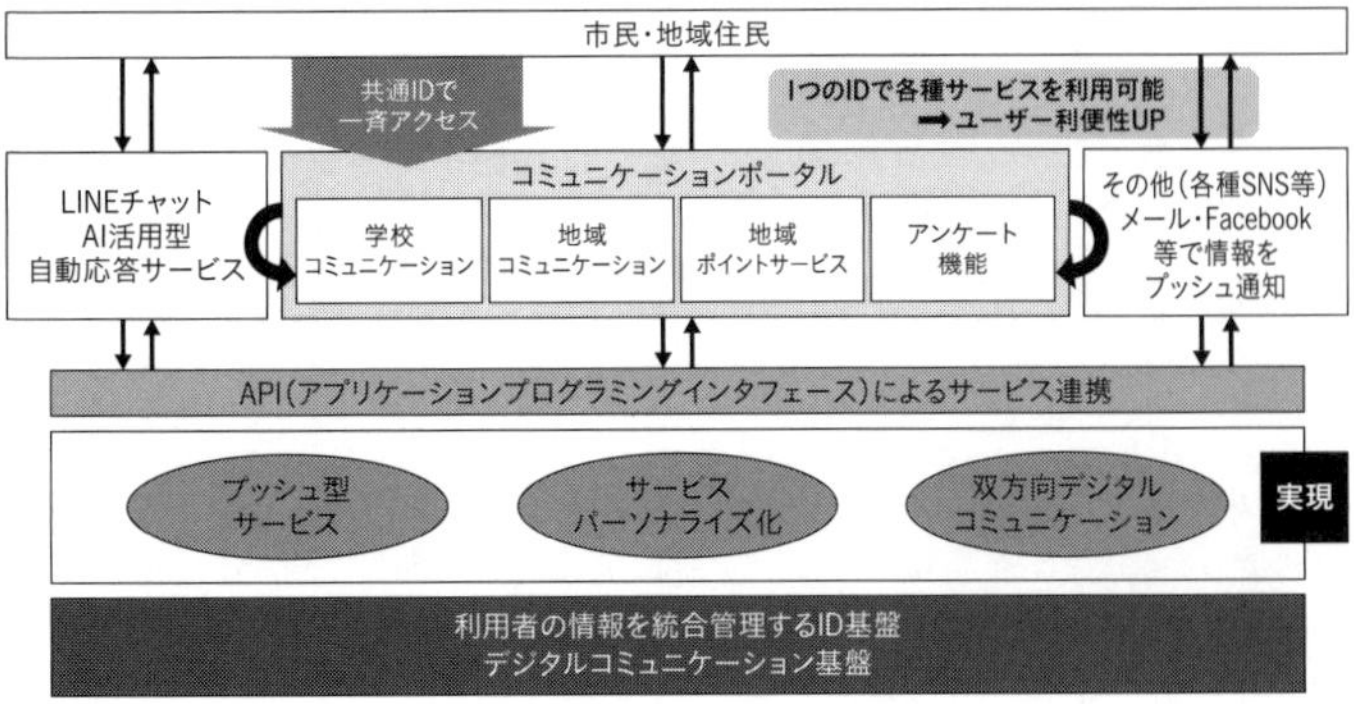

①パーソナライズされた情報をプッシュ型で受け取れる

②行政サイドと利用者との間で双方向のコミュニケーションができる

③一つのＩＤを登録するだけで、市が提供する各種サービスや連携したアプリケーションにアクセスし、ワンクリックで利用できる

「いつも使い」をコンセプトにサービスを構築

サービス構築にあたって最も重視したのが〝いつも使い〟ができるというコンセプトである。具体的には、次のようなサービスを先行して実装している。

○電子母子手帳アプリケーション＝全国初の予診票を病院と連携

市の公式ホームページにＩＤ登録しオプトインすると、ＡＰＩ（アプリケーションプログラミングインターフェース）連携している外部の母子手帳アプリ『母子モ』に自動的にアクセスし、同アプリ経由で成長記録の確認や子育てに関わる地域の新着情報を入手できる。

全国初のサービスとして、予防接種に関する予診票を電子化し、そのまま病院にデータで提出できるようにした。スマートフォンから複数の予防接種のための予診票を一括で作成できる。住所や氏名は自動で反映され、同じ質問内容への回答は一度で済む。従来は、予防接種ごとに紙の予診票に同じ内容を何度も手書きで記載して窓口に提出しなければならなかった。予防接種のスケジュール管理も容易だ。２０２１年に４カ所の病院からスタートし、順次拡大している。

○学校コミュニティサービス

スマートフォンやＰＣからＷｅｂサイトにアクセスし、学校と家庭が双方向でスムーズなコミュニケーションを図れるようにするサービスである。学校と家庭との連絡といえば、従来はプリントなど紙ベースの通知だったり、一部で導入されていたメールサービスでも学校から保護者への一方通行だったりと、使い勝手は必ずしも良くなかった。

学校コミュニティサービスでは、市の共通ＩＤを登録し学校コミュニティサービスにオプトインすると、子どもの欠席・遅刻・早退などの連絡が市のポータルサイト経由でワンクリックで行える。学校側でも、朝の忙しい時間に電話対応する必要がなくなり、ＰＣ上で一目で確認できるようになった。メールやＬＩＮＥを通じて学校からの連絡をクラス単位で発信するプッシュ通知やアンケート機能も備えており、通知の見逃しやアンケートに回答し忘れる心配もない。アンケートは自動集計され、教員の負担も軽減されている。

○地域コミュニティサービス

町会や自治会の回覧板を電子化したサービスである。各町会に管理者ＩＤを一つずつ割り振り、そこに市の町会担当課が回覧板情報をデータとして送ると、町会長や役員、町内会員に一斉配信される。配布完了までのタイムラグがなく、市の担当者や役員の負担も軽減される。

従来の回覧板は、文書をボードにはさんで回していくため、住民の不在時には滞留し、全員に回り終わるまでに時間がかかり、通知内容が古くなるケースが少なくなかった。回覧ルートに入らない町会員以外の市民とは情報共有ができず、コミュニティへの帰属意識が生まれにくい面もあった。

２０２２年時点では、市内全域に５２０ある町会のうち約70町会に利用してもらい使用感を検証している段階だ。今後は、サービス利用町会を順次増やしていく予定である。

これらのサービスを実装する中で、市民の反響もつかめるようになってきた。例えば、ユーザーアカウントの登録時には、防災・医療・教育・子育てなどのカテゴリーに分けた「興味関心事」も入力してもらう仕組みになっている。学校コミュニティサービスを新規導入した途端、教育や子育てのカテゴリーへの興味関心の割合がグッと上昇した。カテゴリーの登録状況から、市民に役立つサービスになっているかどうかを肌で感じられることは、デジタル化のもう一つのメリットである。

都市OSによる新たなサービスの拡張に期待

スマートシティに都市OSを組み込む設計は、デジタル田園都市国家構想の発表後はトレンドになっている。だが、市原市が会津モデルの都市OSを導入した2020年当時は、その注目度はまだ低かった。そうした中で当市が都市OS導入を決めたのは、新しい事業を立ち上げる際に個別にサービスやアプリケーションを作ってしまうと、それぞれがサイロ化し各サービス内にデータが留まり、利用者も個別にログインしなければならないという弊害が既に指摘されていたからだ。

異なる分野のデータのやりとりをスムーズにしたり、ユーザー管理を一元化したり、興味関心事に合わせて新たなサービスを戦略的に投入したりしていくためには、共通基盤が重要になる。当市では、DCPと連携した新しい取り組みとして、図書館サービス、公共施設予約サービス、学童保育コミュニティサービスを早期に実装できる予定だ。市民活動団体を応援する仕組みと連動する地域ポイントサービスも2023年度の開始を目指して構築中である。

サービス拡張の方向性としては、ライフサイクルの変化に合わせてサービスが選択できるようにする（図2-4-2-2）。例えば出産・育児関係であれば、妊娠初期に電子母子手帳アプリ、乳幼児期に予防接種の予診票電子化・病院連携、小学校に入れば学校・学童コミュニティサービス、そして、ある程度成長すると図書館や施設予約サービスを利用するイメージだ。

いずれのライフステージでも〝いつも使える〟多様なサービスを一つの基盤から提供できるのが、都市ＯＳの強みである。

失敗をおそれずアジャイルに課題解決に取り組んでいく

現時点の取り組みは、ユーザー管理を一元化した行政サービス中心に展開している。だが都市ＯＳは、まだまだポテンシャルを秘めている。当市でも、医療や交通など幅広い分野の課題解決に応用していけると考える。

図2-4-2-2：市原市は都市OSを使ってライフサイクルの変化に合わせてサービスが選べることを目指している。図は子どもの成長に合わせたサービスの例

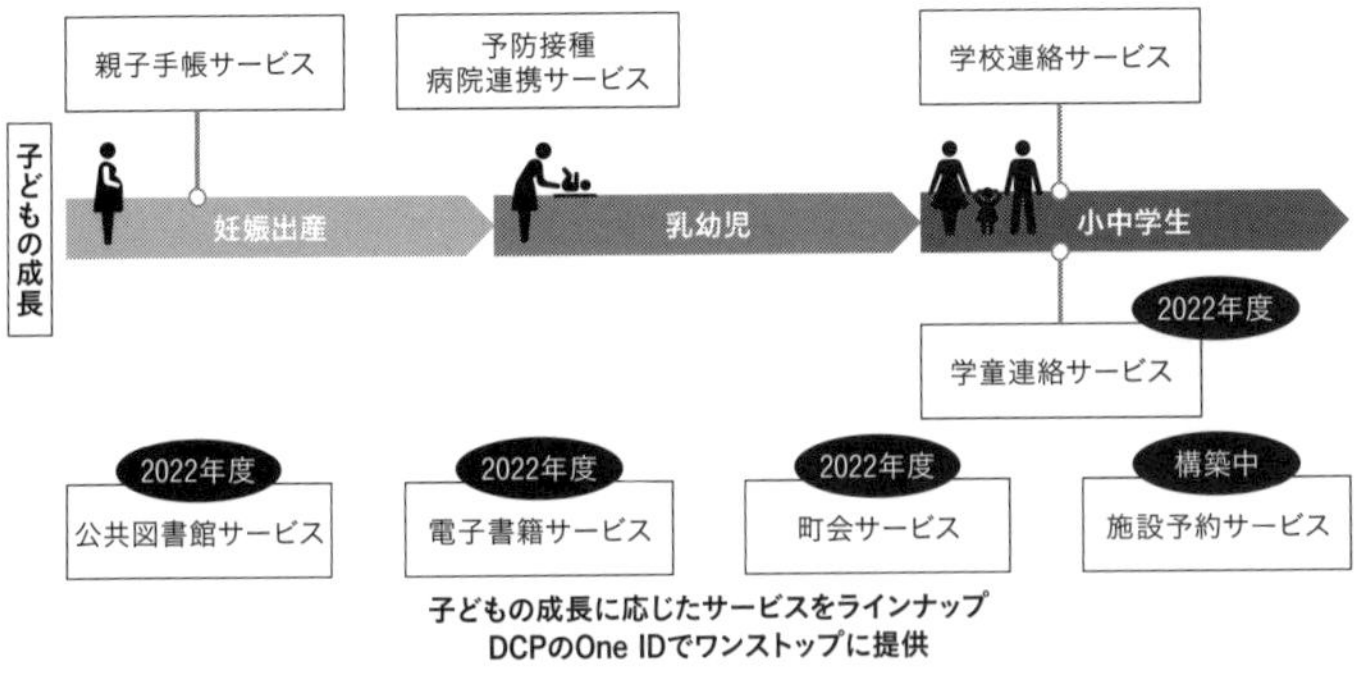

今後の取り組みでは、最後まで計画をしっかり固めてから始めるのではなく、失敗を恐れずにチャレンジし順次バージョンアップしていくというアプローチを取る。アジャイル（俊敏）に回していかなければ時代の波に乗っていけないからだ。5年先を見越して計画を練っても、いざスタートしようと思ったときには世の中は既にその先に進んでいる。

もちろん見切り発車は戒めなければならない。しかし、何らかのサービスを実証テストしながらデータを集めなければ、データの見える化も実現できない。当市がスマートシティに取り組もうとした発端は市民意識調査だった。アンケート結果から何が求められているのかを把握し、危機意識の高い分野からスタートし、徐々にデータが集まってくるようになれば、より確実性の高い施策を打てるようになる。

取り組むプロジェクトに応じて、推進する組織体制も変わってくる。現在は行政サービス中心のため、市の関係部署がリードしている。だが地域課題の内容によっては、市のリソースや知見だけでは対応できない。産学官が連携した協議会やコンソーシアムを組み、よりスマート化を追求していく。

全国的な横のつながりがもたらす副次的効果も期待している。同じ会津モデルの都市OSを採用している自治体で、先進的に取り組んで効果を出しているサービスやアプリがあればスムーズに導入できるからだ。他地域の事例を見ながら、都市OSを使い倒すぐらいの気持ちで取り組んでいきたい。

2-4-3 横展開で広がる会津モデル＝山口県下関市 会津若松に学び「下関モデル」の構築を目指す

山口県下関市は、「会津モデル」のシステム面での中核をなす「都市ＯＳ」を導入し、スマートシティ化に取り組んでいる。同市副市長の北島 洋平 氏とアーキテクトの松永 州央 氏が、下関市におけるスマートシティへの取り組みを解説する。

下関市がスマートシティ推進を公式に表明したのは、２０２１年５月に策定した「スマートシティ基本設計」からである。市民生活のＱｏＬ（生活の質）を向上し、住みやすく市民に愛される地域の魅力を高め、人口流出に歯止めをかけることをメインの目的にしている。

併せて、観光やビジネスで域外から訪れる人々を惹きつけ、将来的には先端企業をはじめとする産業集積を図っていく。新しい産業が新しいサービスを創出し、さらに市民生活の豊かさにつながる好循環が生まれるのが理想だ。

ゲートウェイ都市からの通過都市を脱し目的地化を目指す

下関は、古代より関門海峡を挟んだ九州から本州への海の玄関口＝〝ゲートウェイ都市〟として栄えてきた。国内外から人々が訪れる交通の結節点であり、賑わいの絶えない港湾都市である。中世・近世を通じて歴史の表舞台で重要な役割を果たし、明治維新の発火点の一つなったという史実も広く知られている。時を経て、山陽新幹線や空路の開発をはじめとする交通機関の発達は状況をガラリと変え、いつしか〝通過都市〟になった。

多くの地方都市同様、下関の目下最大の課題は人口減少だ。人口20万人以上の中核市の中で高齢化率が全国2位（2021年度）という点も重くのしかかっている。こうした課題を解決する原動力がスマートシティへの挑戦である。未来への扉を開く鍵が、幕末・明治維新期に長州藩と因縁浅からぬ関係にあった会津発の都市OSという点は意義深い。

スマートシティで下関市が目指す姿は、かつてのゲートウェイ都市に回帰することでも、どこか別の都市に向かう途中に一時的に滞在するハブ＝中継拠点でもない。下関自身がゴール＝目的地になることだ。そのために下関市が目指すスマートシティの基本コンセプトを5カ条にまとめている（**図2-4-3-1**）。

図2-4-3-1：下関市が目指すスマートシティの基本コンセプトとしての5カ条

1. **市民中心のスマートシティ**を実現し、地域課題の解決を通じた魅力的なまちづくりを目指す

2. 市民データは**市民の意思によるオプトインで提供されるもの**であり、その利活用において**市民の意思でいつでも同意をオン・オフできる**

3. **市民・企業・行政の三者が当事者**として下関市のスマートシティを**共に考え・共に創っていく**

4. 行政区単位ではなく**市民の生活圏をベースに地域特性に応じたまちをデザインする**

5. データ連携基盤を活用した**他都市（生活圏・遠隔地）との連携**により『良いものはみんなでShare』し全体の価値を高める

地域ポータル「しもまち＋」から多様なサービス領域が始まる

5カ条に沿って最初に取り組んだのが、データ連携基盤である都市ＯＳの構築と地域ポータル「しもまち＋（プラス）」である。「しもまち＋」では、ユーザー登録をして属性と興味関心分野を入力しておけば、各個人に合わせた必要情報がプッシュ型で提供される。「市民目線のコミュニケーション」を通じてシビックプライドの醸成につなげるのが狙いだ。

同時に、市民向けサービスの第一弾となる「学校サービス〝きらめきネットコム〟」を２０２２年度に実装した（**図2-4-3-2**）。学校と家庭を結び、双方向のコミュニケーションをサポートするアプリケーションである。

それまでも、行事カレンダーや給食献立などは一般公開された学校ホームページで閲覧でき

図2-4-3-2：「学校サービス“きらめきネットコム”」のサービス内容

一般公開情報	個別学校Top	学校単位の情報が提供される個別学校ページリンク
	行事カレンダー／給食献立	子どもの通う学校の行事予定や給食献立のページリンク
限定公開情報（ガジェットエリア）	欠席連絡	保護者から学校への子どもの欠席などをオンラインで連絡できる
	プッシュ通知情報	子どもの属性情報に基づき、クラス別連絡やアンケートなど、学校からの通知をメールやLINEで配信する

た。だが、きらめきネットコムでは新たに保護者しかアクセスできない限定情報を公開する「ガジェットエリア」を設け、子どもの属性に合わせた情報をやり取りできるようにした。

２０２３年度からは5分野のサービスを順次、実装していく予定である（**図2-4-3-3**）。それぞれについて簡単に紹介する。

○行政ＤＸ

①事業の推進・拡大を追求するために業務の省力化や効率化を通じて新たなリソースを生み出すこと、②市民へのサービスの質と手続きの簡略化の二つの側面から取り組む。

○ヘルスケア

高齢化率が高い下関市の状況を踏まえ、市民一人ひとりの幸せのために健康医療サービスを充実させることが第一の目的だ。健康寿命が延びれば財政負担も軽減される。へルスケア産業は成長分野でもあり、中長期的に新たな産業振興や雇用創出につながることも期待している。

図2-4-3-3：下関市が2023年度から拡張を予定するサービス

分野	概要
行政DX	● 「利用者目線×データ利活用」の行政DXを通じ、ニーズに合ったパーソナライズした情報やサービスの提供、双方向の交流を実現。行政手続きのセルフサービス化による市民の利便性向上、行政運営の効率化 ● 蓄積したデータや抽出したリソースなどを活用して、事業推進拡大の資本を増強
ヘルスケア	● 医療関連情報のデジタル化、地域リソースや医療体制の効率的な最適配分による受診環境の利便性向上 ● 予防医療に対する理解の深化や、行動変容を通じた健康寿命の延伸
教育・人材育成	● 教員が指導業務に専念できる環境整備と、蓄積し共有したノウハウを活かした教育指導により、公平でオープンかつ高水準な教育を提供 ● 学校間の連携強化や、地域と産業を巻き込んだ"魅力的な学びの場づくり"を通じて、高度人材育成や市民リカレント、産業活性化を図る
地域産業の振興	● 地域企業や産業間で非競争領域のソフト面&ハード面のシェアリングを推進。生産性向上や人材育成による個社の体力向上を実現 ● 将来的な自社事業の推進、拡大、地域全体の産業誘致の土壌を築く
観光・長期滞在	● 地域内の人、コンテンツ、データをつなぎ、管理するデジタルDMO体制を基盤にして、下関の強みと魅力を活かしたコンテンツづくりをユーザー目線で磨き、発信。誘客数の増加、消費拡大を図る ● 他分野との連携強化を通じ、訪問客の滞在満足度、住民QoL向上の両者を実現

○教育・人材育成

街の将来を担う人材育成という意味で重要なことは言うまでもない。教育水準の高さや教育内容の充実度は、住む場所を選ぶ際の重要なポイントにもなっている。学校教育の質だけではなく、もう少し広い観点から、子どもやパパ・ママに優しい子育て環境の整備状況への関心も高い。教育・子育てサービスの充実は、域外からの転入・移住を促すきっかけにもなるからだ。

○地域産業の振興

重要な柱の一つである。仕事がなければ住

み続けられないだけに、雇用創出は人口流出への歯止めになる。とりわけ下関市は古くから発達した海運・貿易・金融関係の産業が多い。製造業も重厚長大産業が中心だ。いわば昔ながらの手法・マンパワーに頼っている面が強く、人手不足に対応する効率化が課題になっている。

○観光・長期滞在

下関は水産都市であると同時に観光都市でもある。そのため、コロナ禍による需要の落ち込みも激しい。大きな変革への第一ステップとして、まずは2時間圏内の観光の足場をしっかり固めたうえで、ブランドイメージを高め海外からのインバウンド需要を狙っていきたい。観光分野については便利な滞在の仕方など、新しいサービスの可能性も大いに秘めていると考える。

オプトイン型のデータ連携基盤を使いサービスの拡充速度を高める

これら新しいサービス分野を開拓するうえで、データ連携のための共通基盤としての都市OSの存在は重要だ。下関市が会津モデルの都市OSを導入した理由は二つある。一つは、市民のQoL向上を追求するうえで、パーソナライズしたサービスの提供が欠かせないことだ。これを可能にするオプトイン型のデータ連携基盤として会津モデルがふさわしいと考えた。

もう一つはサービス拡充のスピードである。市民や事業者が直面する地域課題の中で、下関独自の要素はむしろ少ない。あらゆる角度から市民のQoLを高めるためにサービスの種類を増やしていくには、下関市独自で構築するアプローチだけでは追いつかない。同じ課題や関心を持つ町が開発した優れたサービスやアプリケーションがあれば、積極的に取り入れるべきである。その際、一定の規格に沿ったデータ連携基盤のシステムのほうが導入しやすい。その意味で、スマートシティに積極的に取り組む複数の自治体が先行導入している会津モデルの都市型ＯＳがふさわしいと考えたのだ。

２０２２年度時点では、都市ＯＳ上で稼働する地域ポータルサイト「しもまち＋」において、オプトインを前提にした市民とのタッチングポイントは、学校サービスのきらめきネットコムに限られている。しかし、子育てが終わった市民には、きらめきネットはあまり関係のあるサービスではなくなる。そこで、前述した5分野を含め、データ利活用につながるガジェットエリアに組み込むサービスを増やしていきたい。

例えば、高齢者に役立つサービス、あるいは逆に年齢を問わずに役立つサービスである。「あると便利なサービス」ではなく、自分のデータを提供してでも利用したい、生活に必要と感じられるサービスは何なのか。市民との距離感の違いを意識しながら、オプトインが図れる市民のニーズとのマッチングを図ることが非常に重要だと考える。

共助型スマートシティには協議会の存在が欠かせない

下関市では、スマートシティ基本設計の策定と同時期にスマートシティ推進協議会を設立した。下関市と地元大学と地元企業で構成されている。その設立目的は、スマートシティ化に向けた実証事業への住民参画の促進、住民への普及、啓発の推進である。そのためにスマートシティに関わるメンバー同士、顔の見える関係を築き議論を定期的に進めてきた。最終的なサービスの利用者である市民と協議しながら進めることが非常に重要であり、サービス提供の先駆的な担い手としての事業者の参画も欠かせないからだ。

「自助・共助・公助」の中でスマートシティは「共助」を担うと考える。協議会メンバーの地元の有力企業や学校は、下関の街と共に成長できるイメージを持って参加している。事業を進めるに当たり、全国の企業からのノウハウ提供や支援は有益だが、市外の民間企業は自助的（自社の利益優先）な意識で参加する面は否めない。

その際、取り組むプロジェクトが果たして市民のためになっているのかは、共助の立場を取る協議会でなければジャッジできない。あるいは、参画する民間企業は、協議会とのコラボレーションの中で、自助の立場から共助の立場へと意識を切り替えてもらう必要がある。

そもそも行政は、公助の立場から透明性・公平性・公共性を重視せざるを得ない。公助寄りに傾けば、市民全員をカバーしようとするあまり多様なニーズに合わせたサービスから外れる懸念がある。民間企業の自助、行政の公助とのバランスを保ちながら、共助のポジショニングから意思決定を下すためには、スマートシティ推進協議会という組織が適切なのだ。

協議会の存在意義を再認識したエピソードがある。スマートシティの先進的な取り組みを進める長野県茅野市に、協議会メンバーが視察に赴いたときのことだ。国の補助事業に該当する要件に関する議論になった時、同行していた当市の企業メンバーから「それについては当社が協力できる」「この部分は当社の施設を活用すればスムーズに進むのではないか」といった意見がその場で次々に出てきた。行政サイドからも「戻り次第、担当から連絡させましょう」と1時間もしないうちに調整が済んだのである。

これを聞いていた茅野市役所の担当者が「当市でもアーキテクトから協議会を立ち上げたほうが良いとアドバイスを受けていますが、今ひとつ、その必要性がピンときていませんでした。今のやりとりで腹落ちしました」との感想を漏らした。意思を共有するメンバーがフラットな立場でオープンに議論すれば、あっという間に話が進む。協議会方式が課題解決に役立つと改めて認識することになった。

協議会を通じて下関市の活動が広まることで、さまざまな副次的効果が産れつつある。人口減少抑制や産業振興といった大きな戦略目標だけでなく、市民のＱｏＬ向上には小さなニーズ対応の積み重ねも必要だ。スマート化を進める直接の担当課以外からも「こんな取り組みをスマートシティの共通プラットフォームに乗せられないか」といった、さまざまなアイデアが寄せられている。

会津若松のスマートシティＡｉＣＴのような〟知の集積拠点〟づくりも構想している。会津モデルを参照するのは、単に都市ＯＳというアーキテクチャー（システム設計）を移植するためだけではない。スマートシティを進めるにあたっての全体デザインの指針となるルールとガバナンスのあり方に見習うべきところがあるからだ。

先端的なソリューションを単に当てはめるのではなく、スマートシティの主役である市民を巻き込み、地域企業を参画させる取り組み自体が、実践的で地に足がついていると実感している。優れた共通プラットフォームは真似れば良い。先行事例から学び、独自性を今後どう出すかに意識を集中したい。２０２５年までに「下関モデル」を構築する絵図を今、思い描いている。

2-4-4
横展開で広がる会津モデル＝長野県茅野市 DXによる〝未来型ゆい〟を軸に「交流拠点CHINO」を目指す

長野県茅野市は、「会津モデル」のシステム面での中核をなす「都市ＯＳ」を導入し、スマートシティ化に取り組んでいる。同市のＤＸ企画幹で諏訪中央病院医師である須田 万勢 氏が茅野市におけるスマートシティへの取り組みを解説する。

長野県茅野市は、２０２２年度を「ＤＸ元年」に位置付け、２０３０年までを視野に入れた「茅野市ＤＸ基本構想」を掲げている。そのなかで、ＤＸ（デジタルトランスフォーメーション）をテコに実現を目指すスマートシティの姿を「やさしく、しなやかで、たくましい交流拠点ＣＨＩＮＯ」と位置付けている（**図2-4-4-1**）。

三つの価値の後押しに不可欠なデジタル技術とデータ活用

ここに挙げた〝やさしさ〟〝しなやかさ〟〝たくましさ〟の三つの価値について、ＤＸとの関係と併せて説明したい。

やさしさ：守りたいものを守るために、変えるべきところを変える

もともと茅野市に根付いている助け合いの文化、人を思いやる心を守るために、DXという変化を受け入れる意思を表している。

例えば、人の手による暖かい福祉、血の通った医療を守るには、DXによる大胆な省力化・合理化が必要だ。医者が患者と向き合うときに一番大事なのは、親身になって話を聞き、一人ひとりに寄り添う対応である。しかし現状では、診療時間10分のうちの半分が、患者の既往症や普段の健康状態など基本的な情報を聞き出す問診で使われてしまう。

そうしたデータが予め共有されていれば、10分間をフルに使い、患者にとって本当に必要な医療行為ができる。にもかかわらず「デジタル化には抵抗感がある」「データ活用な

図2-4-4-1：茅野スマートシティの基本コンセプト

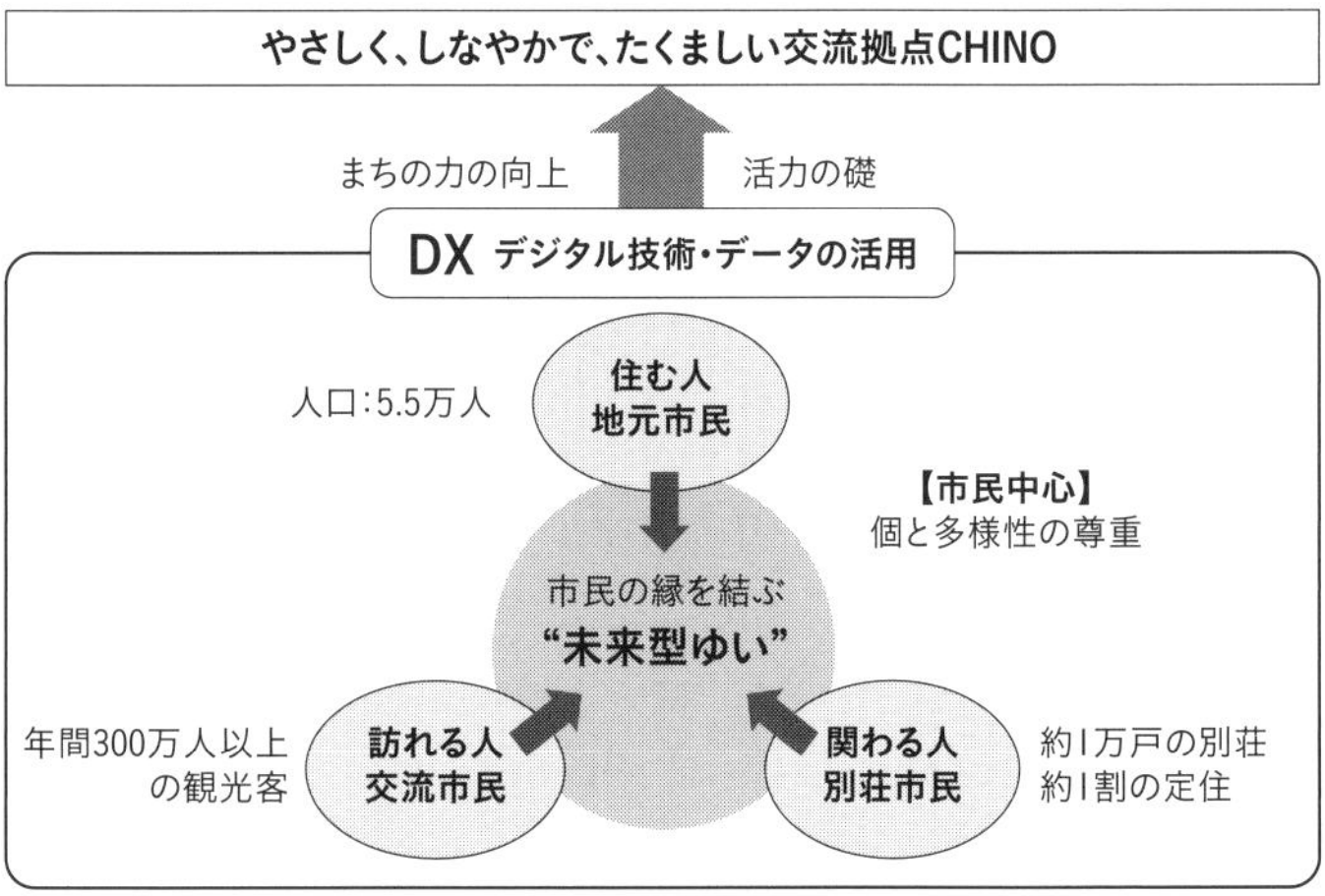

ど自分には関係ない」と避けていては、人口減少や担い手不足の下で、市民の暮らしや生命・財産を含めて本質的に大切なものは守れない。

しなやかさ：互いの多様性を認め合い、協力して市民力を発揮する

年齢・性別・身体的特徴にかかわらず市民が交流し、一人ひとりのニーズや個性に合わせて円滑にサービスを提供できるよう、ダイバーシティ（多様性）への配慮を表す。

〝やさしさ〟の項で、大切なものを守るためにはDXを受け入れる必要があると述べた。だが、デジタルが得意でない人、すぐには対応できない人もいる。全員にデジタルを無理やり強要すれば、デジタルファシズムにつながる。不得意な人、ハードルが高い人には学びの場を用意する。デジタルが得意な世代が優勢になっていくまでの過渡期にあっては、たとえ効率が悪くても、デジタルではない方法も残しながらダブルスタンダードでやっていく柔軟性も必要だと考えている。そのプロセスで、市民の側も主体的に声をあげて地域の自治に協力していくことが大切である。

たくましさ：人材・資源・財源・情報が行き交い、新たな価値を創造する

産業振興や文化の永続によって地域の継続的な発展を図るために、国内外の知見や先端技術、専門人材、投資を呼び込み、人々を惹き付けるまちの魅力や活力を指す。都市経営の四大リソースである「ヒト・モノ・カネ・情報」がしっかり整っていることを表すと共に、文字通り、人間が心身ともに健やかで体力があり、財政的な余裕があり、データ基盤が頑強であるという意味合いもある。

これら三つの要素を備えた交流拠点を実現する上で最も重要なコンセプトが、「未来型の〝ゆい〟」である。〝ゆい（結）〟とは、集落内の血縁的つながりをベースに、農繁期など互いに働き手を供出して助け合ったり、冠婚葬祭で世帯を越えて支え合ったりする相互扶助的な絆を指す。ただし、古くからある〝伝統的ゆい〟だけでは、少子高齢化や人口減少の中で相互扶助が立ち行かなくなりつつある点も否めない。

茅野市は、5・5万人の地元住民の他に、約1万戸の別荘を抱える。昨今は、リゾート地でのテレワークも始まり、リタイア層を含めて別荘地内の定住人口は約10％まで増えてきた。さらに観光客が年間300万人以上も訪れるという強みがある。従来、地元住民、別荘利用者、観光客は別々に棲み分けていた感がある。だが、これら〝三つの市民〟が、改めて縁を結ぶことがまちの活力の礎になるはずだ。ただ、従来のような地縁・血縁による濃密な関係を前提にした〝伝統的ゆい〟は、新しい人間関係には馴染みにくい。

そこで、茅野市に愛着をもってコミットしてくれる人同士が、共通する趣味や関心事といった旗印の下に集まり、DXをテコに緩やかなリレーションを築きながら、多様なコミュニティを形成する仕組みが〝未来型のゆい〟である。

デジタル技術やデータ活用にあたっては、市民中心の視点と「個と多様性」の尊重も欠かせない。〝未来型のゆい〟による新しい絆を起点に、人材や投資のフローがうまく回転し加速していけば、まちの活性化につながると考える。

茅野市のDXを支える四つの柱

自治体や企業がDXを検討する場合、えてして〝D（デジタル）〟と〝X（トランスフォーメーション）〟を分解して考え、「デジタルを入れればトランスフォーメーションができる」と考えがちなところに落とし穴があると思う。つまり、まちづくりを模索している自治体に、企業側がデジタル技術ありきで参画を始め、システムをどこに・どう使えば課題が解決するかというソリューションベースで進めるケースが少なくないが、これでは部分最適に陥るリスクがあるからだ。

プロジェクトの順番としては、デジタル化以前に、生身の人間が、さまざまに活動するアナログな場面で、どのような力学が働いているか見据えなければならない。まずは現場の悩み・困りごとと、それに対応できるリソースを明らかにし、どのリソースをどう組み合わせれば解決できるかを検討する。手持ちのリソースが足りなければ新たに調達する、既存の法規制が壁になるなら規制緩和のアプローチも出てくるだろう。その際に、解決策が部分最適ではなく全体最適として機能するかを構想することが重要だ。

ここまではアナログの領域である。これを茅野市ではDXに対比して「AX（Analog Transformation）」と呼んでいる。AXを進めながらD（デジタル）で解決できる課題を見出して効果的に組み込む、すなわち「AX＋D＝DX」という方程式のためのアーキテクチャー（設計図）を描いてDXに取り組むのが、茅野市の基本的な考え方である。

そのDXを安全・確実に進めるために茅野市は四つの柱を設けている（**図2-4-4-2**）。柱の2と3は三つ価値の一つ〝しなやかさ〟と通底する。柱4はスマートシティの中核とも言えるものだ。

柱1＝ルールづくり：スマートシティ会津若松の「10のルール」も参考にしながら、茅野市の文化や県民性に合わせて安全かつ便利な社会を実現するために必要な最低限のルールを定めている。

柱2＝意見の反映・参加の促進：市民がきちんと声を挙げて合意形成できるプラットフォームづくりである。具体的には、会津モデルのDCP（デジタルコミュニケーションプラットフォーム）や、ス

図2-4-4-2：茅野市のDXを支える4つの柱

ルールづくり	意見の反映・参加の促進
安全で便利な社会をつくるために欠かせないルールの策定	市民の目的共有・意見交換の場の提供。対話と合意形成
学びの場の提供	**データ連携**
デジタル技術・データ活用の不得手な人へのサポート	市民自ら必要に応じてデータを確認し、利用できる仕組み

ペインのバルセロナ市が2016年に開発した市民参加のためのプラットフォーム。「Decidim（デシディム）」といったシステムを採用した。市民同士あるいは行政と市民の間のコミュニケーションを大事にしながら進めるための仕組みである。ちなみに「Decidim」はカタルーニャ語で「我々で決める」を意味する。

柱3＝学びの場の提供：デジタルが不得意でも前向きに取り組みたい人に対するサポート体制の整備である。

柱4＝データ連携基盤（都市OS）の導入：データ活用で重視しているのはオプトインである。提供したデータが自分にどのような恩恵として返って来るのか、あるいは地域にとってどんなメリットがあるかに関する説明、プロセスの透明性の確保が大切だと考えている。

都市OSの導入に当って注意したのはベンダーロックインだ。特に、役所や医療・介護に関わる分野にはレガシーシステムが少なくなく、データの所在が部署ごとにバラバラなまま利用価値が低い状態に置かれている。現場も既に気づいているものの、レガシーシステムのそれぞれが老朽化しはじめており、改良のためのコストが莫大になり予算もつけられない。

DXを活かした交流拠点としてのスマートシティを目指すに当たり、それぞれのシステムが持つデータを領域横断してつなげるツールとして、会津モデルの都市OSに目をつけた。現時点では横展開できるサービス領域は少ないが、10年後の未来を構想するためのインフラとして、２０２２年のデジタル田園国家構想推進交付金を使って導入した。

デジタル田園健康特区とデジタル田園都市構想で医療を軸に先進モデルを展開

茅野市は２０２２年3月、医療・ヘルスケアにかかわる規制緩和をテコに地方創生を進める「デジタル田園健康特区」に採択された。石川県加賀市、岡山県吉備中央町を含む三つの自治体が対象である。そこで茅野市が取り組むテーマは、「人が心身ともに健やかな状態」「社会インフラの安全や便利さ」「データの健全な管理運用」という〝三つの健康〟である。具体的な事業は、次のようなＡＸとＤＸの両面作戦で実施する。

【ＡＸ】規制改革による健康医療分野のタスクシフト

①在宅医療における訪問看護師の役割拡大
②タクシーなどを活用した医薬品の貨客混載運送
③ＡＩ（人工知能）技術、チャット機能を活用した遠隔服薬指導

【ＤＸ】

①在宅移行期の患者自立支援ＤＸ（センサーによる遠隔見守りや多職種情報連携を活用）

②通院ジャーニーDX（AI乗合オンデマンド交通「のらざあ」などを活用）

さらに茅野市は、「デジタル田園都市国家構想推進交付金タイプ2（2022年度）」にも採択されている。スーパーシティと併せて、ヘルスケアのモデルケースとして果たすべき責任は大きいと受け止めている。その期待に応えるには、他の自治体や他の国にも採用されるような質の高いサービスで、拡張性やスケールメリットを出していきたい。茅野市の中で完結しないことが非常に大切だ。

ヘルスケアの中でも特に注力すべき分野は在宅診療である。現在進行している高齢化が2045年をピークに減少に転じるからだ。高齢者向けサービスが有望だからと、むやみに医療・介護施設を拡張するのではなく、どこかで畳む局面が来ることを意識しながら、20年余りの過渡期の時代をどう生きるのかを模索しなければならない。

その中で、高齢者を支えるハブになるのが在宅診療と介護老人保健施設である。高齢者の医療は、すべて病院で受けようとすると急性期医療が成り立たない。一方で、全員を在宅診療で受け入れるのも現在の在宅サービスの体制では成り立たず現実的ではない。セーフティネットとして、利用者が一時的に身体機能改善のために入所して在宅復帰するという本来の目的をもった介護老人保健施設と、在宅での診療体制とをきちんと連携し、膨れ上がるニーズに対応する仕組みを作ることが重要である。

またデータ連携を進めるに当たっては、いかにオプトインを増やしていけるかが肝要だ。例えばデジタル田園健康特区の事業として先行実施している在宅医療において、茅野市内の対象者が現状、約500人にとどまっている点が課題の一つである。この規模の在宅医療だけで、まちづくりはできない。医療以外のインタフェースとして、市民が幅広く満足できる先端的なサービスとの連携を同時に考えていく必要がある。

逆に、既に実装しているサービスの成功事例としては「のらざあ」というAI乗合オンデマンド交通がある。人口減少・若者層の流出で、既存の定期路線バスが〝空気を運ぶ〟状態になっているのに対し、デジタル技術を活用することで利用者の希望に応じた車両を手配できるサービスだ。タクシー会社にとっても、利用者が減少する中で新たな需要開拓につながる。市民の利便性向上とサービス提供者の収益向上という双方のメリットに合致する。

2020年に実証実験を開始し2022年8月に実装した。今は、8台のクルマが、ほぼフル出動しており、予約が取りにくい状態になっている。「高齢者がアプリケーションを利用できるのか」と危惧する声もあったが、60歳台のうち40%程度はスマートフォンを使って予約し、通院や買い物に利用しているという。「高齢者だからスマホが使えない」という固定観念に縛られては新しいサービスは生まれないことの好例とも言える。

今後も、データ連携基盤を通じて高齢者の見守りサービスのデータと防災システムを融合するなど、ヘルスケアを起点に他のサービスとつながっていく実証に一つひとつ取り組んでいきたい。

2-4-5

スマートシティのその先へ＝東京都渋谷区
都市の社会課題へチャレンジし 〝Beyond〟 Smart Cityを目指す

東京都渋谷区は、一人ひとりの幸せと、地域の魅力が増幅していくWell Beingとシティプライドの溢れる街の実現に向け、多様性に溢れた街としての独自のスマートシティ推進を目指している。同区の副区長CIOである澤田 伸 氏が渋谷区におけるスマートシティへの取り組みを解説する。

渋谷区は2022年3月に「渋谷区スマートシティ推進基本方針（SHIBUYA SMART CITY BASIC POLICY）」を公開した。これは2016年に策定した『渋谷区基本構想』で掲げた「ちがいを ちからに 変える街。渋谷区」というビジョンを実現するうえで、スマート化の観点から各政策分野に取り組むための指針である。

都心型スマートシティの方向性は「シティプライド」の向上

〝ちがい〟が街の力になるという考え方は渋谷区にとって、まさに根幹となる価値観だ。昨今のキーワードで言えば「ＤＥ＆Ｉ（Diversity：多様性、Equity：公平性とInclusion：包摂性」である。この価値観によってもたらされるスマートシティの方向性を渋谷区では「都市全体の『Ｗｅｌｌ Ｂｅｉｎｇ』『シティプライド』が向上」と表現している（**図2-4-5-1**）。

住民一人ひとりのＷｅｌｌ-ｂｅｉｎｇの向上は今や、まちづくりが目指す共通語だ。「Ｗｅｌｌ-ｂｅｉｎｇ Ｉｎｄｅｘ」のような第三者機関による相対的な評価指標もあり、ＥＢＰＭ（エビデンスに基づく政策決定）を進めるうえでは重要だと言える。

ただ地域によって、求めている姿は違う。歴史ある地方都市が求めているＷｅｌｌ-ｂｅｉｎｇと、渋谷区のような東京の都心部にあり、高密で再開発が活発に動き、スター

図2-4-5-1：東京都渋谷区が志向するスマートシティの方向性

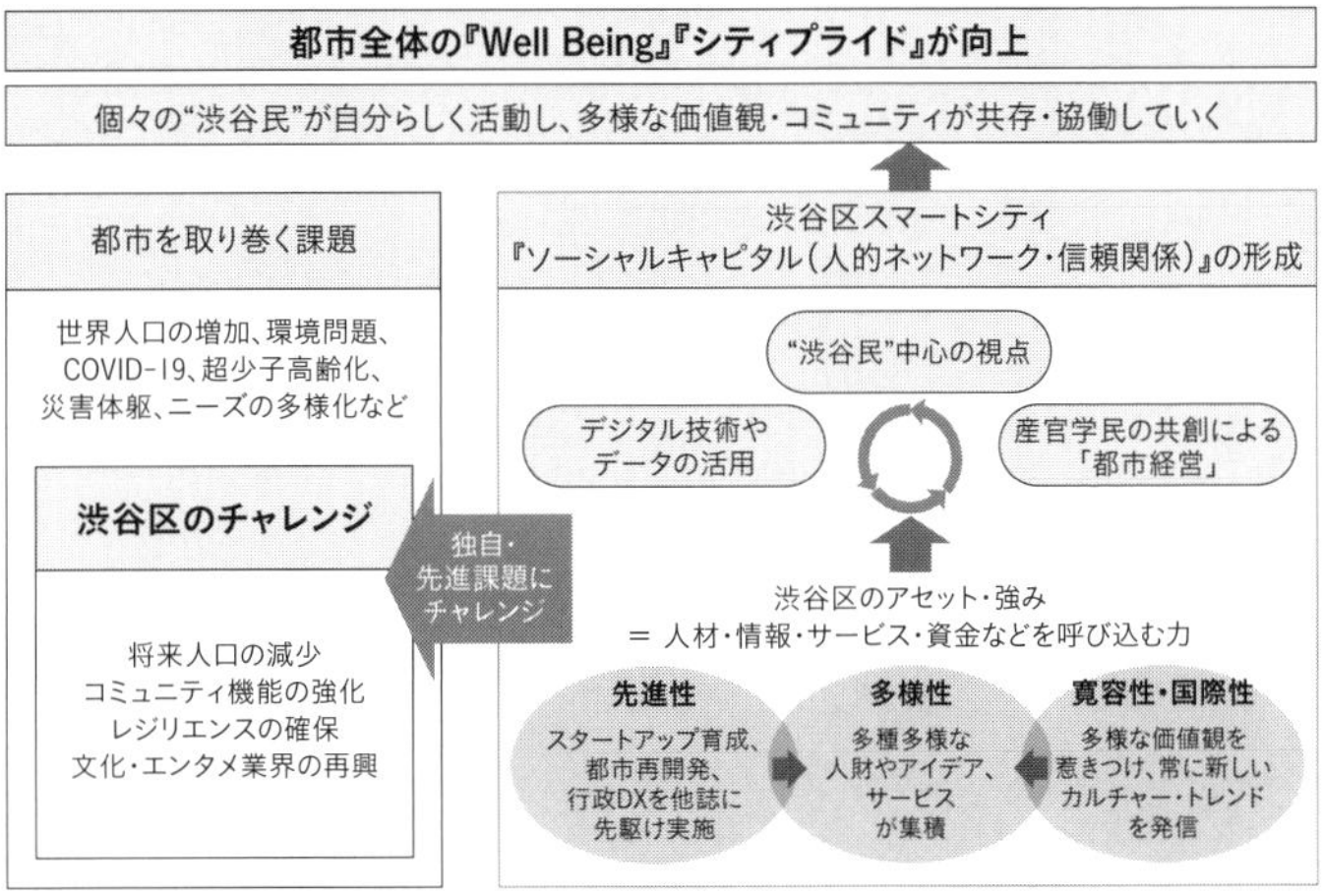
都市全体の『Well Being』『シティプライド』が向上
個々の"渋谷民"が自分らしく活動し、多様な価値観・コミュニティが共存・協働していく
都市を取り巻く課題
世界人口の増加、環境問題、COVID-19、超少子高齢化、災害体躯、ニーズの多様化など
渋谷区のチャレンジ
将来人口の減少
コミュニティ機能の強化
レジリエンスの確保
文化・エンタメ業界の再興
独自・先進課題にチャレンジ
渋谷区スマートシティ
『ソーシャルキャピタル（人的ネットワーク・信頼関係）』の形成
"渋谷民"中心の視点
デジタル技術やデータの活用
産官学民の共創による「都市経営」
渋谷区のアセット・強み
＝ 人材・情報・サービス・資金などを呼び込む力
先進性
スタートアップ育成、都市再開発、行政DXを他誌に先駆け実施
多様性
多種多様な人財やアイデア、サービスが集積
寛容性・国際性
多様な価値観を惹きつけ、常に新しいカルチャー・トレンドを発信

トアップが日本一集積している街に期待されるＷｅｌｌ‐ｂｅｉｎｇでは、共通部分もあれば大きく違う部分があって然るべきだろう。

そのため渋谷区では、Ｗｅｌｌ‐ｂｅｉｎｇを「シティプライド」という言葉に置き換えている。地方創生の文脈では「シビックプライド」が一般的だが、高密度な都市に集まる〝渋谷民〟の誇り・愛着という意味合いで「シティプライド」と呼ぶ。

渋谷民とは、区内在住の区民だけでなく、事業者、ＮＰＯ（非営利活動団体）、通勤・通学者、訪問者、さらには区内に不動産を所有する投資家なども含む。こうした多様な人々の「ソーシャルキャピタル（社会関係資本／人的ネットワーク・信頼関係）」を高密度かつ立体的に張り巡らすことで、一人ひとりが幸せを実感して自分らしく生きられるようになり、ひいては街全体の魅力を増幅させていくと考えている。渋谷区にもともと備わっていた寛容性・国際性・多様性・革新性という強みに対し、スマートシティへの取り組みを通じて、より磨きをかけていく。

スマート化以前から全国に先駆け行政のデジタル化を推進

スマート化に向けた方針を出したのは最近ではあるが、それ以前から渋谷区は「都市経営」の観点から、職員のワークフローの効率化を始めとする行政ＤＸ（デジタルトランスフォーメーション）や区民目線で質の高いサービスを提供してきた。

例えば2018年には、区民への窓口にAI（人工知能）技術を使った自動応答の運用を日本の自治体では、いち早く開始した。区民に必要な手続きも「LINE」と連携し、一部の相談業務はテレフォンカンファレンス（遠隔会議）形式でも可能にした。公共施設の予約なども、マイナンバーカードのJPKI認証をLINE経由で実施し、利用者にスピーディに便益を提供している。

2019年にオープンした新庁舎は〝誰も来ない庁舎〟を目指しており、職員がテレワークで勤務していても行政サービスの質を落とさない環境が整備されている。

教育関係では、「GIGAスクール」という言葉がなかった頃から、小・中学校の約1万人の生徒と教職員に1人1台のタブレット端末を提供し〝いつでもつながる教育〟を実施してきた。生徒のライフログやスタディログなどをクラウド化したセキュアな環境下にデータ分析基盤を構築し、常時その結果の現場へのフィードバックにも取り組んでいる。

行政サービスの多くはクラウド環境へ移行してもいる（**図2-4-5-2**）。基礎自治体だからこそできるサービスを次々に実装してきた。全国の自治体の中で最もサービスのデジタル化が進んでいると自負している。

産官学民のオープンイノベーションを促進するプロジェクトとしては、デジタル技術とデータの共同活用をより一層進める「シティデータ共有・連携&利活用促進」がある。その方針としては、①率先した行政保有データの可視化・公開、②オープンに分かりやすく地域現状・課

図2-4-5-2：渋谷区が進めている行政デジタル化の施策
✓印はクラウド環境に移行済み

基幹業務システム（ERP）	情報系基盤
✓ 住民記録・税・印鑑・年金システム・選挙 ・ 国民健康保険 ✓ 福祉・後期高齢者医療・介護保険システム ✓ 学務システム	✓ 情報コミュニケーション2.0 ✓ 教育ICT基盤（24年度フルクラウド化） ✓ 渋谷区ポータル（PWA） ✓ デジタルコミュニケーションプラットフォーム（自治体版CRM／JPKI対応）
デジタルサービス基盤	**バックオフィス**
✓ 公共施設予約システム（LINE連携） ・ 図書館システム（LINE連携） ✓ 手続きオンライン申請（Web+LINE） ✓ デジタル地域通貨「ハチペイ」 ✓ シティダッシュボード（オープンデータ）	・ 人事給与 ✓ 人財マネジメント&マッチングシステム ・ 庶務事務 ✓ 職員プラットフォーム（23年度サービスイン） ・ 財務会計

題を開示・共有、③協力パートナーの共感・協力を広く募り・コラボ、④官・民の共創、民・民の共創など複層的な輪を拡大、などを掲げている。

その一環として、渋谷区に関わるオープンデータを可視化するシティダッシュボード「SHIBUYA CO-CREATION HUB」を2022年に公開した。同ダッシュボードの構築には、「渋谷区スマートシティ推進基本方針」の取りまとめに参加したアクセンチュアも関わっている。

都市ならではの課題へのチャレンジと同時に強みの革新も必要

一方、人口減少や産業衰退という地方自治体に共通した課題がない半面、都心部の自治体に特有の悩みを抱えているのも現実である。例えば、社会的孤立や自然災害への脆弱性が挙げられる。

社会的孤立に関して渋谷区では、世帯構成の6割強（2020年時点）が単独世帯だ。在住期間が10年に満たない住民が半数を超え、地域イベントへの参加に興味がない人も6割近い(同)。いくら人口が多くても、ソーシャルキャピタルが希薄なままでは街の活力は生まれない。そこには、地域社会とのつながり機会を創出し、まちづくりへの参加を促し、〝渋谷民〟としてのシティプライドを醸成する取り組みが求められる。

そもそも渋谷区には、多様な人々の交流が生まれるコワーキングやシェアラウンジ、産官学民の共創をもたらすイノベーションハブなどの施設が全国で最も集積している。映画館・劇場・ホールといった集客施設も23区内で最も多い。カフェやバーも有数の規模を誇り、自宅でも職場でもないサードプレースにはこと欠かない。組織内の肩書が重視されるスーツにネクタイ姿のビジネスパーソン中心ではなく、短パン・Tシャツ・ビーチサンダル姿で、フラットでフレンドリーな会話を交わし、将来の夢を語り合う場がある。こうした既存の資源を活かしながら、新しいテクノロジーを組み合わせて重層的な仕掛けを創り出せればと考えている。

一方の防災は、喫緊の課題である。大都市圏、とりわけ東京圏の自然災害に対するリスクの高さは、しばしば指摘されてきた。渋谷区では、昼間人口が夜間人口の2倍を超え、災害時の帰宅困難者が多数発生し、帰宅困難者受入施設も不足している。しかし、都市の安全が担保されている状態は、人間生活にとって最も重要であり、防災や有事の際のレジリエンス強化は行政としての1丁目1番地である。

安心は目に見えないものの、暮らしやすさに直結する課題だ。それだけに、デジタル技術やデータ活用を組み合わせたサポートに注力すべきである。しかも、常に新しいテクノロジーをキャッチアップしながら施策に組み入れていかなければならない。

加えて、従来は強みだった分野の見直しが必要だ。「文化・エンタメ領域」である。渋谷は昔から若者が集うストリートカルチャーの街だった。音楽から演劇、ファッション、スポーツに至るまで、最新の情報発信拠点であった。しかし、各分野の一号店だったショップがチェーン店化したり撤退したりで、対外的なインパクトが薄れている面は否めない。コロナ禍でリアルなイベントが抑制されたことも拍車をかけている。

これらに替わる動きとして、デジタルコンテンツやＩＰ（知的財産権）が台頭し、ＮＦＴ（非代替性トークン）やＷｅｂ３・０を活用したメタバース空間が作られ、エンターテイメントの幅が広がっている。アナログ時代全盛のカルチャーがデジタル技術によって拡張され、新しい体験を生み出しつつあるわけだ。

しかし、バーチャルだけで完結すると、リアルな街は衰退するおそれがある。これからの渋谷区は、もともとあったアナログの楽しい部分とデジタルの良い部分をミックスした形で世界に発信できる新しいカルチャーの創造エリアになっていかなければいけない。行政の役割は、渋谷で活動しているアーティストやゲーマー、テクノロジーを組み合わせたさまざまなプレーヤーたちがコラボレーションしてシナジーが起きる場づくりである。

Beyond Smart Cityでスマートシティの先にある未来を常に考える

渋谷区は2022年11月、「シブヤ・スマートシティ推進機構（SHIBUYA SMART CITY ASSOCIATION：SSCA）」を設立した。これまでは官主導で行政DXに取り組んできたのに対して、複雑化する課題や多様化するニーズに応え、〝渋谷民〟一人ひとりのWell-beingとシティプライドを高めるには、官と民、組織・分野・エリアの垣根を超えた連携を深める必要性が高まってきたからだ。利害調整や共通ルールづくりも必要である。

SSCAでは、産官学民の共創を強め、新しいアイデアやクリエイティビティを増幅したり、スタートアップのエコシステムを創出したり、さまざまなアプローチを通じて世界を惹き付ける成熟した国際都市の実現を目指す。公的資金や税金だけでは解決できない課題に取り組むことも役割の一つだ。民間企業の技術や人財、資金をいかにパブリックに引き込めるかに掛かっている。

2023年4月時点の加盟者数は、正会員が65社、賛助会員が9団体である。複数のワーキンググループを持ち、具体的なプロジェクトを検討・実施する。テーマは「安心・安全」「多様な空間活用」「渋谷カルチャー」「D&I（Diversity & Inclusion）」「ウェルネス×都市生活」「環境」「データ利活用」「先端Tech実装」「Well-being Research & Design」の九つがある。

SSCAにはもう一つのミッションがある。「〝Beyond〟Smart City（スマートシティを超えていく）」だ。「スマートシティのプロセスのその先には、どんな未来があるのか」という問いを常に立てておくためである。

世界のどこかで戦争が起こったり、疫病が流行ったり、災害に見舞われたり、変化の一歩先が読みにくくなってきている中で、今日と同じ明日がないことだけは確定している。解がない社会の中でどう問いを立て、その問いに対して、どう追及し、どんなアクションを起こし、どのように連携していくのか。スマートシティは、都市が成長していく「未来創造型のプロセス」でしかない。

同様に、スマートシティと合わせて使われているキーワードも、その先の姿をイメージしておく必要がある。「Well-beingからWell-Growing（経済と非経済の両面での成長）へ」「リスキリングからCo-Learning Ecosystem（皆が学び合い、皆が共創し、皆が成長していく社会）へ」「コミュニティ（同質性の共同体）からCreative Neighborhood（創造的な界隈）へ」という具合だ。

さらに言えば、スマートシティのその先では、行政や自治体といったパブリックセクターと民間企業の際（きわ）がなくなっていくと考えている。既に、自社の利潤追求だけでなく、地域社会や環境などの公益を考慮した「パブリックベネフィット」を志向する民間企業が登場している。行政側も民の力が必要になっている。

緊密に一体化する方向で都市における連携を高めていく近未来は、そう遠くはないかもしれない。

2-4-6

世界に広がる会津モデル「都市ＯＳ」のポテンシャル

会津モデルの「都市ＯＳ」の横展開は、国内にとどまらず海外への扉も開かれつつある。データ利活用の可能性を広げるデジタルインフラとして横展開しやすい設計になっているためだ。ＪＩＣＡ（国際協力機構）とアクセンチュアの出会いが、都市ＯＳの海外展開に踏み出すきっかけになった。

あらゆる分野でデジタル化が進む潮流は、国際協力の分野でも例外ではない。そこでは新興国や開発途上国の「リープフロッグ現象」は珍しくもない。つまり、未整備な規制や社会インフラを逆手にとった新興国らが、ＩｏＴ（モノのインターネット）やＡＩ（人工知能）といった技術を活用しながら革新的サービスをスピーディに導入し、デジタル経済の恩恵を一足飛びに受け始めている。

ＪＩＣＡのＤＸ主流化を機に都市ＯＳの海外展開が始動

こうした国際動向を踏まえＪＩＣＡ（国際協力機構）は、国際開発事業の本流にＤＸ（デジタルトランスフォーメーション）の推進を位置付けることを決定し、２０１９年12月に理事長直下にＤＸタスクフォースを立ち上げた。

同タスクフォースの成果の一つに、ＪＩＣＡと経団連が連名で発行したデジタル技術のメニューブック『Ｓｏｃｉｅｔｙ５・０ ｆｏｒ ＳＤＧｓ国際展開のためのデジタル共創』がある。そこには、会津モデルの都市ＯＳ構築を通じた住民サービスの高度化や産業振興のコンセプトが掲載されている。タスクフォースのチームが、ＤＸに詳しい企業に対するヒアリングの過程でアクセンチュアとの接点が生まれたためだ。

そしてＪＩＣＡは２０２０年6月1日、正式な部署として「ＳＴＩ・ＤＸ室」をガバナンス・平和構築部内に新設し、国際協力におけるＤＸ導入の取り組みを加速し始めた。その約半年後、新ＳＴＩ・ＤＸ室の方向性を検討する「全世界（広域）ＤＸ主流化のための情報収集・確認調査プロジェクト」をアクセンチュアが受託した。

同プロジェクトは、①ＪＩＣＡ事業におけるＤＸ主流化のあり方の検討、②①を具現化したパイロット事業の実施、③各事業を下支えするデータ基盤構築の検討、の3本柱で構成されている。このうち②のパイロット事業の対象として、ウガンダ、カンボジア、ベトナム、モーリシャス、インド、タイの6カ国が選定された。

プロジェクトのテーマは国ごとに異なる。多くはデータを活用した課題の可視化やデジタル技術を応用したサービス層に力点が置かれていたが、唯一モーリシャスでは「データ連携プラットフォームの導入」を前提としたデータ利活用を目指していた。

モーリシャスは、アフリカ南部のインド洋沖に位置する。同国にとって最も重要な課題は災害対策だ。サイクロンによる洪水リスクをデータ収集・分析によってシミュレーションし、政府向けのダッシュボードや市民向けのポータルを作ることで、リソース配分の最適化や被害低減というアウトカムにつなげていくのが狙いである。併せて、観光など他領域の横断サービスに広げていける可能性も見出せる。このユースケースを通じて、拡張性のあるデータ連携基盤としての都市ＯＳ導入の有効性や価値を検証できた。

２０２２年2月には、ＪＩＣＡのプロジェクトの成果として『全世界（広域）ＤＸ主流化のための情報収集・確認調査ファイナルレポート』（ＪＩＣＡ／アクセンチュア）が公開された。公開時には海外への都市ＯＳの導入事例はなかった。ただ調査検証のプロセスで、新興国や発展途上国においては、都市ＯＳの導入により社会課題を解決に導く、国際開発支援の余地が小さくないことが明らかになった。

デジタル化の3段階を都市OSが提供する三つのポイント

では、国際開発や世界という文脈に対し都市ＯＳは、どのような価値を提供できるだろうか。

ＤＸの議論でよく取り上げられる3段階のステップを国際開発に当てはめたのが**図2-4**

6-1である。

デジタイゼーション（Digitaization）：アナログ情報のデジタル化である。開発支援の文脈では、通信や電力インフラなどハードウェア面の整備が中心になる

デジタライゼーション（Digitalization）：データ化を踏まえた支援のデジタル化である。開発途上国に向けて、人間が生きる上で必要な基本要素である「BHN」すなわち「衣・食・住」の水準を底上げする支援にAIやIoT、ロボットなどのデジタル技術を導入する例が挙げられる。村や地域などグループ単位の支援が中心であり、この段階にとどまっているケースが少なくない

図2-4-6-1：開発支援の文脈でとらえたデジタル化の3段階

分類	一般的な定義	開発支援の文脈
デジタイゼーション Digitization	アナログ・物理情報のデジタルデータ化 →電子化	**より多くの人々がデジタルサービスにアクセスし、経済に包摂されることが目的** ✓ 社会基盤としてのデジタル・インフラ提供 ・通信や電力インフラ等の整備（ハードウェア） ・通信規格や法制度の整備（ソフトウェア）
デジタライゼーション Digitalization	個別の業務・製造プロセスのデジタル化 →改善・効率化	**SDGsを中心とするベーシックヒューマンニーズ（BHN）の課題解決を、より効率化・高速化する** ✓ デジタル化された支援の提供 ・資源やサービスの適切で早期の提供のためのロジスティクスの効率化 ・AIやIoTなどのデジタルソリューションを支援に導入
デジタルトランスフォーメーションDX: Digital Transformation	組織横断／全体の業務・製造プロセスのデジタル化 →ビジネスモデルの変革	**グループ単位ではなく個々人のニーズや即時的な状況に寄り添った開発の実現** ✓データにより人の行動や生活の実相を明らかにし、開発課題の解像度を上げる ・データを活用した開発課題の定義、重点領域の検討 ・データを用いたリアルタイムでの支援内容の改善

DX：デジタル技術で一人ひとりの市民や国民のデータを把握しながら開発課題を深掘りし、個別のニーズや時々刻々と変わるリアルタイムの状況に寄り添ったきめ細やかな開発を志向する。新たな時代の国際開発においては、国や地域全体のデータを基に政策を立案したり見直したりする「EBPM（Evidence Based Policy Making：証拠に基づく政策立案）」に立脚した「住民起点の価値創造」を目指すことになる

その都市OSが、持続可能な社会の実現に向けた国際開発に対し提供できるソリューションとしては、次の3点に整理できる。

ポイント1＝領域横断でのデータ連携・可視化・分析：都市OSの導入によって、データの〝縦割り〟をなくし、国・地域レベルで行政から民間企業、大学・研究機関、市民までの多様なステークホルダー間のデータ連携やニーズの可視化、分析が可能になる

ポイント2＝住民サービスの高度化：「共通ID」の管理・認証機能を持つ都市OS上では、関連データを同一IDで紐づけられるため、その国・地域ならではの深掘りした社会課題を解決するサービス開発が可能になる。オープンAPI（アプリケーションプログラミングインタフェース）により複数のサービス連携やUI（ユーザーインタフェース）・UX（ユーザーエ

クスペリエンス）デザインが促進され、幅広い利用者のニーズに応えられる

ポイント3＝産業振興／政策立案の高度化：都市ＯＳ上のサービスを通じて蓄積された情報をオープンデータ化することによって、新たなソリューションの実証など、企業の新規事業開発にも援用でき産業集積・振興につながる。途上国政府による保健医療政策など、一人ひとりの住民課題に基づいたＥＢＰＭ（証拠に基づく政策立案）の実現に寄与し、国の課題対処能力が個人・組織・社会などの複数レベルの総体として向上していくＣＤ（キャパシティデベロップメント）にもつながる

国際開発の潮流は「質を重視した開発」にシフト

ここで国際開発のデジタル化の流れについて簡単に振り返っておこう。２０００年代初頭から、世界各国で電子政府の推進に取り組んでいるものの、実際に成功しているケースは少ない。少し古いデータだが、「発展途上国の電子政府プロジェクトは85％が失敗する」というイギリスの学者リチャード・ヒークス氏による２００８年の調査（『Success and Failure Rates of eGovernment in Developing countries.』Unpublished paper, IDPM, University of Manchester.）がよく引用されている。実証テストから社会実装に至る過程で頓挫するケースが多いためだ。不安定な政治経済体制やサイロ化された行政組織が壁になっている。

しかし、先端テクノロジーの進化に加え、インドの「Ｉｎｄｉａ Ｓｔａｃｋ」やケニアの「Ｍ-ｐｅｓａ」など、デジタル技術を活用した社会インパクトの創出に係る成功事例が生まれていることもあり、昨今改めて電子政府やデータ利活用の重要性が国際支援の文脈で議論されている。例えば、世界銀行は、２０２１年にデータ利活用をテーマとするレポート（『Creating an integrated national data system』, Chapter 9, World Development Report 2021）を公開し、世界における創造的でイノベーティブなデータ活用の価値と影響の大きさを強調。次世代の開発に不可欠なシステムとして「ＩＮＤＳ（Integrated National Data System）」を提唱した。

ＩＮＤＳは「データの生成、保護、交換、活用をスコープに、すべてのステークホルダーによる共有とアクセスのために構築される共通ＩＴ基盤」だと定義されている。まさに都市ＯＳのコンセプトに通底する。

国際開発の方向性については、それによって得られる社会インパクト（影響・価値）の視点から見定めることも重要だ。その社会インパクトの類型を示したのが**図2-4-6-2**である。縦軸に「社会インパクトを特定する粒度」を、横軸に「社会インパクトの発現の仕方」を立て四つの象限に分けている。

縦軸は〝全体か部分か〟の違いを示している。この視点で見れば、全体的な課題を解決する開発は、生み出された価値の受益者が多くなる一方で、インパクトの粒度は粗く、個別ニーズ

図2-4-6-2：国際開発によって得られる社会インパクト（影響・価値）の類型

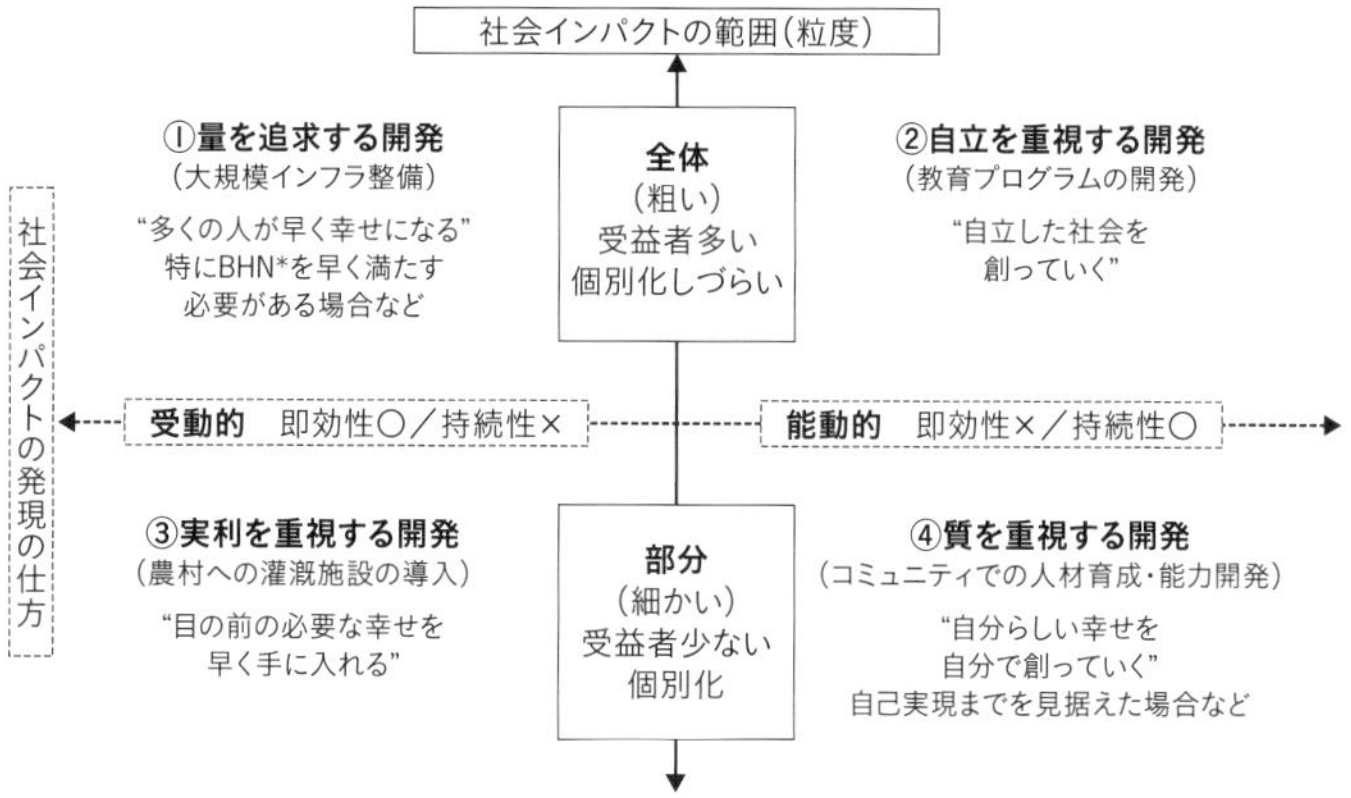

＊BHN（Basic Human Needs）：人が人間らしく生きていくための基本的な要素＝衣食住＋情報

には応えにくい。逆に部分的な影響を与える開発は、個別ニーズにきめ細かく対応できる半面、受益者は少なくなる。

横軸は「受動的か能動的か」を表している。受動的なインパクトをもたらす開発は、すぐに効果は出るが長続きしない。能動的な開発は、時間はかかるものの効果が持続する。

これまでの国際開発では「全体／受動的」な「①量を追求する開発」がメインだった。例えばODA（政府開発援助）のイメージは、広域な恩恵が得られる橋や道路の新設などの大規模インフラの整備だろう。多くの人の利便性が高まる全体の課題に着目した社会事業である。

しかし、より小さなコミュニティには恩恵が届かない面もあった。農村や地区単位の灌漑設備の開発のように、少し範囲を狭めれば

「今すぐ必要な目の前の幸せ」という個別のニーズに応えられるが受益者は減る。これは「③実利重視の開発」に位置付けられる。開発によって得られるメリットの即効性は高いが、地域の人々の立場はどうしても受け身になり、援助依存の体質になる。

これに対し、援助に依存せず自らの力で社会・経済が成り立つよう導く「②自立を重視する開発」が求められている。いわゆる「モノを与えるのではなくノウハウを授ける」「農産物を送るのではなく作物の育て方を教える」という手法だ。地域の人々が能動的に関わり、時間はかかっても技術やノウハウが身に付けば、効果が持続する国際援助だと言える。JICAの取り組みは本来、この領域に強みを持っており、重点的に実施してきた歴史的プロセスがある。

現在はさらに一歩進み、一人ひとりのニーズや価値観に合わせた課題解決を目指す「④質を重視する開発」にシフトしつつある。より粒度の細かい個々人にリーチできるようになったのは、デジタル技術の成果である。都市OSの展開も④を目指していく。

ポストSDGsやDFFTを意識した展開にも強み

都市OSの海外展開において、「質を重視した開発」に向かう国際開発の潮流と併せて意識しておかねばならないのが、世界の共通目標として各国が取り組んでいるSDGs（持続可能な開発目標）との関係である。

SDGsは2030年までの達成を目指したゴールを示している。これからスタートし長期的スパンで進める国際開発としては、２０３１年以降の〝ポストＳＤＧｓ〟を見据えたＤＸ戦略を立てておかねばならない。つまり、10年後に重要性を増す評価指標を想定する必要がある。

ポストＳＤＧｓが、どのような目標や評価指標を設定するかは、正確には予測できない。しかし、現在の民間のインパクト指標や主観的データの動きを加味して想定すれば、一人ひとりの感じ方や考え方、満足感や幸福度、定性的なＷｅｌｌ‐ｂｅｉｎｇ（幸福感）がより重視されるようになると考えられる。この方向性は、個のニーズの把握に焦点を当てる都市ＯＳと親和性が高い。都市ＯＳは、ポストＳＤＧｓ時代の国際開発をリードできるテクノロジーの一つだと言える。

ただし、都市ＯＳの分野にも競合する海外のシステムがある。エストニア政府の「Ｘ‐Ｒｏａｄ」やＥＵ（欧州連合）の官民連携プログラム「ＦＩＷＡＲＥ」が代表的だ（1-2-2参照）。

Ｘ‐Ｒｏａｄはエストニアが２００1年に実装した仕組みで、長い歴史を持つ。加えて同国は「エストニア＝電子国家」のブランディングで世界的に認知されている。一方のＦＩＷＡＲＥは、オープンデータやＩｏＴデータの連携プラットフォームとして構築された。日本でも複数の自治体に納入されている。いずれも行政とサービス提供事業者を主なターゲットにするシステムという性格が強い。

一方、会津モデルの都市ＯＳ（ＤＣＰ）は、最終利用者の利便性と個々人の価値を最大化するため、オプトインによるパーソナライズしたサービスの提供に主眼を置いている。システムとしての優劣はないものの、受け入れ国のゴールに合致するかどうかが選択の基準になるだろう。

支援する側の国や財界のスタンスも考慮される。日本政府は2019年1月のダボス会議で、デジタル貿易ルールの形成をWTO（世界貿易機構）加盟国に呼び掛け、「DFFT（Data Free Flow with Trust：信頼性のある自由なデータ流通）」を世界展開の方針として表明した。DFFTは「プライバシーやセキュリティ・知的財産権に関する信頼を確保しながらビジネスや社会課題の解決に有益なデータが国境を意識することなく自由に行き来する国際的に自由なデータ流通の促進を目指す」というコンセプトを掲げている。現在、DFFT関連の規律は、各国間のデジタル貿易協定（電子商取引章）に組み込まれるよう取り組みが進められている。

また日本経済団体連合会（経団連）は2020年5月、競合する欧米や中国に対抗し、日本ならではのデジタル戦略・日本発DXの方向性として「価値協創型＝多様な主体の協創による生活者の価値の実現」というコンセプトを打ち出した。「価値を共有する企業、スタートアップ、アカデミア、政府・自治体などのさまざまな主体が有機的かつ自律的に協創するモデル」であり、「生活者の意思に基づいた多様な主体間の信頼あるデータ連携」が必要だと指摘している。国も財界も「信頼／オープンなデータ連携」が共通の世界観だと言える。

こうした姿勢は、GAFAM（Google、Amazon.com、Facebook：現Meta、Apple、

Microsoft）などの巨大プラットフォーマーのオプトアウトによるデータ収集に象徴される米国や、ＢＡＴＨ（Baidu：百度、Alibaba：阿里巴巴、Tencent：騰訊、Huawei：華為）といった巨大テクノロジー企業による国家統制に背景にしたデータ収集・活用を浸透させた中国とは状況を異にする。ＥＵは「ＧＤＰＲ（一般データ保護規則）」といった厳しい法規制で縛りをかけるため、新興国や発展途上国にはなじみにくい。

一方で、会津モデルの都市ＯＳのコンセプトとは、ステークホルダーが相互の信頼に基づいてオプトインで参加し、ともに価値を協創していくという点で通底している。こうした観点からは、会津モデルの都市ＯＳは世界に広がる潜在力を大いに秘めていると言える。

海外での都市ＯＳ導入候補案件が現れ始めた

さまざまな新興国・開発途上国においても、政府による都市ＯＳのようなデータ基盤の検討が進められている。例えば、都市ＯＳの具体的な展開先としてリストに挙がっているのは**図2-4-6-3**の国々である。

都市ＯＳを導入する切り口は、①プラットフォーム層と②サービス層に分けられる。プラットフォーム層、つまり複数のサービス展開を想定したデータ連携基盤をＩｎｆｏ－ｈｉｇｈｗａｙとして本格的に取り込んでいるのがモーリシャスだ。ＪＩＣＡのＤＸ主流化調査のパイロット事業にも含まれていた。２０２３年2月時点では、ＪＩＣＡは「モーリシャス国災害リスク削減に向けたデジタル防災情報サービス普及・実証・ビジネス化事業」の採択を発表し、災害管理サービスの高度化に向けて動くことになった。プラットフォーム層に対するモーリシャス政府のさらなる高度化が待たれるところである。

サービス層を中心に検討していたブータンは2023年2月時点では、「ブータン国政府のデジタル技術及びデータ利活用能力強化プロジェクト」をアクセンチュアが受託している。ブータンにおいては、医療・健康関連の個人情報であるPHR（Personal Health Record）／EHR（Electronic Health Record）データ、国民IDや家計支出等のデータをつなぎ合わせる

図2-4-6-3：都市OSの展開先候補リスト

切り口	対象国	特徴	概要
プラットフォーム層	モーリシャス*1	都市OS展開で災害管理	・デジタル連携プラットフォームを導入し、現地の重要課題である災害管理対策に活用 ・防災以外の領域においても都市OSの活用を模索 ・都市OSの活用に関する行政機関の能力強化支援を併せて実施
	ルワンダ	ICTを活用したイノベーション・エコシステム	・汎アフリカのスタートアップ支援モデルとして、「ルワンダモデル」とも呼ぶべき、政府主導型のデータを活用したイノベーション・エコシステムを構築
	セネガル	国民デジタルID	・国民デジタルIDの普及、データ連携に必要となる情報交換基盤の開発 ・情報交換基盤を活用した個人認証機能の構築
サービス層	ブータン*2	ヘルスケアPF構築・デジタルGNHの実現	・ヘルスケア領域を出発点とし、領域横断でのデータ連携PFの導入を目指す ・PHR/EHRデータを蓄積し、国民IDや家計支出等のデータをつなぎ合わせることで、保健医療サービスの向上、産業振興、GNH（国民総幸福量）の動的可視化を目指す
	カンボジア*3	デジタル決済プラットフォームの普及	・デジタル決済プラットフォーム「Bakong」の普及に向けて、交通・ヘルスケア等のアプリ導入を検討 ・さらなる展開として、Bakongが収集する消費データの利活用を目指す

*1 DX主流化に向けた情報収集・確認調査にてパイロット活動を実施（支援終了済）
*2 政府間技術協力プロジェクト合意文書が締結され、当該文書を根拠としたプロジェクトがJICAによる調達に対し、アクセンチュアが受託し事業を開始している
*3 DX主流化に向けた情報収集・確認調査にてパイロット活動を実施（支援終了済）

保健データ連携基盤を構築し、保健医療サービスの質的向上と拡充、および産業振興を図ることで国民総幸福度の向上を目指す。当該データ連携基盤は、保健分野のみならず他セクター・他分野への横展開、イノベーション促進を志向しており、都市ＯＳの構築・運用実績に基づいた知見・ノウハウの活用が期待されている。

こうした国々に都市ＯＳが社会実装されることは、日本企業にとってもビジネスチャンスが広がる可能性になる。例えば、国内の複数自治体が実装する会津モデルの都市ＯＳが他の国に導入されれば、共通の都市ＯＳを利用する国や地域の間で仮想経済圏が共有される。国内のある地域で、会津モデルの都市ＯＳの上にアプリケーションを提供している企業にとっては、同一のプラットフォームを持つ国に展開する際の技術面・心理面のハードルが大きく下がるだろう。同一のプラットフォームをそのまま展開するケースではなかったとしても、会津モデルの都市ＯＳのコンセプトを海外に普及させていく過程から参画することで、日本企業にとってビジネスがしやすい環境が整備されていくだろう。そこを拠点に第三国へ展開し、新たな経済圏を展開するシナリオも十分あり得るのではないだろうか。国境を越えたデジタルエコシステムが創出される日も近い。

2-4-7

「新しい資本主義」に向けた「会津モデル」のこれから

2章ではここまで、スマートシティ会津若松の全体像と、デジタル田園都市国家構想推進交付金タイプ3の対象になった事業の内容、そして全国に横展開し始めた「会津モデル」の動きを紹介してきた。ここでは、会津モデルが目指す中長期的な展望について触れておきたい。

デジタル田園都市国家構想推進交付金タイプ3（以下、デジ田タイプ3）の実施事業が始まった2022年10月から半年足らずの間に、六領域／16個のサービスが新たに動き始めた（2023年3月末時点）。それ以前から展開していた六つの市民向け行政サービスを加えれば、会津若松には合計で22種のサービスが実装されたことになる。

これほど短期間にバラエティに富んだサービスが展開できたのは、デジ田タイプ3の交付金という追い風はもちろん、スマートシティ会津若松の第1ステージにおいて、10年をかけて構築した都市OSとAiCTコンソーシアムが基盤にあったからだ。2023年度もデジ田タイプ3の対象事業に引き続き選定されており、これまでの取り組みを、さらに加速させていく予定である。

地域エコシステムが実現する共助型スマートシティ

サービス提供の仕組みとしては軌道に乗り始めている。その一方で、これから重点的に取り組むべき課題の一つが地域の財政収支の側面である。もともとスマートシティ会津若松が目指しているのは〝稼ぐ力〟を備えた地方創生であり、市民一人ひとりのＷｅｌｌ‐ｂｅｉｎｇ（幸福感）だ。これを裏側で支えるのが、地域全体を含めたエコシステムによる持続可能な共助型の都市経営である（**図2-4-7-1**）。

スマートシティに取り組む前は、市民サービスの担い手は公共セクターと民間とに明確に分かれていた。税金で運営されている行政サービスを無料で受ける「公助」か、民間サービスを有料で受ける「自助」かの二者択一である。

例えば、**図2-4-7-1**の**(A)**は、モビリティ分野の公助と自助」の関係を示している。人口減少や地域産業が衰退する地方では、鉄道の廃線、路線バスの減便・廃止など公共交通の衰退が指摘されて久しい。高齢化が進む地域ではマイカーに頼る自助努力にも限界がある。これらは地方に共通する課題だが、自治体による公助だけでは対応し切れなくなっている。

これに対して、**図2-4-7-1**の**(B)**と**(C)**に示すのが持続可能な都市経営のためのエコシステムである。官民連携による共助の仕組みとデジタルの活用を通じた効率化によって収支を改善することで、地域モビリティ全体でサービスレベルの維持・向上を図る。

(B)は、エコシステムのためのプラットフォームを単独領域で構築するケースで、これを「分野エコシステム」という。分野エコシステムを個別に運用している自治体もあるが、他のサービスと横連携していない部分最適にとどまっているケースが少なくない。しかし、市民のWell-beingにつながるQOL（生活の質）を高めるためには、経費はかかっても利

図2-4-7-1：現状のビジネスモデルの課題を持続可能なビジネスモデルで解消する

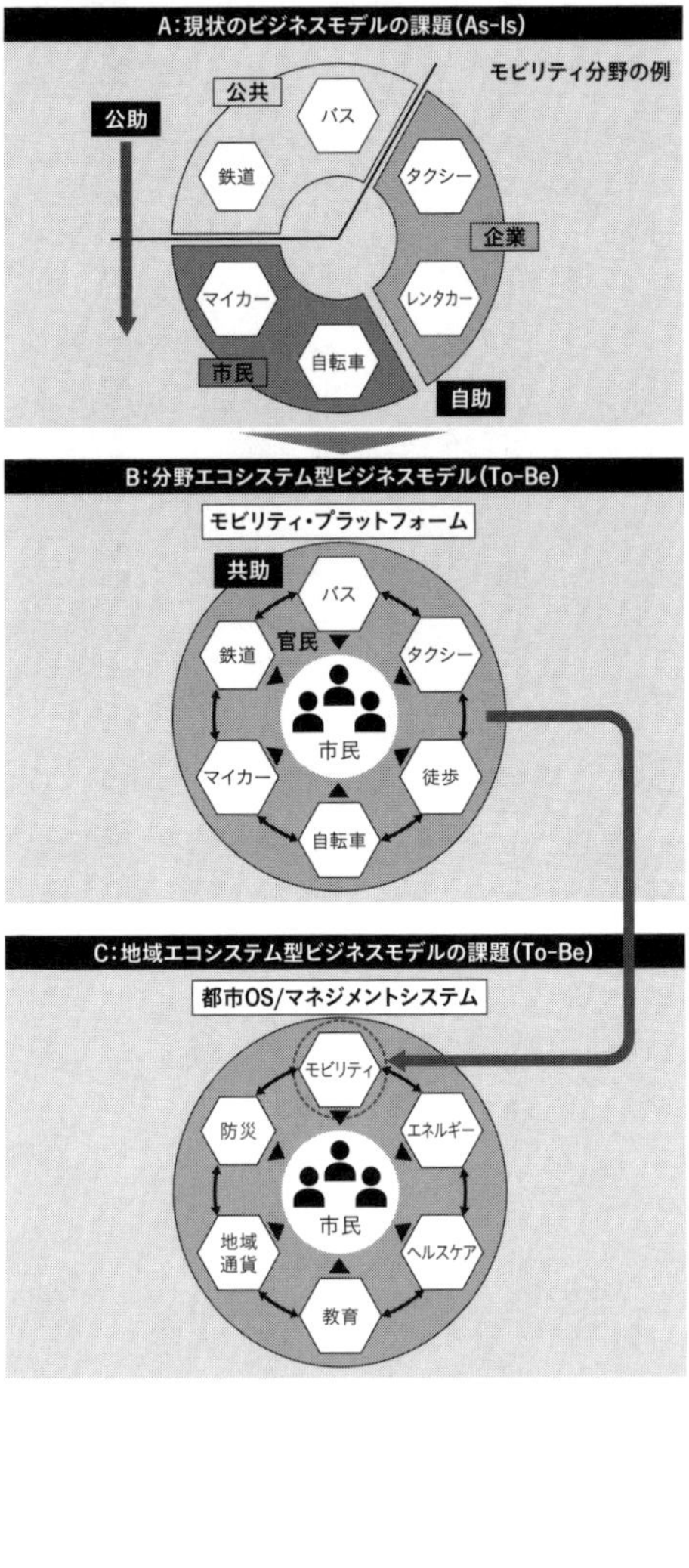

益が薄い、または利益が出ないサービス分野も充実させる必要がある。教育、防災、エネルギー関係などだ。

(C)は、複数の領域を横断的に結びつけて全体最適を目指すビジネスモデルであり、これを「地域エコシステム」と呼ぶ。収益化が見込めるサービス分野と、経費がかさむサービス分野をミックスし地域全体で収支を均衡させることで、市民生活全般にわたるサービスをカバーする。会津若松の共助型スマートシティでは、都市OS上に複数領域のサービス機能を乗せ連携を図ることで、この地域エコシステムを構築している。

持続可能な自立的なサービス運用にはマネタイズが欠かせない

地域エコシステムのビジネスモデルを持続的に運用するためには、マネタイズが課題になる。冒頭に触れたように、会津若松で多様なサービスを実装できたのはデジ田タイプ3の交付金を初期投資に充てられた恩恵が大きい。だが、公的支援を得て実証実験をスタートしても、補助金が途切れると社会実装する前に頓挫してしまうケースは少なくない。

スマートシティ会津若松でも、前述した6領域のサービスを社会実装するまでは進んでいるものの、まだまだ限られた市民を対象にスタートしたばかりである。都市OSの運営も、稼働済みサービスの主たる提供者である市の財政に多くを頼っているのが実状だ。サービス利用者をさらに増やし、ランニングコストを継続的に賄えるだけの安定収益を得ながら、自律的に稼働できるように展開していかなければならない。

スマートシティ会津若松の取り組みにおけるサービスの運用モデルの変化を**図2-4-7-2**に示す。

図2-4-7-2の**(a)**は、会津若松がスマートシティに取り組む前のモデルである。行政が担う公助のサービスと民間が担う自助のサービスに二分され、行政サービスはすべて市費、つまり税金で運用されていた。この状態のままでは、サービス改善されるどころか、行政サービスのベースラインを維持することも難しい。

図2-4-7-2の**(b)**が、都市OSを稼働させた会津モデルの第1ステージの運用モデルだ。公助だけでは対応できず、かといって民間単独でも採算が合いにくい部分を官民連携の共助の仕組みにより実現している。民間との協業により、従来の行政サービスにはなかったプラスαのサービスとして、市民

図2-4-7-2：持続可能なスマートシティサービスの運用モデル

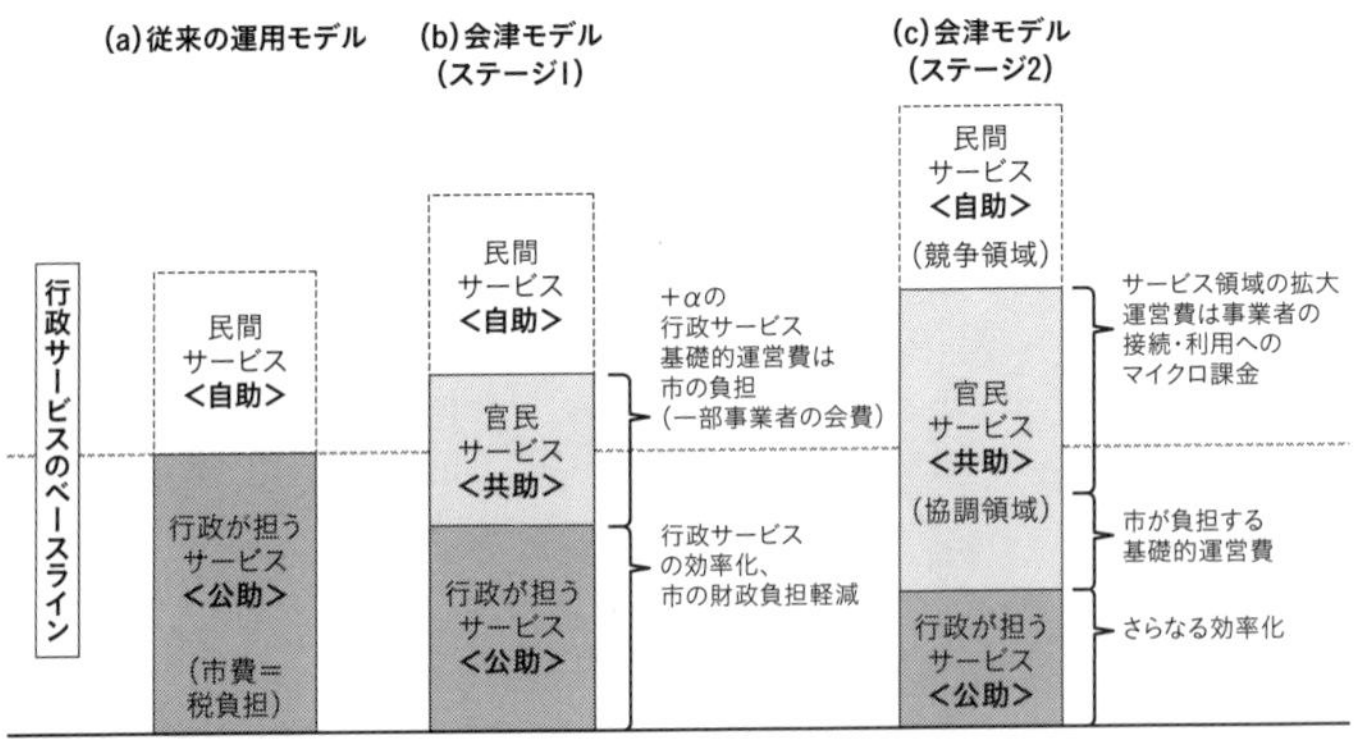

ポータル「会津若松＋（プラス）」をはじめ、教育や子育て関係のサービスを開始した。ただし第1ステージでは、無料で提供する行政サービスが中心で、基礎的なランニングコストであるシステム運営費は市費で賄われている。

図2-4-7-2の(c)は、会津モデルの第2ステージで目指している運用モデルである。民間企業の収益事業としても成り立つ有料サービスの拡充を図る。具体的には、観光、農業、モノづくりといった地域産業の〝稼ぐ力〟を高めるサービスである。そのために接続するデータアセットを増やし、都市ＯＳのサービス機能も増強した。ただ有料化したサービスも、まだ初期段階のため利用者は少なく収益基盤は弱い。システム運営費は、市費に加えて、都市ＯＳの運営主体であるＡｉＣＴコンソーシアムの会員企業からの会費などが一部充てられている。

今後、さらなるサービス拡充に伴って増加するシステム運営の変動費を捻出するためには、事業者からのシステム接続料といった形で従量制や定額制のマイクロ課金をしたり、サービス利用者から低額の手数料を徴収したりしながら収益基盤を安定させる努力が求められる。

共通プラットフォームで地域連携を支えるローカルマネジメント法人モデル

共助型スマートシティを進める上で、もう一つ重要なポイントが、都市ＯＳの機能やサービスを提供する担い手である。いわゆる地域の経営力を強化する「都市マネジメント」を担う組織だ。

行政が主導する自治体もあるが、より利用者の満足度が高いサービスを展開するには、行政区画の枠を超えたオペレーションが求められる。デジタル生活圏（2-4-1参照）における地域連携も必要なため、単体の基礎自治体では対応できない。県境をまたいだ広域サービスという事業は、むしろ民間の営利企業が得意とする分野である。ただし、市民中心の共助型スマートシティが目指す地域課題の解決を担うには、利潤追求を使命とする民間企業と官との中間形態の組織のほうが、よりふさわしい。

官民の中間組織といえば、NPO（非営利団体）法人が思い浮かぶだろう。NPO法人は、非営利事業に対する税制優遇を受けられるメリットがある半面、得られた収益を新たなサービス開拓に再投資できないという制約がある。そのため、都市マネジメントという観点では力不足だと言えるだろう。

そこで我々が想定している組織像が「LM（ローカルマネジメント）法人」である。非営利事業法人の利点を取り入れながら収益事業の自由度が高められる新しい法人制度として、2014年に開催された有識者会議「日本の『稼ぐ力』創出研究会」で経済産業省が提言した。株式会社とNPO法人の良いとこ取りをした組織で、まさに地域の稼ぐ力を向上させる役割を期待されている。

ただし、LM法人は2023年3月時点では法的には認められておらず、正式には法人登記できない。そこで会津若松では、AiCTコンソーシアムをLM法人的な性格を持つ組織に位置づけ、一般社団法人として発足させた。類似の形態として、観光分野では観光庁が提唱・認定している「ＤＭＯ（地域マネジメント団体）」や、農林漁業の6次産業化を担う文脈で登場する「地域商社」がある。名称はともかく、いずれも共助の立場で都市をマネジメントすることが重要だ。

スマートシティにおけるＬＭ法人の具体的な活動イメージとしては二つのタイプが考えられる（**図2-4-7-3**）。①ＬＭ法人モデル（分散型）と、それが進化した②ＬＭ法人連携モデル（分散連携型）である。

両モデルを説明する前に、参考として既存のＥＣモデル（一極集中型）を説明しておく。これは、大手ＥＣ（電子商取引）サイトを通じて幅広い商材を取り引きする仕組みである。多くの地方都市が置かれている現状だ。地方都市で生産される農産物や加工食品、日用雑貨や娯楽系商品などの物販から、宿泊や飲食といった観光関連サービスまで、このモデルは浸透している。

地方の事業者にすれば、ＥＣサイトに掲載するだけで販売促進から決済、配送までを完結できるため、一時は売り上げが伸び恩恵を受けた事業者も少なくない。だが、巨大プラットフォーマーに支払う出店料や決済手数料は決して安くないだけに、いくら売れても利益が残りにくい。同じ地域内の事業者が連携し特色も打ち出すこともできない。お金もデータも地域内に留まらず、域外に流出してしまっているのが実態だ。

図2-4-7-3：スマートシティにおけるLM法人の二つの活動イメージ

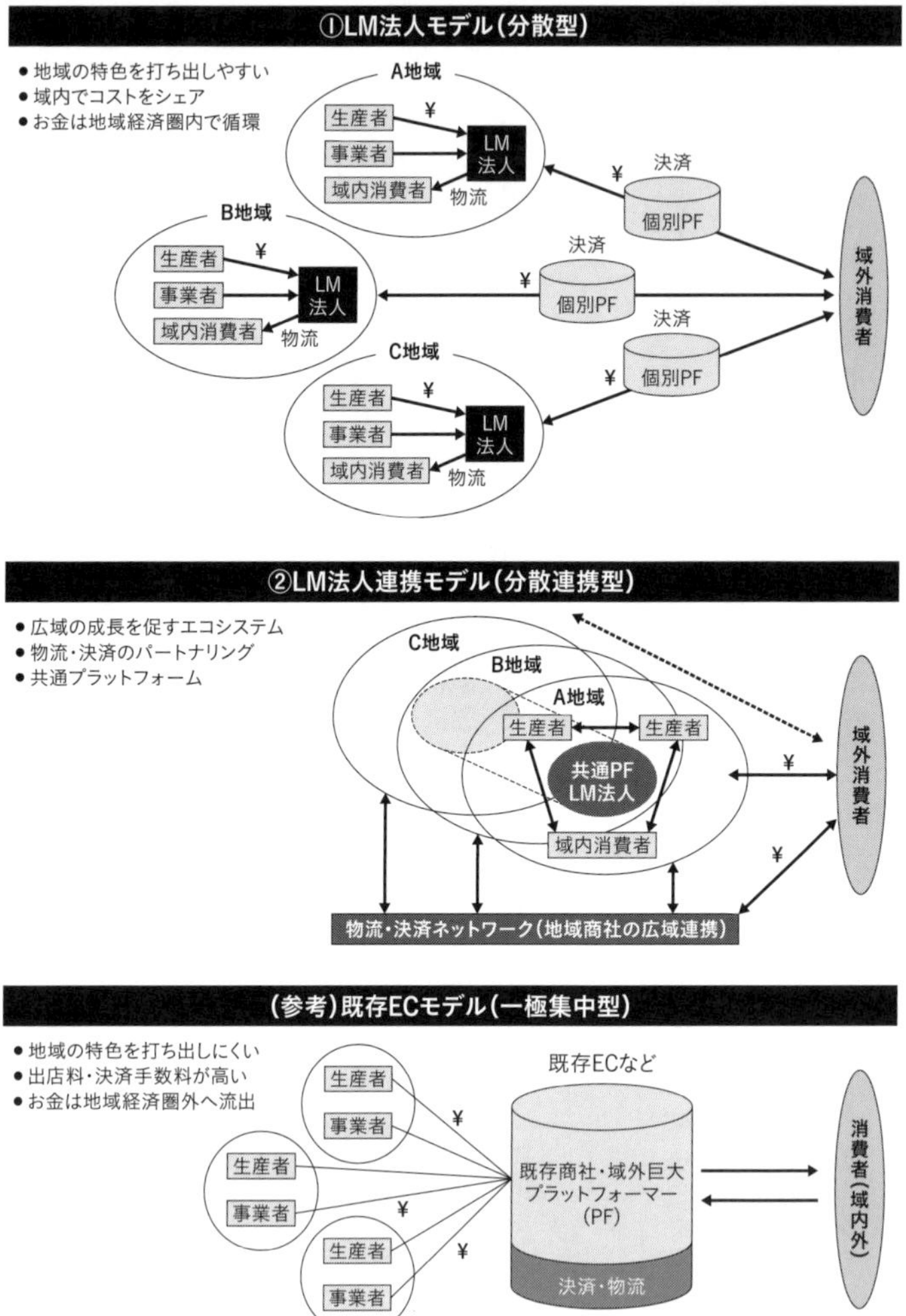

①LM法人モデル（分散型）

ＬＭ法人が運営する地域プラットフォームを通じて取り引きし、決済から物流までをカバーする仕組みである。手数料の負担を極力低くすれば、地元事業者の手元に資金がプールされ、事業拡大や新たな商品サービスの開発への再投資につなげられる。

分散型としてあるのは、地域ごとに分散した状態を指している。スマートシティ会津若松の第2ステージは、この段階である。**図2-4-7-3**において、A地域が会津だとすると、地域プラットフォームが会津モデルの都市ＯＳ、ＬＭ法人がＡｉＣＴコンソーシアムに相当する。地域ＢとＣの地域では、それぞれが独自のプラットフォームとＬＭ法人を個別に展開している状況にある。

②LM法人連携モデル（分散連携型）

会津モデルの都市ＯＳが横展開され、他地域との共通プラットフォームとして機能し、ＬＭ法人も相互に連携していくモデルであり、今後目指すべき方向だ。自治体の枠を超え縦横無尽に活動し、都市マネジメントの視点で稼ぐ力を発揮できるＬＭ法人のような担い手が不可欠になる。

連携する地域は隣接していても離れていても構わない。隣接地域なら、前述したデジタル生活圏で複数のサービスを広域に展開できる。離れた地域同士であれば、デジタル空間で距離を意識せずに連携できるバーチャル生活圏のイメージになる。

例えば、内陸で新鮮な野菜が取れる会津と、沿岸地域で魚介類が豊富な別の地域とが連携し、それぞれの地域の特色を生かしながら「食農」という一つのサービスとして集客力を高め、収益向上につなげていく。分散した地方都市が補完し合いながら共創し、地域課題を解決していくわけだ。場合によっては、国内に止まらず、海外との連携といったモデルも可能になるかもしれない。

「共助型の新しい社会モデル」はデジタルを掲げる国土計画に

国土交通省が2023年3月7日に公表した「第3次国土形成計画（全国計画）中間とりまとめ」には、国土の課題を解決に導く原理として「デジタルの徹底活用」がうたわれている。この全国計画は、1962年に策定された「全国総合開発計画（全総）」から数えて第8次の計画になり、従来は徹底してリアルな社会資本について記述されてきた国土計画としては初めて「デジタル」の文言が記載された。

そして目指す国土の姿の三本柱の一つに「デジタルとリアルの融合による活力ある国土づくり」を掲げた。そこには「サービスや活動が継ぎ目なく展開されるシームレスな国土づくり」「デジタルを活用した多面的なネットワーク化による連結型国土」というイメージが描かれている。

〝地方の危機〟に対応した具体的な施策として「地方の中心都市を核とした市町村界にとらわれない新たな発想からの地域生活圏の形成」という項目が盛り込まれている。キーワードは「サービスや活動を『兼ねる／束ねる／つなげる』発想」「〝共〟の視点からの地域経営」である。まさに、本書で解説してきたスマートシティ会津若松が目指す〝これから〟の姿と重なる。

国土形成計画を議論する国土審議会計画部会には、故・中村 彰二朗 氏が当初から委員として参加し、その任を筆者の海老原が引き継いだ。会津若松における10年超の取り組みから生まれた「デジタル生活圏」「サービスの横展開と地域連携」の考え方が色濃く反映されているのは感慨深い。ある意味で、共助型スマートシティの取り組みを通じた地方創生の先に新しい時代の国土形成があるとも言える。

この国土形成計画には「地方における新しい資本主義の実現」というキーワードも盛り込まれている。「新しい資本主義」は岸田内閣における主要政策の柱の一つである。これを地域社会に落とし込んだ考え方を私たちは「共助型の新しい社会モデル」と呼んでいる。この点について補足しておこう。

昨今、環境や企業倫理、人権などの観点からグローバルなビジネスの世界では大きな価値の転換が起きつつある。株主利益の最大化を第一とする従来の「株主資本主義」に対し、従業員や取引先、顧客、地域コミュニティなどの企業活動に影響するすべての利害関係者に配慮する「ステークホルダー資本主義」を経営理念に据える大企業も少なくない。もともと日本には近江商人の〝三方良し〟のＤＮＡが受け継がれており、ステークホルダー資本主義の理念とは親和性がある。

企業活動の公益性という文脈で言えば、ＣＳＲ（Corporate Social Responsibility：企業の社会的責任）からＣＳＶ（Creating Shared Value：共有価値の創造）へシフトしている。

ＣＳＲは、自主的な寄付や慈善活動によって、企業市民としての義務を果たす社会貢献の色合いが強い。自社ビジネスとの関連性が低いほど志が高いと評価され、「利益獲得を目的にはしていません」というエクスキューズが求められる傾向があった。文化芸術活動に利益を還元する企業メセナに近い分類である。

一方のＣＳＶは、企業の利潤追求と社会的価値の創出は分かち合えるという考え方だ。本来の事業活動の一環として行われ、経済的利益の向上にも役立つ。これは「環境（Environment）・社会（Social）・ガバナンス（Governance）」を考慮した企業に投資し社会課題の改善に寄与するＥＳＧ投資の考え方に結びつく。ただ最近は、本当に問題が改善したかどうかがあいまいで、見せかけの課題改善を装う「ＥＳＧウォッシュ」の問題が指摘されており、ＳＧＤｓ（持続可能な開発目標）へのコミットが重視され始めている。ただＣＳＶによる社会的価値向上も、事業利益を損なわない範囲で環境負荷を減らすといった取り組みが多く、評価基準も定まっていないのが現状だ。

これに対して注目を集めているのが、社会課題の解決をビジネスの中核にとらえ、自社利益との両立を目指す「レスポンシブルビジネス（Responsible Business）」である。社会課題の解決そのものをビジネスにし利潤の源泉にしていくという考え方だ。その背景には、ビジネスと社会の発展が相互に補完し合う関係を築けなければ、いずれは企業活動自体が立ちゆかなくなるという根源的な問いがある。ステークホルダー資本主義のトレンドも、これとパラレルに位置する。

アクセンチュアでは、レスポンシブルビジネスを「長期的な競争力とビジネスレジリエンスを担保するために、多様なステークホルダーの興味・関心を中核ビジネスに反映させる事業」と定義し、２０２０年度以降の最優先テーマに位置付けている。

このレスポンシブルビジネスを地方創生に織り込む仕組みが「共助型の新しい社会モデル」であり、その先進的な実践例がスマートシティ会津若松である。会津モデルがこれから目指す姿は、世界の潮流を牽引していると言えよう。

2-4-8

デジタル田園都市国家構想の実現に向け全国の基盤となるデジタルインフラの普及を加速

【対談】経済産業省 大臣官房審議官（商務情報政策局・政策調整担当）・門松 貴 氏
×アクセンチュア ビジネス コンサルティング本部 ストラテジーグループ
公共サービス・医療健康プラクティス 日本統括・海老原 城一 氏

会津若松市のスマートシティへの取り組みは10年を超え、その知見に基づく「会津モデル」の横展開を始めている。その姿は、岸田 文雄 首相が直接に視察に訪れるなど政府のデジタル田園都市国家構想においても注目されている。会津若松のスマートシティやデジタル田園都市国家構想に対し今後、どのように進んでいくべきか。菅 義偉 前首相の秘書官を務めデジタル田園都市国家構想の背景にも詳しい経済産業省 大臣官房審議官（商務情報政策局・政策調整担当）・門松 貴 氏とアクセンチュアの海老原 城一が語り合った。（文中敬称略）

海老原　アクセンチュアの海老原 城一です。門松さん、先日は会津まで足を運んでいただき誠にありがとうございました。会津の歴史から今後の目標まで、さまざまなお話しをさせていただき濃い時間でした。今回も、このような形でお話ができる機会をいただき、ありがとうございます。

早速ですが、我々が取り組んでいる会津若松のスマートシティやデジタル田園都市国家構想に対して今後、どのように進んでいくべきだと期待されていますか。「共助」や「新しい資本主義」といったテーマと併せてお考えをお聞かせください。

門松　経済産業省 大臣官房審議官（商務情報政策局・政策調整担当）・門松 貴です。デジタル田園都市国家構想を岸田首相が立ち

経済産業省 大臣官房審議官（商務情報政策局・政策調整担当）の門松貴 氏。1994年3月に慶応大学環境情報学部を卒業し、同年4月に旧通産省に入省。菅義偉前首相の秘書官（菅官房長官時代を含め約8年6カ月間）を経て、2020年7月から現職

上げた背景には、自由民主党の宏池会の系譜で、40数年前に当時の大平正芳首相が「田園都市国家の構想」を提唱していた理念を受け継ぎ、その現代版をデジタルで実現しようという流れがあると思います。

もちろん菅政権時代から地方創生は意識されていました。ただ当時は、新型コロナウイルス感染症（COVID-19）によるパンデミックの渦中でもあり、思い切って踏み出せない面がありました。行政のデジタル化が圧倒的に遅れており、地方ごとにバラバラに進められ、マイナンバーカードもきちんと使えていなかったために給付金の支払いにも手間取るような状況に置かれていた

からです。

そこで、国だけでなく地方も含めて行政を一元化し、デジタルを共通インフラとして広げるために緊急に設立されたのがデジタル庁です。それが岸田政権になり、田園都市国家と地方創生にデジタルで取り組もうという流れになったのです。

デジタル田園都市国家構想の核になるスマートシティの観点から言えば、会津若松市は、岸田政権が構想を打ち出す以前からスマートシティに全国に先駆けて取り組んできました。アクセンチュアの故・中村 彰二朗さんや海老原さんをはじめ、市や福島県、会津大学、参加企業のそれぞれのご尽力により、他地域の数歩先を進み具体的な成果も生み出されています。

全国の基盤になるデジタルインフラを普及していくうえで、会津若松の取り組みを全国に共有し、その地方ならではの工夫を加えながらバージョンアップされていくことを期待しています。ただ、そうした横展開は、まだまだ容易ではありません。

オプトインに基づく合意形成が柔軟なデジタル化を可能にする

海老原　全国的に取り組みが進まない原因は、どこにあるとお考えですか？

門松　会津ではうまくいったのに他に移植するとなぜ難しいのか、横展開が進まない要因はどこにあるのか。その点を踏まえ、国の役割や支援のあり方を考える必要があります。

海老原さんと中村さんの前著『SmartCity5・0〜地方創生を加速する都市OS〜』を読んで印象的だったのは、東日本大震災の1カ月後、復興会議を主催した経済産業省の担当官が「福島が大変だ」と檄を飛ばし、それに皆さんが呼応して取り組み始めたというエピソードです。大事なのは、花火を揚げて終わりではなく、この10年を超えて皆さんがトップランナーとして、ずっと走り続けている姿でしょう。その取り組みの中に、横展開を図るヒントがありそうです。

海老原　その背景に、中村さんを中心とした、すべての関係者の長年にわたる取り組みがあると思うと、私も大変に嬉しいです。ただ自己評価としても「まだまだだ」と考えており、敢えて点数を着ければ20点ぐらいでしょう。これから先、私たちは、どう進むべきでしょうか。

門松　会津若松の取り組みはモデルとしては立派です。それを20点と自己評価されるのは、会津全体としては、まだ協力を得られない市民がおられることを課題視されているのでしょうか？

海老原　ご指摘のとおりです。さまざまな形でスマートシティへの参加を呼び掛けてはいますが、まだまだこれからという状況です。

門松　市民の合意形成をどう形づくるかは、行政の基本として極めて大事だと思っています。デジタル化によって変わっていくとも言われていますが、一方で、実はあまり変わらない面があるかもしれません。

デジタル時代の合意形成という意味で、会津若松の取り組みにおいて最も学びたい点の一つが個人情報の扱いです。岸田首相は２０２１年12月に会津若松を視察されましたが、その際には「オプトインの原則に基づく市民の協力に裏付けられた取り組みが非常に参考になる」とコメントされています。オプトインを通じて、協力を得られる市民の裾野をいかに広げていくかは、デジタルかアナログか関係なく重要な課題です。

例えば、マイナンバーカードの普及に向けては、ポイントを付与したり、保険証や免許証と一緒にしたりするといった手法があります。ですが、そうしたアプローチが一概に正解とは言えない気がします。

海老原　一口に合意形成と言っても、現場レベルの視点から見れば、デジタルの特性とかけ合わせて、さまざまなことが考えられます。

これまでは、全員で「右か左か」「正か悪か」を決めなければいけない傾向がありました。全体で多数決を取ってから実行に移すため、少数意見は取り残されてしまいます。そのため、サービスを一度リリースすると、その後の状況やニーズの変化に合わせて改善したいと思っても、システムを大掛かりに直さなければならなかったり、ルールを変えなければ動けなかったりしました。

しかしデジタルを活用すれば、もう少し細かい単位で「私はこれだけ欲しい」「僕はこっちがいい」など複数の希望を同時に許容できます。

例えば1000人のうち10人が使いたいサービスも、デジタル技術を使って効率を高めビジネスケースに乗せられれば、すぐにでも始められる仕組みを作れるからです。しかも、始めたサービスがダメなら、少し前に戻ってやり直し、走りながら改善し続けられる。最初に手を挙げた10人に向けてスタートし、そこで得られる色々な意見を元に改善していけば、利用者は100人に増えます。その100人からの意見を元に改善すれば1000人になる。こうした、いわゆる〝アジャイル（俊敏）〟な進め方ができるのが、スマートシティやデジタルの良さだと思います。

門松 まさにそうですね。一般論としては、「多様性を認めよう」という価値観が、これだけ広がると、昔のような合意形成はできなくなってきます。一方で「多様性を認めろ」と言う人に限って「合意形成ができていないじゃないか」と釘を刺すなど、「一体、

アクセンチュア ビジネス コンサルティング本部 ストラテジーグループ 公共サービス・医療健康プラクティス 日本統括の海老原 城一

どっちなの」と言いたくなります（苦笑）。

ですが、「できる人から増やしていく」ということは、デジタルに限らない本質を突いています。合意形成の意義を尊重しながら、多様性を認める新たなモデルを、さまざまパターンで提示し決めていく姿勢が大事だと思います。「デジタルを使えない人がいるではないか」と言って取り組みを止めてしまっては、結果的に全体のスピードを遅らせてしまう面があります。

海老原　アクセンチュアには、国籍もキャリアも異なる多様なスタッフがいます。その中で、例えば100人が所属する部門において、100人のうち80人が喜ぶような施策は一つもありません。なんとか10人が喜ぶ施策を10個作れば、どれか一つには100人が賛同してくれるといった形で進めていきます。10人が喜ぶけれど残りの90人が全員ダメだという施策はさすがにできませんが、10人がやりたくて90人が「どっちでも良い」というレベルの施策に取り組むわけです。

仮に、施策の一つひとつに対し多数決で合意形成しようとして「イエスかノーか、どちらかに投票を」と言ってしまうと、どの施策でも90人は「別にどちらも不要」と言う立場なので、何一つ採用されなくなってしまいます。

門松　多数決で決まる社会であれば、施策は一つ作ればよかった。それが今は、ニーズに応じて何十個も出さなければなりません。しかも、昔に比べて全般的に人が減っているなか、どうやって効率的に多数の選択肢を出すのか。非常に矛盾した難しい課題に囲まれながらも、より多くのソリューションを打ち出せる地域こそが道を切り開いていけるのでしょう。

海老原　数を用意することも大変ですが、今は市民が多様化しているだけに、一つのパーフェクトなサービスを作るほうが大変かもしれません。

ビジネスとして軌道に乗せるという意味では、例えば1万人の利用者を早く獲得したい時に100人から始めると、その道のりは長くなります。しかし実際には、最初の

100人が心から喜ぶサービスを作らなければ1万人には受け入れられることもありません。時間もコストもかかりますが、まずは具体的な特定のカテゴリーが持つニーズに応えられるサービスを小さくスタートして育てていくことに尽きると思います。

実際、これまでデジタルサービスを何も使ってこなかった人が、会津若松のスマートシティの取り組みにオプトインで参加することは結構大きな転換になります。最初の入り口では、自分の中で相当フィット感のあるサービスでなければ、わざわざ参加しないでしょう。しかし一度参加し、日常使いのサービスの一つでも「使って良かった」と感じてもらえれば、その後に追加されるサービスの便利さが、ある程度なレベルでも簡単に手に取ってもらえるようになります。なんとか一つ目のサービスでオプトインしてもらうことがポイントだと考えています。

門松　そうしたステップは、大変でしょうけれど、地道に続けてこられたことが最も大切ですね。他の自治体においても辛抱強く続ける姿勢が求められます。

プレミアムがなくても使いたい本当に必要なサービスを創る

門松　海老原さんと話していて、もう一つのポイントだと感じるのは、スマートシティを説明する際に難しい単語をあまり使われないことです。説明をきちんと理解できていなければ、オプトインしてまで参加はしてくれません。デジタルやITの分野ではカタカナ言葉が飛び交いがちです。高齢者などに対しても、「いかに最先端技術を使っているか」ではなく、「これを使うと何ができるか」を分かりやすく説明することが極めて大事だと思います。

海老原　スマートシティについて話すとき、私がいつも一枚目に使うスライドがあります。2010年頃のスマートシティの状況を表したものですが、その中に「スマートシティを推進しているのは、ヨーロッパは社会学者、アメリカは経済学者、そして日本は技術者だ」という表現があります。

今も日本ではスマートシティのイメージを絵にすると、ドローンが飛んでいたり自動運転車が走っていたりになります。最終的にどんな便利な暮らしや価値が生まれるかではなく、どれだけ難しい技術に取り組んでいるかを説明する傾向があります。しかし住民が関心を持つのはサービスそのものであって、その裏側にある仕組みではありません。

門松　まさに最初の10人を集めるためには、デジタルによって生活や社会がどう変わるかを具体的に説明することが、技術の話よりも優先されるべきです。ドローンや自動運転の話よりも、オプトインの考え方を説明するほうが難しいからかもしれませんね。

海老原 会津若松のスマートシティが進んだのは、震災をきっかけに多くの企業が投資してでも「何かの役にたちたい」という姿勢で取り組んできた歴史が大きいと感じます。参加している個々の企業がビジネスで十分な成果を挙げられているわけではありませんが、「世の中を変えていかなければならない」という想いが、スマートシティに取り組むエネルギーになっているのです。

一方、オプトインをして個人情報を提供してまで参加する市民は、まだ少数派です。市民ポータルの「会津若松＋（プラス）」を閲覧しているユニークユーザー数は市の人口よりも多いのですが、そこからオプトインをし高度に活用していく動きは、まだ弱いと感じます。この割合が高まらなければ、個々のサービスがサスティナブル（持続可能）にはなりません。ここをブレークスルーしてこそ、新しい時代のインフラと呼べると考えています。

門松 そうですね。最近は各地でキャッシュレスの議論が進み、「〇〇ペイ」といった、さまざまなデジタル地域通貨が導入され利用が広がっていますが、一つ気になる点があるのです。普及キャンペーンとして、スタート時に何十％かのプレミアム付きデジタル商品券を配布し、一定期間後にさらにプレミアムを追加するなどのケースが多いことです。プレミアムのために人が集まっている感じが拭えないのです。短期的に利用者を増やす効果はあるかもしれませんが永続的ではない気がします。政府としても、オプトインによる住民参加の割合を着実に広げていくために、どのような支援をすれば良いのか悩ましいところです。

海老原　会津ではこれまで、国や自治体からの支援を受けながら、沢山のサービスを創り出してきましたが、一つの〝スーパーサービス〟を作り、ある瞬間だけ「おトクだから使ってほしい」というよりも、キャンペーン中でなくても「これなら絶対使う」というサービスを作りたいですね。

門松　キャンペーンやプレミアムが付かないところで、どうすれば住民が便利さや満足感を感じるサービスを生み出せるかが、すべてですね。会津では電子カルテやオンライン診療を早くから導入することで住民向けサービスの強みを発揮したと聞いていますが、そうしたキーになるサービスが一つひとつ、いろいろな地域で見つかると良いですね。

海老原　企業の側にも無限にアイデアがあるわけではありません。技術ありきでサービスを作ることもありますが、地元に移り住み地元が困っている課題を聞きながら一つひとつサービスにしていくスタイルも重要です。デジタルから入らなくても、昔からの課題をどう解消していくのかを検討する中で、デジタルをうまく応用できるというアプローチもあります。

地域に付加価値を残すには都市OSとマネジメントが重要

海老原　加えて昨今の問題意識として、フィジカルの世界で、いわゆる東京一極集中が起きているのに対し、デジタルの世界では巨大プラットフォーマーへの集中が起きていることがあります。それだけに、地域の中にプラットフォーム機能を置き、地域に付加価値を落としていく仕組みを作らなければ持続性を得られません。

門松　プラットフォーマーと言うとすぐに「日本のメーカーがいない」といった話題になってしまいます。しかし、デジタル田園都市国家構想や地方創生を進めるに当たっては、アプリケーションや事業者の議論ではなく、今の市民生活をいかに便利にしていくかという観点に立脚して考えるべきです。

スマートシティで必ず語られる「ブラウンフィールドかグリーンフィールドか」で言えば、グリーンフィールドで、真っさらな状態から作るのは今の日本では難しい。逆に、ブラウンフィールドでスタートしても必ずしも成功するとは限りません。一番の障害は何だと思われますか？

海老原　都市マネジメントの視点ではないでしょうか。スマートシティにも、いろいろなアプローチがありますが、地域住民に対し多様なサービスを導入する観点で言えば、会津若松が成功している一つのポイントは、官と民の間に立ってマネジメントを担う組織の存在だと思います。会津若松市という行政を主体とした官民連携の仕組みを前提にしながらも、個別事業の推進主体となるコンソーシアムを、地元企業を含めた志を同じくする多数の企業が集まって作っています。

地方への展開では、官民連携の場合もあれば、自治体が主導する場合もあり、その解は一つではありませんが、地域の中で団結して取り組める体制を作れるかどうかが重要です。中心となる担い手が、自治体であれコンソーシアムであれ、「こんなまちにしたい」「地域にこんな価値を実現したい」という理念を共有できれば、目指すべきスマートシティ像の実現に向けて共創できるはずです。

都市ＯＳも「このシステムを導入すればスマートシティができる」といった話になりがちですが、どのパッケージを採用するかよりも、導入したシステムをうまく運営する機能があるかどうかが重要です。逆に言えば、そこが一番難しいところではあります。

松門

確かに会津若松では都市ＯＳがすごくうまく機能していますね。２０２２年12月に策定されたデジタル田園都市国家構想総合戦略には、都市ＯＳに関連する事項が含まれています。デジタルを活用して解決すべき地方の課題解決の筆頭に「地方に仕事を作る」ことを掲げ、それを実現する柱の一つとしてデータ連携基盤の整備が重要だとうたっています（**図2-4-8-1**）。

都市ＯＳはスマートシティにおけるデータ連携基盤ですが、全国津々浦々にデジタル化の恩恵を行き渡らせるためには、さらに一歩踏み込んで、ソフトウェアにとど

図2-4-8-1：デジタル基盤は、すべての産業を根幹として支え、地方創生や少子高齢化などの社会課題の解決にも不可欠である

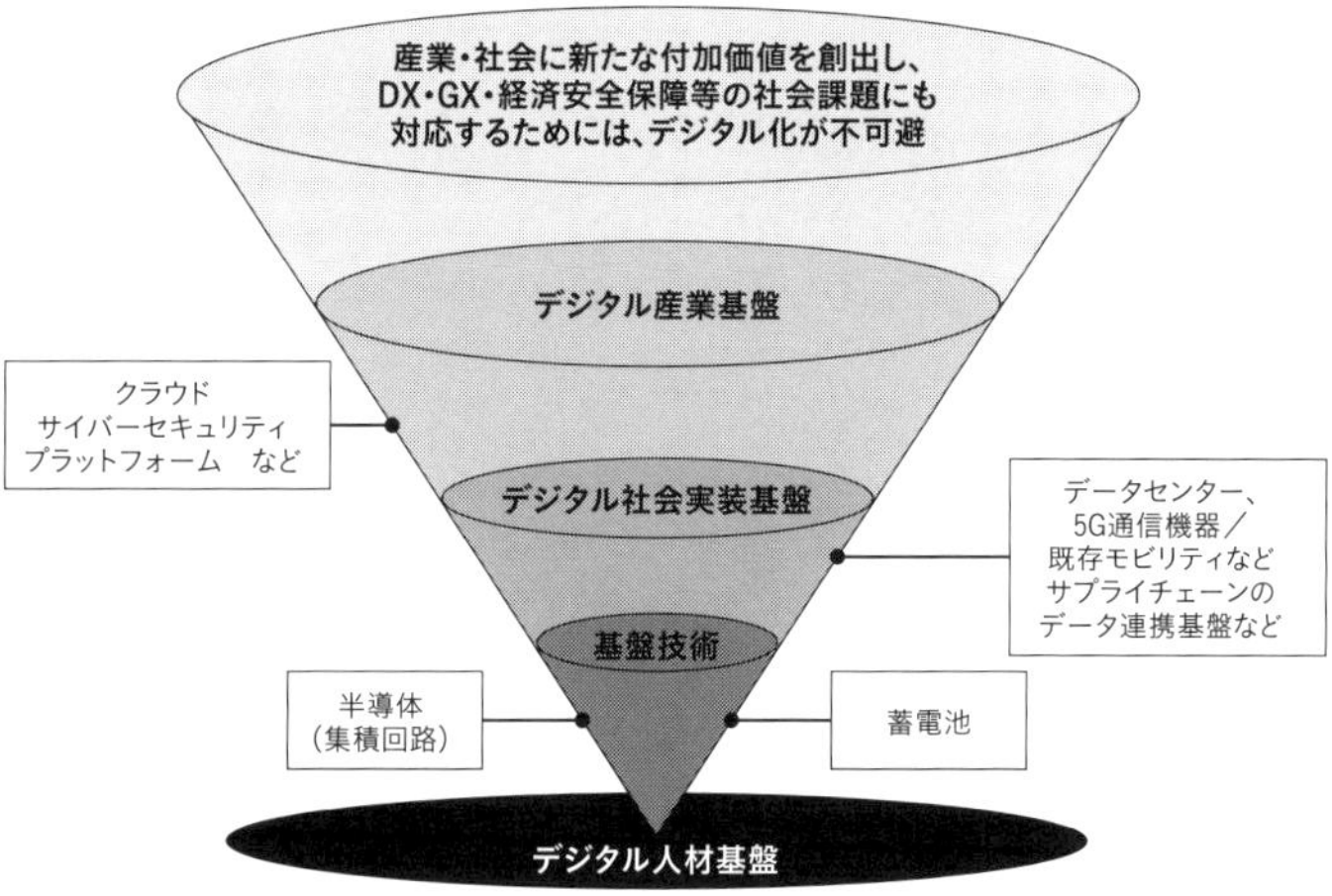

『デジタル社会の実現に向けて』、経済産業省商務情報政策局、2023年3月を元に作成）

まらずITインフラといったハードウェアや、技術仕様や法規制などのルールを包摂した「デジタル社会実装基盤」の構築が必要です。経産省では、関係省庁と連携し、「デジタルライフライン総合整備計画」とも言える方針の立案を進め、サプライチェーンのデータ連携基盤整備などに取り組んでいます。今後は、デジタル社会実装基盤の一つとしての都市OSを、地域連携のしやすさを含めて、いかにうまく機能させられるかもテーマになってくるでしょう。

海老原　もう一つ、スマートシティの取り組みがスムーズに進むかどうかには、自治体の規模も関係していると思います。規模が大きすぎると参画する企業も多くなり、誰が中核になるかでまとまりにくくなります。逆に小さすぎると担い手になる企業が現れず、これまた難しい。自治体が主導してうまくいっているケースもありますが、やはり自治体の規模と参加者のバランスに左右されるでしょう。推進母体の作り方と合意形成の仕組みがカギです。

門松　担い手と都市OSの仕組みが、うまく嚙み合った環境が大切ですね。大企業の城下町の場合は、また違うパターンもあると思いますが。

海老原　大企業の城下町では、「この企業が中核を担う」と誰もが納得すればやりやすいはずです。現在のスマートシティとは少しニュアンスが異なりますが、ひと昔前なら鉄道沿線でまちづくりを進める形がありました。電鉄系デベロッパーが、ある種の合意形成の担い手の軸となり、地域の価値向上を一番に考えて進められたからです。当時はまちづくりのコンセプトに共感した住民が自ら移り住んでいきましたから、宅地を造成し住宅を建設して皆に住んでもらいながら、地域サービスを提供するというモデルがうまく機能していました。こうしたグリーンフィールド的な進め方ができたのは、人口増加で郊外住宅の需要が高まっていたという時代的背景もあります。

今の日本で、グリーンフィールド型のスマートシティが難しいのは、ゼロから開発できる土地が少ないことだけでなく、今や人口が減っていく中で地域を作り直さなければならないという側面もあります。

情報化人材の育成に向け目指すは〝大人のキッザニア〟

門松　人口減少と言えば、デジタル社会の担い手となる人材育成も極めて重要です。政府は「情報化人材が足りない」と言いながら、実効性に乏しい人材育成政策が多かったことへの反省から、デジタル田園都市国家構想実現会議では「2022年度からの5年間で230万人のデジタル人材を育成・確保する」という目標を掲げました（**図2-4-8-2**）。

これを受けて経産省では、例えば民間企業等が提供する教育コンテンツ・講座を一元的に集約・提示するポータルサイト「マナビDX（デラックス）」の整備やケーススタディ教育プログラム、地域企業と協働したオンライン研修プログラム「マナビDX Quest（デラックスクエスト）」の提供を始めました。これらDXを推進できる実践人材を一気通貫で育成する取り組みと、情報処理技術者試験の受験者増加などを通じて、確実に目標を達成できるよう関係省庁とも連携しながら、スピード感をもってデジタル人材の育成に取り組んでいます。

半導体分野では、熊本への半導体

図2-4-8-2：デジタル田園都市国家構想基本方針におけるデジタル人材の育成目標と施策

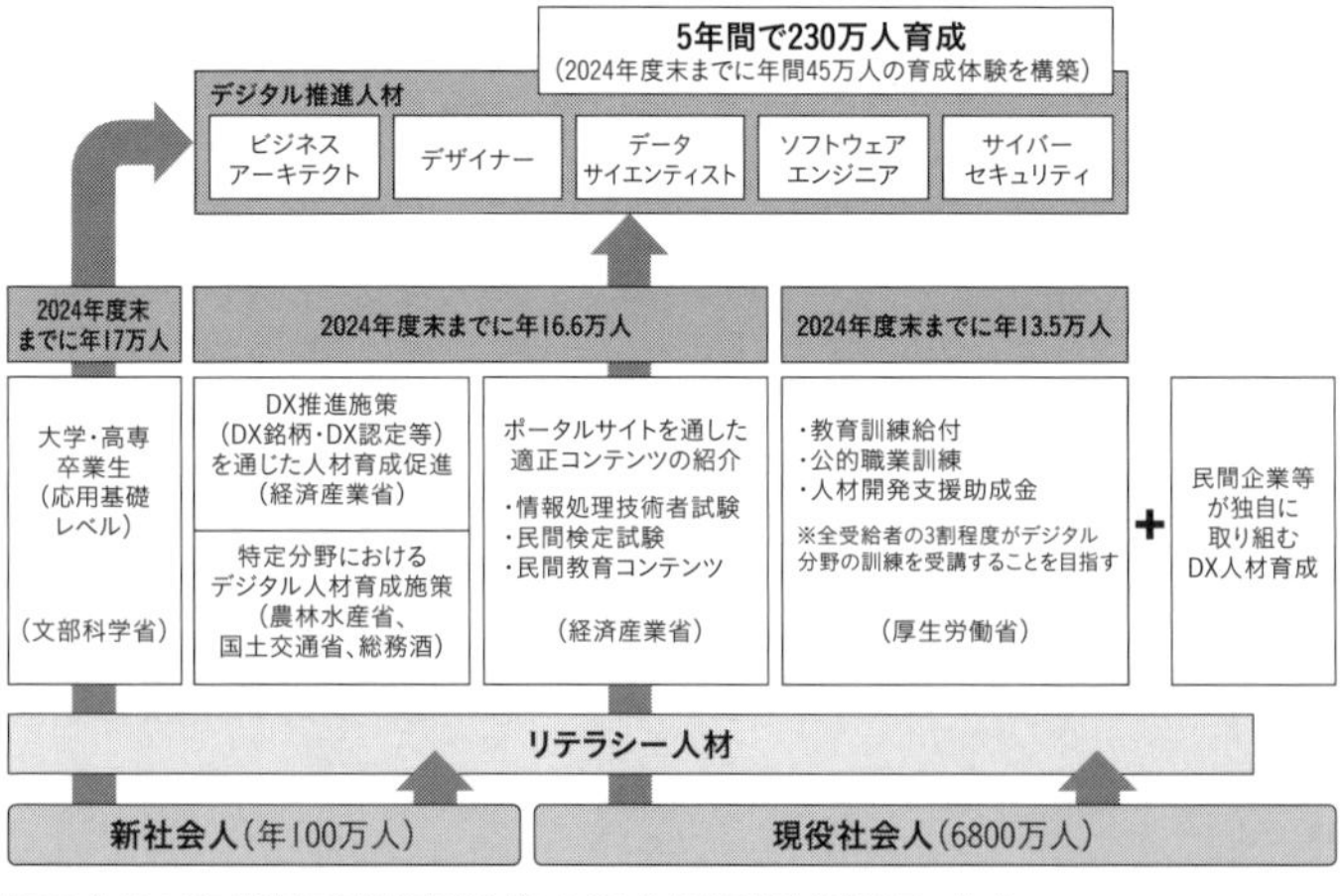

第2回デジタル田園都市国家構想実現会議における若宮大臣提出資料を元に作成

工場誘致に合わせて多くの産官学が参加した「九州半導体人材育成等コンソーシアム」を立ち上げました。大学や高専に半導体コースを作るなど、短期間で目標となる人数を確保できるよう動き出しており、成果も見え始めている。

ただ情報化人材の育成を巡って常々指摘されているのが、電気・電子分野と情報分野の間で人材を取り合ってしまい全体としてのパイが増えないことです。この状況を変える必要があります。会津若松はデジタル人材の育成分野でも先陣を切って取り組まれてきましたが、人材に関して特に意識していることはありますか？

海老原　情報化人材は理系とは限らないという点でしょうか。我々コンサルティング会社も、理系学生からは「コンサルティングは文系ですよね。私が入っても良いのですか」と聞かれ、文系学生からは逆に「コンサルティングは理系ですよね。私がやっていけるでしょうか」と聞かれることも多いのです。理系でも文系でも、それぞれの知見やモノの考え方は手段として必要ですが、一番大切なことは、その先に何をやりたいのかをイメージできるかどうかです。

また、一人ですべてができるスーパーな人はいません。例えばデータサイエンスも最終的に何かを実現するための分析プロセスであり、高度な専門分野はできる人にお願いすればいいわけです。むしろ「こんな面白いことができる」といった目利き力を鍛えなければいけません。人と人とのコミュニケーション力や、押したり引いたりする交渉術も大切です。

文系だけの人でも理系だけの人でもダメなのです。リアルなフィールドに出ると両方の経験や知見が必要になってきます。それに対応できる人材育成のルートを作る必要があると思います。大学の研究室のような機能をそのまま持ってくるような話ではありません。

門松 私も母校では文理融合学部でしたから、人材採用の所与の条件として出てくる「文系ですか理系ですか」という質問が成立しないんです。ある半導体メーカーでは既に、新卒採用時に学部は問うていません。高度な自動化が進んでいる工場にも、オペレーションを制御する人材は文系・理系に関係なく、大学院卒が一番多い。中には法科大学院を卒業した人まで採用しています。法律の専攻だからリーガル部門を担当するわけではなく、製造現場に配属されている。それだけ努力できる学術レベルがあれば、どこでも対応できるというわけです。

私が留学したアメリカの大学では、そもそも理系・文系に分かれていませんでした。公共政策大学院では、2年間のコースのうち1年目は、ほぼデータサイエンスの授業です。データを見て統計的にどう判断するかを理解しない公共政策はありえないからです。

これまでの歴史と固定観念で選択肢を狭めてしまうと、日本のＤＸやデジタルを通じた地域育成の取組の足かせになってしまいます。文系・理系にこだわらずに取り組むほうが裾野は広がるでしょうね。

海老原　アクセンチュアは日本中で、多くの企業とともにＤＸに取り組んできました。しかし、果たしてトランスフォーメーションまでできているのかと聞かれれば自問自答せざるを得ません。データを軸にすべての意思決定を下しているのか、モノづくりのあり方や顧客ニーズをデータに基づいてつかんでいるかといえば、そこまでは至っていないのが現状です。その理由としてはやはり、人材不足、ケイパビリティの不足があると思います。

ＡｉＣＴコンソーシアムの参加企業も、担当者はイノベーション推進を担う部署に所属し、デジタルやデータに非常に精通している。ところが、ひとたび自社に戻ると、会社全体として取り組んでいる事柄との間には壁があるようです。各企業の中にもう少し大きなウェーブを起こせないかと期待しています。

例えば、会津常駐体制が数人だとしても、今やリモートワークでどこでも働けるのですから、担当者が入れ替わりながらでも常駐者が市民の意見を聞きながらデジタルサービスを作り反応を体験する。その常駐者が本社に戻り会社全体のＤＸを底上げしていくイメージです。いわば〝大人のキッザニア〟です。

会津は「DXを推進するための知識や経験ができる場」を目指してきました。現に現地スタッフは、それを実践してきたわけです。それをさらに本社を含めたうねりにしていきたいですし、そういう場なら参画したいという企業も増えると思います。

門松　よく分かります。産業構造審議会の新機軸部会でよく議論しているのが、「前向きのデジタル投資と後ろ向きのデジタル投資」というテーマです。そこでは、欧米では新しい付加価値を生むためのツールとして情報化投資を行っているのに対し、日本はここ20年、ひたすらITを合理化のための道具だととらえてきてしまったと分析されています。人材確保に資金が回らないためか、情報化人材の給与は、中国や韓国のほうが日本より高い状況です。

経産省でも、情報処理の促進に関する法律に基づいて「デジタルガバナンス・コード」の基本的事項に対応する企業を認定する「DX認定制度」を始めてはいますが、そもそも理系でテクノロジー人間だからといってDXが分かるわけではありません。私の専攻は情報工学ですが、扱う数学のレベルで言えば経済学部が使う偏微分のほうがよほど難しい。経済学部の出身者を少し鍛えれば情報化人材として十分に活躍できます。

他分野の人材が、先ほどの〝大人のキッザニア〟を体験することで、テクノロジーの専門知識ではなく、DXを前向きに活用できることを体感し会社に戻っていく人が増えると良いですね。

海老原　人材育成は国を挙げた課題です。

門松　私は国家公務員採用総合職試験に情報工学区分で合格しました。その試験では、制御工学と計測工学という理工学部の専門課程で扱う難しい項目が必須でした。

現在は、国家公務員デジタル職という区分に変更になり、デジタル庁を含めてデジタル職で採ろうとしています。デジタル職の試験は情報だけで、制御や計測を必ずしも選択する必要はありません。文学部の図書館情報学科の出身者も受かります。図書館司書の方たちは情報科学を学んでいるからです。人材は思わぬ分野にも沢山いるということです。会津でも先進的な分野で裾野を広げる取り組みをぜひ積極的に進めていただきたいですね。

サスティナブルな地域産業を創出し雇用を生み出す

海老原　会津若松市が進める共助型スマートシティでは、これまで、スマートシティAiCTを核に新しい仲間を増やしてきました。ただこれは、交流人口として関わる第1フェーズです。第2フェーズとしては、実際に取り組みに参加し、新たな「地元企業」になる常駐型の企業を増やし互いに成長していくモデルを作らなければなりません。

そこでの課題が、サスティナブルな地域産業の創出です。個別サービスはニーズとして沢山ありますが、最も難しいのは事業として成り立つサービスを作り、雇用を生み出していくことです。

門松　お金を払ってくれるかどうかが大事ですからね。先ほど申し上げたように、デジタル田園都市国家構想総合戦略でも「地方に仕事をつくる」ことを社会課題の一番に掲げています。

海老原　会津若松でも都市OSを使う狙いの一つは、協調領域をできるだけ大きくし、競争領

域を狭めることで各企業のビジネスにおける損益分岐点を下げることです。しかし、なかなか容易ではありません。協調領域を広く取るアプローチでは、企業間競争のあり方自体も変わらざるを得ないからです。今までのように「完全に企業間で競争してください」という世界観では、市場を独占する巨大プラットフォーマーが生まれてしまいます。

門松　企業間競争をどこまで効率的に進めるかという問題は、すべての分野において今一番の岐路に立っている気がします。自動車や半導体は、一回の投資金額があまりにも大きすぎて、もはや一社だけでは対応できません。むしろ一国でさえも対応できない状況です。ですから半導体分野では、研究開発組合や、新たに量産に向けて創設されたラピダスなど、日米連携で取り組んでいます。

それでも「日の丸半導体」にこだわる声がなくなりません。今時「日の丸自動車」なんて誰も言いませんよね。膨大な環境投資が必要になるなかで、例えばトヨタ自動車も30年以上前から米GMなどと組んできました。半導体も、莫大な投資を伴う競争にさらされ、なかなかうまくいかなくなった歴史があります。

関連企業が一緒に組むことだけをもって〝談合〟となるわけではありません。効率的に進めるために連携が必要不可欠になっている分野は、昔と比べてどんどん増えているのではないでしょうか。

国の役割も変わってきています。かつては「民の役割、官の役割」と、キツく言われました。「民業圧迫」という指摘も少なくなかった。今はある意味で「民業に進出しろ」とでも言わんばかりの状況になり、何が正しいのか分からなくなっています。

「民ができることは民に」という考え方がありますが、ビジネスベースで回るなら絶対に民間で回すほうが良いと思います。民間ベースで完全に回るのがどこまでで、どこから支援が必要なのかの判断が難しいのです。そこがスッキリと整理できている都市OSのモデルなら、他の地域でも使いやすくなるかもしれません。ただ会津若松以外の地域でも苦労されているとは思いますが。

海老原　現在、会津モデルの都市ＯＳを採用している自治体は、区議長さんや担当リーダーの皆さんが、かなり勉強しておられるので、それほど苦労を感じることはありません。

　例えば、データを取得するにしても、オープンデータではなく、オプトインで住民のデータを取ることが重要だと理解されています。区議長としての政策を市民一人ひとりに伝えるには紙の市政便りでは限界があるだけに、市民からのダイレクトなリアクションや世代ごとの興味関心をつかめるデジタルの仕組みが、まさに必要だと判断されているのです。

　一方で、会津を訪れる担当者の中には「区議長からスマートシティの作り方を学んで来いと言われたので教えてください」という方も沢山います。ただ、どの自治体にも万能なスマートシティを作れる答えがあるわけではないので、結果として、そういう方々は二度と来られなくなります。

門松　スマートシティを作ること自体が目的ではありませんからね。

海老原　そうなんです。スマートシティを作って何がしたいのか、つまり作る目的を話していただかないと解決策は示せません。ある意味、最初に踏み絵を踏んでいただくようなところがあります。

門松　経産省が『ＤＸレポート』で提言した「２０２５年の崖」の状況を変えないといけません。レガシーシステムに振り回されない自治体の取り組みという意味でも、会津若松の取り組みは非常に意義があると思っています。

海老原　自治体や行政向けではなく、中小・中堅企業の観点で見たときの課題感はお持ちですか？

門松　もちろん課題は、かなり感じています。デジタル化をうまく支援をして変えていく流れは、中小企業庁と連携して取り組んできましたが、それこそ中小企業政策はオプトインで手を挙げて参加してもらわないと進みません。

海老原　企業のオプトインということですね。

門松　はい、国が強制的に「中小企業ＤＸをやりましょう」と言っても成功しないと思います。

海老原　トップを引き上げる方式のほうがうまくいくということでしょうか？

門松　はい。経産省の取り組みでも、トップを引き上げる政策は成果が出ています。23年前から経産省とIPA（独立行政法人情報処理推進機構）とで取り組んでいる「未踏事業」が好例です。産業界・学界のトップランナーが、プロジェクトマネジャー（メンター）になり、イノベーションを創出できる独創的なアイデアや技術を持つ突出した人材を発掘・育成する事業です。これまでに延べ2000人超の人材を育成し、約300人が起業ないしは事業化を達成しました。

この方法を今後は、他の法人へ展開するなど大規模に拡大・横展開し、スタートアップ・エコシステムにつなげていきたいと考えています。だが、そこが難しい。政策という資源を商品として売っていく目線で考えたときに、我々と会津若松の取り組みの苦労は全く同じです。

海老原　なかなか越えられない一線ですね。我々も未踏のスマートシティを目指して取り組んでいきたいと思います。ありがとうございました。

3 CHAPTER

日本のDX
～あるべき自立分散型社会の実現へ

3-1 日本社会のIT／DX変革における四つの〝過ち〟と起爆剤としての五つのポイント

「会津モデル」をベースに、デジタル田園都市国家構想といった形で広がるスマートシティを軸に、日本の〝あるべき分散社会〟の構築と、その実現に必要な考え方などについて、会津若松のスマートシティプロジェクトに当初から携わってきた故・中村 彰二朗 氏が『Open My Eyes to Smart City 人、街、地域、そして社会をつなぐ』と題し2022年3月まで執筆した連載を再掲する。内容は掲載時のままのため、現状とは時世が異なる部分があるが、改めて読み返すにつけ、今でも重要なポイントばかりだと感じる。現場でのリアルな試行錯誤の様子が手に取って分かるようだ。実際にスマートシティに取り組む方々へのエールの意味も込めて、改めて提言したい。

日本にとっての2021年は、「行政・社会のDX（デジタルトランスフォーメーション）元年」だといえる。いや〝DX元年〟として成功させなければ、日本の再生は達成できないという危機感を持っている。日本におけるIT化／デジタル化におけるこれまでの四つの〝過

故・中村 彰二朗 氏。1986年よりUNIX上でのアプリケーション開発に従事し、オープン系ERPや、ECソリューション、開発生産性向上のためのフレームワーク策定および各事業の経営に関わる。その後、政府自治体システムのオープン化と、高度IT人材育成や地方自治体アプリケーションシェアモデルを提唱し全国へ啓発。2011年1月アクセンチュア入社。「3・11」以降、福島県の復興と産業振興による雇用創出に向けて設立した福島イノベーションセンター（現アクセンチュア・イノベーションセンター福島）のセンター長に就任した。
震災復興および地方創生を実現するため、首都圏一極集中からの機能分散配置を提唱し、会津若松市をデジタルトランスフォーメンション実証の場に位置付け先端企業集積を実現。会津で実証したモデルを「地域主導型スマートシティプラットフォーム（都市OS）」として他地域へ展開し、各地の地方創生プロジェクトに取り組んできた。

ち〟を振り返ったうえで、成功に向けて実行しなければならない五つのポイントを挙げる。

「DX」がバズワード化して久しい。各社でDX本部の立ち上げラッシュが起きたり、「X社が考えるDXとは？」といった発信も多くなされたりしている。だが一方で、国内では真のDXの意味が理解されないまま、もてはやされている感もある。

日本における「行政・社会のDX」の実現に向けて語っていくにあたり、まずは現状の認識を共有するために、日本のIT化／デジタル化における、これまでの四つの〝過ち〟を振り返りたい。

過ち1：オープンシステムを本質的に取り入れられなかった

1990年代、米シリコンバレーを中心としたサン・マイクロシステムズ（現オラクル）やオラクル、シスコシステムズなどのIT新興企業は、それまでの巨大ITベンダーが提供する高価な独自システムに対抗し、安価なオープンシステムの提供を始めた。オープンシステムは、コンピューターの世界でオープンな標準に準拠したソフトウェアや、それを使用しているコンピューターのことである。

この大きなうねりは世界中に波及し、日本でも多くのコンピューターメーカーや家電メーカーが、オープンな基本ソフトウェア（OS）である「UNIX」をベースにワークステーション（WS）やサーバーというハードウェアを開発し、コンピューターの小型化が進行していった。シリコンバレーではさらに、オープン化からクラウド化への流れが加速する。

その間、日本の大手コンピュータメーカーは、独自仕様のオフィスコンピューターをオープンシステムに置き換え、一部の情報系メインフレームの小型化にオープン化の流れを利用した。ただ一方で、独自システムを温存したため、真のオープン化にはつながらなかった。

オープンなソフトウェア群であるOSS（オープンソースソフトウェア）においても、それを積極的に取り入れたITベンチャー企業が大手との差別化に利用するだけにとどまり、IT業界全体の動きにはならなかった。

日本はオープン化という大きな技術革新を取り入れることに失敗してしまったのだ。多くの意思決定者が世界の潮流を本質的に受け止められなかったことが原因だろう。

過ち2：日本企業がＣＩＯを戦略担当に位置付けなかった

企業におけるＣＩＯ（最高情報責任者）の位置付けについて、米国では戦略的ポジションとし、ＩＴを活用した経営戦略立案をミッションとして与えてきたのに対し、日本では情報システムの管理部門の延長線上に位置付け、社内の効率化の向上を多くのミッションとしてきた。経営の中枢にＩＴを位置付けた米国と、そうしなかった日本の違いは、ＩＴ投資額にも大きな開きを生み両国のＩＴ格差は拡大した。また日本ではＩＴによる経営革新に踏み切ることなく、企業でも政府でもＩＴ部門のポジションを著しく低く留めることになってしまった。

その後政府は、ＣＩＯやＣＩＯ補佐官を設置した。だが、その権限や予算は限定的で、大きな役割を果たせる環境ではなかった。さらに各業界では、目先の業務案件に対応する形で現場の効率化のためのＩＴ導入を加速させた。全体戦略としてのオープン化やフラット化を念頭に置いた標準化の議論が起きることもなく、受託型のシステム開発による「ＩＴのバラバラ導入」が進んでいく。

これらを反省し、２０００年ごろからは全体最適化を図る「ＥＡ（エンタープライズアーキテクチャー）」の考え方が導入され、ＣＩＯの重要性が再度見直された。だがそれも、ミッションはあくまでも最適化であり、経営の中枢にＣＩＯが位置付けられることは少なかった。

過ち３：ＩＴを中核的な戦略に位置付けてこなかった

前述したように、日本はＩＴを重要ポジションに位置付けてこなかった。政府が２０００年に、ＩＴ政策の基本方針を定めた「ＩＴ基本法」を成立させてから20年が経つが、この間にオープン化やクラウド化が大きく進むチャンスがあったにもかかわらずだ。

日本企業／政府の取り組みは、そのいずれもがバージョンアップやアップデートにとどまり、「ＩＴは大きな社会的革新をもたらすもの」として認識されなかったのだ。

政治家と話すと「ＩＴは票にならないし、当選しても政策の中枢にはならない」とよく耳にした。国民に興味がなければ、興味を持たせる努力も無駄であるといった双方の諦めが、この問題を長引かせてきたのだろう。結果として国内ＩＴ業界は世界から大きな後れを取っている。一部のネット系ＩＴ企業だけが、まるで別世界であるかのように新しいデジタルサービスを立ち上げＩＴ業界を二分しているのが現状だ。

過ち４：業界縦割りの構図でシステムを開発してきた

ＩＴ業界はこれまで、Ｂ２Ｃ（企業対個人）サービスを進めてきたＥコマース（電子商取引）ベンダーが代表するようなＩＴ業界と、Ｂ２Ｂ（企業間）を中心にシステム開発してきた業務系のＩＴ業界、そして省庁や自治体のシステムを構築してきた行政業務系のＩＴ業界など、業界縦割りの構図でシステムを開発してきた。そのため担当業界の知識は十分に蓄積されてきたものの、業界横断型の「コネクテッドモデル」の経験が乏しいと言わざるを得ない。

例えば、なぜ行政のＩＴサービスは国民に受け入れられ難いのか。それは、行政がＧ２Ｃ（政府対市民）のサービス開発を外部に委託してきたからである。Ｂ２Ｃの視点や経験が乏しい政府自治体担当が外注し、ＩＴ業界の側も行政担当部門が対応する。

産業界が提供する消費者向けサービスでは、重要なＫＰＩ（重要業績評価指標）の一つに利用率が設定され、その利用率を高めるために、使い勝手をどうすべきかなどを必死に考える。ところが行政のシステム開発では、行政側もＩＴ業界担当も不慣れな分野の開発を任されて、利用率を視野に入れずに現状のアナログの手続きをそのままＩＴ化してしまってきた。ＩＴ業界側が、Ｅコマースを経験してきたメンバーを中核に加えていれば、そうはならなかっただろう。

行政・社会ＤＸを成功させるための五つのポイント

以上が、筆者が認識している日本における真のＩＴ化を阻んできた〝過ち〟である。これらを踏まえて、日本における行政・社会ＤＸを成功させるためには、次のポイントで変えることが重要だ。

■ポイント1：オープン・フラットという本質を認識したデザインにする。例えば、欧州の官民連携プロジェクトで開発・実証された基盤ソフトウェアに「FIWARE（ファイウェア）」がある。日本でも活用され始めているが、OSSであるFIWAREには、OSSとして本質的に取り組み、日本での成功例を欧州にフィードバックするなど、皆で発展させていかなければ、OSSを導入する意義がない

■ポイント2：DXの推進担当（CDO：最高デジタル責任者やスマートシティアーキテクト）を行政や経営の中枢に位置付け、権限を強化する

■ポイント3：行政・社会のDXは、すべてがつながる全体最適化が必要である。つまり、社会全体の中に行政システムがあり、企業システムもある。さらに、市民が受ける医療サービスや教育サービスも、そこにあるという前提で、「すべてがつながる」ための標準化や共通化に戦略的に取り組まなければならない

■ポイント4：社会全体のDXに取り組むためには政府が国家戦略として取り組む必要がある。この点は「デジタル庁」の設置に期待する

■ポイント5：市民・地域主導のスマートシティとデジタル庁が進めるＤＸ戦略を密に連携させ、国民が必要とし便利な社会を実現するサービス開発に集中しなければならない

これらのポイントを踏まえ、地域の多くの成功事例が標準化され連携されれば、日本における行政・社会ＤＸが実現することは間違いないだろう。今求められるのは関係者全員のマインドセットチェンジである。

3-2

〝人間中心〟の地域DXが目指すべきもの

各地域でスマートシティ／スーパーシティの推進が本格化し始めている。日本全体を対象にしたアーキテクチャーの中でのポジションをそれぞれが確認し、ビジョンを共有しながら全体を完成させていくことが重要になるだろう。そのなかで最も重要な軸である「人間中心のDX（デジタルトランスフォーメーション）とは何か」と、それを実現するための方法論を考えてみたい。

「デジタル庁」の新設に関する法案審議が始まった。デジタル庁は当面、行政全般のデジタル化を取りまとめていくことが主な役割になると思われる。だが是非、社会全体のデジタライゼーションの手本を示していただきたいと思う。

行政サービスは社会の一部に過ぎない。医療、教育、観光、エネルギー、モビリティ、そして地域の農業や漁業、ものづくり産業や商業など、市民生活にかかわるすべてが連携するプラットフォームが確立されることが、今後の地域社会の事業継続計画を実現し、最終的に国民一人ひとりの幸福や健康を達成させられる。

人間を中心とした地域DXを実現する

台湾のデジタル担当大臣であるオードリー・タンさんは「デジタルトランスフォーメーション（DX）とは人と人をつなぐことだ」と言う。平井卓也デジタル改革担当大臣（当時）も『人間中心のDX』『誰一人取り残さないデジタル社会』を実現する」と明言している。多くの企業代表者もDXを取り上げる際には「人間中心」というメッセージを発することが多くなってきた印象だ。

その背景の一つには、デジタルの象徴としてAI（人工知能）やロボットなどが強調して取り上げられてきたことによるデジタル化に対する「AIが人間の能力を超え多くの職を奪うのではないか」「人間がロボットに置き換わるのではないか」といった漠然とした不安がある。〝人間中心〟は、そうした不安に寄り添うためのメッセージだともいえる。以下では、より具体的に「人間中心のDX」を実現するための方向性と方法論について掘り下げていこう。

そもそも「人間中心のDX」とは何だろう。筆者の考えは、「これまで以上に、個人それぞれの意思に基づいた自由な生き方を実現するための社会構造の再構成をデジタル化で実現すること」である。

図3-2-1に、現状のIT化から、「ステージZERO」としてのDX、そして「あるべきDX社会」の三つのステージを示した。

ステージ1：トップダウン型のこれまでのIT導入の実態

IT社会の実現においては、従来のトップダウンモデルの社会構造は継承したままに、組織の効率化を実現するために、多くの労働力を抱える大組織から導入が進んできた。国際会計基準に準拠するためでもあった。そのために関係するリソース全体の効率化を実現するためのERP（統合基幹業務システム）の導入や、世界規模で物流と情報を繋ぐSCM（サプライチェーンマネジメント）などが国内でも整備されてきた。

ただトップダウン型は、社会を形成する中枢組織から整備が始まるため、国内では産業界や医療業界、地方の主要産業である

図3-2-1：人間を中心とした地域DXの3つのステージ。オプトイン&パーソナライズがトラストにつながる

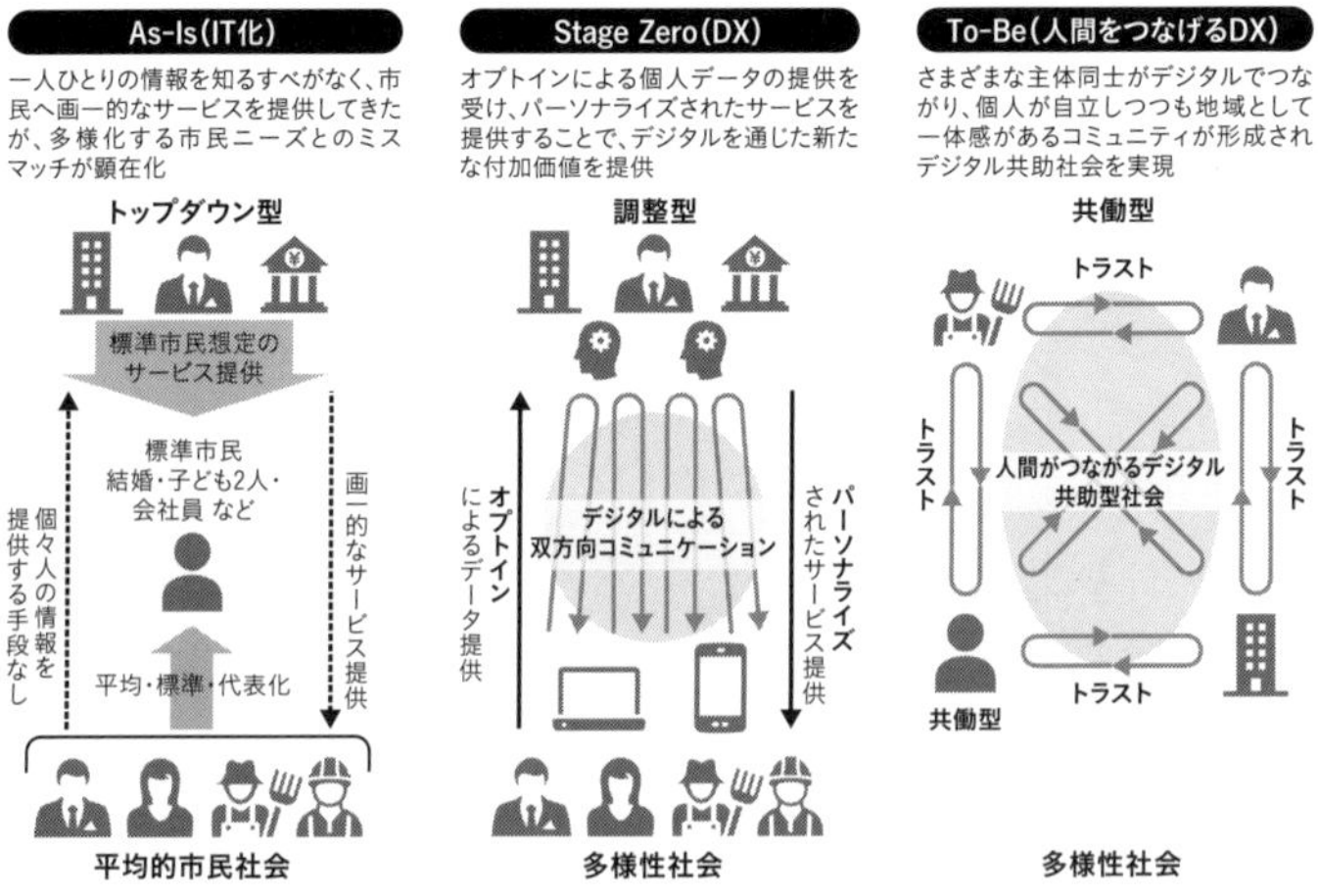

As-Is（IT化）
一人ひとりの情報を知るすべがなく、市民へ画一的なサービスを提供してきたが、多様化する市民ニーズとのミスマッチが顕在化
トップダウン型
標準市民想定のサービス提供
標準市民
結婚・子ども2人・会社員 など
個々人の情報を提供する手段なし
画一的なサービス提供
平均・標準・代表化
平均的市民社会
Stage Zero（DX）
オプトインによる個人データの提供を受け、パーソナライズされたサービスを提供することで、デジタルを通じた新たな付加価値を提供
調整型
オプトインによるデータ提供
デジタルによる双方向コミュニケーション
パーソナライズされたサービス提供
多様性社会
To-Be（人間をつなげるDX）
さまざまな主体同士がデジタルでつながり、個人が自立しつつも地域として一体感があるコミュニティが形成されデジタル共助社会を実現
共働型
トラスト
トラスト
トラスト
トラスト
人間がつながるデジタル共助型社会
共働型
多様性社会

観光業界でのＩＴ化は遅れたままである。中枢組織が考えて決定し、導入しようとしたサービス（政策）であるために、現場での導入が進まないケースも多く見られる。

■例１：中小企業におけるＩＴ導入の遅れ

日本経済の中心である中小企業では、一部の革新的企業や大企業の系列組織でしかＩＴ導入が実現できていない。企業内の見える化（オープン化）も、関係組織との連携（コネクテッド）すらできていないことが多いのが現状だ。この状況が続けば、事業承継問題も解決しないまま廃業を余儀なくされる企業も増えてくるだろう。今こそフラット化を進めるための共同プラットフォームが必要になってくる。

■例２：医療分野におけるＩＴ導入の遅れ

医療業界では一般病院への電子カルテシステムなどの普及率は5割に満たない（２０１７年時点）。厚生労働省は、診療報酬明細書を中心としたＰＨＲ（パーソナルヘルスレコード：個々人が自身の医療に関わる情報や健康に関するデータを記録し、自身が手元で管理する仕組み）サービスを開始する予定だ。

だが今後、健康診断データや投薬・食事データ、バイタルデータなど、地域にある医療データとの連携が課題になってくるだろう。コロナ禍で露呈した保健所のＩＴ化の遅れを含め、トップダウン型のＩＴ導入モデルの限界が、ここにある。「オープン・フラット・コネクテッ

ド・コラボレーション・シェア」の考え方からすれば、まずはオープンにするところから始めなければならない

ステージ2：地域ＤＸに貢献するオプトイン

筆者が福島県会津若松市で約10年をかけて挑戦してきたスマートシティプロジェクトの最大の特徴は、「オプトイン」を前提に社会を構築してきたことである。

オプトインとは、市民から事前に承諾を得ること。単なる手続きの一部として考えられているかもしれないが、筆者が定義するオプトインとは、「市民が自らの意思で家族や地域、そして次世代のために地域のデジタル化の構築者として参加すること」である。市民と社会の関係を双方向に変え、トップダウン型で硬直化した社会を再構築するために進めてきた。市民はオプトインすることで地域のＤＸ化に積極的に参加・貢献し、その恩恵としてパーソナライズされたサービスを受けるのだ。

ステージＺＥＲＯは、ボトムアップ型でオプトインした市民個々人のデータを把握・分析することによって、市民が必要とする共通サービスと、一人ひとりにパーソナライズしたサービスを、政策としてトップダウンで実現するモデルである。人間中心のＤＸを実現するのであれば、オプトインが大前提になる。

■例3：医療分野でのオプトイン

自身の健康情報を担当医と共有することで、パーソナライズされたレコメンデーションが得られ、疾病の早期発見や予防医療のための考え方や行動が促され、健康長寿の実現につながる。地域全体としては予防医療体制にシフトすることで、医療費の拡大抑制につながっていく。パーソナライズされた新たな健康関連サービスが生まれるなど、医療業界自体の大変革が起こるだろう。

■例4：防災分野でのオプトイン

自身のスマートフォンの位置情報を有事が起きた場合のみ提供することを事前にオプトインしておけば、デジタル防災サービスを受けて自身や家族の命を災害から守れるようになる。出張先や旅行先などを含め、自分がどこにいても、その場所から最も近い避難場所に誘導してもらえるからだ。万が一身動きできない状態になってもレスキュー隊へも位置情報が伝わり、ピンポイントでの救助が可能になる。

筆者は東日本大震災の復興支援で会津若松に拠点を開設し、スマートシティプロジェクトを立ち上げた。東日本大震災では1万5800人もの方々が命を落とし、いまだに2500人以上の方々の行方が分からない。そうした被災地の経験から、デジタル防災サービスとしては、命を救うためのオプトインを全国へいち早く広げたいサービスだ。会津若松では2021年3

月からテスト運用が始まっている。例3と例4の二つのサービスは当然、災害時には避難者の医療プロジェクトとしても連携していくことになる。

◆ステージ3：人と人がつながる〝あるべき〟DX社会を目指す

最終モデルとしては、相互に信頼できる関係を構築し、その上で新たな民主主義社会を創り上げていくことになるだろう。この段階では、個人情報保護の問題やセキュリティ対策、デジタルデバイドの問題も解消しているだろう。それぞれの生活圏のすべてが連携した一極構造型の「新しい公共」が始まっていることを想定する。

図3-2-2の日本地図は、市民の普段の生活範囲をデータ分析から導き出し、275のデジタル生活圏として分けたものである。スマートシティは、これら生活圏のレベルで取り組まれるべきだと考えている。かつて、東京都のある区からスマートシティ計画の相談を受けたことがあるが、その際は、こうした生活圏を念頭に置いた計画を提案した。

筆者は東日本大震災以前は、東京・世田谷区に住んでいた。アクセンチュアの本社は港区にあり、通院していた病院は中央区にあり、生活上必要なもののほとんどを渋谷区内で購入していたと思う。つまり筆者の生活圏は4区にまたがっており、私のデータも複数の自治体にまたがって存在していることになる。区ごとにスマートシティに取り組んでも個人が得られる恩恵は限定的ということだ。

一方で現在、新型コロナウイルス対策で首都圏1都3県が連携して対策を打っている。しかし例えば、千葉県の房総半島の先から東京まで通勤・通学している人が、どれほどいるものなのだろうか。生活圏の視点で市民の行動を把握せずに一律的な制限をかけることの有効性には疑問を持たざるを得ない。

海外ではデンマークやエストニアのように、ほぼ全国民をコネクテッドにするという先進的取り組みが成就している国もある。だが、オプトインに踏み込んでいる国はまだない。日本が先陣を切ってオプトイン社会を構築することで、世界に日本のDXモデルを示せるのではないだろうか。まさに、これこそが人間中心のDXだと考える。

図3-2-2：市民の生活範囲から導いた275のデジタル生活圏

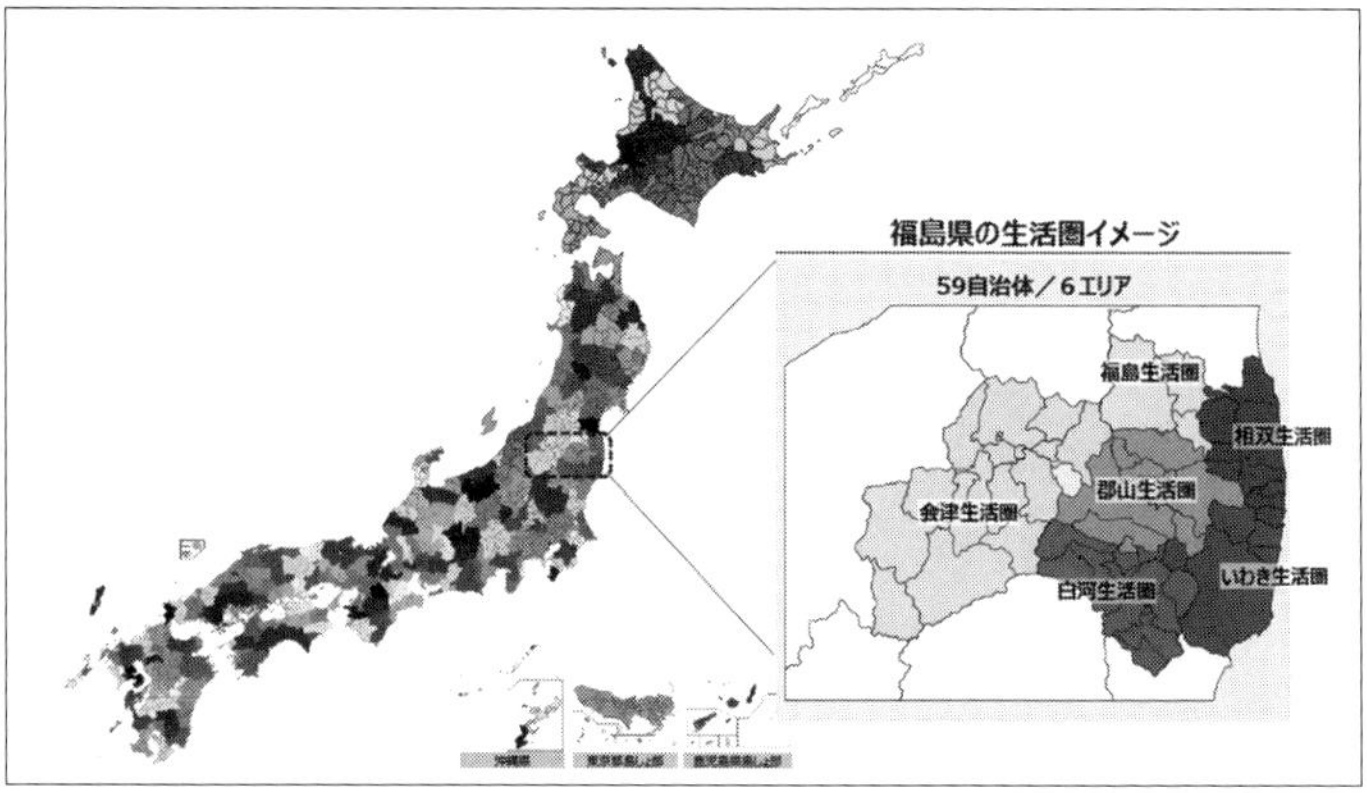

3-3 都市のデジタルツインを実現するアーキテクチャーの〝あるべき姿〟

地域のデジタルトランスフォーメーション（ＤＸ）を成功させるために最も重要な軸は「人間中心のＤＸ」と、それを実現するための方法論だと3-2で紹介した。そのうえで地域の集合体でもある国全体が持つべきアーキテクチャーについて考察してみたい。

スイスの国際経営開発研究所（ＩＭＤ）が２０２０年に発表した『世界デジタル競争力ランキング』において、日本は27位と大きく出遅れている。スマートシティ／スーパーシティへの関心／取り組みが高まっている今、この機会を生かして国全体のアーキテクチャーを〝あるべき姿〟に変更し、これまでの遅れを取り戻すことで、誰一人取り残すことなく全国民がデジタル化の恩恵を受けられるようにしなければならない。

日本の行政は、市町村など基礎自治体が国民一人ひとりを現場でサポートするのが前提だ。その地域を都道府県が、都道府県をまたがる領域別に担当省庁が国全体をとりまとめ、国会と政府が政策運営するという役割分担になっている。

実際、現場で行うべき対応を現場の判断で実施している。例えば２０１１年の東日本大震災発生後に、原発事故を受けて福島県大熊町の住民を会津若松市が受け入れるにあたり、体育館などではなく市内の温泉宿で受け入れる判断を下した。この決定は大熊町住民から大きな支持を得た。トップダウン型と言われる海外でも現場の対応が求められている。１９８０年代に赤字に苦しんだスカンジナビア航空では、客室乗務員などによる現場対応のすばらしさが経営を立て直したとされる。その軌跡を改革の立役者である当時のヤン・カールソン社長が書籍にした『真実の瞬間（邦題）』は多くのビジネスパーソンの評価を集めた。

現場力を生かすにはデジタルツインが必要

こうした〝現場力〟を最大限生かすために、日本の行政における役割分担においてデジタルトランスフォーメーション（ＤＸ）を図るためには、どのようなアーキテクチャーが相応しいだろうか。

結論から言えば、スマートシティ／スーパーシティに向けた「デジタルツイン」を実現できるアーキテクチャーである。

デジタルツインとは、リアル空間にある情報を示すデータをＩｏＴ（モノのインターネット）などの仕組みで集め、そのデータを使ってネット上の仮想空間にリアル空間を再現することでリアルと仮想を連携するシステム、さらには仮想空間でのシミュレーション結果などをリアル空間に反映し最適化を図る仕組みであり、DXの根幹をなす考え方である。

3-2で説明した「DXは人間中心であること」「スマートシティ／スーパーシティは市民参加型のオプトインで成り立つこと」に加え、前述した「現場の判断は現場が下すこと」を理解すれば、デジタルツインのためのアーキテクチャーが望ましいことは腹落ちするはずだ。

都市のデジタルツインを実現するためのアーキテクチャーについて、大きく三つの観点から提案したい。

観点1：「統一」「標準」「共通」のメリットを組み合わせる

図3-3-1は、活用可能な既存サービスに配慮しつつも〝あるべき〟アーキテクチャーに大胆に変更し、API（アプリケーションプログラミングインタフェース）ベースで独立性が高い状態で結合する階層別の連携モデルである。この連携モデルでのキーワードは「統一」「標準」「共通」だ。

統一とは、すべての自治体に全く同じ仕組みを導入することだ。シンプルではあるが、それぞれの地域特性に合わせたサービスを許容できず、地域独自の活動を阻害してしまうことになるため本来は取るべき方法ではない。民主主義の日本においては、デジタル化が急速に進んでいる中国のように、すべてのシステムを国が統一し国民に利用させるモデルは実装できない。

一方で、標準化の指針だけを示し、その実行を各地域に任せる方法では、個別のカスタマイズを許容し従来と同じ失敗を繰り返してしまう懸念が残る。現状、自治体ごと、省庁ごとに全く使い勝手が異なるWebサイトが存在していたり、衆議院と参議院が別々のインターネット審議中継を提供していたりという事例からも分かるように、それぞれの現場にすべてを任せるわけにもいかない。

そして共通とは、可能な範囲で同じものを導入していくことだ。いわば、地域それぞれの特性も尊重しつつ、統一のシンプルさを活かしていく考え方である。

こうした「統一」「標準」「共通」のそれぞれが持つメリットを組み合わせることで、市民サービスの充実を最も重要視しながらコスト効率の良さと経営規模のメリットの両立を図ることが重要だと考える。

図3-3-1：国全体のシステム基盤として「統一」「標準」「共通」のメリットを組み合わせる

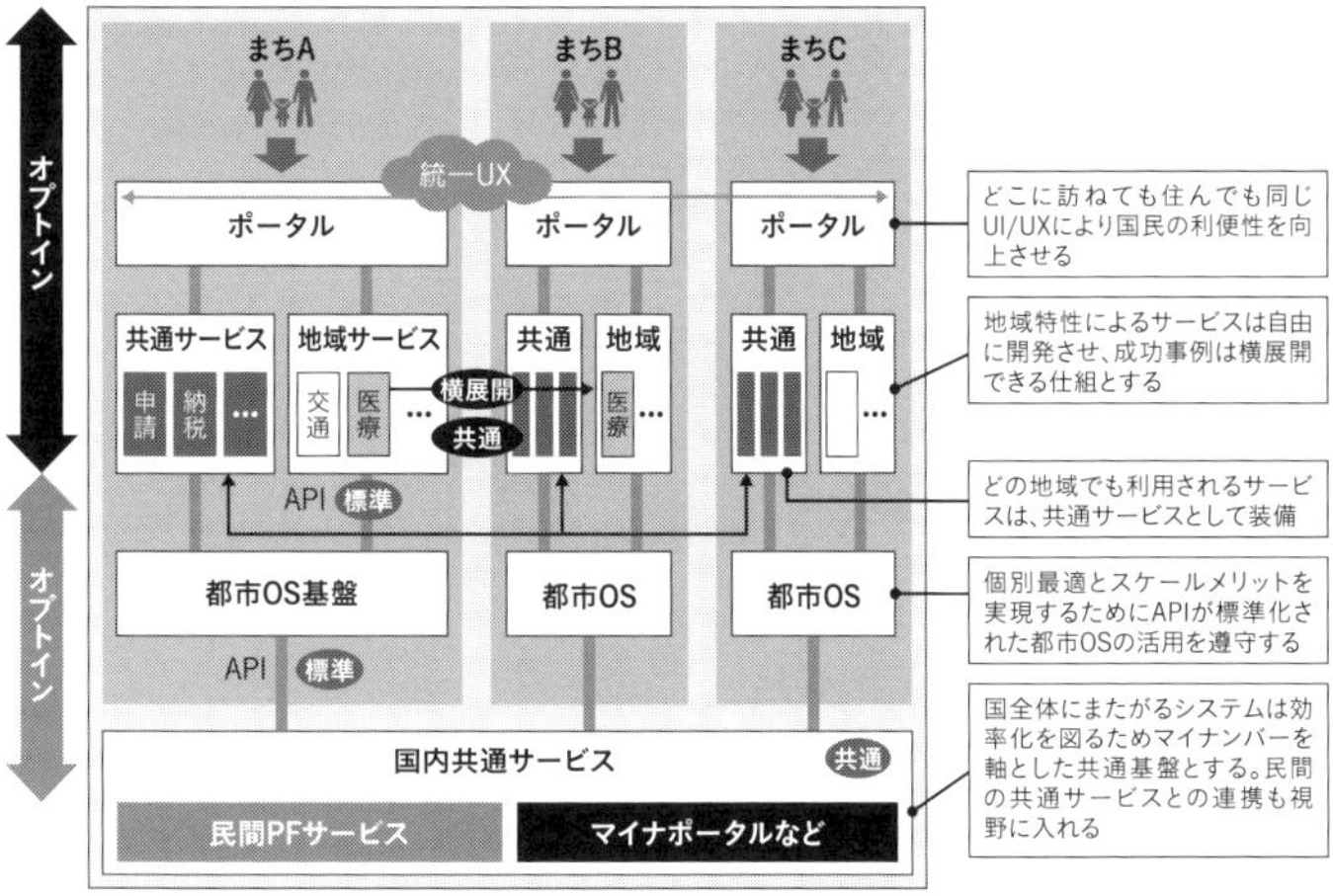

観点2：階層（レイヤー）ごとに「統一」「標準」「共通」を考える

観点1で提案した「統一」「標準」「共通」の組み合わせは、システムの階層（レイヤー）ごとに考える必要がある。分散による〝自由〟と、統一による〝スケールメリット〟の双方を享受できるように標準化を取り入れた国全体のアーキテクチャーが望ましい。

まずはシンプルにＵＩ（ユーザーインターフェース）／ＵＸ（ユーザーエクスペリエンス）のデザインの統一を検討することが、国民の利便性向上と大幅なコスト削減につながる。

行政のいわゆる基幹系アプリケーションはマルチテナント型ＳａａＳ（Software as a Service）により共通化を実施し、そのうえで一般利用者を対象とした完全なパブリッククラウド化を実現する。地域ごとの市民サービスはユニークさを許容するもののＡＰＩの標準化と都市ＯＳの配置を実施する。

そして国全体の共通サービスは、国が保有するベースレジストリー（社会基盤となる重要な情報）の活用を容易にするため、データの標準化とアクセスするためのＡＰＩの標準化を図る。

ＵＩ／ＵＸレイヤーとアプリケーションレイヤーについて、もう少し詳しく説明しよう。

■ＵＩ／ＵＸレイヤー

国内の行政関連のＷｅｂサイトは、市町村、都道府県、省庁、独立行政法人などがそれぞれに構築し運営している。市町村の数は2021年3月末時点で1718だから、その数以上のサイトが存在する。さらに地域で新たなサービスを立ち上げるたびに個別のWebサイトを新たに開設するといった悪しき習慣も蔓延しており、サイトの乱立が目立つ。こうした状況を作り出したのは、これまでのプロダクトアウト型・トップダウン型の発想の結果といえる。

筆者はこれまでに多くの自治体を支援してきた。初めて訪ねる自治体や地域に、どのような特色があるのかを知るために行政のWebサイトを閲覧することも多い。どの自治体のWebサイトも、レイアウトや階層が異なり、オープンデータ化もまちまちだ。データを再利用できる形式で公表している自治体もあれば、PDFファイルとして公開している自治体もある。いずれも市民目線の仕様とは言いがたい。入札情報を得たい企業などは閲覧せざるを得ないだろうが、一般市民や観光客が閲覧したいとは思わないだろう。利用率が低迷するのも当然だ。

行政には情報を公表する責任がある。そのためアクセシビリティに配慮したWebを個別に開発・運営してはいる。ただそれも3、4年程度に1度更新されているような状況だ。Webサイトの作成・運営費の合計を算出できてはいないが、自治体数などからみれば相当な額が費やされていることは間違いないだろう。

そこで行政系のWebサイトのUI／UXを統一する。世界トップレベルのデザインを施し、かつ最新技術を活用することで「誰一人取り残さない」UXに仕上げ、そのテンプレートを全国の行政が共同で利用する。各行政は、本来業務であるコンテンツ（情報の中身）の充実に専念できるようになる。結果、市民生活に密着した情報が得られたり、出張や旅行で訪れる先の情報が得られたり、市民に活用されるＷｅｂサイトにつながっていくだろう。

■アプリケーションレイヤー

アプリケーションは大きく行政レベルと地域レベルとに分けられる。

●行政レベル：業務の標準化が不可避

総務省は２０２０年９月、「デジタル庁」と連携して行政のＤＸに向けた標準化を進めることを決定し、住民記録システムの標準仕様書を発表した。行政システムを提供するベンダーは、この標準化に従うことになる。だが、これまでと同じ過ちを繰り返さないためにも、自治体ごとのカスタマイズは避けなくてはならない。

かつて日本の大企業がＥＲＰ（統合基幹業務システム）を導入し始めたころには、導入を受託したＳＩ（システムインテグレーション）ベンダーが企業ごとのカスタマイズ要求に応じたため、稼働遅れを含め種々のトラブルが発生しＥＲＰの導入目的を果たせない事例が多発した。そこでは、複雑化した個別システムが乱立する結果になり、それらをシステム連携させるために、さらなる追加コストを生むことになった。その経験から多くの企業が、全体最適化を実現するためには標準化を守り、システム導入前の業務改革が重要なことを学んだ。

本来、自治法の下で運営される行政システムにおいては、ほとんどの業務が共通化できるはずだ。自治体の規模の違いにより組織が細分化されるためプロセスの数は異なるだろうが、事前に業務改革を実施すれば標準化は可能だろう。

行政のDXが標準化できれば、政府の新たな政策実現や変更に関連するシステムの改修に必要な時間は短縮され、コストは大幅に削減できるだろう。DXは本来、政策を支援するための方法だが、現状は足を引っ張っていると言わざるを得ない行政における業務の標準化は避けて通れない課題である。

●地域サービス：データ連携を前提に

デジタルによる地方創生には地域データの活用が不可欠だ。そのためスマートシティは、地域のあらゆる組織とつながることが前提であり、そのためのデータ連携基盤を整備する必要がある。地域独自のサービスによって地域特性を打ち出すためには、サービス開発の自由化も実現しなければならない。

さらに地域の成功事例は他地域が再利用するケースも想定される。そのため、データ連携基盤とアプリケーションは標準化されたAPIで連携することが推奨される。

内閣府の「戦略的イノベーション創造プログラム事業」では想定する標準化の仕様が完成している。筆者らも「都市OS」というデータ連携基盤を提唱している。これらは、スマートシティ分野の全体アーキテクチャーを考えるうえで大いに参考になるだろう。

観点3：国内共通プラットフォームを実現する

国内の共通プラットフォームとしては、各省ベースレジストリーと民間が運営するプラットフォームとを考える必要がある。

●各省ベースレジストリー

新型コロナウイルス感染症（COVID‐19）対策において、地域ごとの緊急事態宣言発令を判断する責任者は国なのか知事なのかという議論が起こってきた。日本のガバナンス体制の曖昧さが露呈した格好だが、このままだと日本全体のDXも現場に任せるべきか国が整備するべきかは曖昧なままになってしまうだろう。

自治体と国の役割をどのようにすみ分けていくかを判断する際に最も重要になるのは、全国共通レイヤーとなる各省庁のベースレジストリー（社会基盤となる重要な情報）のプラットフォームのポジションと範囲である。前述したように国民が直接的に接点を持つのは基礎自治体であり、DX環境でのタッチポイントは地域ポータルである。だが現在、マイナンバーカードの普及を推進するための国民とのタッチポイントである「マイナポータル」は、国主導で構築されており、現実社会との整合が図られていない。

国民とのタッチポイントになるポータル機能を国の共通システムに設けてしまうと、国民は日常サービスでは地域ポータルを利用し、共通手続きを行うときは国のポータルにアクセスしなくてはならない。一市民が何らかの手続きで各省庁を訪ねることはほぼないのに、デジタル上ではそうなってしまう。つまりデジタルツインになっておらず、本来あるべきアーキテクチャーではないのだ。本来は、一貫したガバナンス体制で国全体の業務改革を実施し、アーキテクチャーのデジタルツイン化を検証するべきである。

国が進めるべき共通システムはベースレジストリーに位置付け、各自治体が進めるべき取り組みは各地域の都市OSからAPI経由でアクセスできるようにすることがアーキテクチャー上はシンプルで美しい。**図3-3-1**に示したように、地域情報を連携することがベースレジストリーの役割だと位置付けることが望ましい。

●民間プラットフォーム

官民データ連携の重要性が問われている一方で、民間企業が保有するデータの活用も十分には進んでいない。個人情報保護法がデータの目的外使用を禁じているため、個別の目的で集められたデータは、それ以外には使えないためだ。

例えば、ポイントを貯める目的で作成・使用しているポイントカードに紐づいた購買履歴データは現状、個人情報を含まない形でマーケティングデータとして活用されることはあっても、データを提供した個々人にパーソナライズしたサービスを提供することには使えない。

データの提供者がメリットを受けられないのである。

各企業が保有する既存データ（あえて「休眠データ」と呼ぶ）は、どうすれば市民にとって意義のある使い方ができるだろうか。筆者は、オプトインを得ている企業側から既存データを活用した新たなサービスを提供することを説明し、改めてオプトインを得たうえでデータ連携を図り利用できるようにすれば良いのではないかと考える。

消費者向けビジネスに関連している多くの日本企業は、マーケティングデータを集めるために多くのポイントサービスを連携させてきた。このデータをパーソナライズデータとして蘇らせることができれば、デジタル化のためのビッグデータの整備に要する時間は大幅に短縮できるだろう。アクセンチュアとしては、実証フィールドである会津若松市において市民へのダブルオプトインを検証し、その結果を読者のみなさまに報告したいと考えている。

あるべきアーキテクチャーを描く絶好のチャンスを逃すな

地域には行政を中心に、人が営むために必要な産業や教育機関、医療などがある。すべてがオープンに、かつ対等に連携することで、それぞれのシェアが可能になり、本来の目的である〝ウェルビーイング（Ｗｅｌｌ‐ｂｅｉｎｇ：幸福感）〟を追求できる。それこそが、「スマートシティプロジェクトは、筆者がこれまで携わってきた仕事の集大成である」と決めて取り組んできた理由だ。

スマートシティを完成させるためには、あるべき全体のアーキテクチャーを議論して妥協せずに実現する必要がある。地域の集まりが国である以上、国全体のアーキテクチャーをデザインし、すべての関係者が、その設計を共有してルールを守ることで日本のDXモデルを世界に示せるだろう。そのアーキテクチャーがデジタルツインを生み出したとき、人々はデジタル化を素直に受け入れるのではないだろうか。

今、あるべきアーキテクチャーを描き追求する絶好のチャンスが訪れている。「デジタル庁」が立ち上がる、この機会を逃し、従来のように曖昧なまま妥協してしまっては、デジタル化の遅れを日本は取り戻せないだろう。

3-4 スマートシティからスーパーシティへのステージアップ

２０２０年、地域のデジタル化を推進するための「スーパーシティ法案」が成立した。福島県会津若松市のスマートシティを約10年推進してきた経験から、進むべきスーパーシティの方向性に関してまとめてみる。スーパーシティは日本をどのように変えるだろうか。

図3-4-1は、会津若松市が、この10年、スマートシティに取り組んできた軌跡と、今後のスーパーシティを目指してステージアップさせるべき領域を示したものである。

データ基盤を整備し既存企業のＤＸで経済基盤を再生へ

会津若松市のこれまでの10年は、第1ステージとして、行政が持つオープンデータの活用を容易にし、地域ＤＸ（デジタルトランスフォーメーション）を実現するための基盤づくりに多くの時間を割いてきた。一般市民向けインタラクティブポータル「会津若松＋（プラス）」やＷｅｂサイト「ＤＡＴＡ ｆｏｒ ＣＩＴＩＺＥＮ」などの整備である。

図3-4-1：会津若松市におけるスマートシティへの取り組みと、スーパーシティに向けた取り組み領域

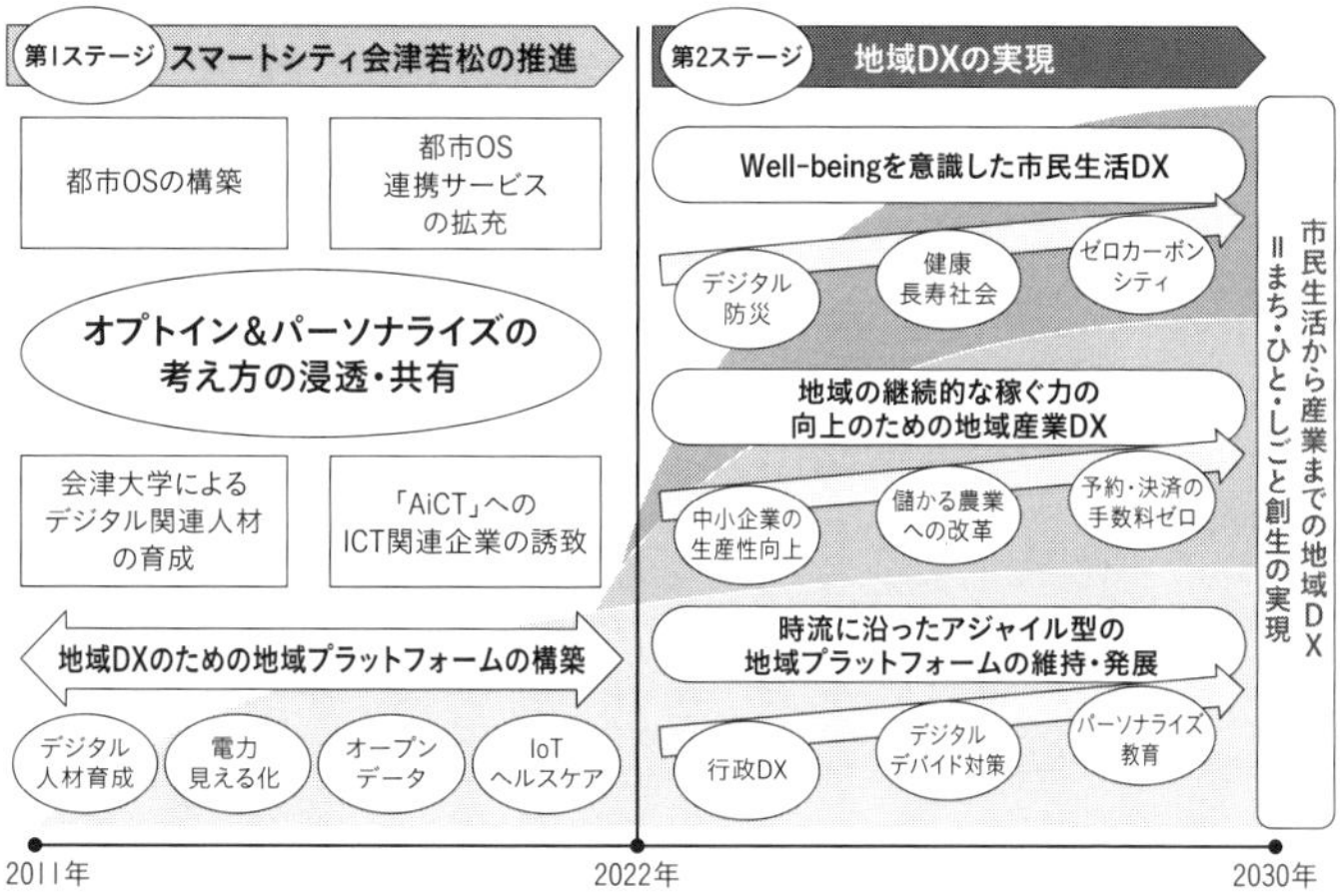

DATA for CITIZENでは、オープンAPI（アプリケーションプログラミングインタフェース）を活用し、会津若松市に関するアプリケーションやデータを市民に無償で公開・提供している。人材育成も兼ねたデータハッカソンを開催し、オープンデータ活用モデルの啓蒙と検証も継続的に取り組んできた。

それにより「会津若松＋」を使ったコラボレーションを開始し、市民が持つデータの活用について、市民から事前に承諾を得る「オプトインモデル」の基盤を整えるとともに、その重要性を確認してきた。

並行してスマートシティ会津若松の活動を全国に広くオープンに伝えることで地域を訪れる「交流人口」が増大。さらにスマートシティ会津若松に参加を表明する企業が増えた

ことで「関係人口」も増えた。

２０１９年４月には、第１ステージの集大成として、会津若松市内にＩＣＴオフィスビル「スマートシティＡｉＣＴ（アイクト、以下ＡｉＣＴ）」が開設された。人口が減少し地域の新たな産業基盤が必要なことから、東京都内のデジタル企業の移転や集積が目的だ。２０２１年５月時点では、31社が入居し満室になっている。この活動は、内閣官房まち・ひと・しごと創生本部の取り組み指針に当てはめれば「まちづくり」に当たる。

会津若松市の取り組みは現在、第２ステージにある。第１ステージのゴールが、首都圏などからデジタル企業を移転・集積させることだったのに対し、第２ステージで重視するのは、移転してきた各企業と、元々、地元地域に存在していた企業によるコラボレーションだ。

第２ステージの第１弾として２０２１年４月、地域の中小製造業に向けた共通プラットフォーム「コネクテッド マニファクチャリング エンタープライゼス（ＣＭＥｓ）」をスタートさせた。生産性の３０％向上を目指す。

ＣＭＥｓは、まち・ひと・しごと創生本部の指針にある「しごと」に当たる。ＡｉＣＴを中心に移転してきた各企業と、地元企業がコラボレーションを図ることで、既存企業のＤＸ化による生産性向上や新たな経営モデルへの刷新を目指す。地域の将来を担う若手経営者とも連携している。

先端実証の〝PoC祭〟にしない

さらに、スマートシティ／スーパーシティの本質的な目的である「ウェルビーイング（Well‐being：幸福感）」を追求するプロジェクトにも着手した。デジタル技術を使って人命を救うデジタル防災「マイハザード」や、会津地域全体でヘルスケアに取り組む「バーチャルホスピタル構想」などだ。まち・ひと・しごと創生本部の指針の「ひと」に相当する。

スマートシティ計画の策定に着手すると、「ウェルビーイング」「シビックプライド」などの実現に一気に向かおうとするケースが多く見られる。だが、市民の多くに賛同してもらうためには、地域の継続的な経済基盤を再生し、市民がその状況に腹落ちすることが不可欠だ。「まち」「ひと」「しごと」の各階層の充実を確実に進め、〝働く場〟を整備する産業政策が連携していなければならないと考える。

会津若松市の取り組みを「スマートシティからスーパーシティへ」と題して改めて整理してみたが、これらは連続したスマートシティプロジェクトであることが分かるだろう。スーパーシティは、スマートシティを推進するうえで障害になる各種規制を緩和するための「国家戦略特区」であることを改めて認識する必要がある。

国家戦略特区であるスーパーシティでは、デジタル化の先端的な取り組みを実装しなければならない。そのためには、確実に実現するために綿密な計画や体制づくりが重要であり、住民の合意も重要な要素になる。そのためには、市民がスーパーシティが実現した後の姿を想像できるようにもする必要がある。

筆者は今、さまざまな地域からスマートシティ／スーパーシティに関して相談を受ける。だが、実現したい姿に対して「どんな規制緩和が必要か」ではなく、「どんな規制緩和ができるかを探す」といった本末転倒なことも起きているようだ。スーパーシティが先端実証の〝PoC（概念実証）祭〟になってはならないのである。

健康・医療に関する課題をデータとAIの活用で解決へ

図3-4-2は、会津のスーパーシティ構想の中核プロジェクトである「バーチャルホスピタル会津若松」の全体像だ。まず「現状の姿（As-Is）」を調査し、現状の課題を解決することを「ステージZero」に位置付けている。そのうえで、さらに取り組むべきテーマと達成したい「目標（To-Be）」を定義している。

医療問題は、国内のどの地域も抱える大きな課題の一つである。予防医療や未病対策へのシフトは市民の健康寿命を延ばし、医療改革と医療費の抑制も実現する、まさに「三方良し」のプロジェクトだ。

バーチャルホスピタル会津若松を実現するには、AI（人工知能）を中心とした先端技術の全面的な採用や、これまでの電子カルテの見直しだけではなく、医師会・病院会・薬剤医師会との連携、行政の健康福祉を担当する部門や保険者、民間の保険企業との連携も必要になる。さらには医療関連のＩｏＴ（モノのインターネット）機器メーカーとも調整しなければならない。

そして何よりも重要なのは、市民がバーチャルホスピタル会津若松の目指す医療の在り方に理解・賛同を示し、自身のため、家族のため、次世代のため、そして地域のために実現したい未来に向けて、能動的に参加（オプトイン）することである。市民自身が、まちづくりのキープレーヤーであることの自覚を促し、これらの調整を実現し、事業として成り立たせなければ、ただの実証実験に終わってしまう。

さらに、「Ａｓ－Ｉｓ」から「ステージＺＥＲＯ」に進むためには大きな判断が必要

図3-4-2：「バーチャルホスピタル会津若松」の全体像

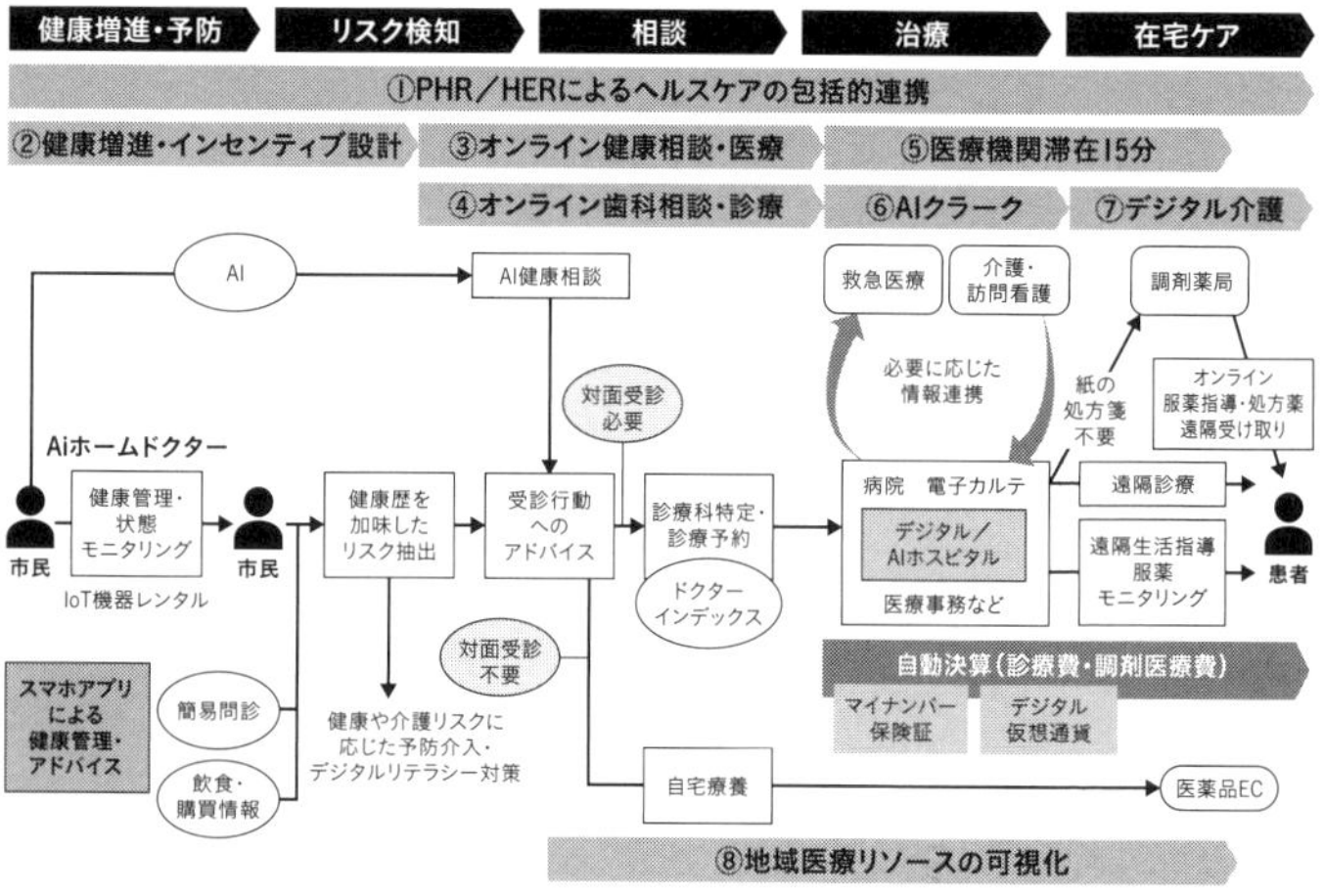

だ。現状、電子カルテシステムの導入をあきらめている開業医は約4割といわれている。この状況で医療のデジタル化は進められるだろうか。抜本的な対策が必要である。

「ステージ ＺＥＲＯ」では、「ＡＩ医療クラーク」と呼ぶＡＩ音声認識技術を使った自動入力を計画している。ＡＩ医療クラークを実現できれば、医師はＰＣへの入力業務から解放されるし、電子カルテシステム未導入の開業医はスマートフォンからの入力が可能になる。今後増える訪問診療や訪問介護においても、スマホによる音声入力ができれば、これまで難しかった医療現場のデータ化が進められる。

一方で市民のヘルスケアデータは現状、ウェアラブル機器や家庭内に設置可能なＩｏＴデバイスを使った収集が可能だ。だが、その整備や普及の進み方はバラバラだ。

これに対し「ステージ ＺＥＲＯ」では、多くのデバイスメーカーや生命医療保険会社と連携し市民一人ひとりのデータをヘルスケア用データ連携基盤であるＰＨＲ（Personal Health Record）プラットフォームに集めることで、市民の健康にとって有効なサービスを提供することを計画している。同サービスは「ＡＩホームドクター」と名付け、市民にはサブスクリプション（購読）モデルで普及させる考えだ。

データ基盤がさまざまな打ち手を可能にする

「ステージ ＺＥＲＯ」でデータ基盤を構築・整備できれば、多くの手が打てるようになる。

図3-4-2の「健康増進・リスク検知・相談」を例に、具体的に説明しよう。

ＡＩホームドクターが管理する日々のデータが異常を示した場合、会津若松＋から本人に通知が届く。その際、そのデータから推測される疾病の専門医が、会津若松市医師会名簿から「ドクターインデックス」として提示される。そのリストから本人が、主治医やセカンドオピニオンを求める別の医師を選択する。

この本人による選択行為がオプトインとなって、ヘルスケアデータが、本人と、選択した主治医、もう一人別の医師（セカンドオピニオン）の三者で共有され、必要なときにオンラインや対面での診療予約ができる。

これが実現できれば、データの異常から、本人に自覚症状がなく少しずつ進行していた疾病を、数カ月早く発見できるようになるだろう。早期治療が可能になれば、重篤患者を減らせるなど、その成果を多くの市民が享受できる。まち全体が健康長寿のまちになり、病気に苦しむことなく元気に長生きできる社会につながっていくだろう。

さらには、集めたデータを、本人の承諾を得たうえで、個人が識別されない加工情報として創薬などに再利用できれば、医療の発展にも寄与することになるはずだ。

バーチャルホスピタル会津若松プロジェクトの実施においては、医療関連の多くの規制緩和が必要で、包括した緩和策が求められる。ＡＩによる補助診断や医療相談は現状、自由診療として扱われており、例えば糖尿病などの基礎疾患を持っている患者へ適用しようとすれば保険適用外になる。ＡＩホームドクターがドクターインデックスとして医師の情報を推薦する行為にも、医療広告規制の改正が必要だ。

これらが、スーパーシティ特区により規制緩和されれば、バーチャルホスピタル会津若松が実現する効果は、地域医療のあり方や、医師と患者の関係、市民の予防医療に対する意識改革を実現し、医療のＤＸモデルを示すことになるだろう。

このようにスーパーシティは、地域課題を解決するために先端テクノロジーをフル活用して新たな時代を作るための国家戦略特区であることを再認識しなければならない。

3-5 未来都市に移住する「グリーンフィールド型」スーパーシティの要件

国家戦略特別区域法が２０２０年秋に改正され「スーパーシティ型国家戦略特区」の枠組みができた。２０２１年４月には候補地の公募が締め切られた。中には、既存の住民がいない「グリーンフィールド型」のスーパーシティ構想も複数申請されている。今回は、スーパーシティ／スマートシティ構想におけるグリーンフィールド型の特徴や留意点をまとめたい。

スーパーシティ／スマートシティには大きく二つの型（タイプ）がある。既存の地域をデジタル化・スマート化する「ブラウンフィールド型」と、工場跡地や未開発地域を民間主導で開発する「グリーンフィールド型」だ。

合意のハードルが低く大胆なデジタル化計画が可能

グリーンフィールド型のスマートシティとは、整備されていない未開発の土地において事業をゼロから開発し、ＩＴを基軸とした街づくりを指す。未開拓で草が生い茂っている空き地のイメージから〝グリーン〟と呼ばれている。

グリーンフィールド型の取り組みは、主に中国やドバイなど各種開発を進める国々で盛んだ。国内でも、2020年のCESでトヨタ自動車が発表した静岡県裾野市の自社工場跡地で進める「ウーブン・シティ」や、パナソニックが神奈川県藤沢市の工場跡地に開発した「Fujisawaサスティナブル・スマートタウン（Fujisawa SST）」などが知られる。

ほかにも計画が公表されている地域には、東京都港区のお台場、大阪市の関西万博の開催予定地域、福岡市の九州大学跡地、神奈川県鎌倉市、愛知県常滑市、沖縄県石垣市の空港周辺の大型リゾート、三重県の多気町を含む6町広域連携など多数ある。

グリーンフィールド型は新しくまちを作るため、すでに住んでいる住民がいない。サービス内容を許諾した新たな住民を受け入れ、それを入居条件にすることで、住民が100％オプトイン、つまりデータの提供・活用に同意・承諾を得たうえで、大胆なデジタル化を計画できるのが最大のメリットだ。

計画には、自動運転やドローン物流を含めたMaaS（Mobility as a Service：サービスによる移動）や、オンライン診療を中心としたヘルスケアサービスとAI（人工知能）ホームドクター、エネルギーの地産地消型マイクログリッド（小規模電力網）サービス、デジタル地域通貨決済などが盛り込まれる。

そして、これらの全サービスを共通IDで連携することで、住民の行動履歴や購買履歴に基づいてパーソナライズされたレコメンデーションサービスが提供されていく。

グリーンフィールド型は、未来都市に移住するスマートシティだ。そのビジネスモデルは、従来型のニュータウン開発と同等である。地域特性や住宅そのものの付加価値に加え、新たに提供されるデジタルよる都市サービスが、住民がそこに住むかどうかの判断材料になる。

またグリーンフィールド型は、民間事業者が主導するモデルである。開発事業者は、デジタルにより地域全体や住宅の付加価値を向上させ、その向上した価値をビジネスにする。成功のKPI（重要業績評価指標）は従来の不動産業そのもので、提供するサービスの付加価値がターゲット層に受け入れられ、想定した販売戸数や利用率に達成するかどうかの1点にかかっている。これに対し、既存の街をスマート化させるブラウンフィールドでのKPIは、提供するサービスへの住民の参加率（オプトイン率）が目標値であり、それを達成できるかどうかだ。両者のビジネスモデルの入り口が大きく違う。

しかし実際の成否はどちらも、提供する住民サービス次第であることは共通である。サービス提供を開始した後は、住民から提供されたデータをいかに地域経営継続のために活用し、アジャイル的に常に新しいサービスを提供し続けられるかどうかかかっているはずであり、本質は変わらないのではないだろうか。

同じ自治区の住民サービスは地域で分断できない

それを浮き彫りにする課題がある。民間主導の開発地域であっても、そのグリーンフィールドは、どこかの自治体の行政区内に存在する。首長や議会からすれば、グリーンフィールドに移住した住民も、ブラウンフィールドに暮らしてきた既存住民も市民であることには変わりはない。その環境下で自治体が抱える共通課題に対するサービスを、ブラウンフィールドとグリーンフィールドで二分できるだろうか。

例えば、グリーンフィールドではロボットがセンサー情報から必要なときにゴミを回収してくれる。ところが一本道を挟んだ既存のブラウンフィールドでは、これまで通り、決められた曜日にだけゴミ回収車が清掃作業にあたる。その際、既存地域の住民が、グリーンフィールド同様にロボットによるゴミ回収サービスの拡大を議会に要望した場合、首長はどのように対応するだろうか。

一つの回答案は、「ゴミ回収ロボットサービスは民間主導で開発したグリーンフィールドのみのサービスであり、グリーンフィールドの住民は、その費用を負担している。ブラウンフィールドに拡大するためには、行政として大きな初期投資が必要になることが懸念点である」だろうか。だが、これではまちを二分することになってしまう。

まちづくりを前向きに進める観点からは、「グリーンフィールドのサービスが好評のため、ブラウンフィールドへの拡大を検討する場合は、新たな行政コストを計上し実施することになる。先行投資したグリーンフィールドの住民が、行政が負担して開始するブラウンフィールドの住民サービスと同等になることを受け入れるかが鍵」などと進めていくことも考えられよう。

グリーンフィールドは民間主導で新しくまちを作る取り組みである。だが、既存の行政区内に存在する以上、ブラウンフィールド同様に自治体との協議・連携が重要だ。自治体の市民中心のＤＸ（デジタルトランスフォーメーション）を推進するうえで、自治体は住民や地域を分断してはいけないし、デジタル化で新たに壁を作ってはならないのである。

だからこそ、新たなサービスはグリーンフィールドで先に提供を始め、その中で公共性の高いサービスの対象地域をブラウンフィールドに拡大していくことを当初より想定し、官民が連携して都市計画に盛り込んでおくことが賢明である。スーパーシティ／スマートシティは民間主導であっても地域主導であることは変わらない。

筆者は今、複数地域でグリーンフィールドのアーキテクトやアドバイザーを引き受けている。自治体は当然、グリーンフィールドとして民間が投資してくれること自体を歓迎する。だが、今後想定される住民間のトラブルや地域の分断を未然に防ぐルール策定をするための相互理解ができていないケースが散見された。

それだけに民間事業者と首長に対しては、「グリーンフィールドはブラウンフィールドの中にある」ということを何度も説明し、民間と行政の計画の整合性を取るように強くアドバイスしてきた。両者ともに歩み寄って協議し、地域の共通サービス（非競争領域）と、地域限定の付加価値サービス（競争領域であり市民の自由選択の領域）のレイヤーを整理し、整合性のある都市計画を策定することが重要だ。

地域主導で進める沖縄・石垣市のスーパーシティ構想

グリーンフィールド型の例として、沖縄県石垣市のスーパーシティ構想を挙げる。石垣市はすでに国家戦略特区の認定を受けているが、改めてスーパーシティ特区として申請することにした。国が造成を進めてきた港の開発を含め、民間事業者が中心になって大型総合リゾート開発に乗り出すことになったからだ。総合プロデュースはプラネットが、建築設計関連は隈研吾設計事務所が、デジタル関連はアクセンチュアが、それぞれのアーキテクトとして担当する。

計画の概略は、石垣空港の海岸側の広大な土地に大型総合リゾート開発を進めるもの（**図3-5-1**）。CCRC（Continuing Care Retirement Community：高齢者が健康な段階で入居し終身で暮らせる生活共同体）拠点、スポーツ教育拠点、都市部からのワーケーションを含む移住者向け拠点、富裕層向けの住居やホテル、プライベートジェットが発着可能な空港や3Dモビリティ、大型クルーズ船を受け入れられる港の整備を計画している。

これらすべてのサービスは共通IDで管理され、オプトインにより、すべての利用者にパーソナライズされたサービスの提供を目指す。総投資額は3000億円程度が見込まれる。石垣

図3-5-1：沖縄県石垣市のスーパーシティ構想の概略（石垣市スーパーシティ申請書より）

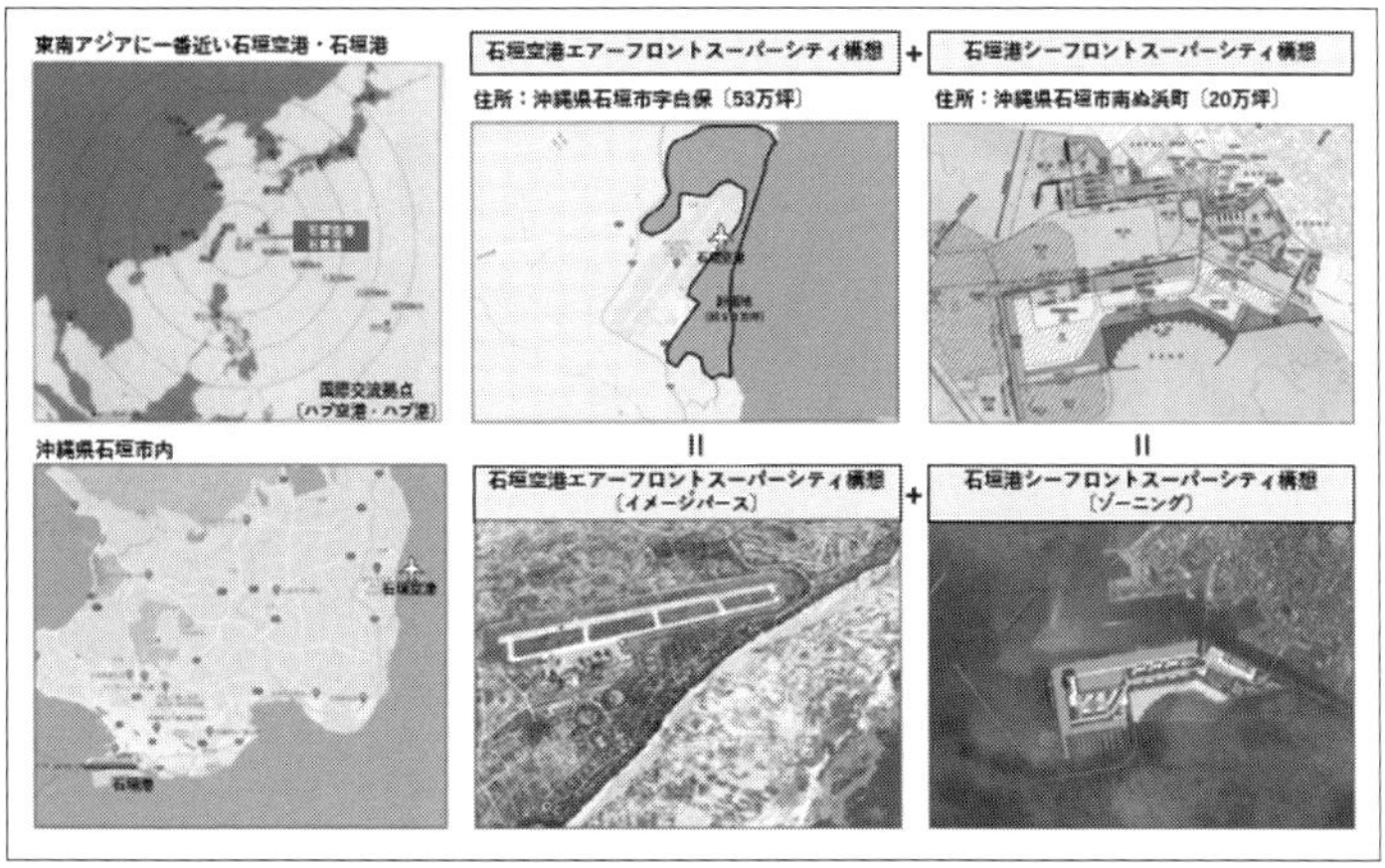

市にとっても民間主導で、かってない規模で進められる開発提案だろう。

石垣市の計画は完全にグリーフィールド型の民間主導の開発案だ。買収を必要とする土地も民間が所有しており、多くは民間主導で進めることが可能である。

だが繰り返しになるが本計画立案に向けては、グリーフィールドはブラウンフィールドの中に存在することを関係者会議で何度も議論してきた。申請する区域指定の範囲は、開発計画地域に限定せず、石垣市全島とする結論を出した。開発する住宅エリアには、既存の市民向けのエリアを新たに追加し、地域中心の民間主導のモデルの計画にした。

巨額を投じる民間開発でも、21世紀型のイノベーションを盛り込むためには、「オープン・フラット・コネクテッド・コラボレーション・シェア」の思想が重要であり、市民主導モデルと変わらぬことを改めて認識するプロジェクトになった。筆者らが人口約12万人の福島・会津若松市で得てきた経験が、離島の大型リゾート開発でも共通の考え方として生きたことになる。人間中心のＤＸの基本は不変であることを確信した。

日本が進めるべきは住民サービス中心の地域主導型

世界で進められているスマートシティのモデルを分類すると、自治体主導型、民間主導型、地域主導型とされている。しかし本質論で考えれば、人間中心のＤＸである以上、基本原則は、どのモデルも変わりがないことに気づく。参入方法のモデルの違いはあっても、実装運用フェーズに入れば住民主導のサービスへと中心テーマが集中することになるからだ。

日本で進めるべきモデルは地域主導型である。マネジメントモデルも、官民連携の領域横断型サービスの重要性が増し、地域主導モデルへと修練されていくのではないだろうか。この本質をとらえた上で、持続可能なスマートシティ／スーパーシティを実現していかなければならない。

3-6 プロジェクトを統括するスマートシティアーキテクトのミッション

「スーパーシティ国家戦略特区」の申請においては、プロジェクト全体を統括する「アーキテクト」を選定する必要がある。今後、スマートシティアーキテクトが各地域で活躍することで、地域DX（デジタルトランスフォーメーション）としてのスマートシティ／スーパーシティは加速すると考える。筆者が、この10年、福島で「スマートシティ会津若松」プロジェクトを推進してきた経験から、アーキテクトの役割や求められるスキルをまとめた。

「スマートシティアーキテクト」はスマートシティ／スーパーシティのプロジェクトの統括役である。その役割について、内閣府が「戦略的イノベーション創造プログラム（SIP）」事業において策定した「スマートシティリファレンスアーキテクチャ」を基に解説したい。スマートシティリファレンスアーキテクチャについては本書1-2-1も参照いただきたい。

図3-6-1にあるように、このアーキテクチャーは大きく、①都市マネジメント領域（戦略）と、②都市OS（プラットフォーム）の二つの構成要素から成り立っている。その上下に、

図3-6-1：「スマートシティリファレンスアーキテクチャ」の仕組み

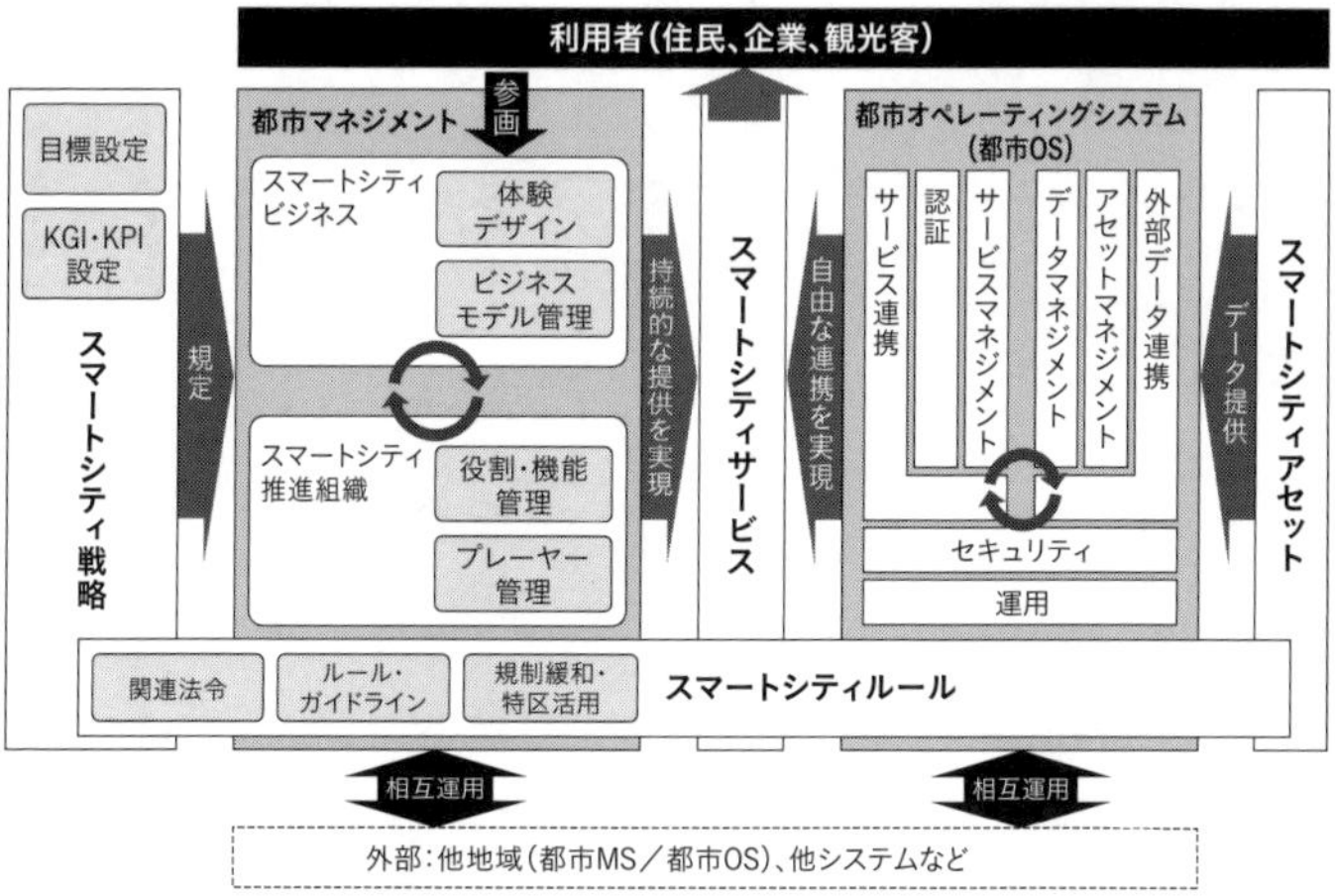

出所：「戦略的イノベーション創造プログラム（SIP）」、内閣府
「戦略的イノベーション創造プログラム（SIP）」における『スマートシティリファレンスアーキテクチャホワイトペーパー』を元に作成

市民とのインタフェース（参加）と、既存の各組織とのインタフェース（連携）がある。

このアーキテクチャー全体を統括・調整し推進するのが、スマートシティアーキテクトの役割の範囲である。いわゆるCTO（最高技術責任者）の主な役割は、**図3-6-1**でいう右半分の都市OSの統括である。それと比較すると、アーキテクトがカバーする範囲は非常に広いことが分かる。

スマートシティアーキテクトの役割は、アーキテクチャーの四つの構成要素に呼応し、大きく①都市マネジメント、②都市OSのマネジメント、③市民参加を促す連携、④既存の組織との連携に分かれる。それぞれについて詳しく説明したい。

役割1：都市マネジメント

都市マネジメントは、(A)戦略・計画・実行と、(B)調整・ガバナンスとに2分できる。

(A)戦略・計画・実行

都市マネジメントとは、超高齢化人口減少社会にあって持続可能な街づくりを実現するために、戦略や方法論、ルール、そして運営体制の計画を策定、実行することである。

しかし、スマートシティ／スーパーシティの計画は、都市計画に代わる位置付けであり、従来の都市計画にDXの活用を大胆に取り入れることになる。例えば、教育や医療分野では格差を作らず市民一人ひとりのためのサポート体制を構築するなど、市民サービス全般を向上させ、地域の各産業も再生させるなどだ。DXによって各領域をより充実させるだけでなく、縦割りで連携していなかった領域のそれぞれをDXで横断させ、街全体にかかるコストを最大限に削減し効率を高めることもスマートシティのための計画になる。

国と担当省庁の関係に当てはめて見ると分かりやすい。国土交通省や総務省が担当してきたインフラ整備や行政サービスに対し、「まちをDX」し、その上位で経済産業省が「しごとをDX」する。そして最上位層で市民生活を充実させるために各省が連携し「ひとのDX」を実現する。

スマートシティアーキテクトは、こうした視点を持って都市マネジメントを統括しなければならない。

(B) 調整・ガバナンス

地域行政が主体的にスマートシティ施策を遂行するにあたり、スマートシティアーキテクトは、政策決定を支援するとともに、DX化を図る際の改善案も提案し、首長とともに戦略を決定する役割を担う。ここで、スマートシティアーキテクトという民間人が関わる目的の一つに、長期にわたり継続的にスマートシティ計画を推進する体制を維持することにある。

行政の担当者は2年ほどで異動するケースが多い。これに対しアーキテクトは、計画遂行のために可能な限り交代することがなく、ミッションを担い続けることが求められる。筆者が会津若松で10年にわたってコミットし続けてきたことが、まさに、その事例といえるだろう。

スマートシティは地域におけるDXプロジェクトであること、長期にわたることを関係者全員が理解しなければならない。ガバナンス体制を長期間維持するためには、領域ごとに具体的なプロジェクトのマネジメントを担当する専門家をサブアーキテクトとして配置し、行政の担当課や地域の専門組織をマッチングすることが望ましい。それぞれの階層が連携し全体のガバナンスを実現することが重要なだけに、あらゆる調整とガバナンス体制の確立と実施が、計画遂行時のスマートシティアーキテクトの重要な役割になる。

スマートシティは街を丸ごとDXする。行政との連携のみならず、スマートシティに参画する多くの企業とのアライアンス体制へのガバナンスも重要だ。民間アライアンスのサービス全体を掌握し、それら全体を管理する。

例えば、異なる領域で多くのプロジェクトが実施されているスマートシティにおいて、たった一つのプロジェクトがルールを逸脱したサービスを市民や観光客に提供し、その評判がSNS（ソーシャルネットワーキングサービス）などで拡散したとする。そうなれば、関係者全体で築き上げてきた市民との信頼関係を棄損することにつながり、スマートシティ計画全体が止まるという事態も起こりかねない。

以前、会津若松市において、ある企業から提案があった。「市内にある鶴ヶ城周辺の駐車場にセンサーネットワークとカメラを設置して情報を集め、観光客がどの地域から来ているか分析し今後のプロモーションに活用していきたい」。これに対するスマートシティアーキテクトとしての筆者の答えは「No！」であった。

確かに管理は便利になり、マーケティングに必要なデータとしての活用も可能になるだろう。しかし、たとえシステム上では車両ナンバーのうち、個別の車を判別できるまでの情報は記録しない仕様になっていたとしても、会津若松の駐車場に停車すると自車のナンバーがデータとして収集されることについて、市民や観光客はどう受け取るだろうか。そのプロジェクトがSNS上で広まった場合、どのようなことが想定できるだろうか。

会津若松のスマートシティは、オプトインモデル（提供者から事前の同意・承諾を得ているデータのみを活用する）を徹底し、市民にも丁寧に説明しながら理解を得てきた。にもかかわらず、たった一つのプロジェクトが、そのルールを逸脱したオプトアウトモデル（拒否の意思表示をしない限りデータの提供に同意したものとみなす）を導入してしまえば、「監視社会を実現しようとしているのか」など、本来のビジョンとは全く異なる情報が拡散されることになりかねない。

このような場面でもアーキテクトは、スマートシティの全体感に立って、都市マネジメント戦略に基づいた適切な判断を下さなければならない。

役割2：都市OSのマネジメント

都市OSそのものについては、1-2-1で解説した。ここでは、スマートシティアーキテクトが、都市OSの重要性を理解し、どのようにマネージするかについて説明する。

都市OSの機能は標準仕様でまとめられ、データ連携が可能になっている。これは、異なるIT企業が構築したプラットフォームを各地域に提供しても、市民がオプトインしたデータにおいては、他地域でも利活用するためのデータ連携が保証され、利用価値の高いアプリケーションのシェアを広げるためだ。日本がこれまでなし得なかった〝自立分散環境〟を構築するに当たり、そのデメリットだと懸念される〝個別最適化〟をなくすために、標準化を図る。結果、スケールメリットも享受できる。

スマートシティアーキテクトは、自身が担当する地域の都市マネジメントだけでなく、都市OSの標準化の実現と維持継続を両立させなければならない。そして最も重要なのは、「ユニークなサービスを実現するため」という理由で、都市OSの標準化を崩し、安易なカスタマイズを許容しないことだ。

現在、自治体システムが自治体の数だけ存在するのは、国内全体を見ずに個別のユーザー要求に応えてしまったカスタマイズに原因がある。

役割3：市民参加を促す連携

本稿で重ねて強調してきたように、スマートシティで実現したい社会は、市民自身や家族が、次世代や地域のために、まちづくりに参加できる社会であり、そのために市民一人ひとりが保有するデジタルデータを自らの意思で地域の共有財産として提供するオプトイン社会だ。そのためには、市民のデータを預かるマネジメント組織と市民との、相互の情報連携が不可欠である。それなしに、市民から共有されたデータの解析結果をパーソナライズし、市民一人ひとりの暮らしのために生かしていくことはできない。

オプトインとパーソナライズに基づく市民中心のスマートシティ実現のためには、市民の参加こそが最も重要であり、これまでの公共の在り方とは全く異なる市民のマインドセットチェンジが求められる。なおオプトインとパーソナライズの関係については、3-4で解説した「DX社会のステージZero」を参照いただきたい。

では、市民が真に納得してDXを受け入れ、スマートシティに積極的に参加するようになるために、どうすればよいか。以下に挙げるように、行政や協議会とともに市民向けの活動をリードするのもスマートシティアーキテクトの役割である。

(A)小さな成功体験から始めコミュニティで拡大

「データを提供・活用することによって自分の暮らしもまちもよくなる」という実感を持ってもらうために、会津若松市では、スマートシティに取り組み始めてまず始めたのが、エネルギーの見える化プロジェクトである。100世帯という小さなコミュニティから開始した。

当時はスマートメーターが普及する前だった。そのため、HEMS（Home Energy Management System）装置を設置する100世帯を募集し、市民の中からイノベーターたちが集まった。同プロジェクトでは、エネルギーの消費データをスマートフォンにリアルタイムに表示した。それぞれの家電の電力消費量を目の当たりにした参加市民は、自然と消費時間を短縮するよう努力し、27％削減を実現した。人はリアルタイムにデータを見たときに行動変容を起こすのである。

この成果はコミュニティに広がり、一人ひとりの省エネ活動の集合体である地域はまさに

SDGs（持続可能な開発目標）に向かうようになった。

スマートシティアーキテクトは、このようなシナリオを描いてプロジェクトに反映させ、市民との接点を増やしオプトイン率を高めていくのである。

(B)市民の正しい理解と参画を広げるためにオプトインサービスを徐々に拡大

「データを提供・活用することによって、自分の暮らしもまちもよくなる」という実感を持った市民は、社会でのオプトインのメリットを理解するようになる。スマートシティに自分がオプトインし参加することで、自身へのメリットだけではなく地域や次世代に貢献している実感も持つからだ。前述の27％削減を実現した省エネは、月々の電気料金の削減にもなるが、地球環境の改善にも貢献している。

スマートシティは多くの領域にまたがっている。なかでも市民の興味が高いテーマが健康だ。特に予防医療へのシフトは、オプトイン社会の実現で進むと考える。自身の健康データを共有することで、パーソナライズされたヘルスケアサービスを受けられる。とはいえ、健康データはプライバシーレベルの高いデータである。市民がしっかりと理解をして、納得して参画できるようにすることが大切だ。

ただ、最も重要だからといって、いきなりヘルスケアサービスをスマートシティにおける最初のサービスとして提供しても、市民が、求められている役割やサービスの利便性を理解し、自ら参画してもらうのは難しいのではないか。市民の正しい理解を推進し、オプトインにより参画してもらうためには、どのようなサービスから展開していくべきか。サービスのプライオリティを世代別に設定して提供する計画を示していくことも、スマートシティアーキテクトの重要な仕事である。

(C)市民集会ではすべての質疑に回答

スマートシティアーキテクトは、行政と一緒に、市民向けの対話集会にも出席することになる。そして、首長や行政とともに市民の質問に真摯に対応することが求められる。その際、市民の質問には可能な限り対応するべきだと筆者は考えている。

スマートシティは都市計画そのものであり、その地域に住むのが市民だ。地域の将来を気にするのは当たり前である。さらに、これまでと違うやり方、つまりＤＸで解決すると言われれば不安を覚えるのも当然だろう。

スマートシティは市民あってこそのプロジェクトである。プロジェクトを遂行するためには徹頭徹尾、分かりやすく真摯に対応し、市民が納得するまで繰り返すことが重要だ。これもスマートシティアーキテクトの役割である。

役割4：既存の組織との連携

スマートシティは市民生活のあらゆる分野にかかわるからこそ、まち全体の組織同士を連携させて最大限効率化を追求することも重要だ。そのためには、既存の組織である行政や商工会議所、観光協会、農業関連団体、医師会、教育委員会、大学などとの連携が必要になる。

都市ＯＳが提供するＡＰＩ（アプリケーションプログラミングインタフェース）を使ったデータ連携やサービス連携を実現しなければ、ＤＸによる効果は実現できない。そのためには各組織のリーダーにＤＸによって想定される効果を認識してもらう必要があるしかし、多くの地域では、個別最適な組織によってＩＴ化が進んでいるとはいえないし、分野を超えた他の組織との連携や共有を経験したことがないことも多いだろう。各組織内のガバナンスは効いていたとしても、それを地域にまで拡大したこともないだろう。

こうした調整もスマートシティアーキテクトは行わなければならない。そこでは、それぞれのリーダーたちがスマートシティで成し遂げようとしている大きな方向性を共有できなければならない。

「ＤＸは人間中心であり、誰一人取り残さない」をともに目指す

ここまで、スマートシティアーキテクトの役割を筆者の経験をもとに大まかにまとめた。い

ずれにせよスマートシティアーキテクトは、スマートシティを成功させることに強くコミットし、市民と地域組織、行政、民間など、あらゆるプレーヤーと連携しながらプロジェクトを推進できなければならない。

そんなスマートシティアーキテクトを目指すには、それなりの覚悟が必要だ。だからこそ筆者は、東京から会津に移り住み、地元の多くの方々との意見交換の時間を大切にしてきた。現場での生活においても常に肝に銘じていることだが、「ＤＸは人間中心であり、誰一人取り残さない」ことを改めて宣言し、その実現を皆さんとともに目指したい。

3-7 スマートシティはSDGsの達成を目指すべき

筆者が目指すスマートシティは市民参加型のデジタル民主主義であり、市民から事前に承諾を得るオプトインに基づいたデータ駆動型社会である。社会や暮らしと自然を調和させる「三方良し」の社会をデジタルで実現するまちづくりともいえる。それは、SDGs（持続可能な開発目標）の達成により目指す社会でもあり、その実現は地域主導型でESG（環境・社会・ガバナンス）への取り組みを推進する企業が担う。SDGsの達成を目指し、ESGにつながるビジネススタンスとは、どのようなモデルだろうか。スマートシティを計画する地域では、運営組織をどのように立ち上げるかを十分に検討する必要があるため、そのモデルを解説したい。

会津若松のスマートシティプロジェクトにおいて、次代を担うデジタル人材の育成と定着のための戦略拠点として2019年4月に開所したのがICTオフィス「スマートシティAiCT（アイクト）」だ。これまで30以上の企業が入居し、各社が同じビジョンやルールに基づき新たなサービス開発を追求している。

筆者が所属する「アクセンチュア・イノベーションセンター福島（ＡＩＦ）」も、ＡｉＣＴの1階フロアにある。そのオープンスペースで仕事をしていると、スマートシティに一緒に取り組んでいる各社のセンター長や社員が立ち寄り、スマートシティ実現に向けたディスカッションが始まることも日常茶飯事だ。

開所から2年を経過した今。ＡｉＣＴは単に私たちが入居しているＩＣＴオフィスではなく、入居各社が、それぞれのミッションを持って参画するバーチャルカンパニーのようになってきている。

ＧＡＦＡらのネットビジネスは「二方良し」のビジネスモデル

20世紀の最後にインターネットが登場し、米国ではＧＡＦＡ（Google、Apple、Facebook：現Meta、Amazon.com）に代表されるネットサービス企業が巨大企業へと成長した。彼らが開発した、人々の物理的・個人的な欲求に対応するサービスモデルが世界中に広がるなか、同モデルを追従する形で日本や中国などの国々でもネットサービス企業が立ち上がった。そこでのサービスは「二方良し」のモデルに沿っている。

図3-7-1は、「二方良し」の構造を示している。ユーザーと企業の間に、インタラクティブなモデルを実現したことが、ユーザー本位の欲求を満足させ、そのサービスが一気に世界へ広がった。各国のネット企業もこぞって、このモデルにならっている。

図3-7-1：ユーザー本位の欲求を満たす「二方良し」のモデル

GAFAに代表されるネットサービス大手がユーザーの利便性を追求した新たなネットワーク環境を構築し、代理店業サービスをネットで展開し大規模ユーザーを抱えアクセス数を確保することで成長した、人の欲求の追求に対応したビジネスモデル。日本の新興企業もこのモデルを追従。

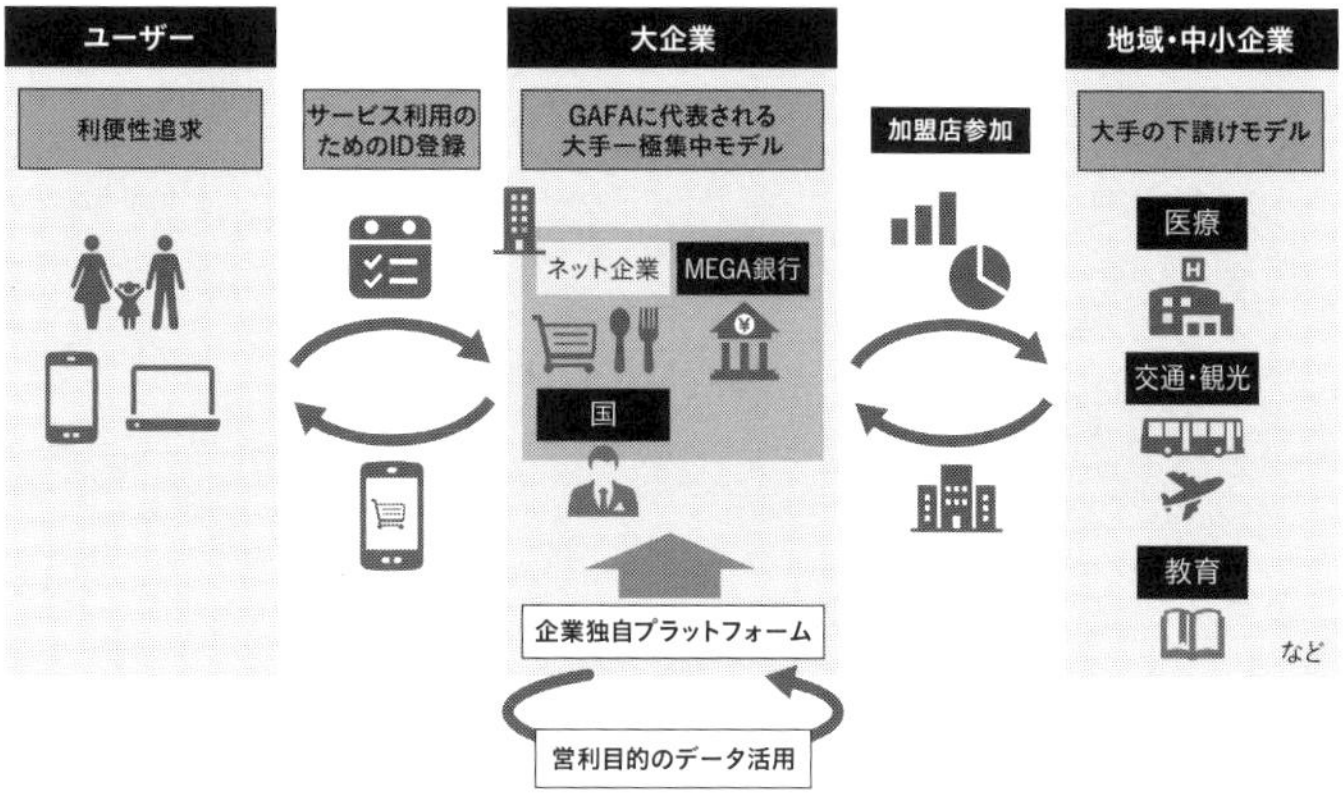

「二方良し」のモデルとして最初に成功したのが、EC（電子商取引）やOTA（ネット専業旅行会社）のようなネット上の代理店モデルだろう。自身ではプロモーションができなかった多くの中小企業が、全国そして世界へと情報発信できる、またとないチャンスだと期待した。期待通り、このモデルは見事に立ち上がった。

問題は、このモデルが長期間継続できない点にある。なぜなら市民権を得て成長した大企業が市場を席巻すればするほど、当初はテナントを好条件で募集していたサービサーとテナントの立場が逆転し、成功報酬型の手数料が引き上げられていくからだ。

結局、テナントに参加する大手企業は独自のWebサイトに切り替えていく。自前のWebサイトを持てない中小企業は、自らの経常利益を引き下げてでもテナントとしての利用を継続するしかない状態に陥ってしまう。利用者としては非常に便利なサービスだが、そのモデルの中で苦慮している提供者が生まれている。

「二方良し」のモデルで、長く続いてきた典型的なもう一つの事例が、キャッシュレス決済である。キャッシュレス決済はデジタル社会の前提になるものの、店舗での導入率は、例えば会津若松では約50％に過ぎない。その理由は、3・24％という決済手数料を店舗が負担することと、現金化までに約1週間かかることだ。これらの条件は、日々現金を必要としている個人の店舗にとって、受け入れられない。ここでも利用者には便利だが、そのモデルの中で苦慮する事業者が存在する。

決済代行業者が決済する以上、手数料は発生する。しかし、地方創生のためには代行ビジネスの早急な見直しが必要だと考える。デジタル通貨の導入率が高まれば、地域のデジタル社会の実現に大きな効果をもたらすはずだからだ。

「二方良し」から「三方良し」の時代へ

この「二方良し」を、新たな時代の「三方良し」に大きく変革させるのが、筆者ら提唱する地域主導のスマートシティであり、共助型のデジタル民主主義社会である。市民にとっても、その集合体である地域にとっても、そして、その地域の経済活動に参加している企業にとっても持続可能な「三方良し」を実現する（**図3-7-2**）。

「三方良し」の社会の中核にあるのがデータだ。例えば地域創生のためのローカルマネジメント法人に、市民がオプトインで自らパーソナルデータを提供するとしよう。データ分析によりパーソナライズされたサービスが本人にフィードバックされることで、より便利なサービスを利用できる。

ローカルマネジメント法人は、管理するデータを活用して地域経済を維持できる。地域のためにサービスを提供する企業は、新たなデジタルサービスの開発が可能になる。地域の適正な成長を実現するモデルであり、まさにESG（環境・社会・ガバナンス）モデルといっていいだろう。では「三方良し」を実現するスマートシティサービスを考えるには、どうすればいいのだろうか。

これまでは、企業の利益を追求するユーザー

図3-7-2：地域主導のスマートシティが「三方良し」を実現する

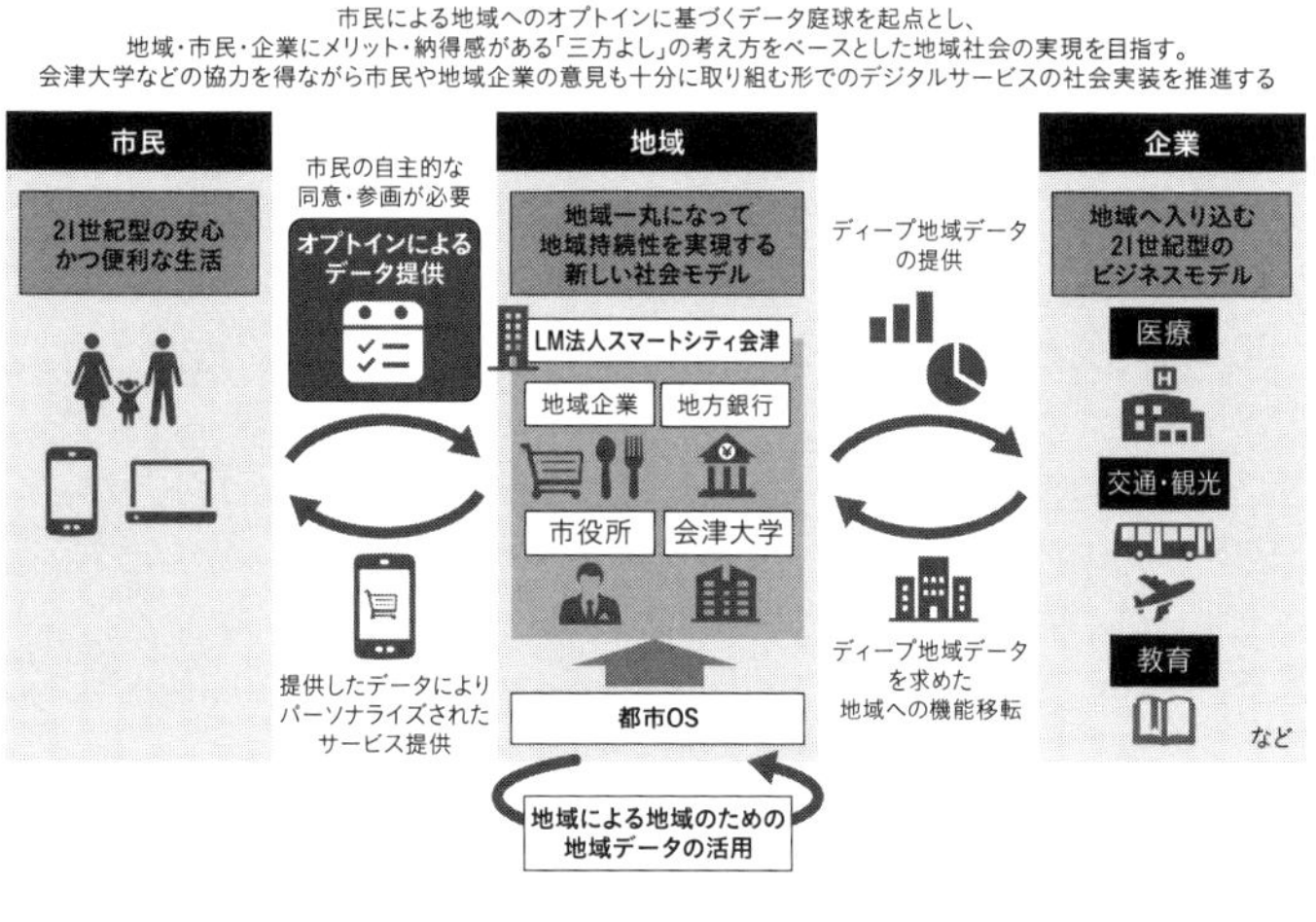

市民による地域へのオプトインに基づくデータ庭球を起点とし、
地域・市民・企業にメリット・納得感がある「三方よし」の考え方をベースとした地域社会の実現を目指す。
会津大学などの協力を得ながら市民や地域企業の意見も十分に取り組む形でのデジタルサービスの社会実装を推進する

主体のモデルを考えることが主流だった。筆者が会津若松のモデルを説明する際に、よくいただく質問の中に「スマートシティをどのように運営しているのか」「参加企業はどのように利益を生み出しているのか」といったものがある。多くの方の思考がまだ「二方良し」のままなのだ。これではスマートシティは継続できない。

企業は市民が必要とする地域サービスを考えたうえで、その地域サービスを実現するためのビジネスモデルを組み立てる必要がある。市民が必要としないサービスは、そもそも使われないため、ビジネスの議論すら行われない。

このように思考のプライオリティを変えることで、必要とされるスマートシティのサービスを発想できるようになる。そのサービスは自ずと「三方良し」モデルになるだろう。

スマートシティが目指す自立分散社会がSDGsを達成する

スマートシティの実現を通じて目指すのは、日本の自立分散社会である。自立分散を成し遂げるためには、エネルギー・水・食の地産地消を実現しなければならない。

例えば、エネルギーを地産地消するためには、地域が必要とする総エネルギー量をデータに基づいて確定し、ゼロカーボンシティを実現するために必要な再生可能エネルギーを準備する必要がある。そこでは、個々の世帯が発電・蓄電している電力をコミュニティ内で活用できるよう規制緩和が必要だ。

エネルギーの地産地消に向けて、蓄電にはV2H（Vehicle to Home：電気自動車に充電されている電気を家庭で使用する仕組み）も活用することになる。企業が事業を100%再生可能エネルギーで賄うことを目標にする「RE100」へのエネルギーシフトや、コミュニティ単位での省エネのための新たなネットワーク形成など、いずれもが結果としてSDGs（持続可能な開発目標）の達成に向かう。

会津若松では最初のプロジェクトとして、電力の見える化による省エネ推進プロジェクトを実施した。その後、再生可能エネルギーの立ち上げとシフトも進めてきた。スマートシティAiCTは100%再生可能エネルギーを使用し、筆者らが暮らす会津若松の住居もRE100に適合している。当初プロジェクトに参加した世帯は27%の電力の削減に成功した。

食の地産地消や流通改革も同様だ。食の自給率の見直しが徹底され、生産現場で起きている規格外品の破棄をなくし、生産現場でのフードロスゼロを実現すれば農業の生産性向上にも寄与することになる。東京一極集中を前提とした流通網が分散型に変革できれば、無駄な流通が改善され、多くの無駄な基幹流通によるCO2排出を削減できる。食の地産地消もSDGs達成を目指す取り組みなのだ。

筆者は、スマートシティに長年関わり、さらに会津若松でスマートシティを推進する企業を誘致してきた。そこでの実感として重要視しているのは「継続性」である。地方のプロジェクトに多くの企業が参加してくれること自体は大いに歓迎するが、プロジェクトが終わると撤退したり、企業同士の利害がぶつかりプロジェクトの進行に支障が出たり、どちらかが降りたりするようなことは起こしたくなかった。

だからこそ会津若松でのスマートシティに参画する企業に対しては、**図3-7-3**にある10のルールを示している。

特にこだわっているのは、「三方良し」から「三方良し」を実現するために、市民がオプトインしたデータを企業が囲い込むことなく、地域の共有財産とすることだ。

3-5で解説したように、既存の地域をデジタル化・スマート化する「ブラウンフィールド型」のスマートシティは地域主導モデルで立ち上げるケースが多い。それだけに、どのような組織を作るかが、持続可能なスマートシティにするための重要なポイントになる。ESGを大切にし、実際にSDGsに取り組

図3-7-3：スマートシティを実現する10のルール

人間中心	①市民として市民が望む社会を実現するためのサービスを考えること
DXの基本的な考え方	②データはそもそも市民個人のものであるという前提の上で、オプトインを徹底すること ③DXによるパーソナライズを徹底すること
デジタル社会像	④デジタルを活用した新たな公共・ガバナンスを構築し透明性を担保すること
サービスデザイン指針	⑤サービスごとに三方良しのルールでデザインすること ⑥データやシステムの囲い込みではなく、常に付加価値で競争をすること ⑦行政単位ではなく、生活圏でデザインすること ⑧都市OSを通じて、地域IDとAPI連携をベースとしたシステム連携を遵守すること
地域の持続・発展性	⑨活躍できるデジタル人材を地域で育成すること ⑩持続可能性（SDGs）を意識した取組を推進すること

アーキテクトは10のルールを共有できるパートナーを選定した体制でスマートシティを推進すること

む企業がスマートシティには求められている。これからスマートシティに参画したいと考える読者の皆様にも是非、これら10のルールを参考にしていただければ幸いである。

3-8

地方でのDX推進に不可欠な「鳥の目」と「虫の目」

2021年9月1日にデジタル庁が創設された。官民の優秀なアーキテクトたちが東京から全国の各種システムのアーキテクチャーを一新することになる。デジタル庁の成功は日本の再生と同義であり、その成功に少しでも寄与できればとの思いから、筆者が日々進めている地域DX（デジタルトランスフォーメーション）サービスの実施状況をすべて伝えていきたい。今回は、日本の70％以上が地方都市であることを踏まえたうえ、大都市と地方都市の違いを説明したい。

筆者はこの10年間、福島県会津若松市に居を構え、同市のスマートシティプロジェクトを進めている。東京や他の地方に出張した際などは、スマートシティの地域特性を活かすために、各地で共有できる領域を見定めてきたつもりだ。そのきっかけになったエピソードの一つを紹介したい。

地方の決済サービス普及率が50％に止まる理由

筆者らは2011年8月、震災復興支援として会津若松市での活動を開始した。初期のプロジェクトがひと段落した際の打ち上げを同市内の飲食店で行った。コロナ禍の今では考えられないが、約20人が参加しての宴席だった。夜も更けて会計を店主に申し出てクレジットカードを差し出した。店主の答えは「申し訳ありませんが取り扱いは現金のみなんです」。私は、その飲食店から少し距離のあるコンビニエンスストアまで走り、現金をおろして支払いをした。

別の日、2次会で訪れた店舗の支払いでは、「現金だと○○円、カードだと●●円になります」と手段により異なる金額を提示された。筆者は、ガソリンスタンド以外で現金とカードの支払い額が異なる店舗があることを、この時、初めて知った。

現金決済しかできない町では到底、インバウンドの受け入れはできない。「これはスマートシティの一環として解決していかなければならない」と認識し、スマートフォンを使った簡易なクレジットカード決済サービスの導入を進めることにした。

商工会議所にサービス普及のメリットを話し、信用組合と一緒に地域の店舗を回って導入を促した。インバウンドを含めた観光客や交流人口を受け入れるためには、最低限の決済インフラを整える必要があったからだ。20％程度だった加盟店数も50％程度にまで増やせたのだが、その普及は50％でぴたりと止まってしまう。

「地方はデジタル化が遅れている」と言われるが、50％以上に普及するには、実は全く別の原因がある。地方でのデジタル決済導入においては、決済手数料や現金化されるまでのタイムラグが大きなハードルになっていることだ。

東京であれば、新たな技術を使った民間サービスが次々と提供され、常に利便性が向上している。需要が多く見込める都市部では、小売店なども新たなサービス導入に伴う手数料の支払いを許容できるし、新たなサービスの提供が競争領域にもなるため、多くの店舗が率先して参加するからだ。

経済モデルの違いが地方にミスマッチを生み出す

では、地方ではどうすれば良いのか。筆者は現在、ハードルを越えられない残り50％にデジタル決済のためのインフラを普及させるために、デジタル通貨を使用する新たな決済サービスの開発を進めている。その特徴は、クレジットカード決済サービスを未だ導入していない店舗にとってのハードルである次の二つの課題を解決する決済インフラであることだ。

特徴1：決済手数料の〝実質ゼロ円〟を実現する
特徴2：当日の現金化を可能にし、デジタル決済後の現金化までのタイムラグをなくす

もし筆者が、東京都内だけで暮らしていれば、これらの課題を解決するためのサービスの開発を思いつくこともなかっただろう。移住前の筆者は、デジタル決済インフラが地方都市でも都心部と同じように普及しているものだと思っていた。読者の中にも、地方出張でタクシーに乗ったときに当たり前のようにクレジットカードを差し出したり、キャッシュレスで支払おうとしたりした方は少なくないだろう。

よく「地方は遅れている」と言われるが、決して遅れているわけではない。都市部と地方では経済モデルが異なるためにミスマッチを起こしているのである。例えば地方では、大手チェーン店以外では、安価なものを数多く売る〝薄利多売〟ビジネスは成り立たない。これまで東京発の〝トップダウン型〟での導入が失敗してきたのも、このミスマッチが大きな原因ではないだろうか。

薄利多売が成立しない地方では、決済代行業のような手数料ビジネスは地域の隅々まで普及しない。無理に参加を促せば、地方の経常利益をさらに悪化させるだけだ。こうした現実を理解できなければ日本全体のDXが成功することはない。

以前、キャッシュレス決済を進める経済産業省の責任者と意見交換した際には、導入店舗には国の予算で5000ポイント付与することで、地方への普及が一気に進むものと考えていたものの、実際は、なかなか受け入れられないことが分かったということを聞いたことがある。その責任者は、担当者全員を地方に派遣し、実態調査や現地での支払いを体験させたという。

この経験は必ず今後に活かされると期待したい。

国内共通サービスを一気に導入するのは混乱の元

実際、コロナ禍にあって我々国民は、日本のデジタル化の遅れを痛感し、使いづらいシステムを数多く体験した。これらをデジタル庁が徐々に解決していくことを期待するものの、どこに原因があるかを見誤ると、大きな失敗を繰り返さないとも限らない。

例えば、新型コロナウイルスのワクチン接種記録は国が管理する「ワクチン接種記録システム（ＶＲＳ）」に集められている。政府もワクチン接種のデジタル証明書を年内も発行できるよう検討を始めている。であれば証明書の発行はマイナポータルから提供されると考えるのが自然だ。ところが、そう一筋縄にはいかない。ＶＲＳの情報には、ある程度の誤入力が存在しているからだ。

ワクチン接種券などの配布当初からデジタル庁が介在し、設計に関与していれば実態は違ったかもしれない。だが実際には、配られた接種券や接種券に記載されたバーコード規格などが自治体により異なっている。そのため、ＶＲＳへのデータ入力はＯＣＲ（光学文字認識）や手作業などに依存しており誤入力が発生し得る。どれだけ自治体の職員が注意を払っても、仕組み自体がデジタル化されない限り誤入力が発生してしまうのは当然だろう。

さらに、国全体で共通するサービスを一気に導入するのは混乱の元だ。先にも述べたように筆者は、地域での実証結果や実績を踏まえたうえで全国展開すべきだと考えている。

「誰一人、取り残さない」ことを日本のデジタル化で目指すのであれば、地方都市を中心に実証事業を実施し、その成果を全国に広げて実装していくという〝ボトムアップ型〟のサービス導入が望ましいことを実体験から感じている。新しいサービスが普及しないのなら、その明確な理由を見出したうえで、全員が参加できるように課題を解決し、その実現に必要な新技術を導入しなければ全く意味がないことを肝に銘じる必要がある。

ワクチン接種のデジタル証明を全国に先駆けて実証

実践例として、筆者が代表理事を務め、会津に拠点を置く一般社団法人スーパーシティAiCT（アイクト）コンソーシアムは、会津若松市と連携し、会津若松市民を対象にした新型コロナウイルスワクチンの接種記録をデジタルで確認できるサービスの実証を全国に先駆けて2021年9月下旬から順次開始する。

本実証では、市民や事業者の協力を募りながら、サービスの利点や欠点、システム運営上の留意点をあぶり出す。そのために先陣を切っての先行実証を申し出たのだ。会津若松市での実証結果を踏まえ、政府や他地域に広く情報発信していく予定である。

会津若松市はスーパーシティ計画の中で「バーチャルホスピタル構想」を打ち出している。文字通り〝町全体が病院〟という考え方で、データに基づく予防医療の実現を目指している。

医師がどこにいてもオンラインで診断できるようになり、訪問診療への効果が期待している。

バーチャルホスピタル構想の課題は、前述したカード決済インフラの普及と同様、電子カルテシステムの普及状況である。状況調査では、２００床以下の病院では40％程度が「電子カルテシステムの導入を予定していない」と回答している。健康や医療に関係するすべてのデータを収集しなければならないにもかかわらず、その中心である医療現場からデータを収集できないのが実態だ。

日本の医療のデジタル化を図るには、現場の状況を十分に理解し、徹底的にデータを収集できるようにするためのＤＸが重要になってくる。そのため筆者らは、既存のＰＣ画面で入力するタイプの電子カルテシステムを根本的に見直し、スマートフォンがあれば音声認識によるデータ入力が可能な「ＡＩクラーク」を推し進める方針である。

トップダウン型の全体最適化は地域の自主性・自律性を削ぐ

これまでのＩＴ導入は、トップダウン型で日本全国に同等のサービスを普及させるという考え方で進められてきた。結果、地域の現場では実態との不整合が起き、導入が進まない状況が繰り返されてきた。そうした中で、それぞれの現場が独自の対応を始めれば、新たなシステムまでが今以上にバラバラになりかねない。

地域のスマート化には、全体感に立ったビジョンで考える「鳥の目」と、実際に現場でプロジェクトを進める「虫の目」の両方の役割が必要だ。デジタル庁が発足した今、国内で本質的かつ双方向なＤＸが進むことを期待している。筆者らも現場から成果を拾い集め広めていきたいと考えている。

大都市での成功は地方都市にはそのままでは普及しない。トップダウン型の全体最適化を進めれば、地域の自主性や自律性を失い、目指すべき自立分散社会が成就することはない。そのことを肝に銘じ、人間中心、地域主導のＤＸを進めていかなければならない。

3-9 行政のデジタル化実現の土台となるオプトインの社会

デジタル庁が発足し、これから全自治体の行政システムの標準化が進められる。アーキテクチャー（構想）全体を見直す前提で進めると言われているが、どのような社会が実現されていくのだろうか。この10年、筆者は福島の会津若松市のスマートシティへの取り組みにおいて、市民がサービス利用時に自らの意思でデータ共有を承認する「オプトイン」社会を目指してきた。オプトイン社会の考え方をベースとしたデジタル行政のあるべきモデルを示したい。

インターネットは全世界をつなぎ、光と影が存在するものの、社会はオープンになった。市民生活のさまざまな場面でデジタルサービスが取り入れられ、いまや当たり前の存在になっている。同様に、IT分野において長年研究され開発・実現されてきたアーキテクチャーや技術が今、実社会に適用され始めている。例えば、「サービス指向アーキテクチャー（SOA）」が、それだ。SOAは、システム全体を利用者視点から見たサービスだと位置付け、その実現に必要な機能単位に開発したソフトウェア部品を組み合わせることでシステムを構築する考え方である。

2000年代以降進化を繰り返し、昨今のマイクロサービスアーキテクチャーなどにも影響を与えながら、少しずつ具現化されてきている。日本政府によるスーパーシティ法案に関する国会議論において、API（アプリケーションプログラミングインタフェース）が取り上げられたことには驚かされた。AI（人工知能）も、ようやく現実社会に適用されてきている。

15年前には存在した「マイ・コンシェルジュ」のアイデア

SOAが掲げる「利用者視点から見たサービス（現代のデジタルシステム）」とは一体どのようなものだろうか。筆者は前職で、米国の旧サン・マイクロシステムズ（現米Oracle）に勤務し、SOAを駆使したサービスとなる「マイ・コンシェルジュサービス」の開発を複数のネットサービス企業に持ち掛けていた。ただ残念ながら、マイ・コンシェルジュはまだ、どの企業でも実現されていない。

マイ・コンシェルジュがどのようなサービスかを示すために一例を挙げる。例えば、寒い1月のある日、個人情報管理ツール「Outlook」に「明日12時に赤坂でランチミーティング」と入力すれば、出張申請から電車の予約、出発時間のアラートなど、ランチミーティングに参加するのに必要な一切の手配を完結してくれる。具体的には次のような項目を理解し処理する。

(1) 筆者は福島・会津若松市に住んでいる。東京・赤坂に12時に到着するためには「東京駅に30

分前の11時30分には到着している必要がある」と理解する

(2)そのためには「郡山駅10時発の新幹線に乗らなければならない」と認識する

(3)その新幹線をSOA連携で予約する

(4)会津の自宅から郡山駅まで筆者は自家用車で移動する。カーナビに記録されている運転情報から、移動には約1時間かかることが分かるため「少し余裕をみて自宅を8時30分に出ると良い」と認識する

(5)朝食の時間を考えて「起床時間は7時」と筆者のスマホ「iPhone」にセットする

(6)朝、車は冷え切っているので、自宅を出る15分前に遠隔からエンジンをスタートさせる

(7)夜に天候が悪化し雪が強く降ってきた。天気予報の情報から郡山までの移動には30分長くかかると想定される。iPhoneの目覚ましを6時30分に変更する

(8)レストランには食物アレルギー情報（筆者はアレルギーがないため実際には不要だが）などを、やはりSOA連携で連絡済みである

このように日々の行動履歴や購買履歴をデータ化しておけば、すべての手続きをマイ・コンシェルジュが代行してくれる。これは15年前のアイデアだが、昨今のAI技術の進展や各種履歴データの蓄積が容易になっていることを考えれば、当時よりも現実味を帯びてきているのではないだろうか。

コロナ禍で露呈したデータ活用の遅れ

この間、行政サービスはどれだけ変化してきただろうか。国内の公共エリアにおけるＩＴ導入はトップダウン型で進められてきたため、残念ながら市民一人ひとりに向きあっているとは言えないだろう。サービスを受けるためには必要な手続きを受け手がしなければならない「申請主義」の日本では、受けられるサービスの存在すら気づかないまま、見過ごしているケースも多いのではないだろうか。

情報発信ひとつをとってみても同様だ。行政はホームページや市政だよりを通じて広報しているつもりでも、実際に伝わっているかどうかは分からない。どうすれば市民一人ひとりに情報を届けられるのか、もう一歩踏み込む必要があるにもかかわらずだ。

だからこそ会津若松市では、健康や福祉などさまざまな分野の行政サービスの情報を市民向けポータルサイト「会津若松＋（プラス）」という形で連携し、具現化させている。これを行政手続きの領域にまで拡大することで、市民に、ある一つの情報を提供すれば関連するすべての処理を完了できるようになるのではないだろうか。

新型コロナウイルス禍においては、医療関連のデジタル化の遅れが露呈した。象徴的だったのは、患者との最初のタッチポイントである保健所の情報共有手段が、手書きのＦＡＸや郵便だったことである。

例えばコロナ患者は退院すると、保健所から手続き依頼の書類が郵送で届き、本人確認や戸籍抄本、家族の所得証明書の返送を求められる。そのため現状では、患者本人が自治体に出向き必要書類を取得し、本人確認の証明書（マイナンバーカードなど）の写しを用意して保健所に返送する。これらの書類を受け取った保健所は当然、書類をチェックしなければならない。想像するだけで非効率極まりない。この手続きにおいて必要なデータは自治体にあり、そのデータを必要としているのは保健所と国から費用を受け取る病院だ。であれば、退院時に本人が署名するだけで、その後の手続きは行政を中心とした組織間で処理すれば済むはずである。

マイナンバー制度の価値を改めて認識すべき

2016年1月にマイナンバー制度の仕組みが導入され、これまで縦割りだった情報がつながりだした。マイナンバーカードが健康保険証や運転免許証と連携すれば、国民はマイナンバーカードを所有する価値を少しずつ理解できるようになるだろう。

しかし「政府による国民の監視だ」ととらえる声もあり、マイナンバー制度の利用範囲が限定されてきた。加えて、幾度となく繰り返される個人情報の漏洩事故により、企業のデータ活用も慎重にならざるを得なくなったこともある。個人情報保護法が厳格に運用される中で、データの活用や連携は行うべきではないと言う風潮が日本全国に広がっていった。

データ活用に後ろ向きな社会である日本が「デジタルトランスフォーメーション（DX）先

進国」になるはずもなく、「デジタル敗戦国」になってしまったのは至極当たり前のことだ。

コロナ対応でDXが遅れていることを非難した方は少なくないだろうが、マイナンバー制度の導入当時、どのようなスタンスだったかを思い出してほしい。日本のDXの遅れは、そこから始まっているという事実をしっかり認識しなければならない。

デジタルガバメントが成功している国の一つがデンマークだ。デンマークでもマイナンバーに当たる制度のスタート当初は日本と同じような議論があった。だが、サービス提供が先行し、その利便性により自然と国民の多くが活用するようになったことで、約20年で国民との間にデジタル化における信頼関係が構築できたという。デジタルガバメント先進国とされるエストニアでも同様の期間がかかったと聞いている。

会津若松のスマートシティは、日本でタブーとされてきたデータ活用を前提としたデータ駆動型社会を目指してきた。その方法としてオプトインを進めながら10年が経った。これからの10年が、市民との信頼関係構築にとって最も重要な時期になると考えている。

市民との信頼構築の先にデジタル国家がある

では信頼関係が構築できた後の行政の〝あるべき姿〟とは何か。筆者は、市民一人ひとりが自分専用のAIコンシェルジュを持つといったイメージを持っている。冒頭に挙げたマイ・コンシェルジュである。

筆者が会津若松市を信頼して、自身に関係する手続きをすべて任せることをオプトイン（承諾）したとしよう。必要な手続きは自動で処理されメールで簡単に報告してくれる。初めて行う手続きなどは、どう処理すべきかを確認してくれ、筆者はそれに答えるだけだ。ＡＩコンシェルジュは筆者の思考やパターンをどんどん吸収していくので、まるで有能な秘書を抱えているかのように便利になると考える。

そもそも行政は、必要とする多くの手続きを、データ上は事前に知っている。手続きが必要なことを案内し市民の申請を待っている状態で、必要となるほとんどのデータをすでに持っているはずだ。マイナンバーですべてのデータ連携が進めば、私たち市民は信頼して結果を確認するだけで済むはずである。

デジタル庁が設立され、すべてのアーキテクチャーが見直される。そんな今だからこそ、もう一歩先を踏みだし、国民にＡＩコンシェルジェサービスを提供できないだろうか。そうすれば、これまでの遅れを一気に取り戻し、世界最先端のデジタル国家が実現するのではと思う。

その前提が、政府と国民、自治体と市民の信頼関係の構築であり、会津がここ10年チャレンジしてきた〝オプトイン社会〟という土台づくりである。

3-10 日本のデジタルイノベーションに向けて乗り越えるべき三つのポイント

筆者が福島県会津若松市でスマートシティに取り組み約10年が経つ。その間に、地域のデジタルイノベーションにおける課題だと認識してきたものが三つある。それらがデジタル化を推進しづらい環境を生み、政府も民間も積極的に推進しづらくした。その課題にどう取り組み解決すればよいのか。筆者が大切にしてきたビジョンである「オープン・フラット・コネクテッド・コラボレーション・シェア」を前提に解説する。

スマートシティに取り組むなかで筆者が地域のデジタルイノベーションにおける課題だと認識してきたのは、①デバイド（格差）への過剰な配慮、②個人情報保護法への対応、③マイナンバーの限定的な活用範囲の三つである。それぞれの解決に向けた考え方を述べる。

課題1：デバイド（格差）への過剰な配慮

急速に進展するインターネット社会において、デジタルデバイド解消を目指す動きが広まっている。すべての人がデジタルの恩恵・利便性を享受できるようにするのが目標だ。

デジタルデバイド問題を解決するためには「推進」と「配慮」を切り分けて考える必要がある。そのうえで、全体としてデジタルの恩恵を享受しつつ、誰をも取り残さないようにするにはどうすれば良いかと考えていくべきだ。しかし実際には、デジタルイノベーションに対する反対意見がクローズアップされ、その進展が阻害されてきたのではないだろうか。

スイスのビジネススクールであるIMD（国際経営開発研究所）が公表した2021年の「世界デジタル競争力ランキング」において、日本の総合順位は64カ国・地域中、28位である（2020年は27位）。これは、2017年の調査開始以降、最も低い順位であり、中国や韓国、台湾など東アジアの諸国・地域との格差は鮮明だ。こうした背景もあり、日本政府は自らを「デジタル後進国」を認め、デジタル庁を創設することになった。

2021年9月にデジタル庁が設立され、まず取り掛かっている国民向けサービスの一つが、新型コロナウイルス感染症（COVID‐19）に向けたワクチン接種をデジタルに記録する「ワクチンパスポート」の発行だ。経済活動を再開させるための活用と、ワクチンを接種しない人や、できない人への配慮とのバランスを一緒に考える必要がある。

しかし、国や自治体は、ワクチンパスポートを活用した経済活動の再開を打ち出すと、接種しない人・接種できない人への差別問題が勃発することを懸念するあまり、動きが鈍いように映る。政府は2021年11月16日に「ワクチン・検査パッケージ」制度の要綱をまとめ、自治体への周知を始めたが、政府が発行するワクチンパスポートより先に、民間や地方自治体による個別対応が先に始まっているのが実状だ。

「推進」と「配慮」を切り分けることで、誰をも取り残さずに恩恵を受けられるように考えた例として、会津若松市の取り組みを紹介したい。

会津若松市では、オプトイン（市民からの事前承諾）を前提にスマートシティを推進している。この考え方を基に、ワクチンを接種することも、接種しないことも差別ではなく区別している。結果、2021年10月末時点で、市民の86％が2度目のワクチン接種を終えている。

その間には、ワクチンパスポートの活用を考える市民集会も開催した。市民集会には、飲食店や旅館、酒造メーカーの経営者、医療・教育・行政の関係者らが参加した。推進派の営業部門と抑制派の健康福祉部門などが同席した。さらに、この問題を知り一緒に考えてもらうために、地元のマスコミ各社にも参加いただいた。

このような集会をあえて開いているのは、オプトイン社会を進めるために、行政が一方的に決めるのではなく、起きている課題の多くを市民に〝自分事〟として考える習慣を養っていきたいからだ。各種のデバイドをなくすためには、誰もが自分事としてオープンに議論する場が重要である。

今後も市民集会を重ねながら、約9割の市民を対象に経済活動を推進するとともに、残り1割の市民にも必要な対策を打つことを考えている。「1割の市民にも9割の市民にも配慮することが大切だ」という考え方が、今後のイノベーションには重要になるだろう。

日本はこれまで、少数派に配慮するが故にデジタルイノベーションの推進を止めてきた。「オープン・フラット・コネクテッド・コラボレーション・シェア」の五つのビジョンのうち、2番目の「フラット」の本質は、イノベーションを大切にしながらデバイド問題も解決することを示している。デバイド問題への配慮から全体のイノベーションを止めてはならないのである。

課題2：個人情報保護法への対応

デジタルトランスフォーメーション（DX）の中核はデータ活用である。そこでは、個人情報保護の観点から不安を感じる人の懸念を丁寧に取り除きながら活用を検討する必要がある。その点で会津若松は、オプトインの方法論を導入することで個人情報保護法には触れないデータ活用を推進してきた。

例えば、市民向けポータルサイト「会津若松＋（プラス）」は、オプトインしない場合は情報がパーソナライズされる機能は働かない。だが、情報提供サイトとしては誰でも利用できる。オプトインすればパーソナライズ機能が使えるし、オプトインしない市民も一般的な機能は利用できるようにすることで、市民の一人ひとりが自分のデータを「どの程度提供したいか」を主体性をもって選択でき、それに合わせたサービスが受けられると考えている。すべては市民の選択である。

政府が進めるスーパーシティにおいて、その申請には住民合意が重要である。会津若松市が数回実施したアンケートでは、市民の8割が賛成との回答を得られている。2割の市民が個人情報保護法を理由に反対した。しかし、個人にパーソナライズされたサービスを受けるか受けないかは、オプトイン方式においては市民の選択に委ねられている。

課題3：マイナンバーの限定的な活用範囲

マイナンバーは現在、社会保障・税・災害対策の3領域だけで使用可能とされている。しかし本来は、すべてのサービスで使えるようにすべきである。活用の幅が広がれば、市民だけでなく行政関係者にとっても利便性が向上するはずだからだ。

ところがマイナンバー法を成立させる際に、「国民を監視する社会になるのではないか」という少数の反対意見により、活用領域を限定してしまった。そのため3-9で解説したような、行政を信託した複数領域横断型の行政DXを進める環境になっていない。

そしてこの1年半、多くの国民はコロナ禍で、各種手続きの不便さを認識したことだろう。行政や医療も含めた地域サービスのすべての領域でマイナンバーが活用できれば、日本のデジタルサービスは一気に進むことだろう。会津若松市はスーパーシティの申請内容に「マイナンバーの活用領域の拡大」を要望として提出している。

デジタルイノベーションを阻害する3大要因において、その根底に共通して存在する原因は、少数の反対意見を配慮するあまりデジタルイノベーションを止めてきたことにある。その結果、日本はイノベーションが起きにくくなってしまった。それぞれの解決策として示したように、デジタルイノベーションにおいては、「推進」と「配慮」を分けて考え、双方への対策を打つことで進めるべきだろう。

3-11 ディープデータこそが市民の行動変容を促す

デジタルトランスフォーメーション（DX）の中核にはデータがある。データを真に社会のために活用することは簡単ではない。筆者は、市民がサービス利用時に自らの意思でデータ共有を承認する「オプトイン社会」にこだわり、社会で役立てるための「ディープデータ」が重要だと指摘してきた。データ活用の本質について解説する

データ駆動型ビジネスやデータ駆動型社会への関心が高まる中、ビッグデータの活用やデータサイエンティストの育成が重要といわれて久しい。さらに、個人のデータ（パーソナルデータ）を管理し、個人の意思に基づいてデータを活用する「情報銀行」が新たなビジネスとして注目されもした。

地域戦略にはビッグデータではなくディープデータが重要

データ駆動型社会であるスマートシティは地域戦略であり、地域全体をデータによって経営するデジタル化を目指している。そのためにはビッグデータではなく、市民一人ひとりの実体を表す「ディープデータ」が重要になる。

例えば、新型コロナウイルスの感染が拡大する中、日々ニュースで「○○駅周辺の人流が先週より○％増大した」などと報道されていた。だが、そのニュースを聞いて、不安を覚えつつも具体的に行動を変えなかった人は多いのではないだろうか。これが人流データというビッグデータ活用の限界だ。

また、いわゆるGAFA（Google、Apple、Facebook：現Meta、Amazon.com）は、ビッグデータによって傾向を分析し、データに基づくマーケティングを展開し、レコメンデーション（お薦め）サービスにより購買率やマッチング率を高めビジネスを拡大してきた。しかし、匿名化されたビッグデータの分析だけでは、人々の人生に深くかかわることは難しい。地域の経営にまで影響は与えられないだろう。

そうした中で日本政府は、大阪で2019年に開催されたG20サミットにおいて、当時の安倍首相が「Data Free Flow with Trust」を世界に向けて宣言した。企業では〝4番目の経営資源〟とされてきたデータを、世界発展のために国を超えたデータ流通の連携を実現しようとする考えである。

筆者は当時、この宣言に関与した経済産業省のメンバーと話したが、将来のビジョンとして日本から素晴らしいアイデアが発信できたと大変喜んでいたのを覚えている。

データは誰のものかを明確にする

そもそもデータは誰のものだろうか。データの収集者だろうか、それとも発生源だろうか。スマートシティプロジェクトを進めてきた会津若松市では、「データは発生源（多くのケースでは市民）のものである」と定義している。エネルギーの利用データにせよ、位置情報にせよ、ヘルスケアデータにせよ、市民が発生源となるデータは市民のものであり、だからこそ、市民がその共有・活用の範囲を決めるという、まさにオプトインを中心とした考え方だ。

これを、「データは、その収集のために投資した者のもの」とすれば、データ収集には莫大な投資が必要なだけに、巨大企業の独占状態が続くのではないだろうか。そして〝拒否〟の意思表示をしない限りデータの提供に同意したものとみなすオプトアウト型を強制する社会にはならないだろうか。

「データは市民のものである」という考え方が、市民に浸透していることを浮き彫りにした地域がある。カナダのトロントだ。

トロントでは、米Googleの兄弟会社である米サイドウォーク・ラボが、Google主導のデジタルシティを作ることを提案し、多額の投資によってインフラ整備を始めた。だが2020年4月、トロント市民の反対を乗り越えられなかった世界最先端プロジェクトはコロナ禍を機に頓挫した。すなわち、データは、その収集のために投資した企業のものという考え方は賛同を得られなかったのだ。トロントでの頓挫は、それまでのGAFAのデータビジネスの方向性に大きな影響を与える出来事になった。

企業が収集したデータは地域の〝共有財産〟

そのころ日本の国会では、スーパーシティ法案成立のための議論の真っ最中だった。トロントの事例は、地域を丸ごと先端デジタル化を推進するための「スーパーシティ国家戦略特区」の制度設計にも大きな影響を与えた。各地域の申請条件に住民合意を取ることが明確になったのだ。つまり、オプトイン前提か、オプトアウトでも住民の合意を必要とする実質オプトインが前提になった。

2050年までのカーボンニュートラルを実現するために必要なエネルギーの消費データや、健康長寿国への転換を実現するためのヘルスケアデータ、個性を尊重し可能性を引き出す教育改革を実現するための教育データなどなど。日本がデジタル化を推進する目的を達成するために必要なデータの多くは、市民が発生源である。

これらデータがなければデジタル化は推進できない。個人情報は個人情報保護法で利活用の対象が限られており、匿名化したビッグデータでは、すべての目的は達成できない。であれば、市民の意志で、自分や家族、地域、次世代のためにデータを活用することを積極的に許容するオプトイン社会が必須条件になる。データ活用の本質を実現するためには、「データは誰のものか」をはっきりさせておかなければならない。

会津若松市のスマートシティでは、プロジェクト推進の中心に位置する企業が市内にある戦略拠点「スマートシティAiCT」に入居している。その入居条件には「データは地域の共有財産である」という重要なルールが明記されており、すべての企業がこのルールに合意している。自ら収集したデータを独占したがる企業は、会津若松のプロジェクトには参加できない。

企業が単独で特定サービスのデータを集めても地域全体のデータにはならず、データによる地域経営は成就できない。ユーザーと企業の〝二方良し〟のビジネスモデルから、地域を中心に組み替えた〝三方良し〟のビジネスモデルに変えるという経営判断の下、「データは地域の共有財産とする」ことを理解・許容することでプロジェクトへの参加が認められる。そうすることで地域再生のためのエコシステム体制が構築できるのだ。

その恩恵として、プロジェクトに参加する他の企業が収集したデータも活用可能になり、単独企業では成し得なかった新たなサービス開発のアイデアが生まれていく。そして市民も、スマートシティのためのサービスを個々に評価し、サービス単位でオプトインする。そうしたデータの集合体がスマートシティにおける地域全体のディープデータになるのである。

地域はトラストな関係持つ家庭の集まり

そしてディープデータは市民の行動変容を促す。会津若松で取り組んだ省エネプロジェクトでは、各家庭の分電盤にセンサーを設置し、消費電力の情報を収集。それを会津若松のスマートシティプロジェクトのメンバーが分析したうえで、省エネのためのアドバイスを市民に提供した。一般的な月に1度の利用量のお知らせでは、どうすれば節電できるのかが分かりづらい。消費電力を利用者のスマートフォンに、ほぼリアルタイムでグラフ表示することで行動変容を促せる。ディープデータの活用により、最も効果が得られる夏季には消費電力を27％削減できた。

これが、オプトインによるパーソナライズされたインタラクティブな関係の構築である。その成果を体験した市民はオプトインへの理解を深め、市民と行政の距離は一気に縮まり〝トラスト〟な関係になっていく。こうした行政とトラストな関係を持つ家庭の集まりが地域だ。会津若松は省エネを実現した街であると同時に、SDGs（持続可能な開発目標）にいち早く向かっている町だともいえる。市民主導で実現されたスマートシティはオプトイン社会である。

データは明確な目的をもって集めるべきで、その目的を実現するためのデータセットやデータの所有者、収集方法もはっきりさせなければならない。データの所有者は市民であるケースが多いだけに、オプトイン社会が必要だと考えるべきである。データの本質を見誤ってはならない。

3-12 デジタル田園都市国家構想とスマートシティ

岸田文雄政権が２０２１年、地方活性化のための切り札として「デジタル田園都市国家構想」を打ち出した。日本各地のスマートシティプロジェクトや、２０１４年以降に策定された地方創生戦略、そして２０２０年の改正国家戦略特区法（スーパーシティ法）施行を経てきた２０２２年１月、地域ＤＸ（デジタルトランスフォーメーション）による日本の再戦略が本格的に始まる。

リーダーたちが夢見てきた「理想の都市計画」

岸田内閣の「デジタル田園都市国家構想」の〝田園都市〟には二つの意味がある。「豊かな自然環境に恵まれた都市」という一般的な意味と、１８９８年にイギリスの社会改良主義者エベネザー・ハワード氏が提唱した、都市と農村の融合を目指す「新しい都市形態」である。ハワードの提案は、第二次世界大戦後のイギリスの「ニュータウン政策」をはじめ、世界各地の住宅地計画など郊外型の都市開発に大きな影響を与えた。日本でも、渋沢 栄一氏が田園都市株式会社を設立し「洗足田園都市」といったまちづくりプロジェクトを推進。田中 角栄元首相は「日本列島改造論」の仕上げとして新幹線や高速道路を作り、大平 正芳 元首相が、その先に豊かな田園都市を実現しようと政策を進めた。

ただし当時は、インターネットのようなオープンでフラットなネットワーク網がなく、情報が中央に集中してしまう。高度経済成長により〝東京一極集中モデル〟は加速し、地域は東京の下請けとなる構造になってしまった。

デジタル田園都市国家構想は、デジタル時代となった今、インフラを再整備したうえで、当時の理想を現代版に焼き直したものだ。初代デジタル大臣であり岸田派の幹部である平井 卓也 氏（自民党デジタル社会推進本部長）が、デジタライゼーション政策に関する提言「デジタル・ニッポン2020」で打ち出した構想でもある。

地域の自立を目指す構想はスマートシティそのもの

デジタル田園都市国家構想は、筆者らが会津若松市で進めてきたスマートシティそのものだ。その会津若松を岸田首相が2021年12月4日に訪れた。筆者は「スーパーシティAiCTコンソーシアム（SAC）」の代表として総理にアテンドし、この10年の会津若松でのスマートシティへの取り組みを説明した。

岸田首相は、ICT関連企業の誘致・交流をうながすためのオフィス施設「スマートシティ

ＡｉＣＴ」などを視察し、様々なデジタルサービスを実際に体験された。ＡｉＣＴで開いた車座では、地元の医療や製造業、観光業、農業の代表者および学生と、地域のデジタルトランスフォーメーション（ＤＸ）を推進するうえでの課題や可能性について対談もされた。

図3-12-1は、第1回デジタル田園都市国家構想会議における論点を整理した内容と、会津での10年間のプロジェクトを対比させたものである。強調したい点を太字で示している。この対比において、その論点を整理し、いくつかの項目について解説を加えたい。

■論点1-1：地方での仕事の確保

コロナ禍でテレワークが広がり、出社する必要がない職種も見えてくるなど、企業は就業モデルを大きく変革させようとしている。安倍政権で進められた働き方改革も、テレワークを前提とした次のステージに進むことになるだろう。

ここで1点だけ注意しなければならないのは「テレワーク＝在宅勤務」との理解が主流になっていることだ。テレワークの本質は、遠隔地でもネットワークによって生産性を維持したままで業務を遂行するための環境整備である。その一つの方法に自宅での勤務モデルも含まれるというだけだ。

デジタル田園都市国家構想の本質からすれば、分散社会を可能にする環境整備が重要であり、各地に機能分散拠点であるサテライトオフィスを整備する必要がある。各地に知の集積環境で

図3-12-1：デジタル田園都市国家構想と会津プロジェクトの対比

		デジタル田園都市国家構想会議で提示された論点	スマートシティ会津若松の取り組み
1	地方課題解決のためのデジタル実装	地方での仕事の確保	機能分散拠点(**サテライトオフィス**)/テレワーク
		成長産業の創出	機能移転企業群&**地元企業連携による生産性向上**
		交通・物流の確保	スマートシティ/スーパーシティ 地域12領域のDX
		準公共(教育・医療など)サービスの充実	✓**データ**による行動変容 ✓**位置情報**のオプトイン活用
		スーパーシティ構想の早期実現	✓**マイナンバー活用**&ベースレジストリ
2	デジタル人材育成・確保	デジタル人材確保&共助コミュニティ醸成	**会津大学と連携したSTEAM人材育成**
		先端的人材の好循環の確立	AiCT企業による会津大学生の**地元採用**
3	地方を支えるデジタル基盤整備	データ連携基盤などのデジタル基盤整備	都市OSと**運営組織(LM法人)**
		5GやDCなどのハードインフラ整備	ネットワークのサービス化(NaaS)
		新サービス実現のための制度改革	スーパーシティ申請(**医療構造改革**)
		先端的サービスの地方からの実装	デジタル通貨(**手数料ゼロ**の実現)
4	誰一人取り残さない社会	デジタル推進委員の全国展開	**アーキテクト配置**と地域デジタル人材の育成
		高齢者へのデジタル活用支援	利用したくなるサービスによるデジタル浸透
		住民のデジタル化への理解・共助促進	**オプトインの原則**(データ活用ルール)
新しい資本主義		三方良しのビジネスモデル	

あるハブを整備したうえで在宅でのテレワークも可能にする。会津のスマートシティAiCTは、ハブという重要な役割を担っているサテライトオフィスを具現化した施設である。

■論点1-2：成長産業の創出

地方で成長産業を創出することは簡単なことではない。だが会津には、IT単科大学である会津大学があり、すでに40社ほどのITベンチャー企業が誕生している。それらの企業のさらなる成長につながる環境づくりがカギとなる中で、首都圏などから機能移転した企業とのコラボレーション環境の整備が進んでいる。まさに地域を実証フィールドとしたスマートシティプロジェクトだ。

またスマートシティAiCTには、スマートシティを実現するための各種領域をカバーするDX推進企業が入居している。そこには地元のベンチャー企業も同居しているため、世界レベルのコラボレーションが起きやすい環境になっている。

ただし最も大切だと考えているのは、これまで地元を支えてきた基幹産業（製造業や観光業、農業など）の生産性を高め成長産業への転換を促すことである。そのためには、スマートシティAiCTの入居企業と地元企業のコラボレーションが重要である。

第1弾として、中小企業製造業の生産性30％向上プロジェクトを実施してきた。同プロジェクトのパイロット企業の代表は、岸田首相との車座にも参加し、「30％成長の成果が見えてきため2022年度は3％の賃上げを実施する」と力強い発言をしていた。岸田首相も賃上げ税制優遇策を実施予定であることから、現場での生産性向上を実現するための政策実行があって賃上げが可能になることを実感していただけたことと思う。

■論点2-1：デジタル人材確保&共助コミュニティ醸成

デジタル人材の育成において、会津大学とのコラボレーションは10年がたった。2021年度は、スマートシティAiCTの入居企業が講師として地域の小中高へ出向き、延べ2000人近い児童生徒に対し、DX・SDGs（持続可能な開発目標）・キャリアなどをテーマにした授業をサポートしている。

そこでは、自分たちの町でスマートシティプロジェクトが推進され、市民がオプトイン（同意に基づいたデータの収集・活用）したディープデータがあるという環境が、実データを活用した人材育成や地域参加型の教育およびデジタルハッカソンにとって、いかに望ましいものであるかを目の当たりにできた。自らが学んだ知識が、実社会や地元地域でどう活かされるのかを、学生時代から体験できる環境を、ここ会津では整備できたと思う。産官学一体となった教育環境といって良いだろう。

オプトイン型のスマートシティは、市民自身が地域のために自身のデータを共有するモデルだ。それは〝共助型〟のコミュニティを自然と醸成していく。ここでも産官学のオープンでフラットな連携が要になり、いずれ北欧のように、市民と行政が一体となって地域のために活動する本格的な共助コミュニティへ進化していくものと感じている。

■論点2-2：先端的人材の好循環の確立

「地域で育成した人材の多くが東京へ流出してしまう」という課題が全国各地で問題視されている。2014年には「消滅可能性都市」が示され、地方創生政策を進めるきっかけとなった。

前述したように会津では移転してきた企業人による人材育成を実施している。スマートシティAiCTの入居企業はインターンも受け入れている。東京へ行かずとも先端プロジェクトに参加できる社会環境が整備されている。

また会津大学は、この10年で世界大学ランキングを上昇させ、全国から優秀な学生が集まるようになってきた。企業は優秀な人材を求めるだけに、好循環が生まれたといって良いだろう。

■論点3：データ連携基盤等のデジタル基盤整備

スマートシティ会津若松では、データ連携基盤である都市OSとして「会津若松＋（プラス）」を2015年から稼働させている。市民がオプトインすることでパーソナライズされたサービスを受けられると同時に、オプトインされたデータがディープデータとして地域のために活用される。

デジタル基盤の整備も重要だが、より重要なのは、その運営組織である。市民が信頼し共に未来を創り上げるための組織でなければ、市民からデータ共有の理解が得られないからだ。ＩＴシステムの導入そのものを目的とするのではなく、目指すビジョンを明確に定義し、そこから導かれたルールに即した運営組織を整備してオープンに運営する必要がある。

それができてこそ市民から信頼される組織となり、信頼関係が構築される。デジタル田園都市国家構想会議でも、データ連携基盤の整備が論点の一つとして明示されているように、国民から信頼される運営体制を最重要視してほしい。

■論点４：デジタル推進員の全国展開

これまで政府は、ＩＴコーディネーターや、まちおこし協力隊、コンサルタントなど、地方で不足している人材の外部からの派遣を支援してきた。ただ、街づくりの中核となる人材を外から遣してくるのでは不十分である。その地域に移住（２拠点居住を含む）し、地域に根付いた形で本格的なスマートシティを推進するべきだと考える。

定期的な会議だけでは、地域の実態・本音は理解できないし、課題をヒアリングするだけでは課題は見つからない。本当の課題は、自分で発見する必要がある。街づくりの中核となる人材（アーキテクト）は、地域課題を〝一市民〟として自分事としてとらえ、共助型コミュニティの一員として参加したうえでコミュニティを育て導けなければならないのだ。

筆者らの調査によれば、人々の生活圏を基に日本全国で必要となるコミュニティの数は約300エリアある。ハブとなるサテライトオフィスを300作り、全国にいる300人以上のアーキテクトが共助型コミュニティをけん引するモデルをデジタル田園都市国家構想会議には提案した。これは十分に実現可能な政策ではないだろうか。

地域特性を活かす自立分散型を目指して

今後、デジタル田園都市国家構想会議が示した論点が整理されていくことで、「新しい資本主義」の全体像が見えてくるだろう。いわゆる「成長と分配」についても、デジタル田園都市国家構想を進めることで、DXによる生産性向上を基本とする成長戦略と、きめ細かいタイムリーな分配が可能になる。

この構想は、地域からデジタル化を推進するボトムアップ型になる。それだけに、東京を中心とした都市部の成功モデルを地域にコピーするのではなく、地域の特性を活かした自立分散型を目指していく。

これからの時代、地域の自立を目指したうえで〝三方良し〟の社会を実現すべきだと考えている。そのために地域DXプロジェクトであるスマートシティを強く推進し、その実現が、デジタル田園都市国家構想を成就させることになると確信している。

3-13

スマートシティを成功に導く運営組織のあり方・作り方

政府の「デジタル田園都市国家構想」がいよいよ始まった。スーパーシティの候補地に全国で31の自治体が名乗りを上げるなか、政府が先行して2025年までに100地域のスマートシティを立ち上げる。スマートシティの成功に不可欠な運営組織のあり方や作り方を紹介したい。

会津若松市のスマートシティプロジェクトでは、運営体制をより強固にするために「一般社団法人スーパーシティAiCTコンソーシアム（以下SAC）」が2021年に設立された。現在はSACを中核に、会津若松市や会津大学の官民連携体制の下、スマートシティプロジェクトのアップデートとスーパーシティプロジェクトの準備を進めている。

スマートシティプロジェクトの推進において、その運営は行政主導モデルが正しいのか、民間主導モデルのほうが進めやすいのかは大きな課題の一つだ。会津若松市での10年間の歩みの中でも、それは振り子のように議論され迅速に適応・修正しながら、現在の官民連携体制にたどり着いている。これからスマートシティプロジェクトに取り組む地域の方々の参考に、筆者らの五つの経験と、その背景を解説したい。

経験と提言1：行政の全庁体制を構築し「各担当課が抜本的な改革を」

スマートシティは地域のＤＸ（デジタルトランスフォーメーション）を推進する取り組みであり、その主人公は市民である。既存都市の地域ＤＸを進めるブラウンフィールド型のスマートシティが行政主導になるのに対し、新規に開発するグリーンフィールド型のスマートシティは民間主導であることが多い。ただ忘れてはならないのは、グリーンフィールドもまた行政区内に存在しているのであり、行政の役割が重要だということだ。そしてスマートシティは行政でいうところの「長期総合計画」に組み込むべきものである。

では、行政の中でスマートシティをどう位置付けて推進体制を構築すべきか。スマートシティは市民の生活のあらゆる分野に関わってくる。一方で行政には、環境や健康、防災、経済、教育など、スマートシティの関連分野のそれぞれに対応する課が数多く存在する。

それだけにスマートシティの推進体制としては、市長もしくは副市長を本部長としたうえで、全庁内の取りまとめ役を企画政策部門や企画調整部門などに置くことが望ましい。さらに、企画部門内にスマートシティ担当リーダー（統括）と、サービスに関連する各課にもスマートシティ担当を配置し全庁体制にすることが望ましい。

スマートシティへの取り組みが、行政の長期総合計画に組み込まれ、推進体制も同等であるべきとする意味がここにある。DXの考えの元、長期総合計画をどう遂行するかをミッションに加えることが重要だ。決して新たな新設部門である必要はない。

もちろん、現在の業務をどうデジタル変革するかが重要なだけに、既存の長期総合計画をそのままデジタル化してはならない。任命されたスマートシティ担当が集まって既存計画の見直しと、実現方法の抜本的改革をすることが重要になる。

企画部門のスマートシティ統括は、行政全般の政策に精通し、かつ情報技術を理解している方が適任者である。だが最も重要なのは、地域の課題を直視でき、改革する意志の強さだ。もちろん各担当課をイノベーティブに誘導できる能力も求められる。

経験と提言2：アーキテクトを設置し「住民として地域課題を拾い上げる」

スマートシティにおけるアーキテクト、つまり「スマートシティ・アーキテクト」とは、市長の右腕となって地域の関係者と政策のデジタル化を協議・調整し、実行組織をガバナンスしながら推進する役割のことである（3-6参照）。前項の行政内のスマートシティ統括が〝行政内〟まとめるのに対し、アーキテクトは〝地域全体〟を行政と連携しながらまとめることになる。行政側と民間側の双方を調整する重要なポジションだ。

スマートシティ・アーキテクトという役職は2022年2月時点では、明確に職務文書が整理されているわけではない。だが、その設置がスーパーシティの申請要件でもあるだけに、これから明確に定義されていくことになるだろう。

では、スマートシティ・アーキテクトは、どう選定していくのが良いか。筆者の経験からは、「アーキテクトはその地域の住民であることが重要だ」と強く提案したい。時には2拠点居住のケースもあるだろうが、アーキテクトの最も重要なミッションに地域内の各業界との折衝があるからには、地域に根差した人材が望ましい。

例えばアーキテクトが東京から派遣され地域に通うとすれば、地域の課題を地域の住民からヒアリングすることになり、自分自身が市民として課題を拾い上げているわけではない。それでは従来の「IT受託開発モデル」と何ら変わらず、発注者と受託者の関係では、アーキテクトが名実ともに責任者になることはない。

アーキテクトは地域の政策課題をDXにより変革を実現する人材だ。これまでの既得権益組織のあり方をあえて壊すことも必要になる。時に激しい議論になることも少なくない。それを乗り超えていくためには地域との信頼関係が不可欠だ。そのためにはアーキテクト自身が一住民として課題を拾い上げ解決案を常に考えておく必要がある。一住民・当事者として真剣に向き合っていることへの信頼を地域から得たうえで、オープンに、かつフラットに協議できなければならない。

これは、とても都内から通いながらできるミッションではない。地域を良くするために、日本を良くするために、そして次世代のために考える強いパッションの持ち主でなければならない。

アーキテクトに適した人材を地域内で探すのは難しいと思われるかもしれない。しかし、筆者らが国内でスマートシティを展開している地域には既にアーキテクトが配置できている。政府が進める先行100地域においても、100人程度のアーキテクトを配置することは決して不可能ではないだろう。

経験と提言3：スマートシティ協議会を設立し「最初は限定的なメンバーで」

スマートシティの立ち上げでは「スマートシティ協議会」が設置される。同協議会の設置に向けては、行政や教育機関、商工会議所、観光関連組織、医療業界、エネルギー業界など、地域の主たる業界からコアメンバーを集めた準備委員会の立ち上げから始める。

もちろん立ち上げ当初は、市長もしくは副市長が本部長になり、アーキテクトと連携しながら市の課題を協議できるメンバーで作ることになる。DXだからといって必ずしも若者中心の組織にする必要はない。市民から見て地域に責任を持った活動をされる方が選任されるべきである。

協議会は段階を踏んで成長させていく必要がある。そのため最初は議論を活発にするためにもメンバー数は限定的な方が良い。例えば、会津若松市で立ち上げた準備メンバーは、市長をリーダーとした7人の推進会議だった。

協議会では主だったスマートシティのサービス計画を決めていくことになる。スマートシティの心臓部となるデータ連携基盤の運営組織や運営ルール、特に個人情報保護委員会の設置を含むガバナンス体制を確立しなければならない（**図3-13-1**）。そのためには協議会と連携する法人格を有する組織が必要になるため、その準備も行わなければならない。この組成もアーキテクトを中心に整備することになるだろう。

経験と提言4：戦略的な企業誘致では「プロジェクト実現のためのルール合意を条件に」

デジタル田園都市国家構想は、地方創生戦略をDXを中軸にバージョンアップする政策だと考えている。そのためには企業誘致を戦略的に行わなければならない。東京一極集中の是正を進めるためには、この政策を機能分散のための大きな〝うねり〟にしていくべきだ。前項の協議会が示すスマートシティ像が、市民のみならず、民間企業にとっても魅力的であることが大

図3-13-1：スマートシティの推進にはガバナンス体制の確立も不可欠である

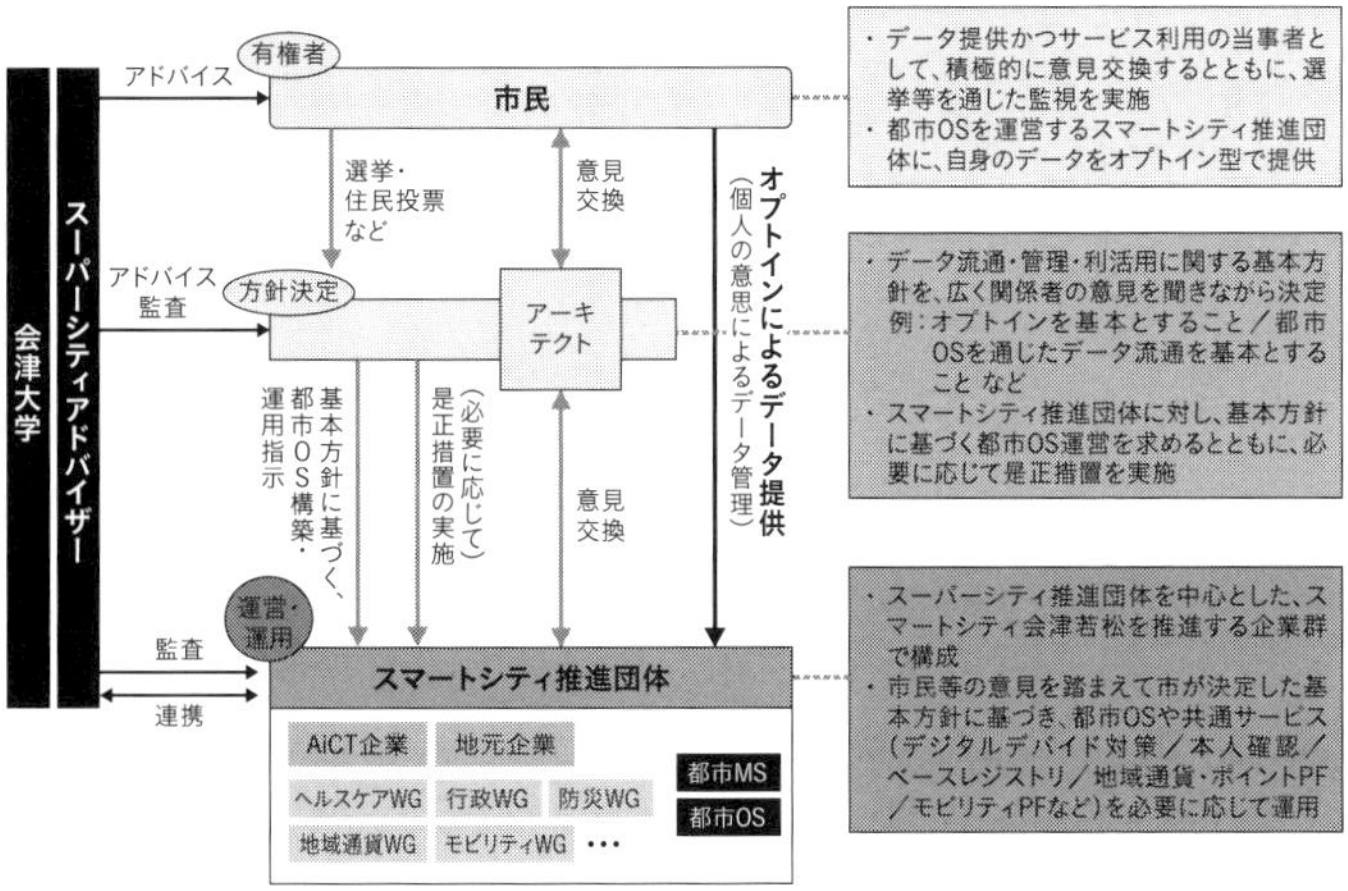

事で、投資に見合うだけのプロジェクト内容にする必要がある。

従来、企業誘致策で挙げられてきた税制優遇策や移動に伴う設備投資の補助などは効果が限定的だ。総務省がまとめた地方創生政策において、社員数の一定数を地方に移した場合の法人税減税策を適用した実績はほぼなく、企業は税制優遇策のみで動くわけではないことを表している。その地域で計画されているスマートシティプロジェクトが魅力的かどうかによって判断させることは間違いない。

市民にとっても、民間企業にとっても魅力的なスマートシティを実現するために重要なことは、事前にルールを設定し、そのルールに合意できる企業を誘致することである。会津若松では、**図3-13-2**に挙げる

図3-13-2：会津若松における企業誘致のための10のルールと選定プロセス

人間中心	①市民として市民が望む社会を実現するためのサービスを考えること
DXの基本的な考え方	②データはそもそも市民個人のものであるという前提の上で、オプトインを徹底すること ③DXによるパーソナライズを徹底すること
デジタル社会像	④デジタルを活用した新たな公共・ガバナンスを構築し透明性を担保すること
サービスデザイン指針	⑤サービスごとに三方良しのルールでデザインすること ⑥データやシステムの囲い込みではなく、常に付加価値で競争をすること ⑦行政単位ではなく、生活圏でデザインすること ⑧都市OSを通じて、地域IDとAPI連携をベースとしたシステム連携を遵守すること
地域の持続・発展性	⑨活躍できるデジタル人材を地域で育成すること ⑩持続可能性（SDGs）を意識した取組を推進すること

アーキテクトは10のルールを共有できるパートナーを選定した体制でスマートシティを推進すること

誘致のための10のルールと選定プロセスを定めている。最近でこそ国内でも議論が高まってきているが、DXの中核となるデータが誰のものかということを特に重要視している。

スマートシティはディープデータを活用して地域をよみがえらせるプロジェクトである。そのためには**図3-13-2**の6条にあるように、「データは地域の共有財産とする」必要がある。筆者たちは、この条文に合意できない企業は、たとえ先端事業に取り組む著名な企業であってもお断りしてきた（**図3-13-3**）。この点も重要ポイントとして是非、参考にしてほしい。地域や市民主導のプロジェクトであるスマートシティモデルであれば当然の条件である。

図3-13-3：企業誘致においても地域ビジョンの共有と強いコミットメントが不可欠である

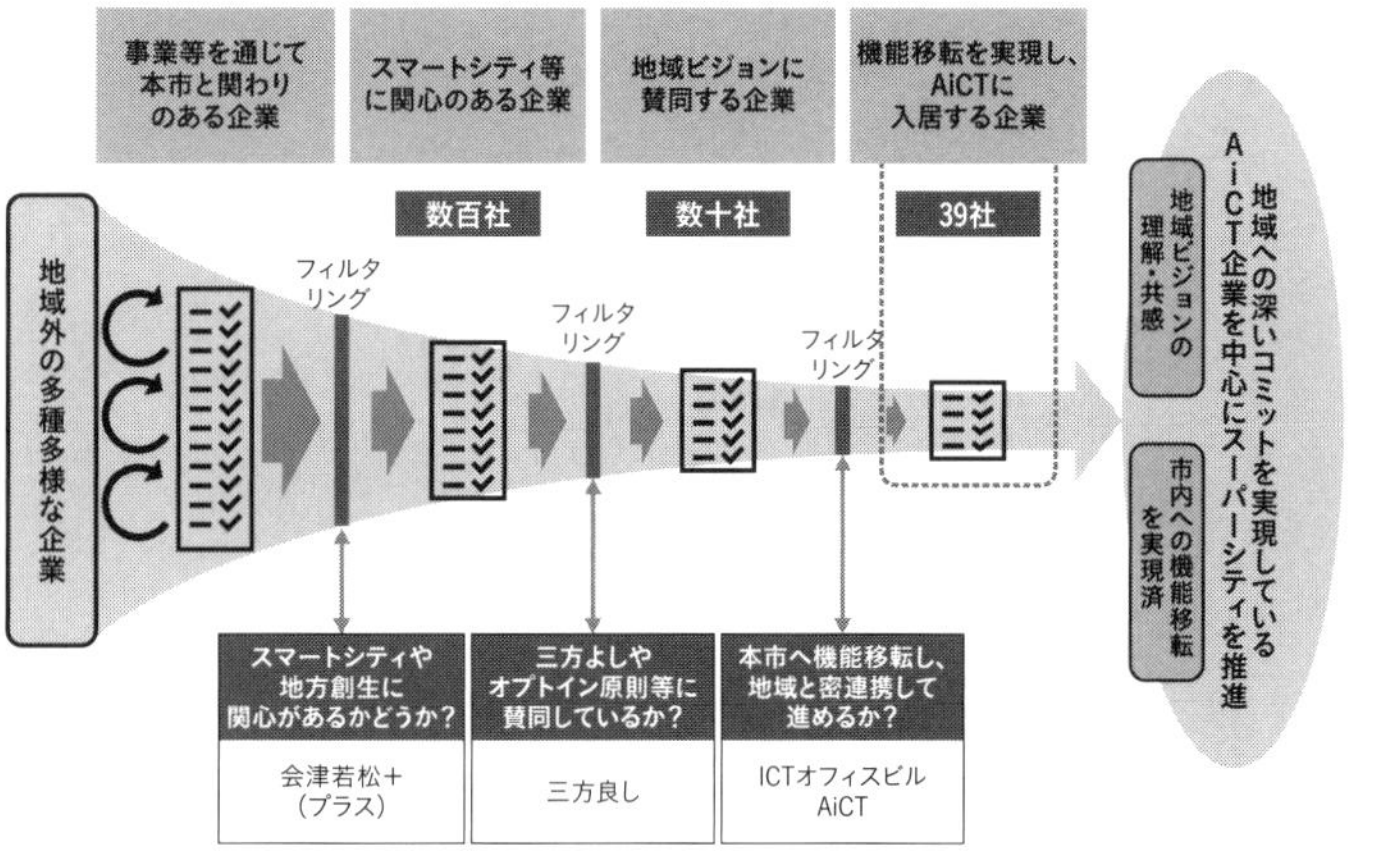

経験と提言5：運営体制確立の「最終目的は市民のウェルビーイング」

図3-13-4は、会津若松の運営体制の現状である。ここまで解説してきた点などを試行錯誤して修正しながら確立した。これまでの集大成として、スーパーシティを進める上での運営体制にもなっている。

この推進体制の下、これまで注力してきた医療分野や教育分野、街づくりに加え、最終目的である市民のWell-being（幸福感）分野のアドバイザーも迎え、誘致した企業各社や、これからも会津を引っ張っていく地元産業の皆さんとともに未来を描いていく。

日本の人口減少に歯止めをかけるのは困難なことだが、いかにDXで社会や地域を支えて行くべきか。今後も地域の課題を自分事として解決し、市民との距離を解消し、あるべき官民連携組織のモデルへと成長していくことを目指している。

DXに対しては、それを〝便利ツール〟と見る表層的な視点ばかり目立っている。だが、日本社会を支える〝基盤〟として注視すれば、スマートシティプロジェクトがどれだけ重要で、デジタル田園都市国家構想で何を実現しようとしているのかが自ずと見えてくるだろう。

図3-13-4：会津若松の2022年2月時点のスマートシティ推進体制

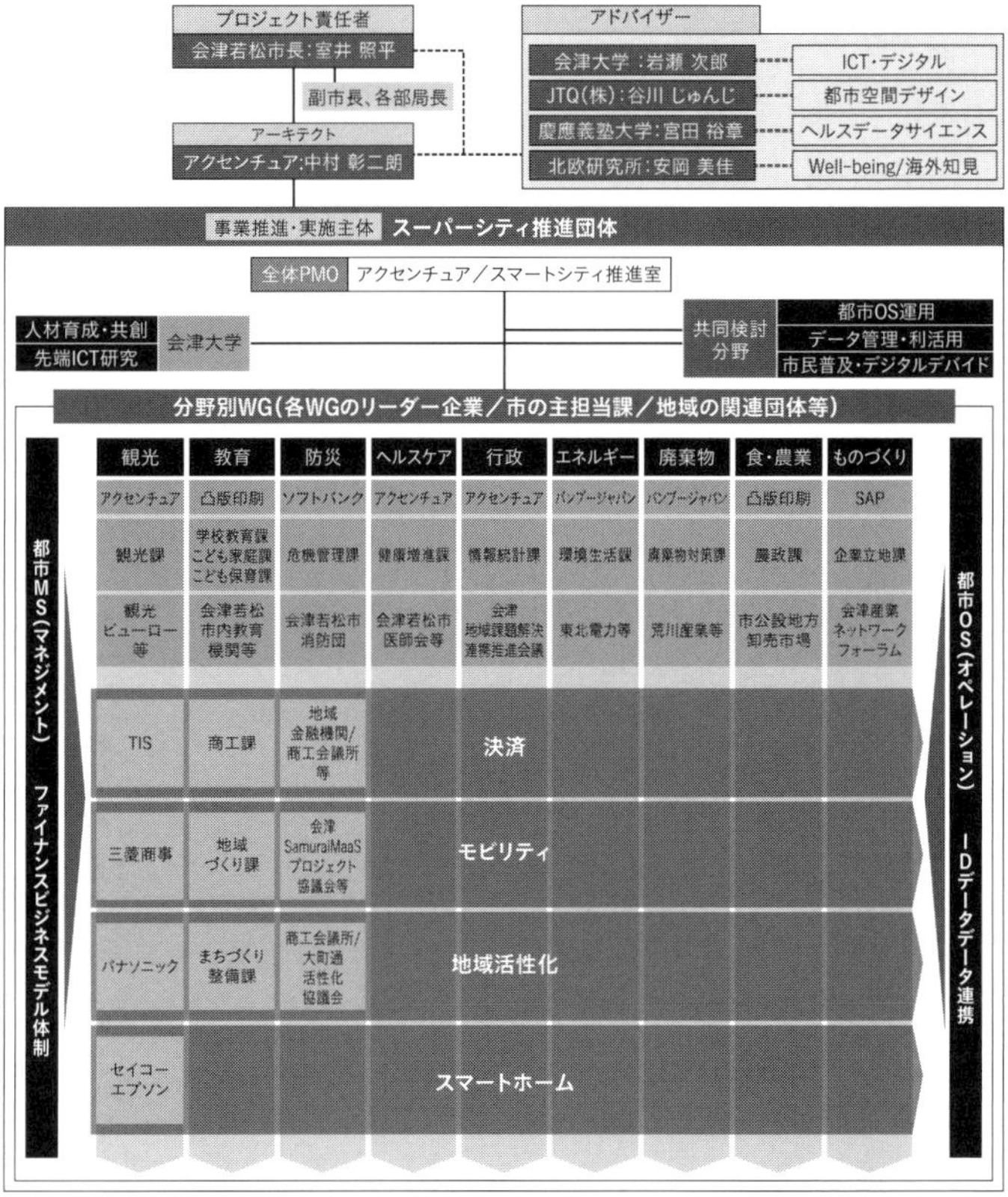

2022年3月時点の体制

3-14

デジタル田園都市国家構想が目指すべきＤＸの本質 会津若松が先駆けたオプトイン社会が日本を再生する

昨今、ＩＴとＤＸ（デジタルトランスフォーメーション）が同義語のように使われることがあるようだ。しかし、これらは本質的に別物である。日本は復権をかけてデジタル庁を創設し、デジタル田園都市国家構想を打ち出したが、抜本的に改革すべきは何なのか。今回はＤＸの本質とは何か、その重要なポイントを解説する。

筆者が参加する政府系委員会においても、ＤＸ（デジタルトランスフォーメーション）の事例が取り上げられることがある。だが、そこに挙がるのは、オンライン教育（eラーニング）やオンライン診療、そして在宅テレワークだ。確かにこれら3領域は、コロナ禍において一気に導入が進み注目されたかも知れない。しかし、どれもがＤＸの本質とは、ずれていると感じている。インターネットが普及して久しく、オンライン診療は感染対策として限定的に解禁されたが、オンライン教育も在宅テレワークも、かなり前から活用されてきた。これらはＤＸではなくオンライン化の例だ。

東京や、その他の都市部では、スマートフォン決済が日常となり現金を持ち歩く必要がほぼなくなった。同時に、その手数料を誰が負担しているのかなど気にすることはほとんどない。便利の裏側には必ず負担を強いられている人がいるにもかかわらずだ。これが日本の表層的な「デジタル便利社会」である。

オンライン化をＤＸと呼んだり、デジタル便利社会のままでは、日本は再生などしない。日本全体の生産性を抜本的に見直すことが急務だ。そのためには国民一人ひとりが関わっている組織の改革が不可欠であり、そこではデジタルが有効な武器になる。

ただし、抜本的改革は関係する専門家同士だけの閉じた議論では進まない。便利さを求める前に、やるべきことが数多くあることを共有したうえで、デジタル化の本質に関するポイントを五つ挙げる。

デジタル化の本質１：機能を地方に分散する

ＤＸの「Ｄ：Digital」には、デジタル化を進めるＡＩ（人工知能）やＩｏＴ（モノのインターネット）といった強力なツールと、その中核をなすデータがある。それらがあるからこそ、あるべき方向への変革（Ｘ：Transformation）が可能になり、それをＤＸという。このように理解して筆者は地域ＤＸであるスマートシティに取り組んできた。

ＤＸの「Ｄ（デジタル）」だけならば、オンライン教育の導入によって目的は達成できるかもしれないが「X（変革）」はなし得ない。子供一人ひとりの個性を蓄積したデータに基づいて把握し、AIによる診断機能も活用しながら教育そのものを双方向にパーソナライズしてこそ「教育DX」だといえる。

オンライン診療も、患者は、いつでも・どこからでも診療を受けられるので便利ではある。だが、医師は現状、診療施設からしか診察ができず場所が制限されている。医師も、どこからでも診察できれば、医療行為そのものを次のステージに変革するきっかけになるだろう。

コロナ禍では、多くのビジネスパーソンが新たな働き方を経験し、在宅テレワークが進んだことは大きな進展である。だが、そもそもテレワークは東京一極集中を是正するための重要政策であったはずで、サテライトオフィスなどにより日本全国へ機能を分散することが本質だった。「地方にいながらにして東京の仕事ができることがテレワークだ」と認識しては地方への機能移転は進まないし、移転した機能と地域産業のコラボレーションによる生産性向上も起きない。一部のワーケーションのように、地方都市の関係人口が増加する程度の成果に留まってしまうのではないだろうか。

DXの本質は、テレワーク環境を整備することで各種機能を地方に分散することである。その意義を広める必要がある。

デジタル化の本質2：中核はオプトインによるデータ

DXは、その中核に活用可能なデータがなくては前に進まない。すべてはデータに基づいて、あるべき変革を進めなければならない。日本政府は、2年に及ぶ新型コロナ対策で、データに基づく政策決定ができなかった。緊急事態宣言下ですら、スマートフォンの位置情報を個人情報として活用できなかった。なぜなら、データ活用に関して国民のコンセンサスを得ておらず、その収集方法も確立できていないためであり、国民のデータ活用を厳しく制限した個人情報保護法の壁を越えた議論ができていないからだ。

では、EU（欧州連合）の個人情報保護法にあたる「GDPR（一般データ保護規則）」に沿っているEU加盟国では、どうだったのだろうか。例えばデンマークでは、ある通りの右側には行動制限をかけながら、左側では自由な経済活動ができるなど、デジタル化によって細かな行動制限策を打っている。そうした政府の対策を同国民は支持している。

これに対し日本は、首都圏の1都3県という広大なエリアで制限をかけたり、飲食業をターゲットにした政策を打ったりと、有識者の経験則で判断してきた。DXの時代とは言えない、このような政策判断では国民の理解には、つながりにくいのではないだろうか。筆者は日本政府に「デジタルを活用したデンマークのコロナ対策に注目・参照すべきだ」と提言している。

DXで活用するデータには、①行政が持つデータを利活用するオープンデータと、②民間企業や経済社会をデータ化した地域経済分析システム「RESAS（リーサス）」のようなビッグデータがある。だが、より重要なのは国民が日々生成している健康やエネルギー消費、購買履歴、行動履歴といったパーソナルデータだ。

パーソナルデータの活用が可能になれば、個々人への適切なフィードバックも可能になり、国民の行動変容を促せる。さらに国民が2次利用を承認すれば健康データは創薬などにも使われ医療の発展に寄与する。だからこそ国民一人ひとりが「何のためのDX戦略なのか」を理解し、オプトイン（事前承認）により地域のためにパーソナルデータを共有し、利活用を進めることが重要になる。

国民がデータ共有によるメリットを享受できれば、オプトイン参加者は地域全体に広がり、データの価値はさらに高まる。それを全国へ展開できれば、日本がDX社会そのものへと変革し、パンデミック対策や防災対策もステージが異なる段階へ進む。地方の産業が生産性を高め賃金アップにつながり、医療も教育も農業も好循環へ転換できる。

そう考え会津若松のスマートシティプロジェクトを進めてきた。立ち上げから10年がたった今、各領域での成果が生まれ、参加した市民が実感を持ち始めている。筆者は「変革が実現可能なフェーズに入った」と自信を持って言えるようになった。

デジタル化の本質3：個人のデータは個人のもの

個人のデータに関しては本質的な議論が必要だ。だが「データは誰のものか」という問に対しては、「個人に関わるデータであれば、個人のものである」と結論付けてはどうだろうか。

会津若松でのスマートシティプロジェクトでは当初、省エネプロジェクトを推進するために、各家庭の消費電力を把握できるよう分電盤にセンサーとしてのＨＥＭＳ（Home Energy Management System）を設置した。集めた情報は各家庭へのフィードバックとして、省エネに向けたアドバイスするサービスを提供した。本サービスの参加者には、データ利活用の範囲を明確にしたうえで事前承諾を取った。オプトイン社会のスタートである。

その後、ＩｏＴを使ったヘルスケアプロジェクトでは、市民一人ひとりの脈拍や血圧、体温などのバイタルデータを収集し、健康推進のために必要な食事やレシピをフィードバックした。バイタルデータはヘルスケアデータのなかでも重要な情報であり、個人情報のなかでも特にセンシティブなデータに位置付けられる。

このヘルスケアプロジェクトについて筆者は２０１５年、会津若松の市議会で説明した。そこでは「データは市民のもの」と位置付け、オプトインに基づき、プロジェクトのガバナンス体制を明確にして進める必要性を説明して、議会承認を得た。会津若松市のスマートシティプロジェクトの基本の考え方がオプトインであることを明確にできた良い機会になった。

「個人のデータは誰のものか」については改めて行政とともに議論を深めたい。

デジタル化の本質4：データの位置付けで企業主導か地域主導かが決まる

データをビジネスに活用して大成功を収めてきたのがＧＡＦＡ（Google、Amazon.com、Facebook：現Meta、Apple）などに代表される巨大ＩＴ企業だ。これに対し、データを活用して地域ＤＸを推進するのがスマートシティプロジェクトである。スマートシティプロジェクトは地域の全領域をカバーするため、多くの領域で専門企業が関わりプロジェクト体制を構築する必要がある。

そこで重要になるのが企業のデータの扱いに関するスタンスだ。ＧＡＦＡモデルと同様のビジネスモデルを採る日本企業は、「データは自社が投資して集めたものであり、法律を遵守して自社で活用する」としている。

これに対し、データが地域で活用できなければ意味をなさないスマートシティプロジェクトでは、「データは市民のものであり地域の共有財産である」という立場である。ビッグデータを保有するとされるネット産業がスマートシティプロジェクトに積極的に参加できていないのは、このビジネスモデルの違いがある。

加えて、カナダ・トロントで、Ｇｏｏｇｌｅの兄弟会社であるＳｉｄｅＷａｌｋ Ｌａｂｓが地域全体のデータを1社で管理しようと仕掛けたものの住民の反対が多く進められなかったという実例も、大きく影響しているものと思われる。

スマートシティプロジェクトに参加している企業では、自社サービスで収集できるデータと、他社が別のサービスで収集したデータを組み合わせることで新たなサービス開発を目指しているケースも多い。「医療×防災×食×移動」のように連携し、サービスレベルを大幅に向上させるモデルも会津では始まろうとしている。この新たな産業エコシステムが日本の地域に変革をもたらし、支えていくものと確信している。

デジタル化の本質5：オプトイン社会が日本を立て直す

筆者はオプトイン社会の構築を10年間、進めてきた。オプトインを前提としてアクセンチュアが開発し、サービス提供してきた都市ＯＳも、政府が進めるデータ連携基盤の標準化に準拠し、全国へ展開が始まっている。しかし達成したいのは、都市ＯＳの全国制覇ではなく、日本がオプトイン社会に変革することである。地域ＤＸは双方向の社会を実現し、信頼に基づいて、あるべき方向へ変革を進める方法論として大変有効だ。その中核となる重要なデータが市民のものである以上、その変革はオプトイン社会を推進することで成就する。

人口1億２０００万人超の民主主義国家である日本をトップダウン型で変革するには限界がある。しかし、日本でも地域ＤＸを国民一人ひとりが腹落ちさせ、生活圏ごとにデータ化ができれば、人口６００万人の国であるデンマークが成し遂げた国民との信頼に基づく政策とデジタル社会を実現できるのではないだろうか。

デジタル田園都市国家構想を打ち出した岸田政権は、地方からのボトムアップ型のデジタル社会を目指すとしている。国民とともにオプトイン社会を構築できれば、日本は必ず再生し、民主主義国家のリーダーに今一度なり得ると信じている。そして国民が危機感を共有し、次世代を自分事として捉えるようになれば、若い世代が中心になって活躍できる時代がやってくる。

本稿をデジタル変革の推進者以外の方々にもお読みいただき、デジタル化の本質が国民全体に少しずつ広がっていくことを期待している。

おわりに

２０１1年3月11日に発生した東日本大震災から、ちょうど11年目の同じ日。スマートシティ会津若松のアーキテクト、中村 彰二朗 氏の葬儀が執り行われた。亡くなったのは2日前、58歳という若さである。数年前に一度完治したはずの病が再発し、５日後に手術を控えていた矢先だった。プロジェクトを10年以上に渡って牽引し、〝ミスター・スマートシティ〟と呼ばれた中村氏の訃報は各界を駆け巡り、通夜には大勢の関係者が詰めかけた。前年の12月、デジタル田園都市国家構想のモデルとなる先進地として会津の視察に訪れた岸田総理からの花輪も飾られていた。

中村氏は、アクセンチュア・イノベーションセンター福島の共同統括であり、一般社団法人ＡｉＣＴコンソーシアムの代表理事を兼ねていた。リーダーを失ったプロジェクトの関係者は悲嘆にくれ、今後の方向性について大きな不安を抱いた。同時に後任となった私は、人生をかけて取り組んできた中村氏の遺志を継ぎ、スマートシティをさらに発展させていく使命を授かったと感じていた。同氏の功績を振り返りながら、我々が目指すスマートシティの姿を改めて示したいという想いが、本書を執筆した主要な動機の一つである。

思い返せば、私と中村氏との出会いも震災がきっかけだった。

中村氏は、もともと日本初のカード決済システムを開発したエンジニアであり、外資系ＩＴ企業である旧サン・マイクロシステムズ（現オラクル）に所属し、官公庁本部で行政のデジタル化に邁進していた。宮城県出身の中村氏は、システム開発という仕組みづくりにとどまらず、地方の課題解決と東京一極集中の是正に関心があったようだ。サン・マイクロシステムズ在職中から、デジタルによる街づくりの実証実験について総務省と話し合っていたという。震災の2カ月前にアクセンチュアに転職したのは、「もっと現場に向き合って地方の活力を取り戻す事業に携わりたいと考えたからだ」と聞いているが、これはもう運命のいたずらとでも言うほかない。

入社したての中村氏は、震災が起きて間もなく動き始め、約1カ月後に経済産業省が主催した復興会議に単身出席している。そこで福島代表として参加した本田 勝之助 氏から「未来につながる雇用を生み出す新たな産業を福島に作ってほしい」という切実な声を聞き、その場で「アクセンチュアは福島に復興支援に向けたオフィスを構えます」と本社の承認を得る前に表明していた。

一方で私は、1999年のアクセンチュア入社以来、ビジネス コンサルティング本部で公共サービスの仕事に携わっていた。「コーポレート シチズンシップ」と呼ばれる社会貢献事業の一チームである、グローバル人材育成を目指すチームのスポンサーも任されていたところに、東日本大震災に伴う福島原発事故が起きた。一部の外資系企業は避難のため、東京から最低でも関西へ、中には香港まで拠点を移す動きが活発化していた。しかし、兼ねてから停滞していた日本経済を再浮上させたいという思いを抱いていた我々アクセンチュアは、ここで踏ん張って目の前の課題を解決しなければ、10年以上も官公庁担当のコンサルタントを務めてきた存在意義がないと感じていた。

私は東京にいながら何もできずに手をこまぬいている状態に居ても立ってもいられなくなり、福島の復興支援について共に議論し、行動する人を探した。その一人が、それまで一度しか会っていないにもかかわらず強烈な印象が残っていた中村 彰二朗 氏だった。今にして思えば、別々の場所で同じ思いを募らせていた2人が邂逅した瞬間である。

直属の上司を含め呼びかけたメンバー4人で会議を開き、「アクセンチュアとして何ができるか」を2011年4月に話し合ったのが、この取り組みのスタートだった。それからの経緯は、前著『SmartCity 5.0 地方創生を加速する都市OS』と本書の2章に詳しい。それからの中村氏は会津若松市に住民票を移し、地元民として現場のフロントに立った。私は東京に残って復興支援プロジェクトの責任者を務める傍ら、スマートシティに関わる会社側の考えをまとめて会津側と調整する役回りを果たしてきた。

故・中村氏から私が、スマートシティ会津若松のアーキテクトとAiCTコンソーシアム代表理事を引き継いでから1年、無我夢中で駆け抜けてきた。週に数日は会津に滞在し、東京と往復する二拠点生活が始まっている。会津市民の皆さま、地元企業や商工会議所、市役所の担当者の皆さまとは、以前にも増して交流が深まる中、どこに行っても中村氏の思い出話に花が咲き、誰からも好かれる彼のビジョンを語る力強さ、存在感の大きさを改めて噛みしめている。

もう1度、時間を巻き戻そう。

中村氏が亡くなる5日前の2022年3月4日の金曜日、スーパーシティ構想の支援事業に落選したとの連絡がもたらされた。デジタル田園都市国家構想（デジ田）が始まる前、安倍元首相時代に始まっていた同構想に会津若松市はエントリーしていた。落選の一報を聞いた中村氏は最後の力を振り絞り、落胆するAiCTコンソーシアムのメンバーに向けた檄文を週末に送付した。

「スーパーシティには残念ながら選ばれなかったけれど、デジ田のほうが我々のやってきた取り組みのコンセプトに沿っている。デジ田への挑戦をまたみんなで頑張っていこう」

これが中村氏と私が交わした最後のメールである。翌週の9日、水曜日に中村氏は亡くなった。二重のショックにプロジェクト関係者は茫然自失となり、目標を失いかけた。

しかし、悲嘆に暮れ、歩みを止めるわけにはいかない。唯一のよりどころになったデジ田の成功に向けて気持ちを切り替え、全員が一丸となって取り組んだ。おかげで２０２２年6月のデジタル田園都市国家構想タイプ３の採択に漕ぎ着けられた。休む間もなく、同年10月に控えていたサービス実装のカットオーバー（稼働開始）の期限まで走り続けた。その後もサービス利用者の拡大や機能改善など作業に追われる日々に終わりはない。

デジ田タイプ３の２０２２年度の事業は予定通り無事に終了した。6領域で16個の新サービスと17のデータを新たに接続でき、都市ＯＳを通した複数のサービス連携にも成功している。２０２３年度もデジタル田園都市国家構想タイプ３の交付金に採択され、さらに新サービスの拡充に取り組める体制が整っている。

２０２３年３月の時点で、スマートシティ会津若松の都市ＯＳにオプトインで参加しＩＤ登録している市民の割合は約20％になった。今後はこれを30～40％にし、さらには会津若松市のマイナンバーカード取得率（２０２３年3月末時点で70％超）と同率にまで引き上げたい。市民の理解を深めていく活動は絶え間ないチャレンジだ。

スマートシティ会津若松の運営モデルに共鳴し、オプトイン型の都市ＯＳやサービスを採り入れている自治体の数は2桁になった。本書に寄稿いただいた複数の自治体では、各種サービスの裏側で会津と同じ標準化モデルの仕組みが稼働している。その上で各地域が、それぞれのこだわりを盛り込んだ「なりたい地域像」に向けて歩み始めている。２０２３年は、このモデルを県域に拡張した「福島県モデル」もスタートする計画だ。

スマートシティ会津若松の第2ステージは、まだ始まったばかりである。10年をかけた第1ステージでは次世代インフラを整備してきた。その礎の上に民間のサービスを展開することで、〝地域の稼ぐ力〟を得るためのスタートラインに、ようやく立てたと感じる。デジタル田園都市国家構想の根幹である「持続可能な地域産業を作っていく」という目標に向けて本格的に前に進める下地が整った。

今後も、市民の皆さまと、もう一段深い膝詰めの議論をし、さまざまな領域の課題解決とビジネスベースで回す事業とが両立できるソリューションを作り出す必要がある。企業にとっては、今そこに大きなチャンスが見いだせるはずだ。

スマートシティ会津若松が、あるべき未来社会としてのSociety 5・0に向けた先進サービスの総合ショーケースとなり、良いサービスを他地域に横展開しながらも都市間競争で疲弊することを防ぎ、共に栄える地域を超えた連携を強化していければと考えている。全国津々浦々、市民が誇りをもって住み続けたいと思えるまちづくりの実現へ向け、これからも皆さまのお力添えをいただきながら全力を尽くしたい。

末筆ながら、本書を執筆するにあたり多くの方々から多大なご協力をいただいた。会津若松

市の室井 照平 市長、同市役所の皆さま、会津若松市のアーキテクトを共に務めている会津大学の岩瀬 次郎 理事、Ａｉｃｔコンソーシアムの会員企業の皆さま、そして会津と同じ標準化モデルの仕組みを導入してくださっている自治体の皆さま、いつもご指導やサポートを頂いているデジタル庁をはじめとした関係省庁の皆さまに感謝申し上げます。

また、本書の執筆を担当いただいたライターの木村 元紀 様、前著から編集を手掛けてくださっているインプレスの志度 昌宏 様、本当にありがとうございました。

そしてアクセンチュアでスマートシティの領域を推進するに当たって多大なるサポートをいただいている江川 昌史さん、後藤 浩さん、共に盛り上げている仲間である相川 英一さん、藤井 篤之さん、谷本 哲郎さん、福山 周平さん、谷田部 緑さん、佐々木 学さん、鈴木 鉄平さん、温 馨さん、村井 遊さん、マーケティング・コミュニケーション本部の高坂 麻衣さんには、各領域の専門家として取材させていただいたり編集を手掛けていただいたりしました。いつも感謝しています。スペースの関係上、すべての方のお名前を記載できませんが、ご一緒させていただいているすべての関係者の皆さまに御礼申し上げます。

最後になりますが、本書を皆さんに見ていただける状況になりましたことを、中村 彰二朗さんに報告できることを大変うれしく思っています。中村さんの考えや書き溜められた想いを世に伝えることが本書の執筆を決めた大きな理由でした。ですが執筆の過程で、過去の原稿を再確認したり新たに考えをまとめたりするなかでは、以前のように中村さんと議論している錯覚に陥りました。今後に向けて背中を押してもらった想いです。中村さん、改めましてありがとうございました。これからもよろしくお願いします。そして、本書の出版をご快諾いただくとともに活動をサポートし続けてくださっている中村 瑞季さんにも、この場を借りて心からお礼申し上げます。ありがとうございました。

改めまして、すべての関係者の皆さまに、この場を借りて心から御礼申し上げます。ありがとうございました。

2023年3月9日　故・中村氏の1周忌、会津若松にて　海老原 城一

海老原 城一（えびはら・じょういち）

アクセンチュア株式会社 ビジネス コンサルティング本部
ストラテジーグループ
公共サービス・医療健康プラクティス 日本統括

東京大学卒業後、アクセンチュア入社。公共事業体の戦略立案や、スマートシティの構想立案、サーキュラーエコノミーの戦略策定などの業務に多数従事。東日本大震災以降は自社の復興支援プロジェクトの責任者を務める。AiCT コンソーシアム代表理事、会津若松市アーキテクト、国土交通省計画部会委員、大阪市副首都ビジョンバージョンアップ検討委員会委員、宮城県 DX アドバイザーなどを歴任。主な著作に『Smart City 5.0 地方創生を加速する都市 OS』（共著、インプレス）、監訳に『競争優位を実現する サーキュラー・エコノミー・ハンドブック』（日本経済新聞出版）がある。

中村 彰二朗（なかむら・しょうじろう）

元アクセンチュア株式会社
アクセンチュア・イノベーションセンター福島 共同統括

1986 年より UNIX 上でのアプリケーション開発に従事し、オープン系 ERP や、EC ソリューション、開発生産性向上のためのフレームワーク策定および各事業の経営に関わる。その後、政府自治体システムのオープン化と、高度 IT 人材育成や地方自治体アプリケーションシェアモデルを提唱し全国へ啓発。2011 年 1 月アクセンチュア入社。「3.11」以降、福島県の復興と産業振興による雇用創出に向けて設立した福島イノベーションセンター（現アクセンチュア・イノベーションセンター福島）のセンター長に就任し、震災復興および地方創生を実現するために、首都圏一極集中から機能分散配置への切り替えを提唱し、会津若松市をデジタルトランスフォーメンション実証の場に位置付けた先端企業集積を実現。そこで実証したモデルを「地域主導型スマートシティプラットフォーム（都市 OS）」として他地域へ展開し、各地の地方創生プロジェクトに取り組んできた。その姿は「ミスター・スマートシティ」として各界から評された。しかし 2022 年 3 月 9 日、病により急逝した。本書の 3 章が最後の寄稿原稿である。

■商品に関する問い合わせ先
このたびは弊社商品をご購入いただきありがとうございます。本書の内容などに関するお問い合わせは、下記のURLまたは二次元バーコードにある問い合わせフォームからお送りください。

https://book.impress.co.jp/info/

上記フォームがご利用いただけない場合のメールでの問い合わせ先
info@impress.co.jp

※お問い合わせの際は、書名、ISBN、お名前、お電話番号、メールアドレスに加えて、「該当するページ」と「具体的なご質問内容」「お使いの動作環境」を必ずご明記ください。なお、本書の範囲を超えるご質問にはお答えできない

- 電話やFAXでのご質問には対応しておりません。また、封書でのお問い合わせは回答までに日数をいただく場合があります。あらかじめご了承ください。
- インプレスブックスの本書情報ページhttps://book.impress.co.jp/books/1122101178では、本書のサポート情報や正誤表・訂正情報などを提供しています。あわせてご確認ください。
- 本書の奥付に記載されている初版発行日から3年が経過した場合、もしくは本書で紹介している製品やサービスについて提供会社によるサポートが終了した場合はご質問にお答えできない場合があります。

■落丁・乱丁本などの問い合わせ先
FAX　03-6837-5023
service@impress.co.jp
※古書店で購入された商品はお取り替えできません。

Staff　デザイン／吉村 朋子　　本文制作・イラスト図版／山本 淳夫

SmartCity 5.0　持続可能な共助型都市経営の姿

2023年 7月 1日　初版発行

著　者　アクセンチュア＝海老原 城一、中村 彰二朗
発行人　高橋 隆志
編集人　中村 照明
発行所　株式会社インプレス
〒101-0051 東京都千代田区神田神保町一丁目105番地
ホームページ　https://book.impress.co.jp/

印刷所　音羽印刷

ISBN 978-4-295-01656-4

Printed in Japan